有機分子触媒の開発と工業利用

Development of Organocatalysts and Their Application to Industry

監修：秋山隆彦
Supervisor：Takahiko Akiyama

シーエムシー出版

刊行にあたって

　生理活性物質や医薬品あるいはその原料などの光学活性な化合物を，触媒的に光学純度良く合成したい場合，皆さんはどのような触媒を用いるだろうか？まず頭に思い浮かぶのはキラルな遷移金属錯体あるいは生体触媒であろう。キラル触媒による不斉合成によりノーベル化学賞を2001年に受賞した野依，Sharpless，Knowles らの業績を始めとして，膨大な数のキラル金属錯体ならびにそれらを用いた不斉触媒反応が開発されている。さらに，生体触媒も古くから用いられてきているが，近年は，遺伝子をクローニングすることにより，より優れた生体触媒が開発され，工業的な利用も進んできている。

　一方，金属を含まない，比較的低分子量の有機化合物が優れた不斉触媒作用を示すことが見出され，有機分子触媒または有機触媒（Organocatalyst）として大きな注目を集めている。有機分子触媒は，高分子量の生体触媒の触媒として機能する部分のみを抽出した触媒と考えることもできる。また，金属を含まないことから，残留金属の問題もなく，また一般に安定であり，取り扱いも容易なことから大きな注目を集め，2000 年頃から急激に大きな発展を遂げている。

　有機分子触媒には以下に示す特徴がある。

① 金属触媒に比べて一般的に安定であり，水や空気に対しても安定であることから，取り扱いが容易である。そのため，回収再利用も容易。

② 金属を含まないので，生成物中への残留金属の問題がない。

③ 一般的に安価である。

④ 金属触媒反応などと組み合わせて，タンデム型の反応をワンポットで行うことが可能な場合がある。

⑤ レアメタルの枯渇問題を回避するための元素戦略技術として有望である。

　有機小分子を触媒として用いた反応は，古くから知られていたが，2000 年に List, Lerner, Barbas らにより (S)-プロリンを触媒として用いた分子間アルドール反応が，更に同年 MacMillan らにより MacMillan 触媒を用いた不斉 Diels-Alder 反応が報告され，有機分子を触媒として用いた不斉合成反応が一気に発展していった。私自身も，安価に市販されているアミノ酸の一種である (S)-プロリンが優れた触媒作用を示すことを明らかにした List らの論文を読み，大きな衝撃を受けたことを覚えている。本当に目から鱗であった。その後の有機分子触媒の発展は，目を見張るものがあり，数多くの有機分子触媒が開発され，また新たな触媒反応，さらに斬新な利用法が次々と見出され，瞬く間に，第三の触媒の地位を確立していったことは，疑うべくもない。有機分子触媒の分野では，日本国内の研究者の貢献は極めて大きく，日本初のオリジナルな有機分子触媒が日本国内の研究者から数多く報告されている。

本書では，金属触媒，生体触媒に続く第三の触媒として近年大きな発展を遂げている「有機分子触媒」に着目し，有機分子触媒の最新の動向，使い方のコツを，最先端で活躍中のアカデミアおよび産業界の研究者が紹介する。本書により，今後益々多くの研究者が有機分子触媒に関心をもち，有機分子触媒を用いた新たな実用的な触媒プロセスが生み出され，企業のプロセス研究，大量合成等に用いられることを期待する。

　2018 年 3 月

学習院大学　理学部

秋山隆彦

執筆者一覧 （執筆順）

秋 山 隆 彦　学習院大学　理学部　化学科　教授

菊 池　　隼　東北大学　大学院理学研究科　化学専攻　助教

寺 田 眞 浩　東北大学　大学院理学研究科　化学専攻　教授
　　　　　　　（理学研究科長・理学部長）

山 中 正 浩　立教大学　理学部　化学科　教授

大 松 亨 介　名古屋大学　トランスフォーマティブ生命分子研究所（ITbM）　大学院
　　　　　　　工学研究科　有機・高分子化学専攻　特任准教授

浦 口 大 輔　名古屋大学　大学院工学研究科　有機・高分子化学専攻　准教授

大 井 貴 史　名古屋大学　トランスフォーマティブ生命分子研究所（ITbM）　大学院
　　　　　　　工学研究科　有機・高分子化学専攻　教授

石 原 一 彰　名古屋大学　大学院工学研究科　有機・高分子化学専攻　教授

丸 岡 啓 二　京都大学　大学院理学研究科　化学専攻　教授

藤 岡 弘 道　大阪大学　大学院薬学研究科　分子合成化学分野　教授

村 井 健 一　大阪大学　大学院薬学研究科　分子合成化学分野　助教

菅　　誠 治　岡山大学　大学院自然科学研究科　応用化学専攻　合成プロセス化学研究室
　　　　　　　教授

萬 代 大 樹　岡山大学　大学院自然科学研究科　応用化学専攻　合成プロセス化学研究室
　　　　　　　助教

矢 内　　光　東京薬科大学　薬学部　准教授

竹 本 佳 司　京都大学　薬学研究科　薬科学専攻　教授

上 田 善 弘　京都大学　化学研究所　助教

川 端 猛 夫　京都大学　化学研究所　教授

細 谷 圭 介　東京農工大学　大学院工学府　生命工学専攻

長 澤 和 夫　東京農工大学　大学院工学研究院　教授

鳴 海 哲 夫　静岡大学　大学院総合科学技術研究科　工学専攻　化学バイオ工学コース
　　　　　　　准教授

喜屋武 龍 二　静岡大学　創造科学技術大学院　光・ナノ物質機能専攻

渕 辺 耕 平	筑波大学　数理物質系　化学域　准教授
市 川 淳 士	筑波大学　数理物質系　化学域　教授
根 東 義 則	東北大学　大学院薬学研究科　分子変換化学分野　教授
柴 富 一 孝	豊橋技術科学大学　大学院工学研究科　環境・生命工学系　准教授
工 藤 一 秋	東京大学　生産技術研究所　教授
赤 川 賢 吾	東京大学　生産技術研究所　助教
矢 島 知 子	お茶の水女子大学　基幹研究院　自然科学系　准教授
上 條　　真	山口大学　大学院創成科学研究科　准教授
笹 井 宏 明	大阪大学　産業科学研究所　機能物質化学研究分野　教授
滝 澤　　忍	大阪大学　産業科学研究所　機能物質化学研究分野　准教授
椎 名　　勇	東京理科大学　理学部　応用化学科　教授
殿 井 貴 之	東京理科大学　理学部　応用化学科　講師
中 田 健 也	島根大学　大学院総合理工学研究科　物質化学領域　准教授
林　　雄二郎	東北大学　大学院理学研究科　化学専攻　教授
岩 渕 好 治	東北大学　大学院薬学研究科　分子薬科学専攻　教授
山 田　　健	神奈川大学　工学部　物質生命化学科　特別助教
砂 塚 敏 明	北里大学　北里生命科学研究所　教授
磯 野 拓 也	北海道大学　大学院工学研究院　助教
佐 藤 敏 文	北海道大学　大学院工学研究院　教授
川 戸 勇 士	静岡県立大学　薬学部　医薬品創製化学教室　助教
濱 島 義 隆	静岡県立大学　薬学部　医薬品創製化学教室　教授
石 川 勇 人	熊本大学　大学院先端科学研究部　基礎科学部門　化学分野　准教授
畑 山　　範	長崎大学　先端創薬イノベーションセンター　教授
池 本 哲 哉	住友化学㈱　健康・農業関連事業研究所　上席研究員グループマネージャー
金 田 岳 志	第一三共㈱　製薬技術本部　プロセス技術研究所　副主任研究員

目　　次

【第 1 編　制御システムの開発】

第 1 章　キラルブレンステッド触媒を用いた不斉触媒反応　　秋山隆彦

1　はじめに……………………………3
2　キラルリン酸を用いた Mannich 型反応の開発 ………………………4
3　ベンゾチアゾリンを水素供与体として用いたケトイミンの水素移動型不斉還元…6
4　インドリンの酸化的速度論的光学分割…7
5　分子内アルドール反応………………8
6　Friedel-Crafts 反応を用いた 3 位置換インドール誘導体の不斉合成反応………9
7　軸性不斉を有するキラルビアリールの不斉合成 ………………………10
8　結語 …………………………………11

第 2 章　キラルブレンステッド酸触媒を用いた不斉変換反応 ―最近の展開―　　菊池　隼, 寺田眞浩

1　はじめに……………………………14
2　キラルリン酸触媒の分子設計と酸性度向上へのアプローチ ………………14
3　ラセミ体を出発物質とする不斉置換反応によるエナンチオ収束合成…………16
4　1,3-ジチアン誘導体の環拡大反応に基づく立体制御機構の解明 ……………18
5　ビニルエーテルを用いた分子間アセタール化反応によるアミノアルコールの速度論的光学分割 ………………………20
6　高活性キラルブレンステッド酸触媒によるスチレン誘導体への分子間不斉求核付加反応 ……………………………21
7　結語 …………………………………22

第 3 章　有機分子触媒反応における計算化学の応用：立体選択性に関する理論的検討　　山中正浩

1　はじめに……………………………24
2　キラルリン酸触媒によるケトイミンの不斉移動水素化反応 …………………25
3　キラルビスリン酸触媒によるアミドジエンとアクロレインの不斉 Diels-Alder 反応 ……………………………………26
4　キラルイミノホスホラン触媒によるアズラクトンの不斉 1,6・1,8-選択的共役付加反応 ……………………………28
5　グアニジン-ウレア触媒によるテトラロン型 β-ケトエステルの不斉 α-ヒドロキシル化反応………………………30
6　4-ピロリジン-ピリジン触媒による四置換アルケンジオールの幾何異性選択的アシル化反応………………………31
7　おわりに……………………………33

第4章 多機能型キラルオニウム塩の設計に基づく高選択的分子変換

大松亨介, 浦口大輔, 大井貴史

1 はじめに ……………………… 35
2 キラル 1,2,3-トリアゾリウム塩 ……… 35
3 テトラアミノホスホニウム塩 ……… 39
  3.1 共役塩基（トリアミノイミノホスホ
      ラン）の触媒作用 ……………… 40
  3.2 塩基性アニオンを利用するイオン対
      協奏型触媒作用 ……………… 42
4 アンモニウムベタイン ……………… 44

第5章 ホウ酸・ボロン酸触媒を用いるアミド縮合反応の開発と工業利用

石原一彰

1 はじめに ……………………… 48
2 ボロン酸触媒 ………………… 48
  2.1 ボロン酸触媒の発見 ………… 48
  2.2 塩基性基を有するボロン酸触媒 … 49
  2.3 カルボン酸無水物合成への展開 … 50
  2.4 ボロン酸・DMAPO 複合触媒 …… 50
  2.5 ボロン酸触媒の回収・再利用 …… 51
  2.6 ホウ酸・ホウ酸エステル触媒 …… 52
3 ワンポット脱水縮合-還元反応によるア
    ルキルアミン合成 ……………… 54
4 金属塩触媒を用いるアミド縮合反応 … 55
5 おわりに ……………………… 57

第6章 丸岡触媒® 及び関連触媒の開発　丸岡啓二

1 はじめに ……………………… 60
2 相間移動触媒の化学 …………… 60
3 塩基性条件下での不斉相間移動反応 … 61
  3.1 丸岡触媒® 及び簡素化丸岡触媒® の開
      発と α-アルキルアミノ酸合成への応
      用 …………………………… 61
  3.2 α,α-ジアルキルアミノ酸の実用的合
      成 …………………………… 63
  3.3 ペプチド類の末端官能基化 ……… 63
  3.4 ニトロアルカンの不斉共役付加 … 64
  3.5 ラセン型キラル相間移動触媒を用い
      るかさ高い α-アルキルアミノ酸の合
      成 …………………………… 64
4 中性条件下で使えるキラル相間移動触媒
    ……………………………… 65
5 水素結合供与型触媒としての相間移動触
    媒 …………………………… 67

第7章 トリスイミダゾリンの分子認識能を利用する不斉触媒システムの開発

藤岡弘道, 村井健一

1 はじめに ……………………… 71
2 トリスイミダゾリン触媒の設計 ……… 71
  2.1 触媒の設計と合成 …………… 71
  2.2 触媒の評価（β-ケトエステルを利用

する反応)……………………… 72

3　ハロラクトン化………………… 74

　3.1　エンカルボン酸のブロモラクトン化

　　　反応……………………………… 74

3.2　アレンカルボン酸のヨードラクトン

　　　化反応………………………… 77

4　おわりに………………………… 79

第8章　大量スケール合成に適用可能な高エナンチオ選択的アシル化反応の開発　　　菅　誠治，萬代大樹

1　はじめに……………………… 80

2　触媒設計と合成 ……………… 80

3　分子内不斉アシル基転位反応……… 82

4　分子間不斉アシル化反応……… 83

　4.1　d,l-1,2-ジオールの速度論的光学分割

　　　………………………………… 83

　4.2　meso-1,2-ジオール類の非対称化反

　　　応………………………………… 86

5　おわりに………………………… 88

第9章　超強酸性炭素酸を触媒として用いた分子変換　　　矢内　光

1　はじめに……………………… 90

2　強酸性炭素酸の合成と酸性度……… 91

3　炭素酸による触媒反応………… 94

　3.1　アキラルな炭素酸を用いた反応… 94

3.2　キラルな炭素酸を用いたエナンチオ

　　　選択的反応…………………… 98

4　おわりに………………………… 99

【第2編　分子変換システムの開発】

第10章　天然物合成を志向した水素結合供与触媒の創製　　　竹本佳司

1　チオ尿素触媒を用いる β-ヒドロキシアミ

　　ノ酸等価体の不斉合成法の開発 ……… 103

2　(−)-Caprazamycin A の不斉全合成… 108

3　不斉分子内オキサマイケル付加反応の開

　　発及び生物活性化合物への応用 ……… 110

第11章　基質認識型触媒による位置選択的分子変換　上田善弘，川端猛夫

1　はじめに………………………115

2　天然由来ポリオールの位置選択的アシル

　　化………………………………115

3　グルコピラノシドの触媒的位置選択的ア

シル化 ……………………………116

4　配糖体天然物の位置選択的アシル化…117

5　天然物由来ポリオールへの展開 ………118

6　連続位置選択的官能基化に基づくエラジ

タンニン類の革新的全合成 ………… 119
7 鎖状アミノアルコールの位置選択的アシル化 …………………………… 121

8 アミノジエンの位置選択的エポキシ化
………………………………… 123
9 さいごに ……………………………… 124

第 12 章 グアニジン触媒を用いた不斉分子変換反応

細谷圭介，長澤和夫

1 グアニジン官能基とその反応性 …… 126
2 グアニジンの窒素 1 つと求核剤との相互作用を介した触媒反応（Type-A）…… 127
3 グアニジンの窒素 1 つと求電子剤との相互作用を介した触媒反応（Type-B）… 127
4 グアニジンの窒素 2 つと求核剤との相互作用を介した触媒反応（Type-C）…… 128

5 グアニジンの窒素 2 つと求電子剤との相互作用を介した触媒反応（Type-D）…… 134
6 グアニジンの窒素 2 つと求核剤，求電子剤との相互作用を介した触媒反応
（Type-E）………………………… 136
7 おわりに …………………………… 138

第 13 章 含窒素複素環式カルベン触媒の新展開

鳴海哲夫，喜屋武龍二

1 はじめに …………………………… 140
2 NHC 触媒の分類と特徴 …………… 140
3 チアゾリウム塩の分子変換 ………… 143
　3.1 交差ベンゾイン生成反応 ……… 144
　3.2 アザ Stetter 反応 ……………… 145

　3.3 Redox エステル化反応 ………… 146
　3.4 ホモエノラート ……………… 147
　3.5 ヒドロアシル化反応 …………… 148
4 おわりに …………………………… 149

第 14 章 有機触媒によるジフルオロカルベンの発生制御とその利用

渕辺耕平，市川淳士

1 はじめに …………………………… 152
2 ジフルオロカルベンの利用に関わる問題と戦略 ………………………… 153
3 有機触媒によるジフルオロカルベンの発生と利用 ……………………… 154
　3.1 カルボニル化合物およびチオカルボニル化合物への-CF$_2$-導入：CHF$_2$X 型化合物の合成 ……………… 154

　3.2 ジチオエステルへの CF$_2$=導入：硫黄置換 1,1-ジフルオロアルケンの合成 ………………………… 158
　3.3 シリルエノールエーテルへの-CF$_2$-導入：フッ素置換シクロペンタノンの合成 …………………… 159
4 おわりに …………………………… 161

第15章 有機触媒芳香族脱プロトン化による分子変換システムの開発

根東義則

1 はじめに……………………164
2 有機超強塩基を触媒とする芳香族脱プロトン化修飾……………………165
3 系内発生 HMDS 触媒を用いる芳香族脱

プロトン化修飾……………………168
4 触媒的脱プロトン化による芳香族ケイ素化反応……………………172

第16章 第一級アミンを用いた分子変換反応

柴富一孝

1 はじめに……………………177
2 第一級アミン触媒の反応性…………177
3 不斉反応への応用……………………179
　3.1 分岐型アルデヒドの反応………180

　3.2 分岐型ケトンの反応……………183
　3.3 α-置換エナール，α-置換エノン…186
4 おわりに……………………190

第17章 選択的ペプチド触媒の開発

工藤一秋，赤川賢吾

1 はじめに……………………193
2 イミニウムイオン触媒作用を示すペプチドの開発……………………194
3 ペプチド触媒固有の選択的反応の開発

……………………195
4 2つのアミノ酸サイトが協同的にはたらくペプチド触媒の発見……………198
5 おわりに……………………200

第18章 有機分子触媒を用いた光ペルフルオロアルキル化反応の開発

矢島知子

1 はじめに……………………202
2 有機色素を用いた可視光ヨウ化‐ペルフルオロアルキル化……………………203
　2.1 エオシン Y を用いた反応………203
　2.2 有機色素の検討………………204

　2.3 光源の検討……………………204
　2.4 反応基質の検討………………205
　2.5 反応機構に関する研究…………207
3 おわりに……………………209

第19章 光励起ケトンを活性化剤とする分子骨格への直接的官能基導入法

上條　真

1　はじめに ……………………211
2　C-H 結合のシアノ化 ……………211
3　C-H 結合のアルキル化……………214
4　C-H 結合のアリル化 ………………216
5　おわりに ……………………218

第20章 多機能有機分子不斉触媒を用いる環境調和型ドミノ反応の開発

笹井宏明，滝澤　忍

1　はじめに ……………………220
2　エナンチオ選択的 Rauhut-Currier 反応を用いる α-メチレン-γ-ブチロラクトンの合成 …………………221
3　アミド化/RC ドミノ反応による α-メチ

リデン-γ-ブチロラクタムの合成 ……225
4　極性転換 RC 型ドミノ反応によるテトラヒドロベンゾフラノンの合成 ………228
5　おわりに ……………………231

第21章 有機触媒を用いたカルボン酸誘導体および光学活性アルコールとカルボン酸の合成，ならびに医薬品合成への応用

椎名　勇，殿井貴之，中田健也

1　はじめに ……………………233
2　MNBA と DMAP を組み合わせる脱水縮合反応系の開発 ……………234
　2.1　MNBA 法によるエステル合成 …234
　2.2　MNBA 法によるラクトン合成 …234
　2.3　MNBA ラクトン化の天然物合成への応用 ……………………235
3　MNBA と DMAPO を組み合わせる脱水縮合反応系の開発 ……………236
　3.1　MNBA 法によるアミド合成 ……236
　3.2　MNBA 法によるペプチド合成 …238
4　不斉脱水縮合反応への展開 …………238
5　ラセミ第2級ベンジルアルコールの速度論的光学分割 ……………239
6　ラセミ 2-ヒドロキシカルボニル化合物の速度論的光学分割 ……………239
7　ラセミカルボン酸の速度論的光学分割 ……………………240
8　キラルな非ステロイド性抗炎症剤（NSAIDs）の合成 ……………241

【第3編 応用シーズ】

第22章 有機分子触媒の有用物質合成への応用　　林　雄二郎

1　有機分子触媒反応を有機化合物合成に用
　いる際の利点 ……………………… 247
2　不斉マイケル反応を鍵工程とするバクロ
　フェンのワンポット合成 …………… 248
3　オセルタミビルのワンポット短時間全合

成とフロー合成 …………………… 249
4　ドミノ不斉マイケル/分子内アルドール
　反応を鍵工程としたエストラジオールメ
　チルエーテルの全合成 …………… 252
5　まとめ ……………………………… 254

第23章 有用キラル合成素子の環境調和合成　　岩渕好治

1　はじめに ……………………………… 256
2　有機触媒を鍵とするキラルシクロヘプタ
　ノイド合成素子の合成 …………… 257

3　キラル bicyclo[5.3.0]decane 合成素子の
　設計と合成 ………………………… 259
4　結論 ………………………………… 262

第24章 有機触媒による創薬を指向した生理活性天然物の実践的合成
山田　健，砂塚敏明

1　はじめに ……………………………… 264
2　有機分子触媒を用いた生理活性天然物の
　全合成 ……………………………… 264
　2.1　新規アセチルコリンエステラーゼ
　　　（AChE）阻害剤 Arisugacin 類の全
　　　合成 …………………………… 264
　2.2　特異なインドリンスピロアミナール

骨格を有する Neoxaline 類の全合成
　…………………………………… 266
　2.3　有機分子触媒を用いたイソシアニド
　　　の α-付加反応 ……………… 267
3　有機分子触媒を用いた有用ポリオール天
　然物の位置選択的モノアシル化 …… 268

第25章 有機触媒重合を活用した機能性高分子材料の開発
磯野拓也，佐藤敏文

1　はじめに ……………………………… 272
2　各種モノマーの有機触媒重合法 …… 272
　2.1　環状エステルの開環重合 ……… 273
　2.2　環状カーボネートの開環重合 … 275
　2.3　エポキシドの開環重合 ………… 276

　2.4　アクリル系モノマーのグループ移動
　　　重合 …………………………… 277
3　機能性高分子材料合成への応用 …… 278
　3.1　熱応答性ポリマー ……………… 278
　3.2　エラストマー …………………… 280

| 3.3 ドラッグナノキャリア ……………281 | 4 おわりに………………………283 |
| 3.4 ミクロ相分離薄膜………………282 | |

第26章 不斉ハロ環化反応による高機能性キラル合成素子の開発

川戸勇士，濱島義隆

1 はじめに…………………………285	2.4 ビスアリルアミドの非対称化型ブロ
2 キラルホスフィン触媒を用いたアリルア	モ環化反応への展開 ……………289
ミドの不斉ブロモ環化反応…………285	2.5 不斉ブロモ環化反応を鍵工程とする
2.1 研究背景 ………………………285	HIV プロテアーゼ阻害薬ネルフィナ
2.2 BINAP 触媒を用いたアリルアミドの	ビルの合成………………………292
不斉ブロモ環化反応 ……………286	3 おわりに…………………………293
2.3 反応機構に関する考察 …………288	

第27章 二級アミン型不斉有機触媒反応の実用化に向けた触媒量低減化とアルカロイド合成への応用

石川勇人

1 はじめに…………………………295	減化の試み ………………………299
2 C4 アルキル基を有するキラルピペリジ	4 α-スキタンチンの全合成への応用 ……302
ン骨格構築反応の開発 ……………296	5 おわりに…………………………303
3 添加剤による反応速度の加速と触媒量低	

第28章 不斉森田-Baylis-Hillman 反応を活用する創薬リード天然物の合成

畑山 範

1 はじめに…………………………305	4 ポリプロピオナートの立体選択的合成
2 ホスラクトマイシン天然物の合成 ……306	………………………………311
3 チランダマイシン天然物の合成………308	

第29章 有機分子触媒を鍵反応に利用した医薬中間体のプロセス開発

池本哲哉

1 はじめに…………………………314	3.1 プロリン触媒による方法 ………316
2 頻尿治療薬中間体のプロセス開発 ……314	3.2 ジアリールプロリノール触媒による
3 抗エイズ薬中間体のプロセス開発 ……315	方法………………………………317

| 3.3 | 新規なジアリールパーフルオロスル
フォンアミド型触媒の開発⋯⋯⋯318 | 5 | C型肝炎治療薬共通中間体のプロセス開
発 ⋯⋯⋯⋯⋯⋯⋯⋯⋯⋯⋯⋯⋯320 |
| 4 | C型肝炎治療薬中間体のプロセス開発
⋯⋯⋯⋯⋯⋯⋯⋯⋯⋯⋯⋯⋯⋯319 | 6 | おわりに⋯⋯⋯⋯⋯⋯⋯⋯⋯⋯321 |

第30章 不斉有機触媒を用いた二環式ケトンの実用的な速度論的分割法の開発

金田岳志

1	はじめに⋯⋯⋯⋯⋯⋯⋯⋯⋯⋯324	4.1	酵素触媒によるケトンの速度論的分 割法 ⋯⋯⋯⋯⋯⋯⋯⋯⋯⋯⋯327
2	光学活性な二環式ケトンの特徴とメディ シナルルート ⋯⋯⋯⋯⋯⋯⋯324	4.2	不斉有機触媒を用いたケトンの速度 論的分割法⋯⋯⋯⋯⋯⋯⋯⋯328
3	安価で効率的なラセミ体合成法の構築 ⋯⋯⋯⋯⋯⋯⋯⋯⋯⋯⋯⋯⋯325	5	光学活性な二環式ケトンの工業化プロセ ス ⋯⋯⋯⋯⋯⋯⋯⋯⋯⋯⋯⋯331
4	二環式ケトンの光学活性体取得法の構築 ⋯⋯⋯⋯⋯⋯⋯⋯⋯⋯⋯⋯326	6	おわりに⋯⋯⋯⋯⋯⋯⋯⋯⋯⋯333

第1編
制御システムの開発

第1章　キラルブレンステッド触媒を用いた不斉触媒反応

秋山隆彦*

1　はじめに

　ブレンステッド酸（H^+X^-）は，エステルの生成，加水分解，アセタールの生成，加水分解等の炭素-酸素結合の生成および開裂反応のための触媒として汎用されてきた。キラルブレンステッド酸を開発することができれば，不斉反応の触媒として用いることができると考えられる。しかし，キラルブレンステッド酸の不斉触媒としての利用は比較的新しい[1]。山本，石原らはビナフトールと塩化スズ（IV）より系中で生成した錯体が Lewis acid assisted chiral Brønsted acid として機能することを 1994 年に報告している[2]。我々は 2004 年に（R）-BINOL 由来のキラル環状リン酸ジエステル（以後キラルリン酸）（図1）がキラルブレンステッド酸として優れた不斉触媒能を示し，イミンに対するシリルエノラートの付加反応である Mannich 型反応が高いエナンチオ選択的に進行し，対応する β-アミノ酸エステルが光学純度よく得られることを 2004 年に報告した[3]。ほぼ同時期に寺田らもキラルリン酸を用いた不斉 Mannich 反応を見出した[4]。その後，キラルリン酸が大きな注目を集め，数多くの不斉触媒反応が報告された。さらに，キラルリン酸誘導体や他のキラルブレンステッド酸が多数開発されている（図2）。近年，Lambert らは，メントールを不斉源として用いたキラルブレンステッド酸触媒を報告した（図3）[5]。

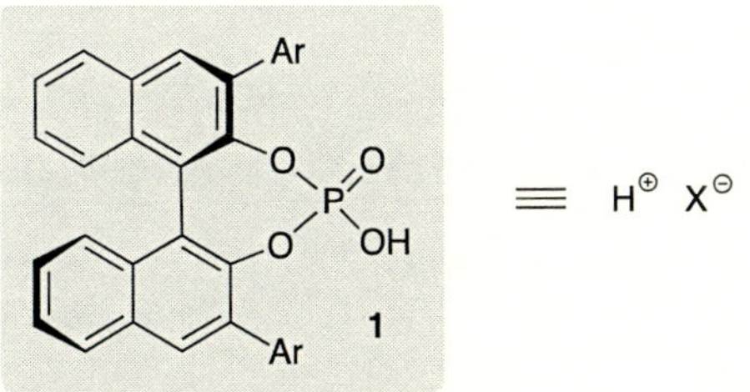

1a: Ar = 4-$NO_2C_6H_4$
1b: Ar = 2,4,6-(i-Pr)$_3C_6H_2$
1c: Ar = 4-(2,4,6-(i-Pr)$_3C_6H_2$)-2,6-(i-Pr)$_2C_6H_2$
1d: Ar = 4-(9-anthryl)-2,6-(i-Pr)$_2C_6H_2$
1e: Ar = $SiPh_3$
1f: Ar = Si(3-FC_6H_4)$_3$

図1　キラルリン酸

---

*　Takahiko Akiyama　学習院大学　理学部　化学科　教授

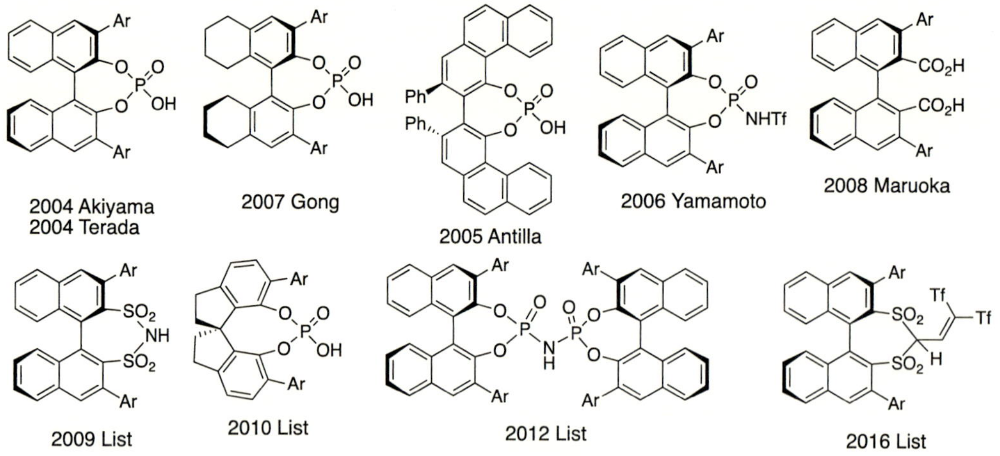

有機分子触媒の開発と工業利用

2004 Akiyama
2004 Terada

2007 Gong

2005 Antilla

2006 Yamamoto

2008 Maruoka

2009 List

2010 List

2012 List

2016 List

図2　キラルリン酸およびその類縁体

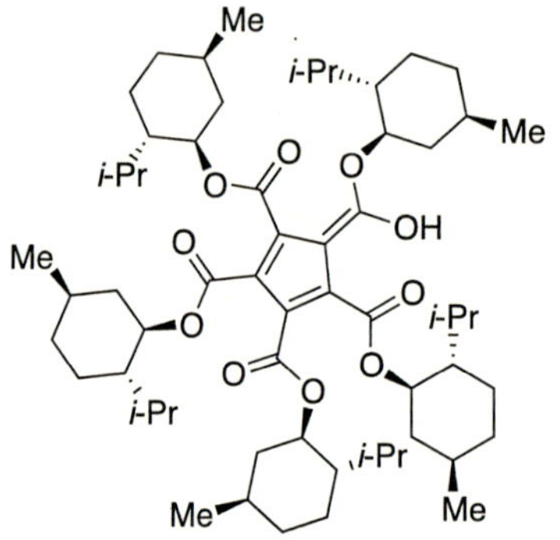

図3　メントール由来のキラルブレンステッド酸

　本稿では，キラルリン酸の開発およびリン酸を用いた不斉触媒反応について筆者らの研究を中心に紹介する。

2　キラルリン酸を用いた Mannich 型反応の開発

　イミンに対するシリルエノラートの付加反応であるマンニッヒ型反応は，β-アミノエステルを合成する優れた合成反応である。我々は，マンニッヒ型反応が，含水溶媒中において，触媒量のブレンステッド酸（HBF_4）により，効率良く進行し，対応する β-アミノエステル，β-アミノケトン類が収率良く得られることを見出した[6]。ブレンステッド酸触媒が炭素–炭素結合生成反応の触媒として効率良く機能することがわかったので，本反応の不斉触媒化を目指して，キラルブレンステッド酸の合成を行った。その結果，窒素上に o-ヒドロキシフェニル基の置換した

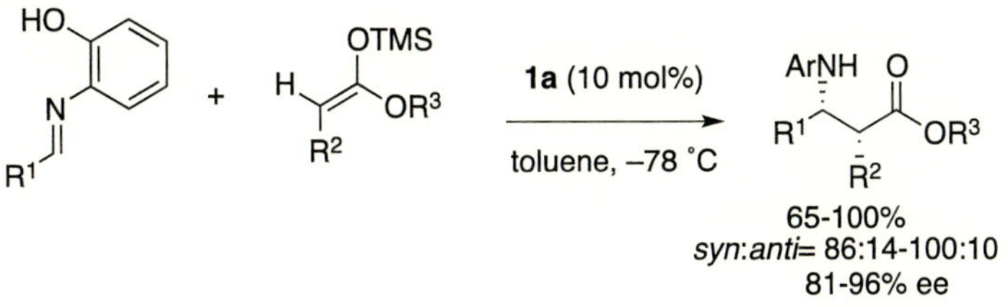

第1章　キラルブレンステッド触媒を用いた不斉触媒反応

式1　マンニッヒ型反応

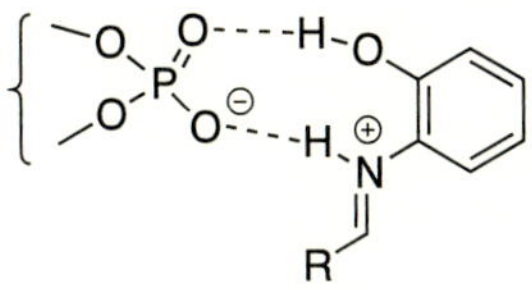

図4　マンニッヒ型反応の遷移状態

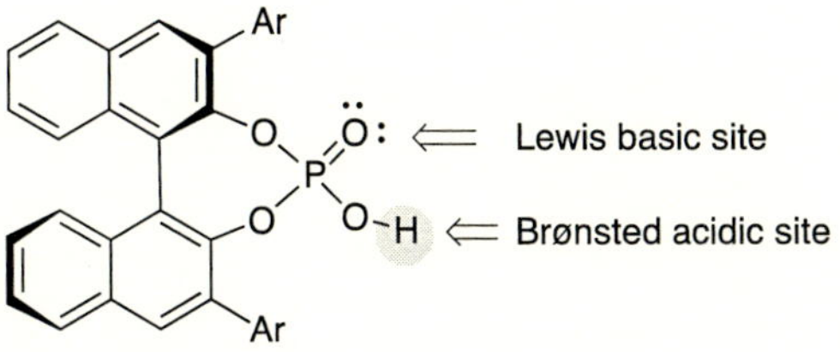

図5　多機能性ブレンステッド酸としてのキラルリン酸

　イミンに対するケテンシリルアセタールの付加反応において，(R)-BINOL 由来のリン酸ジエス
テルをブレンステッド酸触媒として用いて反応を試みた。その結果，3,3'-位に 4-ニトロフェニ
ル基の置換したリン酸を用いた場合に最も高い不斉収率で対応する β-アミノエステルが得られ
ることを見出した（式1）[3]。本反応は，リン酸がブレンステッド酸としてイミンを活性化すると
同時に，ホスホリル基の酸素原子が，イミンの窒素上のヒドロキシ基と水素結合を形成し，9 員
環遷移状態を経て進行することが理論化学計算から明らかになった（図4）[7]。すなわち，キラル
リン酸は，一般にホスホリル基の酸素原子が塩基性部位として基質と水素結合を形成する多官能
性の Brønsted 酸として機能する（図5）。また，3,3'-位の置換基も重要であり，反応性および
エナンチオ選択性が大きく変化する。

3 ベンゾチアゾリンを水素供与体として用いたケトイミンの水素移動型不斉還元

ケトイミン類の不斉還元反応は，アミンを光学純度良く得る優れた手法の一つである。様々な金属錯体を用いた不斉還元反応が報告されている一方，生体内では，NADHが還元剤として用いられている。この生体反応を模倣して，Hantzschエステルを水素供与体として用い，リン酸を触媒として用いた水素移動型不斉還元反応が，Rueping，List，MacMillanの3つのグループから独立に報告され[8]，その後，α-イミノエステルやキノリンの不斉還元等にも幅広く用いられている（図6）[9]。我々は，ベンゾチアゾリンが水素供与体として機能するのではないかと考えた。ベンゾチアゾリンは，水素を供与することにより，ベンゾチアゾールとなり，芳香化するために，反応は円滑に進行することが期待される。また，Hantzschエステルと異なり，ベンゾチアゾリンは市販されていないが，2-アミノベンゼンチオールとアルデヒドから容易に合成可能である。また，2位の置換基を適宜選択することにより，ベンゾチアゾリンの水素供与能およびエナンチオ選択性を制御することができると考えられ，リン酸の3,3'-位の置換基効果と併せて，より高い不斉収率を達成することを期待した。

アセトフェノン由来のケトイミンの水素移動型還元反応は，2-ナフチル基の置換したベンゾチアゾリンを水素供与体として用い，リン酸 **1b** を用いることにより効率良く進行し，対応するアミンが良好な収率かつ高い光学純度で得られた（式2）[10a]。

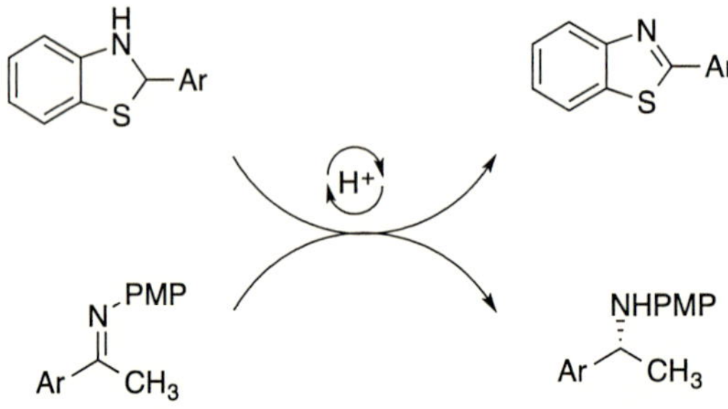

図6 ベンゾチアゾリンを用いたケトイミンの水素移動型不斉還元

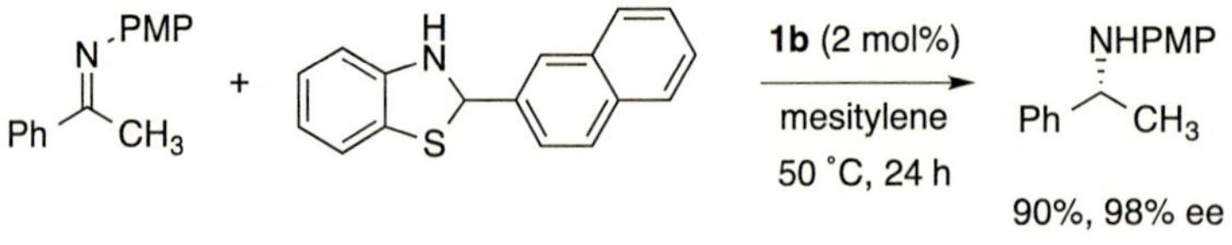

式2 アセトフェノン由来のケトイミンの水素移動型不斉還元

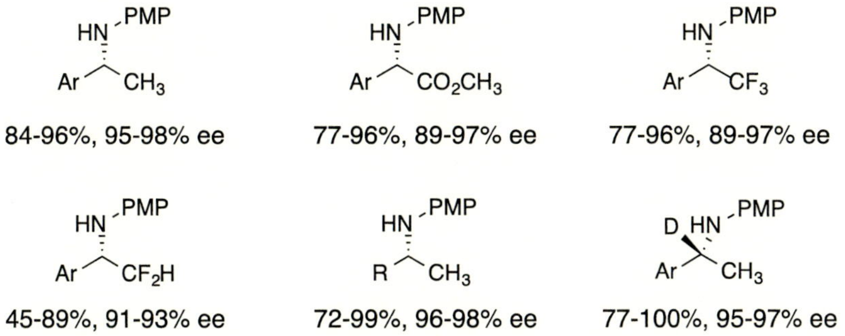
HN PMP
Ar CH3
84-96%, 95-98% ee
HN PMP
Ar CO2CH3
77-96%, 89-97% ee
HN PMP
Ar CF3
77-96%, 89-97% ee
HN PMP
Ar CF2H
45-89%, 91-93% ee
HN PMP
R CH3
72-99%, 96-98% ee
D HN PMP
Ar CH3
77-100%, 95-97% ee

図７　ベンゾチアゾリンを用いた様々なケトイミンの水素移動型不斉還元

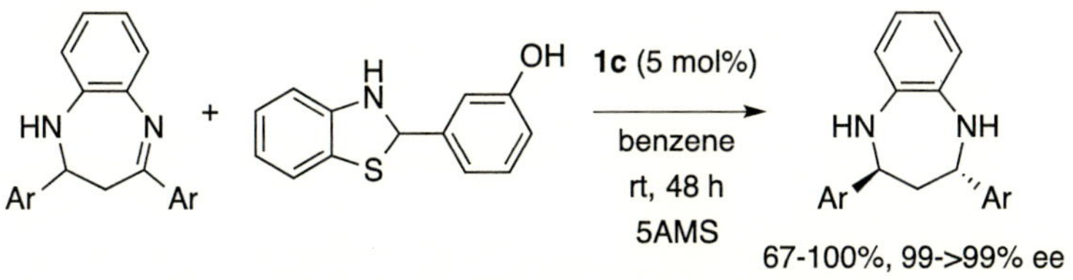
HN
N
Ar
Ar
+
H
N
S
OH
1c (5 mol%)
benzene
rt, 48 h
5AMS
HN
NH
Ar
Ar
67-100%, 99->99% ee

式３　ジヒドロベンゾジアゼピンの動的速度論的光学分割

ベンゾチアゾリンを用いた不斉還元反応は，様々なケトイミンを用いることが可能である。アセトフェノン由来のケトイミンのみならず，α-イミノエステル由来のケトイミン[10b)]，トリフルオロメチル基[10c)]あるいはジフルオロメチル基の置換したケトイミン[10d)]，更には，還元的アミノ化反応[10e)]にも適用可能である（図７）。また，２位に重水素の置換したベンゾチアゾリンを用いることにより，α位が重水素化されたアミンの合成にも成功した[10f)]。

ジヒドロベンゾジアゼピン誘導体の不斉還元によるテトラヒドロベンゾジアゼピンの不斉合成を行った。ラセミ体のジヒドロベンゾジアゼピンに対し，3-HOC_6H_4基を有するベンゾチアゾリン存在下リン酸を作用させると，動的速度論的光学分割が進行し，対応するテトラヒドロベンゾジアゼピンが良好な収率かつ高いジアステレオ選択性かつ高い光学純度で得られた（式３）[11)]。興味深いことに，3-位のヒドロキシ基が特異的に効果的であった。また，逆アザ Michael 反応が起こるために，動的な不斉反応になったと考えられる。

4　インドリンの酸化的速度論的光学分割

ベンゾチアゾリンは，優れた水素供与体として機能することが明らかになったが，*N*,*S*-アセタール構造を有するため，酸性条件下加水分解する場合がある。そこで，炭素類縁体であるインドリンを水素供与体として用いたケトイミンの水素移動型不斉還元を試みた。その結果，3,5-ジメチルフェニル基の置換したインドリンおよびリン酸 **1b** を用いることにより，対応する還元体

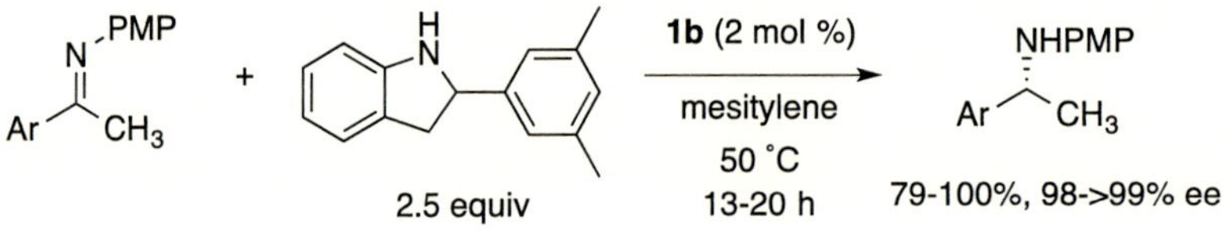

有機分子触媒の開発と工業利用

式4 インドリンを用いたケトイミンの不斉還元

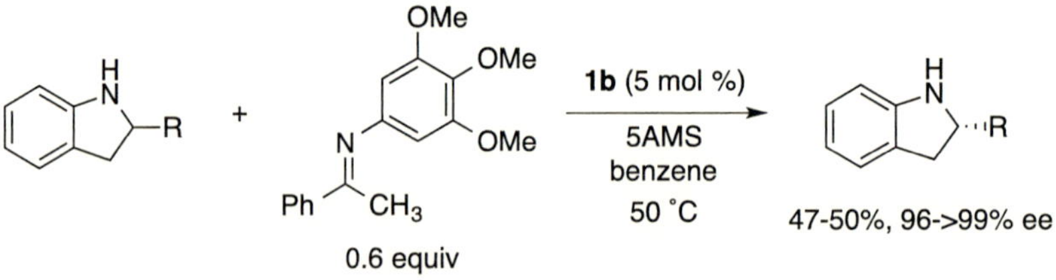

式5 インドリンの速度論的光学分割

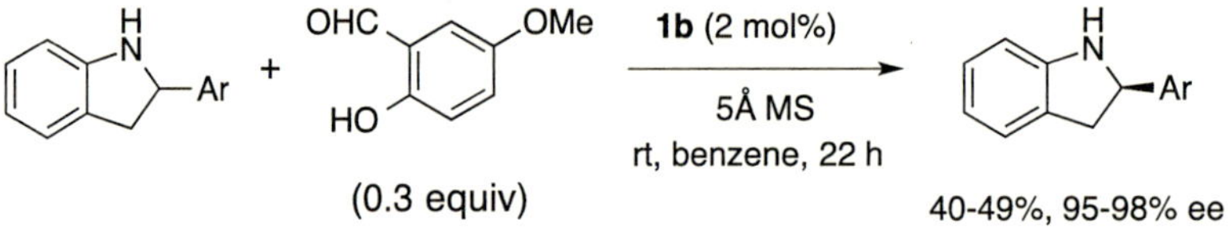

式6 インドリンの速度論的光学分割

が極めて高い光学純度で得られた（式4）[12]。

　この際，反応を完結させるためには，インドリンを2.5当量以上用いる必要があった。当初その理由は不明であったが，インドリンにはエナンチオマーが存在し，そのエナンチオマー間で反応性が大きく異なることが分かった。そこで，2-置換インドリンに対し，窒素上に3,4,5-$(MeO)_3C_6H_2$基の置換したケトイミンを0.6当量作用させた。すると，R体のインドリンが優先的に反応し，S体のインドリンが高い光学純度で，ほぼ50％の化学収率で得られた（式5）[13]。

　さらに，ケトイミンに代えてサリチルアルデヒド誘導体を用いても，速度論的光学分割が効率よく進行し，R-体の2-アリールインドリンが光学純度良く得られた（式6）[14]。

5　分子内アルドール反応

　キラルリン酸は，イミン（C＝N）の活性化に有効であるが，少し強い条件が必要であるものの，ケトン（C＝O）の活性化にも有効である。例えば，対称面を有するトリケトンに対し，キラルリン酸を加えて加熱すると，非対称化を伴う分子内アルドール反応に引き続く脱水反応が効

第 1 章　キラルブレンステッド触媒を用いた不斉触媒反応

式 7　非対称化を伴う分子内アルドール反応を利用したシクロヘキセノンの不斉合成

率良く進行し，対応するシクロヘキセノン誘導体が良好な収率かつ高い光学純度で得られた
（式 7）[15]。リン酸は，ケトンを求電子的に活性化するとともに，ホスホリル基の酸素原子が，ケ
トンから生成したエノールの水素と水素結合し，求核性を向上させていると考えられる。

6　Friedel-Crafts 反応を用いた 3 位置換インドール誘導体の不斉合成反応

　インドール誘導体は，生理活性化合物に多く含まれる重要な骨格の一つである。インドールの
Friedel-Crafts アルキル化反応は，3 位置換インドール誘導体を得る優れた合成反応の 1 つであ
り，活発な研究が行われている。リン酸はニトロ基の活性化にも有効であり，ニトロスチレンに
対する Friedel-Crafts アルキル化反応が収率良く進行し，また，付加体を光学純度良く得るこ
とができた（式 8）[16]。この際，モレキュラーシーブズを添加することが重要である。
　窒素上にメチル基の置換したインドールを用いるとほとんど反応が進行せず，N-H インドー
ルを用いることが必須であることから，図 8 に示す遷移状態を経て進行していると考えている。
　第四級炭素骨格の構築は必ずしも容易ではなく，そのエナンチオ選択的な構築法の開発は，困
難な課題の 1 つである。本手法は，第四級炭素骨格の構築にも展開できた。すなわち，ニトロ
基の β 位にメチル基の置換したニトロスチレンを用いると反応はほとんど進行しなかったが，
電子求引性基を導入すると反応性が向上し，対応する Friedel-Crafts 付加体が良好な収率，高
い光学純度で得られた[17,18]。

式 8　インドールとニトロスチレンとの Friedel-Crafts アルキル化反応

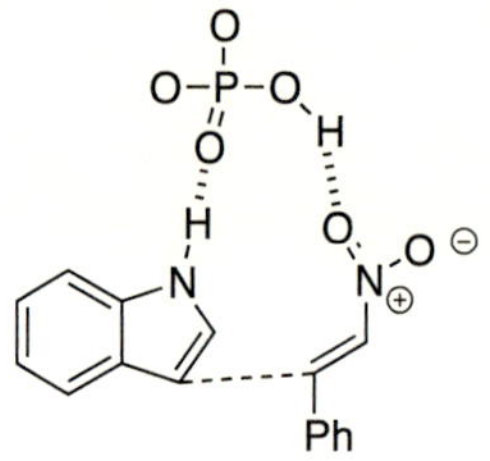

有機分子触媒の開発と工業利用

図8　Friedel–Crafts 反応の遷移状態

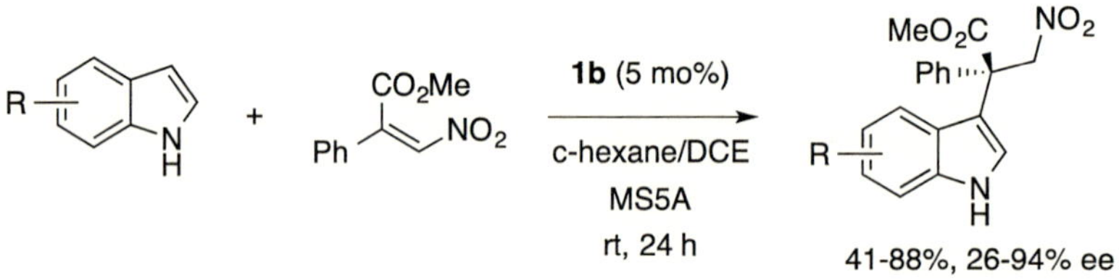

41-88%, 26-94% ee

式9　インドールとメトキシカルボニル基の置換したニトロスチレンとの Friedel–Crafts 反応

7　軸性不斉を有するキラルビアリールの不斉合成

　ビアリールの単結合は自由回転が可能であるが，o-位に複数の置換基を導入すると，回転障壁が高くなり，軸性不斉が生じる。ビアリール化合物は，BINAP，キラルリン酸などの配位子や触媒のみならず，生理活性物質にも数多くみられる重要な骨格の一つである。近年，ビアリール骨格の不斉合成手法の開発が行われている。我々は，N-ブロモフタルイミド（NBP）を臭素化剤として用いることにより，鏡面対称性を有するビアリールの臭素化反応が進行し，非対称化反応により，モノブロモ体が良好な収率かつ高い光学純度で得られた（式 10）。

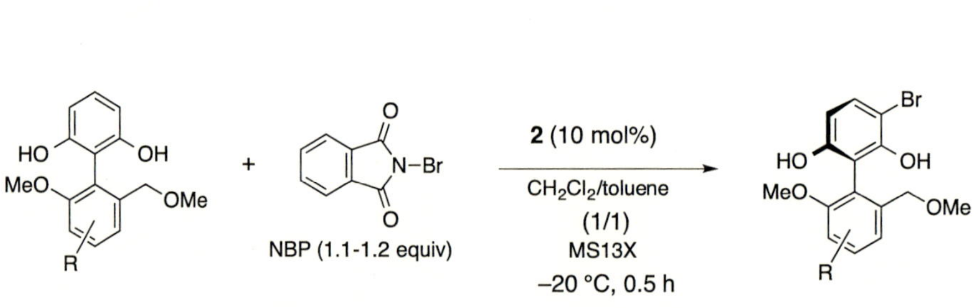

式10　非対称化反応を利用したキラルビアリールの不斉合成

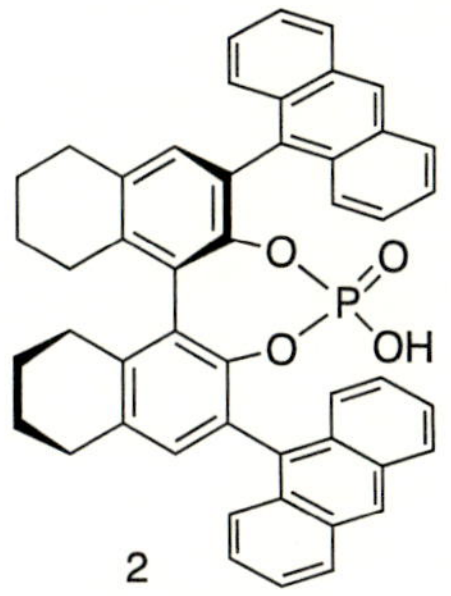

第 1 章　キラルブレンステッド触媒を用いた不斉触媒反応

図 9　キラルリン酸

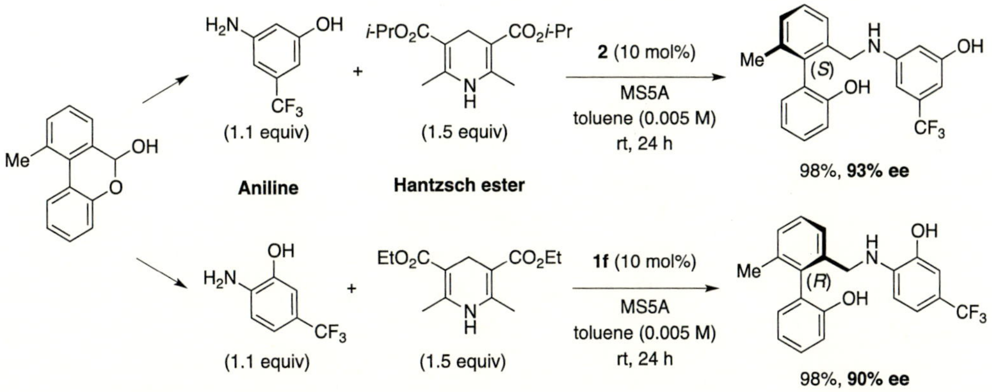

式 11　水素移動反応を基軸とする還元的アミノ化反応を用いたキラルビアリールの動的速度論的
光学分割

　さらに，ヘミアセタール構造を有するビアリールに対し，*m*-ヒドロキシアニリン誘導体およ
び Hantzsch エステルを作用させると，イミンの生成に引き続く水素移動型の還元反応が進行
し，*S* 体の *N*-ベンジルアミンが光学純度良くかつ高い収率で得られた（式 11）。本反応におい
ては，ビアリールの単結合の回転が起こり，動的速度論的光学分割に成功している。さらに，*o*-
ヒドロキシアニリン誘導体を用いると，*R* 体の *N*-ベンジルアミンが光学純度良くかつ高い収率
で得られた。すなわち，動的速度論的光学分割に加えて，アトロプ divergent なビアリールの不
斉合成に成功した。

8　結語

　キラルリン酸をキラルブレンステッド酸として用いた不斉触媒反応について，筆者のグループ
の研究を中心に概説した。キラルリン酸は基質と共有結合を形成することなく，弱い水素結合
ネットワークを形成し，反応の制御を行うことが明らかになっている。これまで，イミン，カル

11

有機分子触媒の開発と工業利用

ボニル基，ニトロ基，アルコール，アルケン等，様々なルイス塩基部位を有する官能基の活性化
に有効であることが見出されている。すなわち，酸触媒として，極めて幅広い基質，化合物に用
いることができる。これからもキラルリン酸を用いた新たな不斉触媒反応が数多く見出されると
ともに，工業的にも利用可能な実用的なキラル酸触媒へと発展することを期待する。

文　　献

1) For reviews, see：T. Akiyama, *Chem. Rev.*, **107**, 5744 (2007). M. Terada, *Chem. Commun.*, 4097 (2008). M. Terada, *Synthesis*, 1929 (2010). M. Rueping, *et al.*, *Chem. Rev.*, **114**, 9047 (2014). T. Akiyama, K. Mori, *Chem. Rev.*, **115**, 9277-9306 (2015). D. Parmar, E. Sugiono, S. Raja, M. Rueping, *Chem. Rev.*, **117**, 10608-10620 (2017).

2) K. Ishihara, M. Kaneeda, H. Yamamoto, *J. Am. Chem. Soc.*, **116**, 11179-11180 (1994).

3) T. Akiyama, *et al.*, *Angew. Chem. Int. Ed.*, **43**, 1566 (2004).

4) D. Uraguchi, M. Terada, *J. Am. Chem. Soc.*, **126**, 5356 (2004).

5) C. D. Gheewala, B. E. Collins, T. H. Lambert, *Science*, **351**, 961-965 (2016).

6) T. Akiyama, J. Takaya, H. Kagoshima, *Synlett*, 1045-1048 (1999). T. Akiyama, J. Takaya, H. Kagoshima, *Synlett*, 1426-1428 (1999). T. Akiyama, J. Takaya, H. Kagoshima, *Adv. Synth. Catal.*, **344**, 338-347 (2002). T. Akiyama, J. Takaya, H. Kagoshima, *Tetrahedron Lett.*, **42**, 4025-4028 (2001).

7) M. Yamanaka, T. Akiyama, *et al.*, *J. Am. Chem. Soc.*, **129**, 6756 (2007).

8) M. Rueping, *et al.*, *Org. Lett.*, **7**, 3781 (2005). B. List, *et al.*, *Angew. Chem. Int. Ed.*, **44**, 7424 (2005). D. W. C. MacMillan, *et al.*, *J. Am. Chem. Soc.*, **128**, 84 (2006).

9) For reviews, see：M. Rueping, *et al.*, *Synlett*, 852 (2010). C. Zheng, S.-L. You, *Chem. Soc. Rev.*, **41**, 2498 (2012).

10) a) C. Zhu, T. Akiyama, *Org. Lett.*, **11**, 4180 (2009). b) C. Zhu, T. Akiyama, *Adv. Synth. Catal.*, **352**, 1846 (2010). c) A. Henseler, M. Kato, K. Mori, T. Akiyama, *Angew. Chem. Int. Ed.*, **50**, 8180 (2011). d) K. Mori, T. Akiyama, *et al.*, *Asian J. Org. Chem.*, **2**, 943 (2013). e) K. Saito, T. Akiyama, *Chem. Commun.*, **48**, 4573 (2012). f) K. Mori, T. Akiyama, *et al.*, *Org. Lett.*, **14**, 3312 (2012). g) M. Yamanaka, T. Akiyama, *et al.*, *Acc. Chem. Res.*, **48**, 388 (2015). K. Saito, T. Akiyama, *et al.*, *Chem. Eur. J.*, **20**, 7616 (2014).

11) K. Saito, T. Akiyama, *et al.*, *Chem. Eur. J.*, **22**, 8078 (2016).

12) K. Saito, T. Akiyama, *et al.*, *Org. Lett.*, **16**, 5312 (2014).

13) K. Saito, T. Akiyama, *et al.*, *J. Am. Chem. Soc.*, **135**, 11740 (2013).

14) K. Saito, T. Akiyama, *Angew. Chem. Int. Ed.*, **55**, 3148-3152 (2016).

15) K. Mori, T. Katoh, T. Suzuki, T. Noji, M. Yamanaka, T. Akiyama, *Angew. Chem. Int. Ed.*, **48**, 9652-9654 (2009). See also, T. Akiyama, T. Katoh, K. Mori, *Angew. Chem. Int. Ed.*, **48**, 4226-4228 (2009).

第1章 キラルブレンステッド触媒を用いた不斉触媒反応

16) J. Itoh, K. Fuchibe, T. Akiyama, *Angew. Chem. Int. Ed.*, **47**, 4016-4018 (2008)

17) K. Mori, M. Wakazawa, T. Akiyama, *Chem. Sci.*, **5**, 1799-1803 (2014)

18) ほぼ同時期に類似の反応が報告された：L.-A. Chen, X. Tang, J. Xi, W. Xu, L. Gong, E. Meggers, *Angew. Chem. Int. Ed.*, **52**, 14021-14025 (2013). J.-Q. Weng, Q.-M. Deng, L. Wu, K. Xu, H. Wu, R.-R. Liu, J.-R. Gao, Y.-X. Jia, *Org. Lett.*, **16**, 776-779 (2014). See also, W. Xu, X. Shen, Q. Ma, L. Gong, E. Meggers, *ACS Catal.*, **6**, 7641-7646 (2016).

19) ビアリールの不斉合成の総説：G. Bencivenni, *Synlett*, **26**, 1915-1922 (2015). G. Ma, M. P. Sibi, *Chem. Eur. J.*, **21**, 11644-11657 (2015). P. Loxq, E. Manoury, R. Poli, E. Deydier, A. Labande, *Coordination Chem. Rev.*, **308**, 131-190 (2016).

20) K. Mori, Y. Ichikawa, M. Kobayashi, Y. Shibata, M. Yamanaka, T. Akiyama, *J. Am. Chem. Soc.*, **135**, 3964-3970 (2013).

21) K. Mori, T. Itakura, T. Akiyama, *Angew. Chem. Int. Ed.*, **55**, 11642-11646 (2016).

第2章 キラルブレンステッド酸触媒を用いた
不斉変換反応—最近の展開—

菊池　隼[*1]，寺田眞浩[*2]

1　はじめに

　ブレンステッド酸は，様々な有機合成反応において反応基質を活性化することができる最も古典的かつ汎用性の高い触媒である。ブレンステッド酸に関する研究は，これまでいかに反応基質をプロトン化し活性化させるかに焦点が当てられ，超強酸の設計・開発が進められてきた。一方で，このブレンステッド酸に対して基質認識能を付与した「キラルブレンステッド酸触媒」が2000年代に入り，代表的な有機分子触媒のひとつとして脚光を浴びるようになった[1]。その立役者となったのは，2004年に秋山らおよび寺田らによって独立に開発されたキラルリン酸である[2]。キラルリン酸が持つその高い立体制御能と適度な活性化能は，初報から14年の歳月が経った今でもなお，続々と新たな不斉変換反応を実現させている。

　キラルブレンステッド酸触媒による不斉変換反応は，まず触媒が基質をプロトン化することで正電荷を帯びた求電子種と同時に触媒の共役塩基が生じる。これらが水素結合を介して相互作用をすることで共役塩基によって構築される不斉反応場のもとで反応が進行し，高度な立体制御を可能とする。したがって，キラルブレンステッド酸触媒を用いた反応を設計する上では，この活性化された求電子種をいかに効率的に発生させ，どのように活用し結合生成へと結び付け，そして立体化学制御するかという一連の流れのもとで戦略を立てることが鍵となる。これまでにイミン類の活性化に始まり，カルボニル化合物やアルケン，脱離基などの活性化を起点とした多岐に渡る不斉変換反応が達成されている。また，立体制御機構の解明によって得られる知見は，新たな触媒や反応のデザインにつながろうとしている。

　今なお進化をし続けているキラルブレンステッド酸触媒だが，本章ではその分子設計の経緯も含め，最近の展開について筆者らの研究を例として概説する。

2　キラルリン酸触媒の分子設計と酸性度向上へのアプローチ

　これまでに報告されているキラルブレンステッド酸触媒の中でも，キラルリン酸およびリン酸誘導体は一線を画す有機分子触媒として多彩な触媒反応系に利用されている。この高い汎用性を

---

*1　Jun Kikuchi　東北大学　大学院理学研究科　化学専攻　助教
*2　Masahiro Terada　東北大学　大学院理学研究科　化学専攻　教授
（理学研究科長・理学部長）

第2章 キラルブレンステッド酸触媒を用いた不斉変換反応―最近の展開―

可能としているのは，酸触媒の中でも他に類をみないキラルリン酸の構造的な特徴にある（図1）。

　リン酸は触媒骨格の自由度を抑えるために環構造を導入しても基質を活性化するための酸性官能基を残すことができる。また，基質の活性化を行う酸性部位はもとより，ホスホリル酸素がブレンステッド塩基性部位として機能し，それぞれ水素結合ドナー／アクセプターの役割を果たす。一つの官能基によって酸／塩基の二つの機能を備える，この「Dual Function by Monofunctional Catalyst」としての作用は，求電子剤とプロ求核剤の双方の活性化と同時に，これら二重の水素結合を介した相互作用による反応基質の配向制御に有効である。さらに，ビナフトール（BINOL）骨格の3,3'-位に導入する置換基Gによって立体的・電子的性質を調節することができるため不斉反応場の精密制御が可能である。当初，キラルリン酸を用いた立体化学制御における要因は，二重水素結合のネットワーク形成に基づく配向制御と触媒置換基との立体反発によるものとして説明されてきた。しかし近年ではこれに加え，触媒と基質間における非古典的なC-H…O水素結合やπ-πスタッキング，C-H…π相互作用のような弱い相互作用が複数関与することで精緻な分子認識がなされた結果，高い立体化学制御が実現されていることが計算化学的手法によって明らかになってきている[3]。

　反応系の拡充に欠かせないのが，基質の効率的な活性化を目的とした触媒の酸性度の向上である。これまでに高い酸性度を獲得する試みとして，酸性官能基の修飾に基づくリン酸誘導体の開発が精力的に行われている（図2）[4]。例えば山本らは，リン酸のヒドロキシ基をトリフリルアミドに置き換えた触媒（**2**），Listらはヒドロキシ基に加え，ホスホリル酸素部位をトリフリルアミド骨格に置き換えた触媒（**3**）を開発している。一方，筆者らは異なるアプローチとしてキラルビスリン酸（**4**）[5]やビナフタレン環上の水素をフッ素で置き換えたF_{10}BINOLを不斉源とした

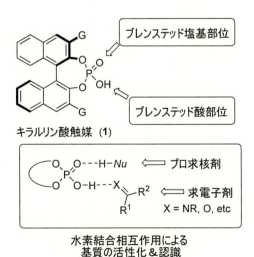

図1　キラルリン酸触媒の設計指針

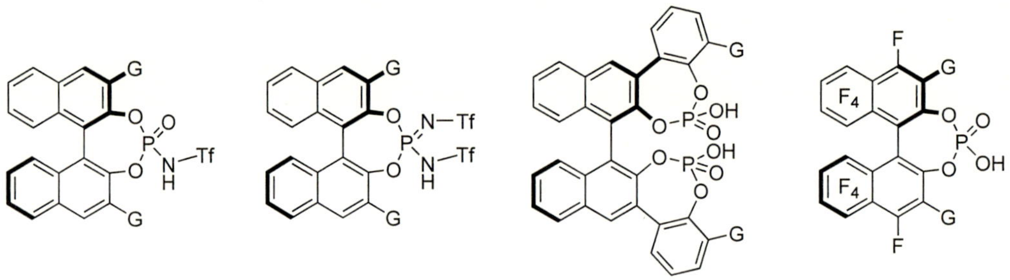

2
Yamamoto (2006)

3
List (2016)

4
Terada (2011)

5
Terada (2015)

図2　酸性度向上に向けたキラルリン酸誘導体の開発

リン酸触媒（**5**）[6]を開発している。キラルビスリン酸触媒（**4**）は，反応基質をプロトン化することで生じるアニオンが二つのリン酸官能基間で分子内水素結合を介して非局在化し安定化することによって酸性度が向上する（本触媒を用いた分子変換における立体制御機構に関しては次章を参照いただきたい）。また，F_{10}BINOL リン酸（**5**）ではビナフチル骨格上の水素原子を高い電子求引性を持つフッ素原子に置き換えることでリン酸骨格を維持したまま，酸性度の向上を実現している。こうした酸性度を高めたキラルブレンステッド酸触媒により触媒反応系の拡充が展開されているが，その反応例については最後の節で改めて紹介する。

3　ラセミ体を出発物質とする不斉置換反応によるエナンチオ収束合成

求核置換反応は，求核付加反応と並び有機合成化学における最も基本的な反応の一つである。不斉触媒反応の開発において求核付加が幅広く研究がなされてきたのに対し，不斉求核置換反応の開発は，求核種に不斉炭素を構築する触媒反応系，あるいはラセミ体の求電子剤を用いた速度論的光学分割を伴う反応系など限られた例が報告されているに過ぎない。特にラセミ体の求電子剤を用いた求核置換反応では，S_N2 機構で進行すると片方のエナンチオマーのみを立体反転で反応させることで光学活性な生成物を得ることになる（図 3a）。一方，こうした求核置換反応の利用価値を高めるには，エナンチオ収束的な方法論によりラセミ求電子剤の両エナンチオマーを S_N1 機構によって光学活性な生成物へと変換するのが理想的である（図 3b）。しかしながら，アキラルな中間体を経る S_N1 反応においても，接触イオン対の形成によって原料の不斉情報が一部生成物に反映されやすく，ラセミ求電子剤を用いる不斉求核置換反応の達成には，原料の不斉情報を効果的に消失するラセミ化のプロセスを組み込むことが重要となる。

この効果的なラセミ化プロセスを反応系に組み込む試みとして，筆者らは Nicholas 反応に着目した。Nicholas 反応はコバルトの隣接基効果によって安定化されたプロパルギルカチオンを利用した求核置換反応であり，プロパルギル化合物の合成法として汎用されている。コバルトがプロパルギルカチオンの π 軌道と相互作用する際に反応基質のキラリティーに応じた面不斉が

第2章　キラルブレンステッド酸触媒を用いた不斉変換反応—最近の展開—

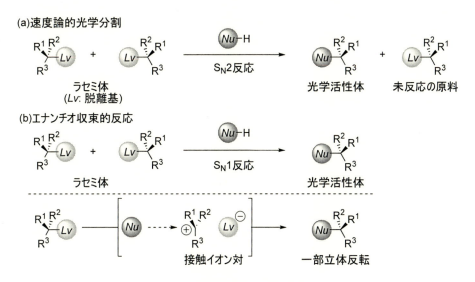

図3　不斉置換反応の反応形式

生じるが，二つあるコバルト原子が相互にπ結合と配位することによって，ラセミ化することを特徴としている。このラセミ化プロセスの共存下，リン酸触媒のキラルな共役塩基の構築する不斉反応場で付加反応が進行することによって，エナンチオ収束的不斉求核置換反応を実現できると考えられる。実際に基質としてコバルトと錯形成したラセミ体のプロパルギルアルコールを用い，キラルリン酸触媒存在下，チオールを作用させると置換反応が進行し，良好な収率および高いエナンチオ選択性で対応するチオエーテルを与えた（図4）[7]。興味深いことに本反応においては，反応温度を高くする，また反応濃度を低くすることでエナンチオ選択性の向上が見られた。通常の不斉触媒反応では低温にするほどエナンチオ選択性が向上し，濃度効果も稀にしか観測されることはなく，こうした特異な現象を解明するため両エナンチオマーの光学活性体を出発物質として用い，本反応の反応機構を調べた。その結果，分子内反応となる面不斉のラセミ化と分子間反応となるチオールの付加反応との相対的な速度差が鍵となっていることを明らかにした。低温下においては，分子内反応のラセミ化が分子間反応のチオールの付加に比べ相対的に遅くなったために基質の立体情報（ラセミ体）を維持した生成物の割合が増加し，結果として選択性の低下を招いた。一方，濃度効果に関しては分子間反応のチオールの付加が濃度の影響を受けるのに対して分子内反応のラセミ化は受けない。そのため，ラセミ化が相対的に早くなる低濃度条件下で立体情報を維持した生成物の割合が減少し，結果として選択性が高くなったと説明することができる。本反応は当初の想定通り，カチオン種のラセミ化を伴って進行し，キラルリン酸触媒の共役塩基（(R)-**1a**⁻）によってこのラセミ体カチオン種が効果的に識別されエナンチオ収束合成が達成されることを明らかにした。

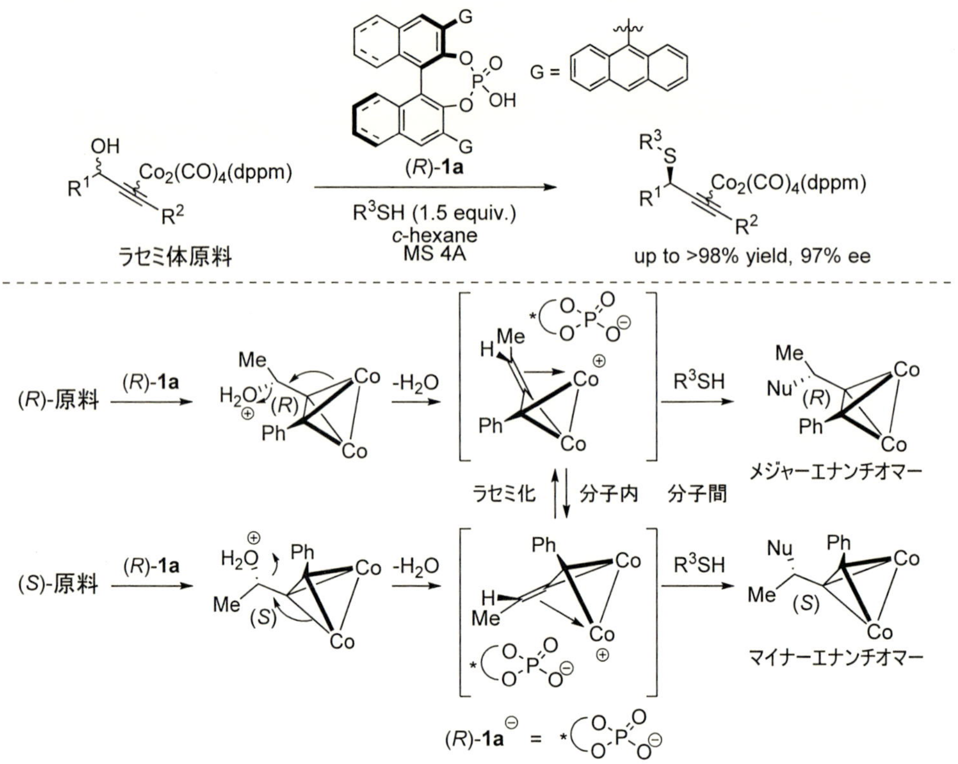

有機分子触媒の開発と工業利用

図4 キラルリン酸触媒による不斉ニコラス反応

4 1,3-ジチアン誘導体の環拡大反応に基づく立体制御機構の解明

　上記の例も含め，これまでに負電荷をもつキラルリン酸の共役塩基と正電荷を帯びた求電子剤とのイオン対形成を経る反応系において，高度な立体制御を達成した例が多く報告されるようになってきた[8]。しかしながら，この反応形式における立体化学制御機構の解明は充分とはいえず，イオン対形成時におけるキラルリン酸の共役塩基とカチオン性求電子種との相互作用を明らかにすることを目的として，カチオン中間体 A を経る 1,3-ジチアン誘導体の環拡大反応を取り上げた（図5）[9]。

　本反応は，キラルリン酸による脱離基の活性化とともに硫黄原子の転位反応が進行し，生じたチオニウムカチオン中間体に対して求核剤の付加が進行する。6,6'位にクロロ基を有する BINOL から誘導したリン酸触媒を用い，求核剤としてピロールあるいはインドールを作用させることで，対応する付加体を良好な収率およびまずまずのエナンチオ選択性で得た。5 位にジェミナル置換基を導入した 1,3-ジチアン誘導体を用いるとエナンチオ選択性が向上し，シン体（R^2 ≠ H）およびアンチ体（R^3 ≠ H）を用いた場合にはシン体においてのみ顕著なエナンチオ選択性の向上が見られ，しかも求核剤は脱離基と同じ面から特異的に付加した生成物が得られることを

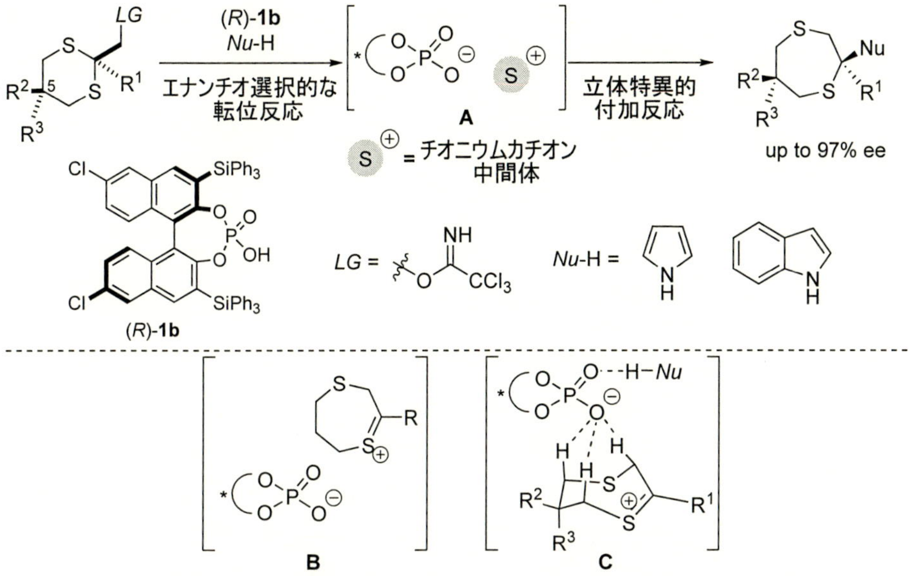

第2章　キラルブレンステッド酸触媒を用いた不斉変換反応—最近の展開—

図5　キラルリン酸触媒による1,3ジチアン誘導体の不斉環拡大反応

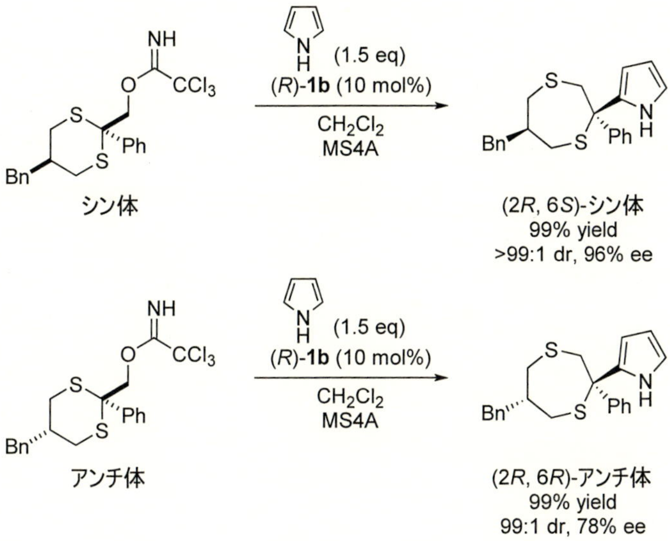

式1

見出した（式1）。キラルリン酸の共役塩基とチオニウムカチオンとのイオン体 **B** を形成し，エナンチオ選択的な求核付加が進行したと考えた場合，この立体特異性を合理的に説明することはできない。検証実験および理論計算に基づいた反応機構解析の結果，エナンチオ選択性を決定しているのは一段階目の硫黄原子の転位反応であり，続く求核剤の立体特異的な付加により反応が

19

有機分子触媒の開発と工業利用

進行していることを明らかにした。理論計算により得られた遷移状態ならびに中間体を詳細に解析した結果，この立体特異的な付加はチオニウムカチオンとリン酸の共役塩基との間に C-H…O 水素結合が形成され，この非古典的相互作用によって触媒と基質の位置関係が定まった中間体 **C** を取ったためであると結論付けた。

5　ビニルエーテルを用いた分子間アセタール化反応による　　アミノアルコールの速度論的光学分割

　アルコール類の速度論的光学分割は光学活性アルコールを得る方法として，広く用いられている。水酸基を保護する最も基本的な手法のひとつとしてアセタール化反応が挙げられるが，一般的に酸触媒によるアセタール化は平衡反応系となるため，不斉触媒反応への適用は困難であると考えられる。近年，List らは分子内アセタール化反応により熱力学的に安定な環状アセタールを形成させることで，形式的に不可逆な反応系を構築し，不斉触媒化を実現している[10]。一方，アルコールをアセタール保護する形で光学分割を行う場合，アセタール化反応は分子間反応となり分子内反応による形式的な不可逆系を利用することはできない。分子間アセタール化反応による速度論的光学分割を実現するためにはアセタール化法の選択が重要であると考え，酸触媒存在下で行う分子間アセタール化反応の機構的な違いに着目した。酸触媒による分子間アセタール化を行う際，アセタール化剤として①アセタールと②エノールエーテルの二つが挙げられる。①アセタールをアセタール化剤として用いる場合，反応形式はアルコールとの分子間アセタール交換反応となるが，基質と生成物の安定性が類似しているため，アルコールの脱離・付加は可逆となり，平衡反応系となる。これに対し，エノールエーテルをアセタール化剤として用いる場合，反応形式はアルコールのエノールエーテルへの付加反応となる。エノールエーテルとアセタールのエネルギー差を，メタノールとジヒドロフランをモデル化合物として理論計算（B3LYP/6-31G(d)）によって算出したところ，生成系の方が 28.5 kcal/mol と圧倒的に安定であることがわかっ

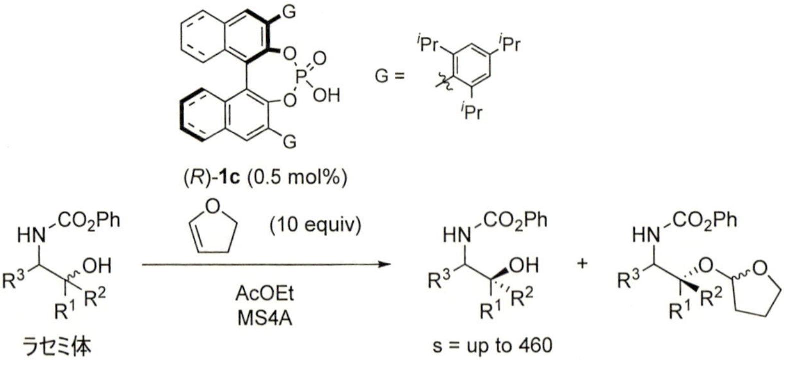

図6　キラルリン酸触媒によるアミノアルコールの速度論的光学分割

た。この熱力学的な安定性の差に基づけば，アセタール化剤としてエノールエーテルを選択することで形式的な不可逆反応系が構築され，分子間アセタール化反応によるラセミアルコール類の速度論的光学分割が可能になると期待できる。

　光学分割を行う基質としてラセミ体の2-アミノアルコールを選択し，キラルリン酸触媒存在下，ジヒドロフランを作用させたところ，高い立体選択性でアセタール化による速度論的光学分割が起こり，高い光学純度でアミノアルコールが回収されることを見出した（図6）[9]。また，選択性は充分とはいえないが本手法は第三級アルコールの光学分割にも適用可能であることを明らかにした。このようにキラルリン酸触媒を用いることによって，アルコールの一般的な保護法となるアセタール化による速度論的光学分割に初めて成功した。

6　高活性キラルブレンステッド酸触媒によるスチレン誘導体への分子間不斉求核付加反応

　ブレンステッド酸存在下におけるオレフィンを用いた代表的な反応として，求核剤のマルコフニコフ型付加反応が挙げられる。これまでにキラルブレンステッド酸触媒によるオレフィンのプロトン化を起点とした不斉付加反応においては，上述のアセタール化に見られるように電子供与基を有するエノールエーテルやエンカルバマートのような電子豊富なオレフィンを用いた反応例が報告されている。一方で電子供与基を有していない単純オレフィンへのプロトン化を起点とした付加反応の例はごくわずかに限られている。単純オレフィンのプロトン化を進行させるためには高温などの過酷な条件や，高い酸性度を有するブレンステッド酸が必要となるため，反応の進行・立体制御の観点からも達成は困難であると考えられた。これに対し筆者らは，高い酸性度を有する新規キラルブレンステッド酸として，F_{10}BINOLから誘導化したトリフリルリン酸アミド触媒を新たに設計しこの問題解決を図った。本触媒は，母骨格におけるパーフルオロアリール基の強い電子求引性に加え，トリフリルリン酸アミド基を酸性官能基とすることで従来のキラルブレンステッド酸触媒よりも高い酸性度を有することが期待される。実際に理論計算によって本触媒のpK_aを導出したところ，その値は－4.97であり，BINOLを母骨格とした従来の触媒よりも高い酸性度を有していることがわかった。立体制御の点において実績のある酸性官能基を維持したまま酸性度を向上させることで，高い立体制御能と活性化の両立を意図した触媒分子設計となっている。本触媒をスチレン誘導体とアズラクトンとの分子間不斉付加反応に適用した結果，二連続の不斉四置換炭素中心を有する付加体が収率良く，中程度から良好なジアステレオならびにエナンチオ選択性で得られた（図7）[11]。従来の触媒を用いた場合においては低収率にとどまったことからも，本触媒の高い酸性度が有効に機能していることは明らかである。

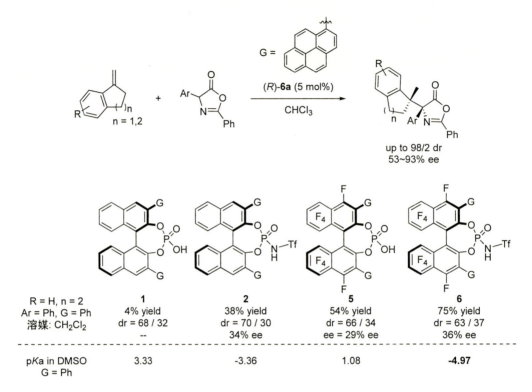

図7 キラルブレンステッド酸触媒によるアズラクトンのスチレン誘導体への不斉付加反応

7 結語

以上,近年のキラルブレンステッド酸触媒による不斉反応系に関して,筆者らの研究を例に解説した。今回紹介した報告以外にも,キラルブレンステッド酸触媒による触媒的不斉反応が日々報告されており,著しい発展を遂げている。しかしながら,有機化学の教科書に載っているような古典的な変換反応を網羅できているかといわれると,答えは否である。低反応性の基質を用いた反応や,過度に修飾されていない単純な基質を用いた反応など,依然として制御が困難な反応は数多くあり,解決すべき課題が残されている。これらの反応系を達成するためには,新たな触媒デザインや,常識にとらわれない触媒反応系の設計が必要となるだろう。研究者らのアイデアによってこれらの課題の克服が待たれるところとなっている。

第 2 章　キラルブレンステッド酸触媒を用いた不斉変換反応—最近の展開—

文　　　献

1) (a) T. Akiyama, *Chem. Rev.*, **107**, 5744 (2007)；(b) M. Terada, *Synthesis*, 1929 (2010)；(c) D. Kampen, C. M. Reisinger, B. List, *Top. Curr. Chem.*, **291**, 395 (2010)；(d) D. Parmar, E. Sugiono, S. Raja, M. Rueping, *Chem. Rev.*, **114**, 9047 (2014)

2) (a) T. Akiyama, J. Itoh, K. Yokota, K. Fuchibe, *Angew. Chem. Int. Ed.*, **43**, 1566 (2004)；(b) D. Uraguchi, M. Terada, *J. Am. Chem. Soc.*, **126**, 5356 (2004)

3) (a) M. N. Grayson, Z. Yang, K. N. Houk, *J. Am. Chem. Soc.*, **139**, 7717 (2017)；(b) K. Kanomata, Y. Toda, Y. Shibata, M. Yamanaka, S. Tsuzuki, I. D. Gridnev, M. Terada, *Chem. Sci.*, **5**, 3515 (2014)；(c) S. S. Meng, Y. Liang, K. S. Cao, L. Zou, X. B. Lin, H. Yang, K. N. Houk, W. H. Zheng, *J. Am. Chem. Soc.*, **136**, 12249 (2014)

4) (a) D. Nakashima, H. Yamamoto, *J. Am. Chem. Soc.*, **128**, 9626 (2006)；(b) P. S. J. Kaib, B. List, *Synlett*, **27**, 156 (2016)

5) N. Momiyama, T. Konno, Y. Furiya, T. Iwamoto, M. Terada, *J. Am. Chem. Soc.*, **133**, 19294 (2011)

6) N. Momiyama, H. Okamoto, J. Kikuchi, T. Korenaga, M. Terada, *ACS Catal.*, **6**, 1198 (2016)

7) M. Terada, Y. Ota, F. Li, Y. Toda, A. Kondoh, *J. Am. Chem. Soc.*, **138**, 11038 (2016)

8) (a) R. J. Philipps, G. L. Hamilton, F. D. Toste, *Nature. Chem.*, **4**, 603 (2012)；(b) M. Mahlau, B. List, *Angew. Chem. Int. Ed.*, **52**, 518 (2013)

9) F. Li, T. Korenaga, T. Nakanishi, J. Kikuchi, M. Terada, *Submitted*

10) M. Yamanaka, A. Kondoh, M. Terada, *J. Am. Chem. Soc.*, **137**, 1048 (2015)

11) J. Kikuchi, M. Terada, *Manuscript in preparation*

第3章　有機分子触媒反応における計算化学の応用：立体選択性に関する理論的検討

山中正浩*

1　はじめに

　立体化学を精密に制御して望みの分子骨格を構築することは，医農薬や機能性材料などの開発において重要であるが，その基盤技術の1つに分子触媒の活用が挙げられる。これまでに様々な分子触媒が設計・開発されているが，中でも「有機分子触媒」は近年の分子触媒開発において一大潮流にまで発展している。通常の分子触媒開発では，実験データの積み重ねによって培われた経験的な分子像に基づいて，試行錯誤しながら進められることが多い。一方，近年の計算機性能の向上や計算理論の発展によって，対象とする触媒反応の遷移状態（Transition State：TS）モデルに実在系そのものを用いた量子化学計算が可能となり，「基質/触媒間の相互作用」「活性化機構」「立体制御機構」などの触媒作用の本質的な理解を深めながら，新たな分子触媒を合理設計できる時代が到来している[1]。本章では，5つの有機分子触媒の触媒機能に注目し，計算化学と実験の相互連携によって解明された立体制御能について解説する（図1）。キラルリン酸触媒は酸・塩基二機能性を有しており，その代表例であるBINOL-リン酸触媒ではBINOL骨格の3,3'-位置換基を変えることによって種々の不斉反応場を構築することが可能である。キラル

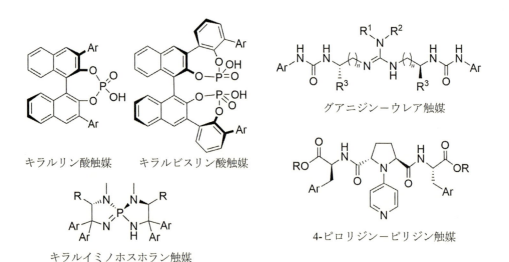

図1　本章で扱う有機分子触媒

---

*　Masahiro Yamanaka　立教大学　理学部　化学科　教授

第 3 章　有機分子触媒反応における計算化学の応用：立体選択性に関する理論的検討

　ビスリン酸触媒はキラルリン酸触媒から派生した有機分子触媒の 1 つであり，水素結合ネットワークの協働作用を指向してリン酸部位が C_2 対称に配置されている。高い塩基性を有するキラルイミノホスホラン触媒は，酸性度の高いカルボニル基の α 水素などを容易に引き抜いてアミノホスホニウムイオンとなり，イオン対型の反応活性種を形成する。HN-P-NH 構造を有するアミノホスホニウムイオンは三次元的な反応場設計に適しており，2 つの水素結合を介してアニオン種を配向制御できる。グアニジン-ウレア触媒と 4-ピロリジン-ピリジン触媒は，どちらも反応促進する活性化部位とアミノ酸に由来するキラル側鎖部位で構成されている。キラル側鎖部位は柔軟な分子骨格と複数の水素結合部位を有しており，誘導適合的な構造変化と多点相互作用が高立体選択性を発現する鍵となっている。紙面の都合上，それぞれの反応系に関する計算化学の応用例について要点のみ解説するが，計算方法やモデルなど理論的検討の詳細については，章末の引用文献を参照されたい。

2　キラルリン酸触媒によるケトイミンの不斉移動水素化反応[2]

　イミンの不斉水素化反応は，光学活性アミンの直截的な合成として重要である。キラルリン酸触媒 **cat1** によるケトイミンの不斉移動水素化反応に対してベンゾチアゾリンを用いた例が秋山らによって報告されている[3]。ベンゾチアゾリンは，アルデヒドと 2-アミノチオフェノールより調製される電子的・立体的修飾が容易な水素源である。水素源として Hantzsch エステルを用いた同様の反応例[4]も存在するが，本反応ではベンゾチアゾリンの 2-位の置換基効果により，エナンチオ選択性の向上に成功している（スキーム 1）。

　詳細な理論的検討によって，優先する (R)-体を与える **TS1**$_{major}$ の方が，(S)-体を与える **TS1**$_{minor}$ に比べて 4.9 kcal/mol 安定であり，その要因はキラルリン酸触媒のビナフトール骨格の 3,3'-位 Ar 基とケトイミンの置換基との立体反発にあることが解明された（図 2）。どちらの TS モデルにおいても，リン酸部位は酸・塩基二機能性触媒として作用し，リン酸部位とホスホリル酸素部位によってケトイミンとベンゾチアゾリンがそれぞれ協奏的に活性化されている。興味深いことに，ケトイミンの幾何異性は熱力学的に不安定な syn 配向となっている。これは，キラルリン酸触媒が提供する不斉反応場に対して，立体的にコンパクトになる syn 配向が適してい

スキーム 1　キラルリン酸触媒によるケトイミンの不斉移動水素化反応

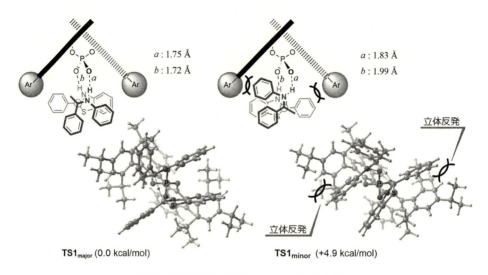

図2　不斉移動水素化反応における TS モデル

たためと考えられる。**TS1**_{major} では，ケトイミンのN上置換基とベンゾチアゾリンの2位のPh基が，立体的に空いている第1,3象限に位置しており，不斉反応場に適合している。一方，**TS1**_{minor} では，これらの置換基が第2,4象限に位置する3,3'-Ar基と立体反発を避けるため，2つの基質が **cat1** に対して反時計回りに傾いて配向していることが分かる。その結果，**TS1**_{minor} では **cat1** と基質との間の水素結合が弱まることにより，**TS1**_{major} に比べてエネルギー的に不安定化したと考えられる。ベンゾチアゾリンの2位置換基に対して立体反発が生じていることから，これを 2-Naph 基とした場合にエナンチオ選択性が向上したのは，**TS1**_{minor} がより不安定化して **TS1**_{major} とのエネルギー差が増大したためと考えられる。このように，キラルリン酸触媒の立体制御機構の詳細が明らかになるとともに，TS モデルの詳細な描像を通して，ベンゾチアゾリンの置換基の修飾によってエナンチオ選択性を精密に制御可能なことが示された。実際に，Hantzsch エステルに比べて反応基質に応じた幅広い汎用性が示されている[5]。

3　キラルビスリン酸触媒によるアミドジエンとアクロレインの不斉 Diels-Alder 反応[6]

キラルリン酸触媒は代表的なブレンステッド酸触媒として，その分子設計は近年になって多様に展開している。中でもリン酸触媒部位を C_2 対称に配置したキラルビスリン酸触媒 **cat2** は，2つのリン酸部位をビナフチル骨格で架橋した先駆的例であり，アミドジエンとアクロレインの不斉 Diels-Alder 反応に対して高い不斉触媒能を示すことが寺田・椴山らによって報告されている[7]。**cat2** は **cat1** に比べて高い触媒活性と立体制御能を示し，両者は同じ軸不斉の（R)-ビナフチル骨格を持ちながら，逆のエナンチオマーを与える（スキーム2）。

第 3 章　有機分子触媒反応における計算化学の応用：立体選択性に関する理論的検討

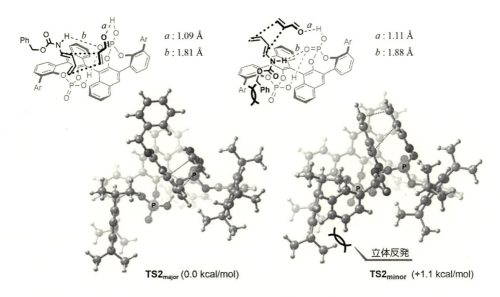

スキーム 2　キラルビスリン酸触媒による不斉 Diels–Alder 反応

図 3　不斉 Diels–Alder 反応における TS モデル

　詳細な理論的検討によって，**cat2** の一方のリン酸部位が酸・塩基二機能性触媒的に機能し，アミドジエンとアクロレインを補足・活性化する TS モデルが明らかとなった。この時，2 つのリン酸部位は分子内水素結合を形成しており，ビナフトール骨格の 3,3'-位におけるリン酸部位の動的な軸不斉を (S)-体に固定して不斉反応場を構築している。このリン酸触媒部位の軸不斉の反転が，**cat2** と **cat1** で優先するエナンチオマーが逆転する要因となっている。また，**cat1** が C_2 対称な不斉反応場を与えるのに対して，**cat2** は 2 つのリン酸部位の一方が触媒作用を示し，他方は分子内水素結合によってナフチル-フェニル骨格が介在した特異な C_1 対称な不斉反応場を構築している。優先する (1S,6R)-体を与える **TS2**$_{major}$ は，(1R,6S)-体を与える **TS2**$_{minor}$ に比べて 1.1 kcal/mol 安定であり，その要因としてはアミドジエンの Bn 基と **cat2** の末端 Ar 基と

の立体反発が考えられている（図3）。TSモデルの詳細な解析により，**cat2**の特異な不斉反応場によって，**TS2$_{major}$**における立体反発が**cat1**に比べて軽減されていることが示された。即ち，C_1対称な不斉反応場に基づく**TS2$_{major}$**の安定化が，**cat2**と**cat1**の立体制御能の違いをもたらしている。

4　キラルイミノホスホラン触媒によるアズラクトンの不斉1,6・1,8-選択的共役付加反応[8]

　電子不足オレフィンへの立体選択的共役付加反応において，複数の類似した反応点を有するジエン骨格やトリエン骨格を用いた場合，位置選択性の制御は難しい課題である。大井・浦口らによって開発された（P,S)-イミノホスホラン触媒**cat3**は，アズラクトンとN-アシルピロールの共役反応に対して，優れた不斉触媒能を示す[9]。即ち，ジエニル・トリエニルN-アシルピロールを用いると，1,6・1,8-付加体が高い位置・ジアステレオ・エナンチオ選択性で得られる（スキーム3）。

　詳細な理論的検討によって，**cat3**はアズラクトンからプロトンを引き抜いてアミノホスホニウムイオン**cat3-H**を形成後，2つのNH部位が二重水素結合を介してエノラートアニオンとアシルピロールを補足・活性化する反応経路が明らかとなった（図4）。炭素-炭素結合形成（**TS1**)が律速段階かつ立体選択性決定段階であり，続くエノラートアニオン中間体（**CP3**)のプロトン化では，複数の反応経路が存在している。いずれの反応経路もアミノホスホニウムイオンのHN-P-NH架橋構造を介して進行しており，α位炭素でのC^{α}-プロトン化（**TS2o**)は，O-プロトン化（**TS2o**)よりも安定な生成物を与え，C^{γ}-プロトン化（**TS2γ**)よりも低い活性化エネルギーで生成物を与える。1,6-選択的共役付加反応の炭素-炭素結合形成段階では，優先する($2R,3S$)-体を与える**TS3$_{major}$**が，($2S,3R$)-体を与える**TS3$_{minor}$**に比べて3.9 kcal/mol安定であり，その要因は**cat3**の剛直で狭い不斉反応場にあることが明らかにされている（図5）。即ち，**TS3$_{major}$**では**cat3-H**とエノラートアニオンやアシルピロールとの間にNH/O・CH/O水素結合やCH/π相互作用が効率的に形成しているのに対して，**TS3$_{minor}$**では**cat3-H**のAr基との立体反発によって，これらの相互作用ネットワークが弱められるために不安定化したと考えられる。

スキーム3　キラルイミノホスホラン触媒による不斉1,6・1,8-選択的共役付加反応

第 3 章　有機分子触媒反応における計算化学の応用：立体選択性に関する理論的検討

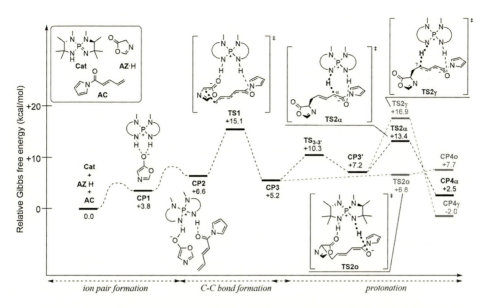

図 4　キラルイミノホスホラン触媒による不斉 1,6-選択的共役付加の反応経路

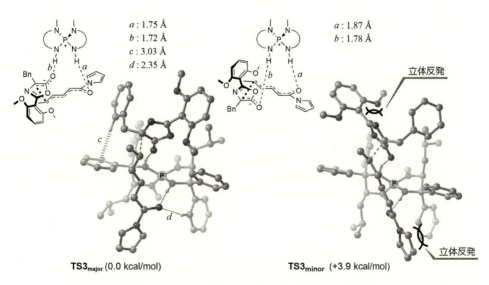

図 5　不斉 1,6-選択的共役付加反応における TS モデル

29

有機分子触媒の開発と工業利用

また，**cat3-H** の２つの NH 部位による基質の捕捉・配座固定に加えて，N-アシルピロールの π 共役系が崩れることによる不安定化が，高い位置選択性の発現要因であることが分かった。

5　グアニジン-ウレア触媒によるテトラロン型 β-ケトエステルの不斉 α-ヒドロキシル化反応[10]

α-ヒドロキシ-β-ケトエステルの立体選択的合成法はこれまでに多く研究されているが，芳香族化し易く化学的に不安定なテトラロン型 β-ケトエステルを用いた例は数少ない。グアニジン-ウレア触媒 **cat4** がクメンハイドロペルオキシド（CHP）を用いたテトラロン型 β-ケトエステルの不斉酸化反応を促進し，その α 位に OH 基を高立体選択的に導入可能であることが，長澤らによって報告されている（スキーム 4）[11]。上記の **cat1**〜**cat3** とは異なり，**cat4** は柔軟な鎖状骨格を有するために反応系中で様々な局所安定構造をとり，グアニジンとウレアの２つの官能基によって反応基質に応じて誘導適合的に不斉反応場を構築すると考えられる。本反応では，グアニジニウム部位の擬 C_2 対称構造と β-ケトエステルのエステル置換基の嵩高さが，高エナンチオ選択性の発現に必須である。

　詳細な理論的検討によって，β-ケトエステルからプロトンを引き抜いて形成するグアニジニウムとウレアの４つの NH 部位（N^1H〜N^4H）がエノラートアニオンと水素結合すると同時に，もう一方のウレアの２つの NH 部位（N^5H, N^6H）が CHP に二点配位して活性化する TS モデルが明らかとなった（図 6）。このような水素結合ネットワークは，**cat4** が酵素活性中心における誘導適合のように反応基質を取り込むようにして S 字型の擬 C_2 対称な不斉反応場を構築し，6 つの NH 部位がはしご状に整列することで達成されている。優先する（S）-体を与える **TS4**minor は，（R）-体を与える **TS4**minor に比べて 2.5 kcal/mol 安定であり，その要因はエノラートアニオンのテトラロン骨格部位との多点相互作用やエステル部位との立体反発にあることが解明された。即ち，負電荷の偏りの大きいケトン側の酸素原子に３つの NH 部位が水素結合する（図 6 の網掛けの NH···O 相互作用）と同時に，テトラロン骨格部位が触媒末端の 3,5-$(CF_3)_2C_6H_3$ 基と π-π 相互作用することで，**TS4**major が安定化している。この時，これらの多点相互作用によって配向制御されたエノラートアニオンのエステル部位は，**cat4** の立体的に空いている空間に配

スキーム 4　グアニジン-ウレア触媒による不斉 α-ヒドロキシル化反応

第3章 有機分子触媒反応における計算化学の応用：立体選択性に関する理論的検討

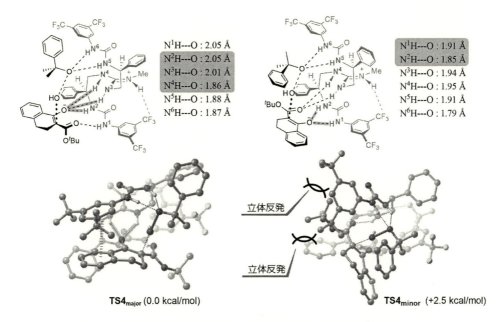

図6 不斉 α-ヒドロキシル化反応における TS モデル

置している。一方，TS4$_{minor}$ では，TS4$_{major}$ で見られたような π-π 相互作用が存在せず，ケトン側の酸素原子と水素結合する NH 部位は 2 つにとどまっている（図 6 の網掛けの NH⋯O 相互作用）。さらに，エステル部位は cat4 の 3,5-$(CF_3)_2C_6H_3$ 基と Ph 基との間に挟まれるように位置して立体反発が生じるため，TS4$_{minor}$ は大きく不安定化している。このように，cat4 は複数の相互作用部位と柔軟なキラル鎖状骨格が協奏的に機能することによって，反応基質に応じて誘導適合的に不斉反応場を構築し，最適な相互作用ネットワークを形成することで高度な立体制御を達成している。

6 4-ピロリジン-ピリジン触媒による四置換アルケンジオールの幾何異性選択的アシル化反応[12]

川端らによって開発された 4-ピロリジン-ピリジン触媒 cat5 は，C_2 対称に配置された柔軟なアミド側鎖と求核触媒部位から構成されており，保護・脱保護をせずにポリオール類を高選択的にアシル化することができる。その一例として，四置換アルケンジオールの E-選択的アシル化反応が報告されている（スキーム 5）[13]。上記の cat4 と同様に柔軟な鎖状骨格を有するため，誘導適合的に反応場を構築して高度な分子認識を可能にすると考えられる。高選択性の発現には，ピロリジン部位の C_2 対称構造が重要であるとともに四置換アルケンジオールに NH 基の存在が必須であり，NMe 基にすると選択性は大きく低下する。

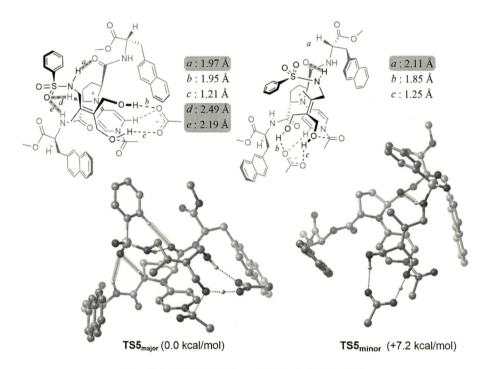

スキーム5 4-ピロリジン-ピリジン触媒による幾何異性選択的アシル化反応

図7 幾何異性選択的アシル化反応における TS モデル

　DMAP を触媒とするアルコールのアシル化反応については，Zipse らによる理論的検討によって，アシルピリジニウム中間体に対してアルコールが求核攻撃すると同時に，反応系中に存在するアセテートアニオンがプロトンを引き抜く TS モデルが報告されている[14]。詳細な理論的検討によって，本反応系ではアセテートアニオンと求核攻撃する OH 基との相互作用に加えて，アルケンジオールの NH 部位と **cat5** のアミド基の CO 部位（NH/amide-CO）が水素結合した TS

第3章　有機分子触媒反応における計算化学の応用：立体選択性に関する理論的検討

モデルが重要であり，**cat5** の他の部位と水素結合している TS モデルに比べてエネルギー的に安定となることが明らかとなった。*E*-体を与える **TS5**$_{major}$ は，*Z*-体を与える **TS5**$_{minor}$ に比べて 7.2 kcal/mol 安定であり，その要因は水素結合ネットワークの違いにあることが解明された（図 7）。即ち，**TS5**$_{major}$ ではアミド側鎖によって構築される反応場が誘導適合的に構造変化し，より強固な NH/amide-CO 水素結合を形成するとともに，**cat5** のアミド基の NH 部位とアルケンジオールの SO$_2$ 部位が水素結合を形成している。このように **cat5** の2つの柔軟なアミド側鎖が協奏的に機能することで，四置換アルケンジオールの幾何異性を認識して高い幾何異性選択性を達成している。

7　おわりに

本章では，異なる設計指針に基づいて開発された5つの有機分子触媒の立体制御能について紹介した。計算化学によって明快になった分子像から，有機分子触媒は「水素結合ネットワークを介した基質の協奏的活性化」と「剛直な分子骨格あるいは誘導適合的に構築された反応場による立体制御」が巧みに連携することで機能していることが分かる。さらに立体制御機構については，大きく2種類に大別できると考えられる。即ち，キラル(ビス)リン酸触媒（**cat1**，**cat2**）やキラルイミノホスホラン触媒（**cat3**）では剛直な不斉反応場と基質との立体反発によって，特定のジアステレオメリックな TS（**TS**$_{minor}$）を不安定化して高い立体選択性を達成している（図

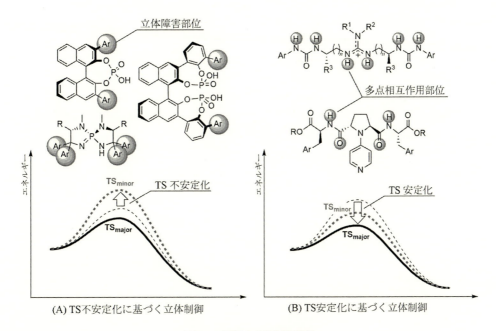

図8　2種類の立体制御機構

8-A）。一方，グアニジン-ウレア触媒（**cat4**）や4-ピロリジン-ピリジン触媒（**cat5**）では複数の相互作用点と基質との間に最適な相互作用ネットワークを形成することによって，特定のジアステレオメリックなTS（**TS$_{major}$**）を安定化して高い立体選択性を達成している（図8-B）。計算化学の活用によって，頭の中で茫漠としていた反応やTSのイメージが一定精度の理論的保障のもとに細部まで明瞭になる意義は大きく，実験化学者に対して新たな分子触媒設計・反応設計への着想をもたらすことが期待される。

文　　献

1) F. Schoenebeck *et al., Acc. Chem. Res.*, **50**, 605（2017）；K. N. Houk *et al., Acc. Chem. Res.*, **49**, 750（2016）；R. B. Sunoj, *Acc. Chem. Res.*, **49**, 1019（2016）.

2) M. Yamanaka *et al., J. Org. Chem.*, **78**, 3731（2013）.

3) T. Akiyama *et al., Org. Lett.*, **11**, 4180（2009）；*Adv. Synth. Catal.*, **352**, 1846（2010）；*Angew. Chem. Int. Ed.*, **50**, 8180（2011）；*Chem. Eur. J.*, **20**, 7616（2014）.

4) M. Rueping *et al., Org. Lett.*, **7**, 3781（2005）；B. List *et al., Angew. Chem. Int. Ed.*, **44**, 7424（2005）；D. W. C. MacMillan *et al., J. Am. Chem. Soc.*, **128**, 84（2006）；J. C. Antilla *et al., Org. Lett.*, **11**, 1075（2009）.

5) M. Yamanaka, T. Akiyama *et al., Chem. Eur. J.*, **20**, 7616（2014）.

6) N. Momiyama, M. Yamanaka, M. Terada *et al., ACS Catalysis*, **6**, 949（2016）.

7) N. Momiyama, M. Terada *et al., J. Am. Chem. Soc.*, **133**, 19294（2011）.

8) M. Yamanaka, D. Uraguchi, T. Ooi *et al., J. Org. Chem.*, **82**, 541（2017）.

9) D. Uraguchi, T. Ooi *et al., J. Am. Chem. Soc.*, **134**, 19370（2012）.

10) M. Yamanaka, K. Nagasawa *et al., J. Am. Chem. Soc.*, **137**, 1909（2015）.

11) K. Nagasawa *et al., Chem. Eur. J.*, **19**, 16740（2013）.

12) M. Yamanaka, T. Kawabata *et al., J. Org. Chem.*, **80**, 3075（2015）.

13) T. Kawabata *et al., Adv. Syn. Catal.*, **354**, 3291（2012）.

14) H. Zipse *et al., Chem. Eur. J.*, **11**, 4751（2005）.

第4章　多機能型キラルオニウム塩の設計に基づく高選択的分子変換

大松亨介[*1]，浦口大輔[*2]，大井貴史[*3]

1　はじめに

第四級アンモニウム塩をはじめとするキラルオニウム塩は，エノラートなどの求核的なアニオンを中間体とする反応の制御に有効な有機分子触媒である。オニウム塩は，そのイオン構造のために親水性を示し，水相と有機相の間を行き来する，あるいは両者の界面で働く相間移動触媒としての機能を有する。一方，炭化水素骨格が大きくなると脂溶性が高まり，低極性溶媒を含む広範な有機溶媒に可溶になる。そのため，水-有機溶媒や固体無機塩基-有機溶媒の二相系条件だけでなく，均一系を含む幅広い反応条件で利用可能なのが大きな特徴である。

カチオンであるキラルオニウムイオンは，反応系内で生じる求核的なアニオンとイオン対を形成し，求電子剤との間の結合形成を立体選択的に進行させる。その際，イオン間に働く静電相互作用が遷移状態における基質認識の要となる。しかし，水素結合や金属-ルイス塩基間の配位結合とは異なり，静電相互作用は本来的に距離と方向が曖昧であり，遷移状態の構造を規定しづらいという欠点が存在する。

我々は，構造が明確に定まったイオン対の形成というコンセプトのもと，水素結合能を有するキラルカチオンを創製し，それらのユニークな機能の活用に基づく選択的分子変換反応を開拓してきた。本稿では，これまでに開発してきた触媒と代表的な反応について紹介する。

2　キラル 1,2,3-トリアゾリウム塩

1,4 位に置換基を有する 1,2,3-トリアゾールは，クリックケミストリーの代表格である Huisgen 環化反応によって簡便に合成可能な化合物である。その構造に由来する特徴のひとつとして，3 位の窒素が水素結合受容能を示し，5 位の炭素上の水素が結合供与能を示すという点が挙げられる。さらに，アルキルハライドとの反応によってトリアゾールをトリアゾリウムイオンに変換すると，C-5 プロトンの結合供与能が飛躍的に増大する[1]。そこで，1,2,3-トリアゾリ

---

* Kohsuke Ohmatsu　名古屋大学　トランスフォーマティブ生命分子研究所（ITbM）
　　　　　　　　　　大学院工学研究科　有機・高分子化学専攻　特任准教授
* Daisuke Uraguchi　名古屋大学　大学院工学研究科　有機・高分子化学専攻　准教授
* Takashi Ooi　名古屋大学　トランスフォーマティブ生命分子研究所（ITbM）
　　　　　　　　大学院工学研究科　有機・高分子化学専攻　教授

有機分子触媒の開発と工業利用

ウムイオンが有するこのユニークな性質に着目し，新しいキラルオニウム塩触媒を開発した。

触媒開発における最初の問題は，平面構造のトリアゾール環とどのようなキラル骨格を組み合わせるかである．ビナフチルに代表される軸不斉ビアリールの利用や，剛直な環状キラル骨格の構築が一般的な戦略であるが，合成の容易さを重視し，鎖状キラルアジドとアリールアセチレンを環化させて合成できる構造を採用した．ただし，単純な鎖状キラル構造は，結合回転により配座が定まらず，立体選択性の発現には不利になる．そこで，合成容易な鎖状キラル構造でありながら，環状化合物のような堅牢なキラル構造を構築できる分子を設計した．

具体的には，トリアゾリウムイオンの側鎖に，もうひとつの水素結合供与性官能基を有する分子構造を新しい触媒の基本骨格とした．カチオンであるトリアゾリウムイオンには，対イオンであるアニオンが常に近傍に存在する．二つの結合供与部位を有するカチオンが水素結合を介してアニオンと二点で相互作用すれば，擬似的な環構造が組み上がり，比較的堅牢な不斉場が形成されると期待した（図1）．実際に光学活性な α-アミノ酸を出発原料として 1,2,3-トリアゾリウム塩 **1a** を合成し，アニオンを塩化物イオンに交換した塩の X 線構造解析を行った結果，アニオンは水素結合供与能をもつ二つの水素（アゾール環の C-5 プロトンとアミドプロトン）の近傍に存在し，擬似的な環構造を形成していることが覗えた．さらに，NMR の測定結果から，溶液中でもアニオンと二つの水素結合を介して相互作用していることが確認された．

光学活性 1,2,3-トリアゾリウムイオンの不斉触媒としての機能を評価するため，オキシインドール **2** の不斉アルキル化反応への適用を試みた（図2）．その結果，触媒量のトリアゾリウム塩 **1a** 存在下，良好なエナンチオ選択性で目的のアルキル化体 **3** が得られた．比較実験として，トリアゾリウムイオンの二つの結合供与性水素のうち，どちらか一方をメチル基で置き換えた分子 **4a** または **4b** を触媒として反応を行った場合には，立体選択性がほとんど発現しなかった．

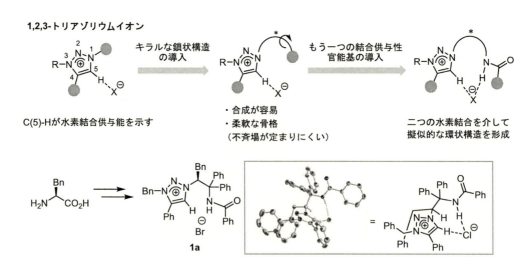

図1　キラル 1,2,3-トリアゾリウムイオンの設計と分子構造

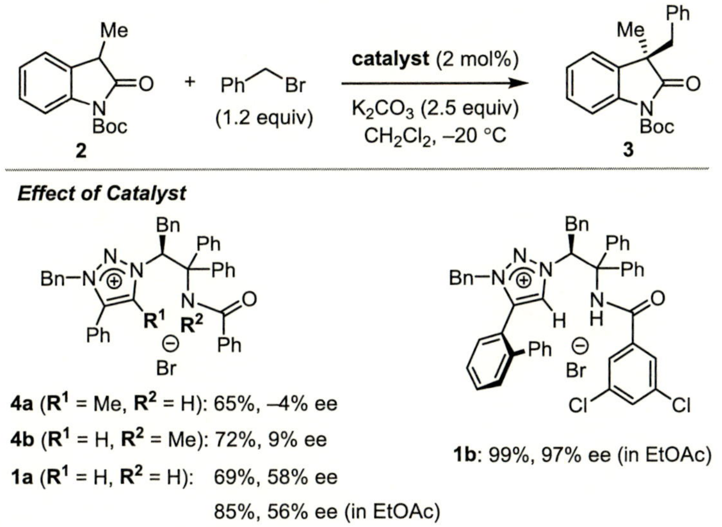

第4章　多機能型キラルオニウム塩の設計に基づく高選択的分子変換

Effect of Catalyst

4a (R¹ = Me, R² = H): 65%, −4% ee

4b (R¹ = H, R² = Me): 72%, 9% ee

1a (R¹ = H, R² = H): 69%, 58% ee

85%, 56% ee (in EtOAc)

1b: 99%, 97% ee (in EtOAc)

図2　トリアゾリウム塩を触媒とするオキシインドールの不斉アルキル化反応

この結果は，トリアゾリウムイオンとアニオンの間に働く二つの水素結合が，不斉触媒としての機能発現に必須であることを示唆している。また，反応中間体であるエノラートイオンが二つの水素結合供与性基の近傍に位置しているという推測に基づき，アゾール環の4位の炭素上の置換基とアミド上の置換基の修飾を行った。その結果，触媒 1b を用いることで立体選択性が劇的に向上し，ほぼ完全な光学純度でアルキル化反応が進行した[2]。

　本反応の基質一般性について調査すると，オキシインドールの置換基を変更してもエナンチオ選択性がほとんど変化しないが，アルキルハライドの構造を変えると選択性が大きく変動することが判明した。結合形成段階において，オキシインドール由来のエノラートはキラルトリアゾリウムイオンとイオン対を形成していると想定される。一方，トリアゾリウムイオンとアルキルハライドの間には，少なくとも分光学的手法で観測できるレベルの相互作用は存在しない。しかし，選択性がアルキルハライドの構造に鋭敏であるという傾向は，トリアゾリウムイオンがアルキル化反応の遷移状態において，エノラートだけではなくアルキルハライドを認識する能力があることを示唆した。

　この可能性を検証するため，ラセミ体の第二級アルキルハライドを基質とする反応を試みた。L-フェニルアラニン由来のトリアゾリウム塩 1c 存在下，オキシインドール 2 と2当量の1-フェニルエチルブロミド（5）を反応させると，対応するアルキル化体 6 が67％収率，ジアステレオマー比1.6：1で得られた。また，各ジアステレオマーの鏡像異性体過剰率は87％および94％ ee であった（図3）。L-アラニンから誘導した類似のトリアゾリウム塩 1d を触媒として用いると，ジアステレオ選択性が5.3：1まで上昇し，各鏡像異性体過剰率も99％および96％ eeまで向上した。さらに，種々の置換基を変更した触媒 1e 存在下で反応を行うと，ほぼ完全なジ

37

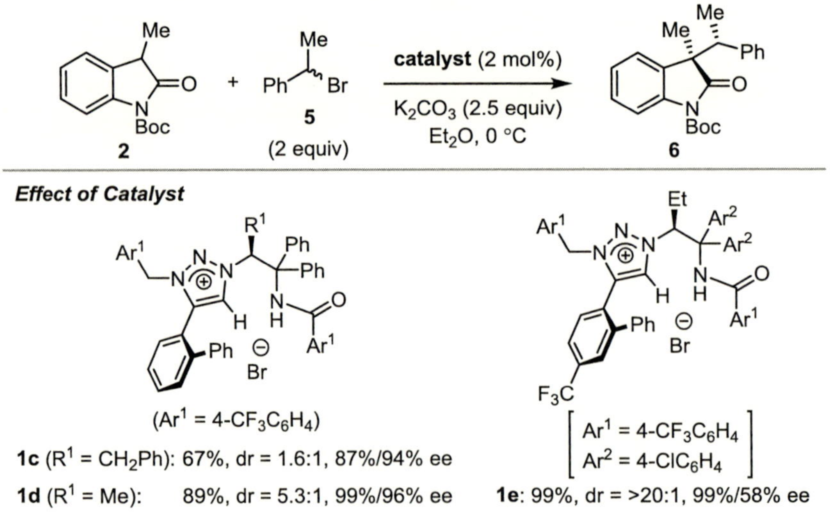
Me
O
N
Boc
2
+
Me
Ph
Br
5
(2 equiv)
catalyst (2 mol%)
K2CO3 (2.5 equiv)
Et2O, 0 °C
Me
Me
Ph
O
N
Boc
6
Effect of Catalyst
(Ar1 = 4-CF3C6H4)
1c (R1 = CH2Ph): 67%, dr = 1.6:1, 87%/94% ee
1d (R1 = Me): 89%, dr = 5.3:1, 99%/96% ee
Ar1 = 4-CF3C6H4
Ar2 = 4-ClC6H4
1e: 99%, dr = >20:1, 99%/58% ee

図 3　ラセミ体の第二級アルキルハライドを基質とする不斉アルキル化反応

アステレオおよびエナンチオ選択性で生成物が得られた[3)]。これらの結果から，適切な構造修飾を施したトリアゾリウムイオンが不斉アルキル化反応において，エノラートのプロキラル面の識別とアルキルハライドの速度論的光学分割を同時に制御し得ることが分かる。

同様に，求核剤と求電子剤双方の立体識別が必要な反応として，エノラートによるラセミ体のアジリジンの不斉開環反応の開発を行った。2 当量の *N*-スルホニル 2,2-二置換アジリジン **7** に対して，トリアゾリウム塩と炭酸カリウムおよびオキシインドール **2** を反応させると，多置換側での求核置換が位置選択的に進行し，開環体 **8** が得られた。本開環反応もアルキル化反応と同様にキラルトリアゾリウムイオンの構造によってジアステレオ選択性が変化する。網羅的なスクリーニングを実施した結果，L-ノルバリンから合成した触媒 **1f** を用いることで，完全な立体制御を達成した（図 4）。生成物および未反応のアジリジンの絶対立体配置を確認した結果，開環反応は（*S*)-体のアジリジンに対して立体反転を伴う形式で優先的に進行していることが分かった。

結合形成段階における求電子剤の立体認識は，トリアゾリウムイオンが求電子剤との間に明確な相互作用をもつことを示唆する。両者の間に水素結合が存在する場合には，求電子剤を認識すると同時に活性化する役割も果たし得る。そこで，本来，求電子剤として働かないヒドロキシルアミン誘導体を求電子的アミノ化剤として利用する反応開発に挑んだ。

酸による活性化を受けるイミド酸誘導体に着目し，ヒドロキシルアミンとトリクロロアセトニトリルを混合することで生じる *O*-イミノヒドロキシルアミンを求電子剤として採用した。オキシインドール **9** を基質とし，トリアゾリウム塩 **1g** を触媒として，*N*-シクロヘキシルヒドロキシルアミン **10** とトリクロロアセトニトリルを作用させたところ，対応とする α-アミノ化生成物

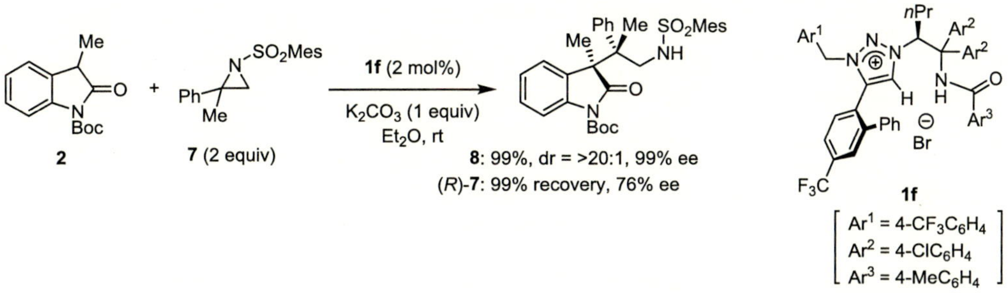

第 4 章　多機能型キラルオニウム塩の設計に基づく高選択的分子変換

図 4　ラセミ体の 2,2-二置換アジリジンの不斉開環反応

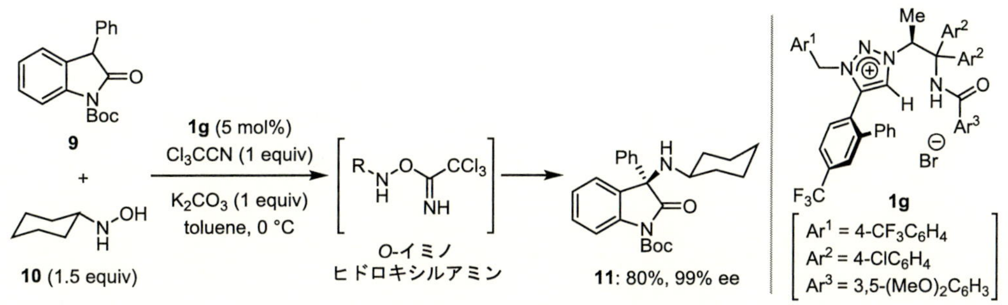

図 5　ヒドロキシルアミンを求電子剤とする直接的不斉 α-アミノ化反応

11 が高収率かつ高エナンチオ選択的に得られた[4]。本反応では，第四級アンモニウム塩をはじめとする他の相間移動触媒を用いた場合には，全く生成物が得られないことから，トリアゾリウムイオンの求電子剤認識が反応促進に必須であることが覗えた（図 5）。また，ヒドロキシルアミンの代わりに過酸化水素を用いることで，不斉 α-ヒドロキシル化反応の実現にも成功している[5]。

3　テトラアミノホスホニウム塩

　テトラアミノホスホニウム塩は，カチオン部の中核を成す PN$_4$ 骨格に電荷が非局在化し，窒素上の置換基による中心リン原子の立体保護効果が相俟って，極めて強い塩基性条件に対してすら安定である。また，分子の基本骨格を対応するアミンと五塩化リンのような卑近なリン源から一段階で組み上げ得るため，窒素上置換基による分子構造の立体・電子的な微細修飾が可能で多様な構造を有する触媒ライブラリ構築に有利である。さらに，第一級アミンから合成された分子はグアニジニウムイオンに類似の二重水素結合を介したアニオン捕捉能と反応遷移状態の精密制御能をもつと期待される。我々は，これらテトラアミノホスホニウム塩の特徴を念頭に，剛直さ

に由来する構造安定化と水素結合に関与する水素原子および反応場を形作るアルキル基の方向の精密規定に有利な P-スピロ環構造を基盤とする新たなアニオン認識型オニウム塩を創製し，その構造に由来する触媒機能を引き出すことにより選択的分子変換の実現につなげてきた[6]。

3.1 共役塩基（トリアミノイミノホスホラン）の触媒作用

研究の端緒として，四つの第一級アミン部位を有するテトラアミノホスホニウムイオンが示すアニオン認識能と，その共役塩基であるトリアミノイミノホスホランの強塩基性の利用を念頭に，α-アミノ酸から簡便に得られるキラル 1,2-ジアミンと五塩化リンから合成できるホスホニウム塩 **12**·HCl を設計・合成した（図6）[7]。本塩はスピロキラリティーに起因するジアステレオマー混合物として得られるが，多くの場合シリカゲル精製の後に再結晶することで，M 体の **12**·HCl を純粋に単離することができる。単結晶 X 線構造回折により得られた **12a**·HCl の三次元構造から，対イオンである塩化物イオンへの二重水素結合および環上のアルキル・アリール両置換基が構築する反応場が見て取れる。またこのとき，アミノ酸由来の窒素を選択的にメチル化したジアミンを前駆体とすると，スピロキラリティーが逆の擬ジアステレオメリックな塩 **13**·HCl が選択的に得られる。

イオン間力と（二重）水素結合の協働により構造が規定されたイオン対が生成すると想定し，Henry 反応をモデルとして触媒機能を評価した（図7）。まず，鍵となるホスホニウムニトロナートの生成を低温 ^{31}P NMR により確認したところ，**12a**·HCl（37.4 ppm）に −40℃で強塩基である KO^{t}Bu を作用させると定量的に **12a**（47.1 ppm）が生成し，ここにニトロメタンを添加するとホスホニウムニトロナートを示す 37.9 ppm のシグナルが観測された。また，ニトロメタンとベンズアルデヒドによる Henry 反応は 5 mol% の **12a**·HCl/KO^{t}Bu を触媒として低温下でも速やかに進行した。反応のエナンチオ選択性は触媒アリール置換基の構造による影響を受け，パラトリフルオロメチルフェニル基をもつ **12b** を用いると，94% ee で付加体が得られる。ま

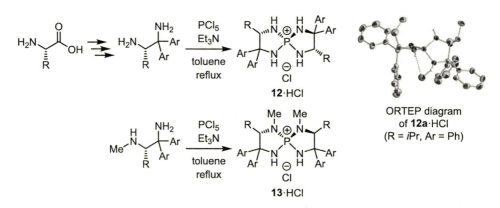

図6　アミノ酸由来のテトラアミノホスホニウム塩の合成

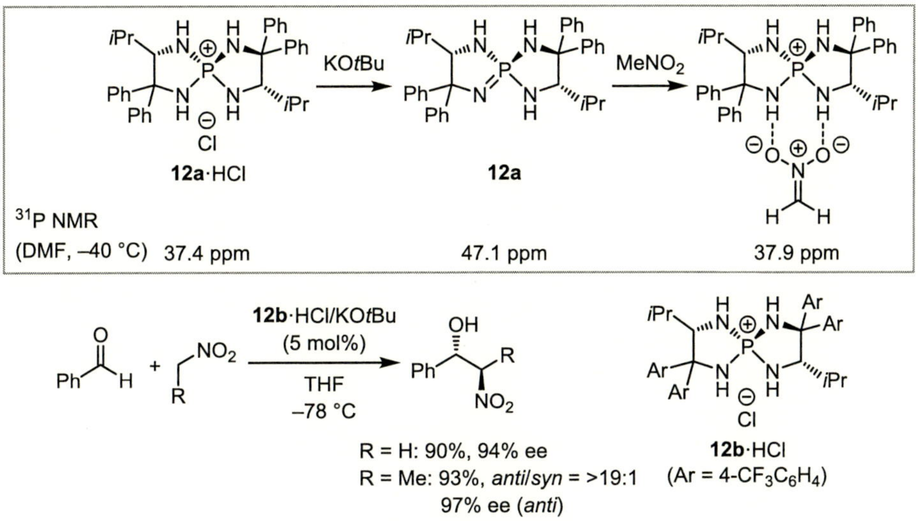

第4章　多機能型キラルオニウム塩の設計に基づく高選択的分子変換

^{31}P NMR
(DMF, −40 ℃)　37.4 ppm　　　　　　47.1 ppm　　　　　　37.9 ppm

R = H: 90%, 94% ee
R = Me: 93%, anti/syn = >19:1
97% ee (anti)

12b·HCl
(Ar = 4-CF$_3$C$_6$H$_4$)

図7　アンチ選択的 Henry 反応

た，ニトロエタンを用いるとほぼアンチ体の生成物のみが高エナンチオ選択的に生成し，各種芳香族アルデヒドのみならず脂肪族あるいは不飽和アルデヒドを用いた場合にも良好な選択性を示す[8]。この結果は，一般的な単核の遷移金属触媒では難しいとされる高アンチ選択的不斉 Henry 反応を広い基質一般性で初めて実現したものであり，スピロ環構造に由来するユニークな角度の水素結合ゆえの選択性として本触媒系の特徴の一端を顕すものといえる。

　本反応の選択性の起源について計算科学的な解析が試みられ，12·H の N-H 水素がそれぞれ求電子種と求核種を同時に認識して組織する環状遷移状態が鍵であることが示されている[9]。この力は，様々な反応において本触媒が独特の化学・位置・立体選択性を発現する基盤となっており，特に，後述する多重選択性制御を志向した反応開発において極めて重要な役割を果たしている。一方，イミノホスホランの強塩基性とホスホニウムイオンの水素結合供与能の組み合わせは比較的 pKa の高いアニオンの生成と安定化に有利であり，ジアルキルホスファイトや水酸基の脱プロトン化を伴った反応開発につながっている[10～16]。

　HN-P$^+$-NH が組織する環状遷移状態構造は，共役付加に求められる複数の選択性の同時制御に有効であり，実際，電子不足ポリエンを基質とした共役付加において 13 は触媒構造に由来するユニークな選択性を示す。すなわち，一般的な金属塩基や有機塩基では制御困難な δ-アルキル置換型ジエニルカルボニル化合物への共役付加において，完全な 1,6 選択性とジアステレオ・エナンチオ選択性が得られる（図8）[17,18]。また，ζ-アルキル置換型トリエニルアシルピロールを基質とした場合には，1,8-付加体が非常に高い選択性で生成する。本反応の遷移状態構造について計算科学的に精査し，13a が供与する独特の水素結合の角度と環状遷移状態の形成が決定的な意味をもつことを明らかにしている（詳細は第3章参照）[19]。さらに，δ 位にアリール置換基

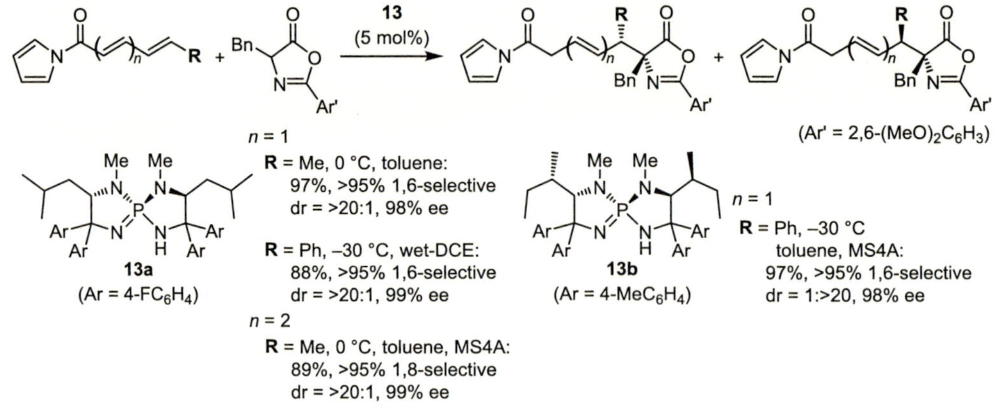

有機分子触媒の開発と工業利用

n = 1

13a
(Ar = 4-FC₆H₄)

R = Me, 0 °C, toluene:
97%, >95% 1,6-selective
dr = >20:1, 98% ee

R = Ph, −30 °C, wet-DCE:
88%, >95% 1,6-selective
dr = >20:1, 99% ee

n = 2

R = Me, 0 °C, toluene, MS4A:
89%, >95% 1,8-selective
dr = >20:1, 99% ee

13b
(Ar = 4-MeC₆H₄)

n = 1

R = Ph, −30 °C
toluene, MS4A:
97%, >95% 1,6-selective
dr = 1:>20, 98% ee

(Ar' = 2,6-(MeO)₂C₆H₃)

図8　ポリエニルカルボニル化合物への位置選択的共役付加反応

をもつジエンを基質とする反応系から，用いる触媒構造によって位置選択性を損なうことなくジアステレオ選択性を完全に逆転させ得る，ジアステレオ分岐型反応系を発見した[20]。このとき，触媒の側鎖メチル基の位置をわずかに移動させるのみで，複数の選択性を高いレベルで制御したままでジアステレオ選択性のみを反転させ得る点は大変興味深い。計算科学的な解析はこの不思議な現象の理解を助け，本触媒が形作る環状遷移状態の特異な形がわずかな触媒構造の変化を大きな選択性の変化へと増幅させた結果であることが示されている。

　同様に複数の選択性を要求されるアルキニルカルボニル化合物への共役付加では，生成物の幾何異性を規定するアレン型エノラート中間体へのプロトン化の面選択が難しいとされてきたが，触媒として我々のイミノホスホランを用いると非常に高い選択性が発現し，様々なα-ビニル型アミノ酸誘導体の前駆体として有用な付加体が立体化学的にほぼ純粋な形で得られる[21,22]。反応機構の詳細は未だ不透明ではあるが，シアノアセチレンへの共役付加における E/Z 選択性との比較から，アレン型エノラート中間体へのプロトン化面の制御に基づいたものと考えられる[23]。

3. 2　塩基性アニオンを利用するイオン対協奏型触媒作用

　オニウム塩触媒系において立体選択性・反応性を司るカチオン部位の構造の重要性が認知されている一方で，そのアニオン部位が注目されることは少ない。これは，反応性アニオンとのイオン交換が鍵段階とされるオニウム塩触媒系では，触媒のアニオン部は触媒サイクルに関与しないという常識があるためである。これに対し我々は，真のイオン対触媒系の創出を念頭に塩基性の有機アニオンに着目した研究を進める過程で[24]，フェノキシドと**13c**との塩がフェノール2分子を取り込んだ超分子イオン対型構造をもつことを発見した（図9）[25]。

　酵素や核酸のような生体分子は，水素結合などの非結合性の弱い相互作用いわゆる超分子相互作用の組み合わせによりその複雑な三次元構造を作り上げ，基質の精密認識を伴って生体触媒として働く。ここにヒントを得て，高次構造を人工的に組み上げた機能性超分子の創製を目指す研

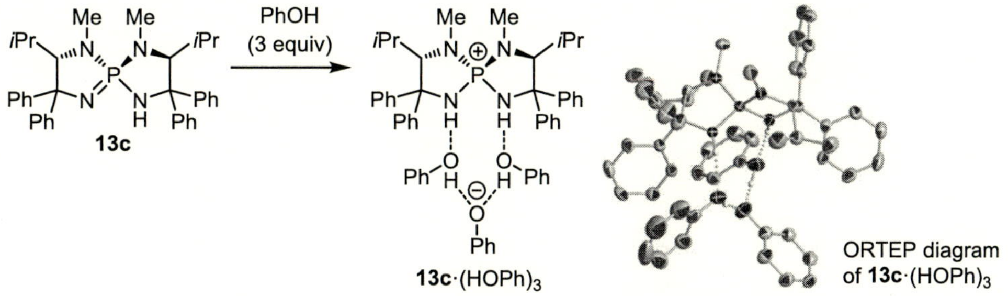

第4章　多機能型キラルオニウム塩の設計に基づく高選択的分子変換

ORTEP diagram
of **13c**·(HOPh)₃

図9　イミノホスホランとフェノールによる自発的超分子形成

究が盛んに行われているが，触媒活性および立体制御能を示すキラル超分子触媒の創製につなげた例は極めて限られている。我々は，有機小分子間の非結合性相互作用により自発的に組み上がるキラルな超分子複合体 **13c**·(HOPh)₃ の構造的特徴を利用し，その構成要素の全てが反応の選択性に寄与するキラル有機小分子会合型触媒系の実現に取り組んだ。具体的には，アリールオキシドとの構造的類似性を念頭にアシルアニオン等価体である2位無置換アズラクトンを求核種前駆体とし，α,β-不飽和 N-アシルベンゾトリアゾールへの共役付加反応をモデルにアニオン構造が反応に与える影響について検証した（図10）。まず，**13c**·(HOPh)₃ を触媒として本反応を行ったところ，付加体が完全なジアステレオ選択性でほぼ定量的に得られ，中程度のエナンチオ選択性が認められた。このとき，イミノホスホラン **13c** を触媒としてカチオン部本来の立体制御能を確認したところ，エナンチオ選択性が大きく低下した。本触媒系では，電子求引性基を

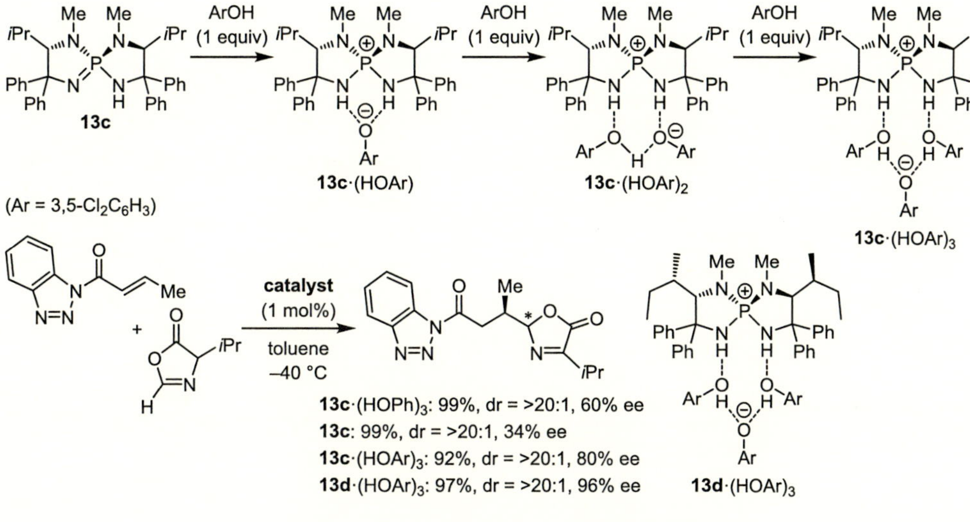

(Ar = 3,5-Cl₂C₆H₃)

13c·(HOPh)₃: 99%, dr = >20:1, 60% ee
13c: 99%, dr = >20:1, 34% ee
13c·(HOAr)₃: 92%, dr = >20:1, 80% ee
13d·(HOAr)₃: 97%, dr = >20:1, 96% ee

図10　キラル超分子型イオン対の触媒作用

もったフェノールの利用が有効で，特に3,5-ジクロロフェノールを用いた際にエナンチオ選択性が80% eeにまで向上することを見出した。常識的に考えると結合形成段階に直接関与しないアリールヒドロキシドの構造が選択性に大きな影響を及ぼす事実は，超分子イオン対が形を保ったまま反応を促進していることを強く示唆する。この可能性は，立体選択性が触媒の濃度を高くするにしたがって向上するという実験結果からも支持されている。また，イオン対へのフェノールの取り込みは段階的であり，**13c**:ArOH = 1:1, 1:2, 1:3のものがそれぞれ独立に調製・単離・構造決定できるうえに，独自の触媒活性を示す[26]。立体選択性の獲得には当然カチオン側の構造も重要であり，本反応ではL-イソロイシンから合成した**13d**が最も高い性能を示した。会合体を構成する全ての要素が選択性の発現に密接に関わるというユニークな作用機序は，有機分子触媒の化学に新機軸を打ち出すと同時に，生体分子を凌駕する機能性人工超分子触媒創製への新たな方法論の提案へとつながる[27]。

4　アンモニウムベタイン

前節でも述べたように，オニウム塩触媒はこれまでほぼカチオン型触媒として利用され，アニオン部の機能が注目されることはほとんどなかった。我々は，カチオン部位とアニオン部位が協奏的に働く真のイオン対触媒系創出への試みの一環として，ふたつの部位を共有結合により結んだ分子内イオン対型アンモニウムアリールオキシド（アンモニウムベタイン）を開発した（図11）[28]。この分子設計により，例えばアニオンが塩基として働く場合に，酸性分子からの脱プロトン化後もアニオンの共役酸がカチオン近傍に位置し続けるため，基質由来のアニオンをイオン間力と水素結合の協働により捕捉できるようになる。実際，ニトロエステルを用いたMannich

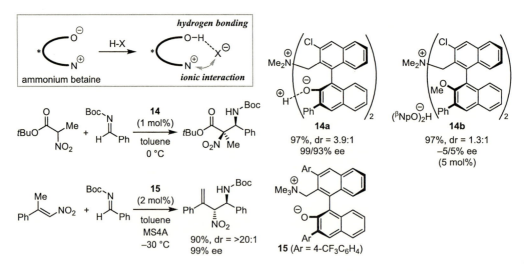

図11　キラルアンモニウムベタインの有機塩基触媒作用

第4章 多機能型キラルオニウム塩の設計に基づく高選択的分子変換

型反応において，キラルベタイン **14a** は同様の構造をもつ分子間型アンモニウムアリールオキシド **14b** を遥かに凌駕する立体選択性を示した。また，触媒構造を少し簡素化した **15** も，ビニロガスニトロナートの発生と制御などにおいて傑出した触媒性能を発揮する[29~31)]。

さらに我々は，生体プロセスの鍵反応のひとつとして知られるプロトン共役電子移動（PCET）に着目し，塩基性部位による基質の捕捉・活性化と近傍の一電子酸化部位の協働を念頭に置いた触媒分子を設計した（図12）[32)]。具体的には，カチオン部に一電子受容能を付与したアクリジニウムアリールオキシド **16** を創製し，これが酸素を末端酸化剤とするラジカルカップリング反応

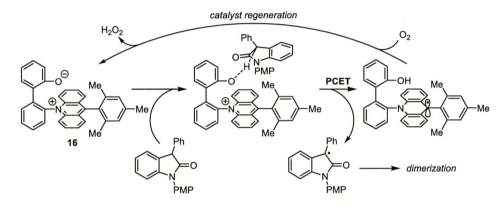

図12 アクリジニウムベタインの PCET 触媒作用

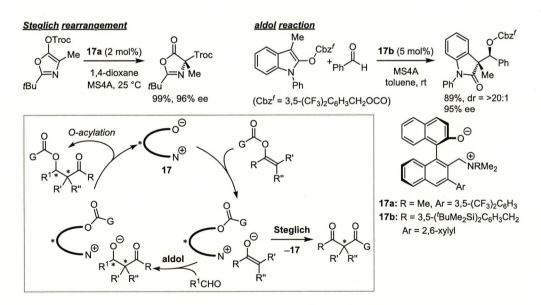

図13 アンモニウムベタインのイオン性求核触媒作用

に高い活性をもつことを実証した。同様の反応はこれまで化学酸化剤を用いては行われてきたが，化学酸化剤は高い活性ゆえに反応後に再生することができず，触媒反応への展開は困難とされてきた。これに対し本触媒系は，塩基の補助を伴った電子移動により本来必要な酸化力よりもかなり低い電位をもった電子受容基によってラジカルが生じる PCET の特徴を利用し，再酸化による触媒の再生を可能とした点で特徴的である。

　一方，アリールオキシド部位の求核力の利用を念頭に置いた構造修飾により，ベタインのイオン性求核触媒機能を引き出すことができるようになる。具体的には，アリールオキシド部周辺の立体障害を軽減したベタイン **17** が Steglich 転位において高い触媒活性を示す（図 13）[33]。いくつかの対照実験の結果から，本反応系は既存の求核触媒とは律速段階が異なり，求核段階よりもむしろ触媒再生段階が遅いことが判明した。独特の反応性は，従来「転位」とされていたこの反応を二成分カップリング反応に進化させ，新しい形式のアルドール型反応の実現へと結実している[34]。

文　　献

1）　P. S. Pandey *et al.*, *Org. Lett.*, **10**, 165（2008）
2）　T. Ooi *et al.*, *J. Am. Chem. Soc.*, **133**, 1307（2011）
3）　T. Ooi *et al.*, *Chem. Commun.*, **53**, 13113（2017）
4）　T. Ooi *et al.*, *Chem*, **1**, 802（2016）
5）　T. Ooi *et al.*, *Synlett*, **28**, 1291（2017）
6）　T. Ooi *et al.*, *J. Synth. Org. Chem. Jpn.*, **68**, 1185（2010）
7）　T. Ooi *et al.*, *J. Am. Chem. Soc.*, **129**, 12392（2007）
8）　T. Ooi *et al.*, *Angew. Chem. Int. Ed.*, **49**, 7562（2010）
9）　L. Simón, R. S. Paton, *J. Org. Chem.*, **80**, 2756（2015）
10）　T. Ooi *et al.*, *J. Am. Chem. Soc.*, **131**, 3836（2009）
11）　T. Ooi *et al.*, *Chem. Sci.*, **1**, 488（2010）
12）　T. Ooi *et al.*, *Bull. Chem. Soc. Jpn.*, **90**, 546（2017）
13）　T. Ooi, J. S. Johnson *et al.*, *Angew. Chem. Int. Ed.*, **51**, 4685（2012）
14）　T. Ooi, J. S. Johnson *et al.*, *Chem. Sci.*, **6**, 6086（2015）
15）　T. Ooi *et al.*, *J. Am. Chem. Soc.*, **135**, 8161（2013）
16）　T. Ooi *et al.*, *Chem. Commun.*, **53**, 6999（2017）
17）　T. Ooi *et al.*, *J. Am. Chem. Soc.*, **134**, 19370（2012）
18）　T. Ooi *et al.*, *Chem. Commun.*, **53**, 5495（2017）
19）　M. Yamanaka, T. Ooi *et al.*, *J. Org. Chem.*, **82**, 541（2017）
20）　T. Ooi *et al.*, *Nat. Commun.*, **8**, 14793（2017）

第 4 章　多機能型キラルオニウム塩の設計に基づく高選択的分子変換

21)　T. Ooi *et al.*, *Chem. Sci.*, **4**, 1308（2013）

22)　T. Ooi *et al.*, *Angew. Chem. Int. Ed.*, **54**, 9954（2015）

23)　L. Simón, R. S. Paton, *J. Org. Chem.*, **82**, 3855（2017）

24)　T. Ooi *et al.*, *J. Am. Chem. Soc.*, **130**, 14088（2008）

25)　T. Ooi *et al.*, *Science*, **326**, 120（2009）

26)　T. Ooi *et al.*, *Angew. Chem. Int. Ed.*, **50**, 3681（2011）

27)　T. Ooi *et al.*, *Chem. Sci.*, **3**, 842（2012）

28)　T. Ooi *et al.*, *J. Am. Chem. Soc.*, **130**, 10878（2008）

29)　T. Ooi *et al.*, *Chem. Commun.*, **46**, 300（2010）

30)　T. Ooi *et al.*, *Chem. Eur. J.*, **18**, 8306（2012）

31)　T. Ooi *et al.*, *Chem. Commun.*, **51**, 4437（2015）

32)　T. Ooi *et al.*, *ACS Catal.*, **7**, 2765（2017）

33)　T. Ooi *et al.*, *Angew. Chem. Int. Ed.*, **49**, 5567（2010）

34)　T. Ooi *et al.*, *J. Am. Chem. Soc.*, **134**, 6972（2012）

第5章 ホウ酸・ボロン酸触媒を用いるアミド縮合反応の開発と工業利用

石原一彰[*]

1 はじめに

カルボン酸アミド（以降，アミドと略す。）は，ペプチド医薬品，ポリアミド樹脂など，我々の生活にとって重要な化合物である。アミドの合成法については古くから研究がなされてきたが，その多くはカルボン酸と縮合剤から活性アシル化体を調製しアミンと反応させる方法である。この場合，アミドの生成と同時に，縮合剤由来の副生成物が生じるため，特に大量合成の際には粗生成物からの分離・精製が難しい。理想的には，触媒量の縮合剤を用いてカルボン酸を活性化しアミンと反応させた後，アミドの生成と共に縮合剤が再生する触媒的脱脂縮合法の開発が望ましい。しかし，カルボン酸とアミンは混ぜると安定な塩を形成しやすく，ワンポット条件で基質を触媒で活性化するのは容易でない。また，酸触媒に対してはアミンが，塩基触媒に対してはカルボン酸が，触媒毒になりえるため，触媒候補も限られている。そのなかで最も期待されているのがホウ素触媒である。本稿ではホウ酸・ボロン酸触媒の開発を中心に，その工業利用についても概説する[1,2]。

2 ボロン酸触媒

2. 1 ボロン酸触媒の発見

1996年に山本・石原らはメタまたはパラ位に求電子性置換基を有するフェニルボロン酸がカルボン酸とアミンの脱水縮合反応の触媒となることを見出した[3]。例えば，触媒量の3,4,5-トリフルオロフェニルボロン酸 **1a** や3,5-ビス（トリフルオロメチル）フェニルボロン酸 **1b** の存在下，カルボン酸とアミンを1：1のモル比で混ぜトルエンやヘプタンなどの非極性溶媒中で加熱還流しながら共沸脱水させると収率よくアミド **3** が生成する。この反応では，まず，カルボン酸がボロン酸 **1** と脱水縮合し混合酸無水物 **2** となり，続くアミンの求核攻撃によってアミド **3** に変換される。この際，**1** の Lewis 酸性が **2** とアミンの反応性を高めるのに重要な役割を担っている（図1）。ここでもう一つ重要なことは，**1** がカルボン酸やアミンの存在下でも安定であり，他の Lewis 酸に比べ比較的アミンとの配位平衡が速いことである[3,4]。本触媒はモノアミドのみならずナイロンやアラミドなどのポリアミド合成[5]やカルボン酸と尿素からのアシル尿素合成[6]にも有効である。その後，Wipf らはより安価な **1c** を触媒に用いてカルボン酸とアミノアル

---

[*] Kazuaki Ishihara　名古屋大学　大学院工学研究科　有機・高分子化学専攻　教授

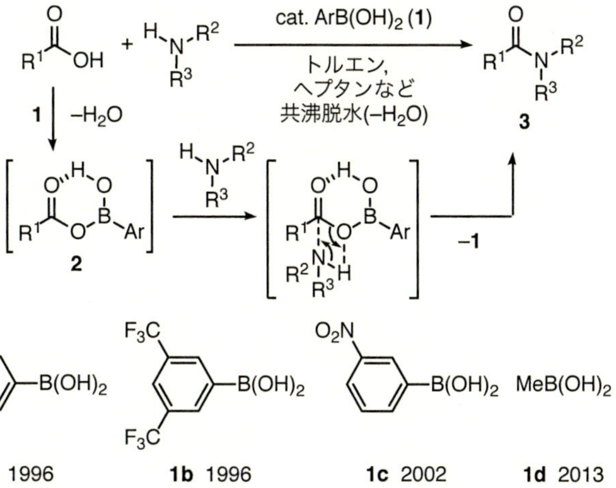

第 5 章　ホウ酸・ボロン酸触媒を用いるアミド縮合反応の開発と工業利用

図 1　ボロン酸触媒を用いるアミド縮合反応

コールやアミノチオールからオキサゾリンやチアゾリンの合成に展開した[7]。

2. 2　塩基性基を有するボロン酸触媒

　2006 年に Whiting らは塩基性基をオルト位に有するフェニルボロン酸 **1e** が高い触媒活性を示すという興味深い報告をした（図 2）[8]。その後，Hall らはヨード基をオルト位に有するフェニルボロン酸 **1f** や **1g** も同様に高い触媒活性を示すことを報告した[9]。**1f** の触媒作用については Marcelli や Fu らが量子化学計算に基づく反応機構を提唱している[10,11]。その後も，**1h** や **1i** などのボロン酸も触媒として有効であることが報告された[12,13]。いずれの触媒もオルト位の置換基が Brønsted 塩基として作用することが示唆される。2016 年に Blanchet らはボリン酸 **4** がジペプチド合成触媒として相当するボロン酸よりも高い触媒活性を示すことを報告した[14]。**4** のオルト位のクロロ基は Brønsted 塩基として触媒作用を助ける。2017 年には熊谷・柴崎らが 1,3-ジオキサ-5-アザ-2,4,6-トリボリナン（DATB）構造を有する触媒 **5** を開発した[15]。本触媒の場合，DATB 構造がカルボン酸のカルボニル基にアミンが付加した四面体活性中間体の形成を促進すると推測される。

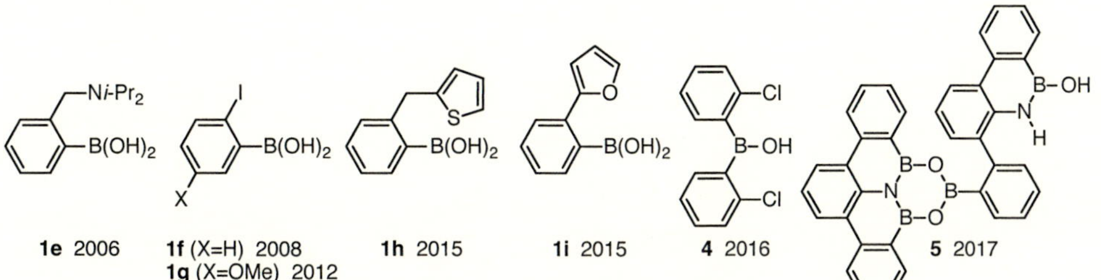

図 2　塩基性基を有するボロン酸系触媒

2. 3 カルボン酸無水物合成への展開

2011 年，石原らはカルボン酸をボロン酸で活性化できるのであればカルボン酸無水物の合成が可能ではないかと考え検討し，2,6 位に嵩高い第三級アミノメチル基を有するボロン酸 **1j** を開発した。**1j** は 1,2-ジカルボン酸から環状酸無水物への分子内脱水縮合反応の触媒として効果的である（図3）[16,17]。テトラカルボン酸を出発原料に用いて分子内脱水縮合を行えば，重縮合の活性モノマーが合成できる。しかし，カルボン酸の分子間脱水縮合には成功していない。

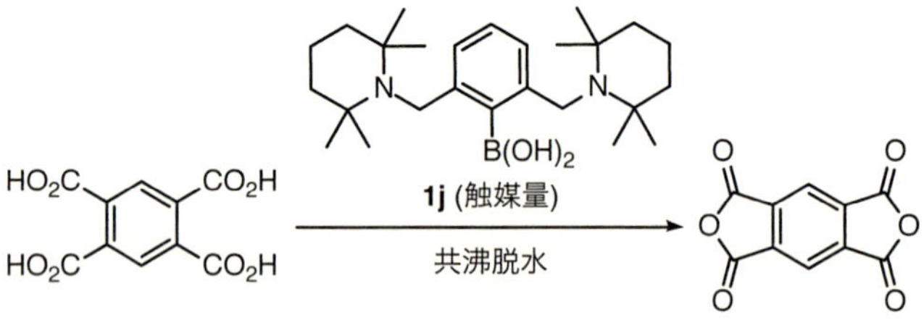

図3　カルボン酸無水物の合成触媒

2. 4 ボロン酸・DMAPO 複合触媒

2016 年，石原らはカルボン酸をボロン酸触媒 **1** で活性化した中間体 **2** を 4-(*N,N*-ジメチルアミノ)ピリジン *N*-オキシド（DMAPO, **6**）を用いてさらに活性化し，中間体 **7** とした後，アミンと反応させアミド **3** を得る方法を開発した（図4）[18]。第二活性中間体 **7** は第一活性中間体 **2** よりも反応性に富んでおり，**1** を単独で触媒として用いるより **1** と **6** の両方を用いると縮合反応がより促進される。また，**6** を単独で触媒として用いても縮合反応は全く進行しない。4-(*N,N*-ジメチルアミノ)ピリジン（DMAP）にも **6** と同様な効果が確認できているが，基質によっては反応性がむしろ低下することもある。DMAP は求核性のみならず塩基性も強く，安定な **1**・DMAP 錯体が生じることが要因である。

特筆すべきは **1**・**6** 複合触媒には **1** を単独で用いる場合とは異なる反応選択性を示すことにある。*α,β*-不飽和カルボン酸とアニリンとのアミド縮合反応に **1**・**6** 複合触媒を用いると *α,β*-不飽和カルボン酸アミドが高選択的に生成するのに対し，**1** を単独で触媒として用いると，*β*-アミノ

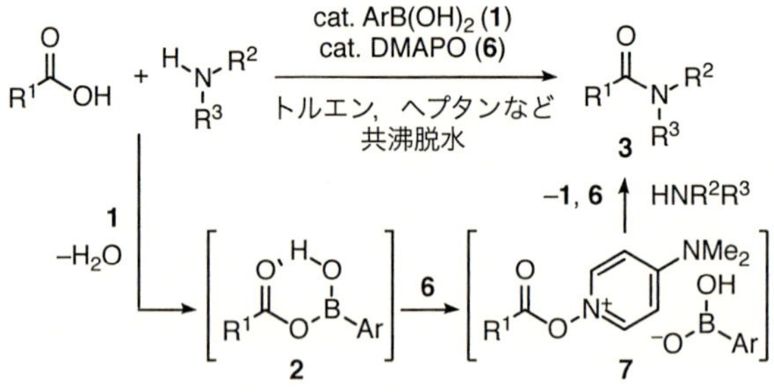

図4　ボロン酸 **1**・DMAPO **6** による二重活性化機構

第 5 章　ホウ酸・ボロン酸触媒を用いるアミド縮合反応の開発と工業利用

カルボン酸アミドが優先的に生成する。これは 1,4-付加反応が先に起こることに起因する。前者は中間体 **7** とアニリンの反応であるのに対し，後者は中間体 **2** とアニリンの反応である。官能基選択性は HSAB 則に基づくものと考えられる。

Whiting らはジペプチドの合成において，2 種類のボロン酸を混合して用いると収率が向上するという報告をしているが，十分な効果は得られておらず，その作用機構についても記載がない[19]。

2.5　ボロン酸触媒の回収・再利用

回収・再利用が容易な触媒開発についても研究が行われている（図 5）。2001 年，山本・石原らはフルオラス性を有するボロン酸 **1k** を開発し，フルオラス溶媒による回収・再利用を報告した[20]。また，**1k** は加熱条件下，均一触媒として働くが，常温で析出するため，濾過のみで回収可能とすることもできる。N-メチルピリジニウムボロン酸塩触媒 **1l** は有機溶媒／イオン液体の二相系でアミド縮合反応に用いることができ，反応後はイオン液体の触媒溶液として回収・再利用できる[26]。ピリジニウムボロン酸塩をポリスチレン樹脂に担持し，固体触媒として回収・再利用することもできる。**1n** は **1m** よりも若干触媒活性が高い[21,22]。シリカに担持した触媒 **1o** も報告されている[23]。

2017 年，石原らは陰イオン交換樹脂にボロン酸を担持した触媒 **8** を開発した（図 6）[24]。カルボン酸（1.1 当量）とアミン（1.0 当量）の混合溶液に **8** を混ぜ，加熱還流しながら共沸脱水するとアミドが高収率で得られる。カルボン酸が反応系中に存在している間は，アリールボロン酸 **1** が陰イオン交換樹脂から遊離し均一触媒として働く。その分，カルボン酸はカルボキシラートアニオンとして陰イオン交換樹脂の対アニオンとなる。アミド縮合反応が完結し，反応系中のアミンがなくなると **1** は対アニオンとして陰イオン交換樹脂に担持される。言わばシャトル方式による均一触媒の回収・再利用である。

3,5-ジニトロ-4-トリルボロン酸（**1p**）は DMAPO と配位錯体を形成し常温下で固体となるた

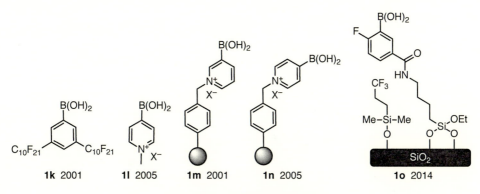

図 5　回収・再利用が容易な触媒

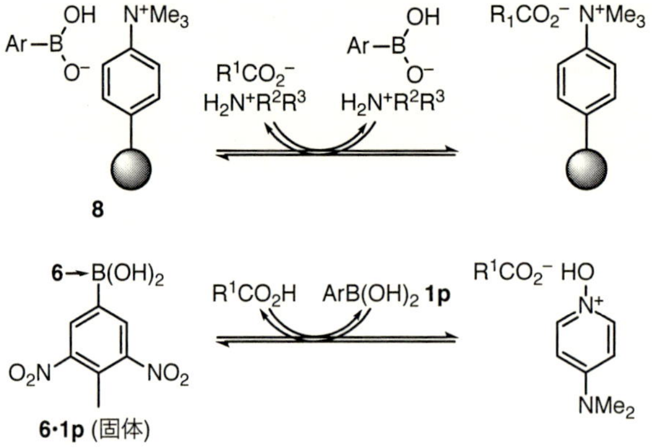

有機分子触媒の開発と工業利用

図6 回収・再利用が容易なシャトル型触媒

め，反応後の回収・再利用が容易である（図6)[24]。アミド縮合反応は加熱還流するので **1p** と DMAPO **6** として遊離し，均一系酸塩基複合触媒として働く。この系もシャトル方式による均一触媒の回収・再利用と言える。

2. 6　ホウ酸・ホウ酸エステル触媒

　上述のように様々なボロン酸触媒が開発されているが，2005 年，Tang らは最も安価で原子効率の高いホウ酸にもある程度の触媒活性があることを示した[25]。その後，Moebs-Sanchez と Popowwycz らは生物資源由来のアミンとカルボン酸との脱水縮合反応に対し，ホウ酸触媒の有

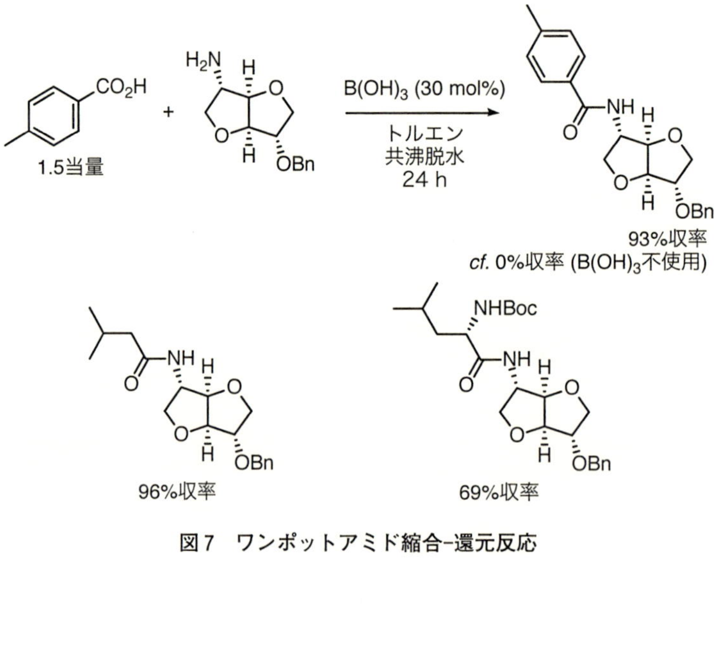

図7　ワンポットアミド縮合-還元反応

第5章　ホウ酸・ボロン酸触媒を用いるアミド縮合反応の開発と工業利用

効性を再評価している（図7）[26,27]。同条件下，無触媒と比較をしたところ明らかに触媒活性を示した。目的のアミドを高収率で得るためには 30 mol%のホウ酸を用いて 120℃で 24 時間共沸脱水する必要があった。それでも高価なボロン酸触媒と比べて原子効率が高く安価であることから実用化に耐えられる触媒である。また，ホウ酸は N-Boc アミノ酸のアミド縮合にも使えることが確認された。但し，アミドの収率は中程度である。得られたアミドの Boc 基を除去したキラルアミンは直截的アルドール反応などのキラル有機分子触媒として有用性が期待される。また，ホウ酸触媒を用いる脱水縮合反応によるアミド合成については，化学教育に関する国際誌にも掲載されており，その安全性と実用性が高く評価されている[28]。

Bandichhor らも，ホウ酸またはボロン酸を触媒に用いて様々な医薬品有効成分（API）を合成し，その合成的実用性を示している（図8）[29]。

2006 年には，山本・石原らがホウ酸由来の高活性触媒，テトラクロロカテコールボラン **9** を開発した（図9）[30]。**9** は特に α 位に置換基を有する嵩高いカルボン酸のアミド縮合に対して効

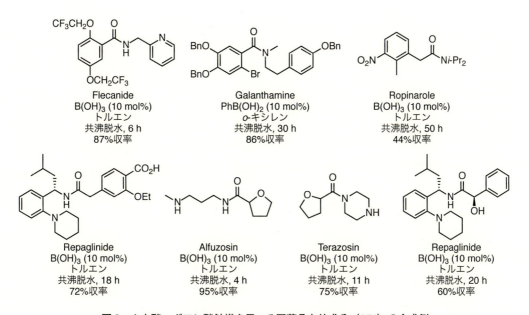

図8　ホウ酸・ボロン酸触媒を用いる医薬品有効成分（API）の合成例

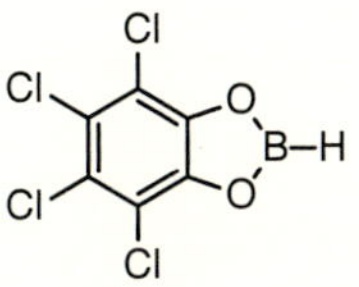

図9　ホウ酸エステル触媒前駆体

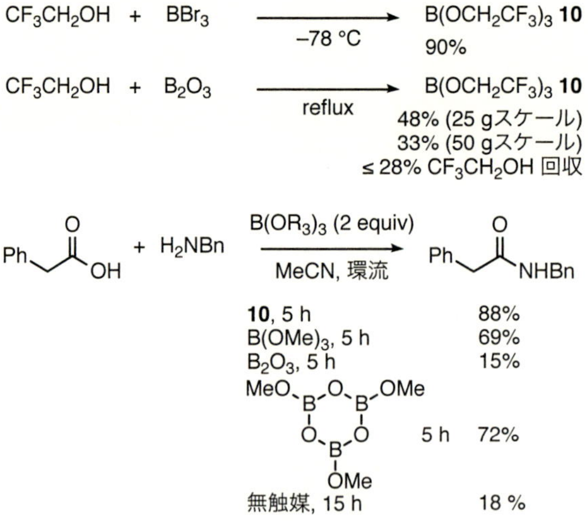
CF3CH2OH + BBr3
−78 °C
B(OCH2CF3)3 10
90%
CF3CH2OH + B2O3
reflux
B(OCH2CF3)3 10
48% (25 gスケール)
33% (50 gスケール)
≤ 28% CF3CH2OH 回収
Ph
O
OH
+ H2NBn
B(OR3)3 (2 equiv)
MeCN, 環流
Ph
O
NHBn
10, 5 h 88%
B(OMe)3, 5 h 69%
B2O3, 5 h 15%
MeO
OMe
OMe
5 h 72%
無触媒, 15 h 18 %

図 10　ホウ酸エステルの活性比較

果的であり，**1a** や **1b** を凌ぐ触媒活性を示した。一方，α-ヒドロキシカルボン酸のアミド縮合反応では，Lewis 酸性の強いボロン酸 **1a** や **1b** よりもメチルボロン酸 **1d** の方が高い触媒活性を示した[31]。これは活性中間体として生じる環状ボロン酸エステルとアミンの配位錯体の安定性に起因する。

2013 年には Sheppard らがトリス(2,2,2-トリフルオロエチル)ボラート **10** を用いるアミド縮合反応を報告した[32]。この場合，基質適用範囲は広いものの，基質に対し 2 当量の **10** を必要とする（図 10）。

3　ワンポット脱水縮合-還元反応によるアルキルアミン合成

Fu らは，カルボン酸とアミンを触媒量の $B(C_6F_5)_3$ の存在下，還元剤にポリメチルヒドロシロキサンを用いて 100℃に加熱し，ワンポットでアルキルアミンを合成する方法を報告している（図 11）[33]。反応機構についても詳細に調べており，この反応は脱水縮合によるアミド化と続く還元の二段階反応である（図 12）[34]。$B(C_6F_5)_3$ はアミド化に関与しておらず，その後の還元反応を触媒している。そのため，アミド化反応は加熱によって進行していることがわかった。その分，反応性の高い基質の実施例のみの記載である。

また，Fu らはベンジルアミン系抗真菌薬であるブテナフィンを，ボロン酸触媒を用いる脱水縮合反応とその後のメチル化反応によって総収率 91%で達成している（図 13）[33]。なお，一段階目のアミド縮合反応はボロン酸触媒なしでは十分な収率で進行しない。

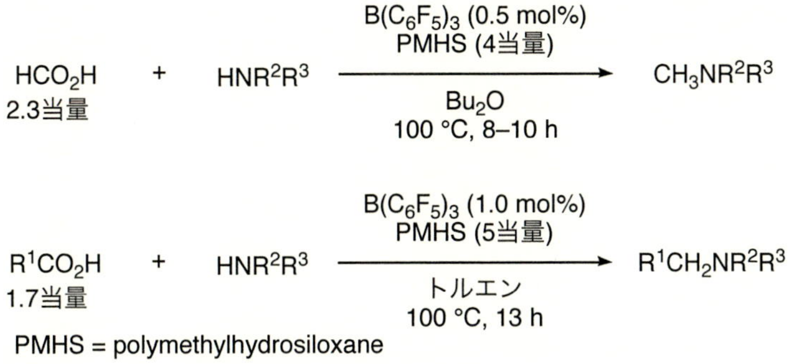

第5章　ホウ酸・ボロン酸触媒を用いるアミド縮合反応の開発と工業利用

図11　ワンポットアミド縮合–還元反応

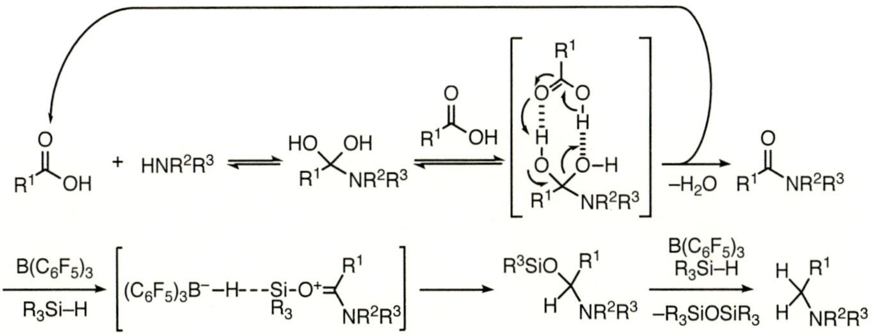

図12　予想される反応機構

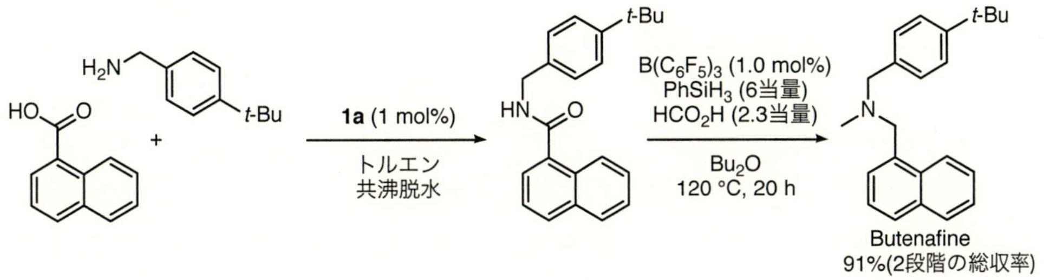

図13　Butenafine の合成

4　金属塩触媒を用いるアミド縮合反応

　Adolfsson らは幾つかの金属塩にアミド縮合反応の触媒活性があることを報告している[35]。発見の発端は山本・石原らが Hf(IV) や Zr(IV) 塩にエステル縮合触媒としての活性があることを報告したことによる。Adolfsson らはこの結果に興味を持ち，これらの金属塩にアミド縮合触媒と

有機分子触媒の開発と工業利用

しての活性があるかどうかを調べた。その結果，Zr(IV)[36]，Hf(IV)[37]，Ti(IV)[38]に高い触媒活性をあることがわかった（図14）。嵩高いカルボン酸や第二級アミンなどの比較的反応性の低い基質を用いる場合には収率の低下が見られる。Zr(IV)触媒の反応機構については詳細に報告している[39]。

Adolfsson らは，Ti(IV)や Zr(IV)塩触媒の存在下，低沸点のアンモニアやジメチルアミンの代わりにそれらのアンモニウムカルバマートを用い，カルボン酸と混ぜて加熱することにより相当するアミドが生成することを報告している（図15）[40]。

Gooßen らは，Ru(IV)触媒の存在下，エトキシアセチレンを縮合剤に用いて，カルボン酸とアミンの縮合反応が進行することを見出した（図16）[41]。高価な Ru を必要とするものの 40℃で反応が進行し，ジペプチドの合成にも適用されている。

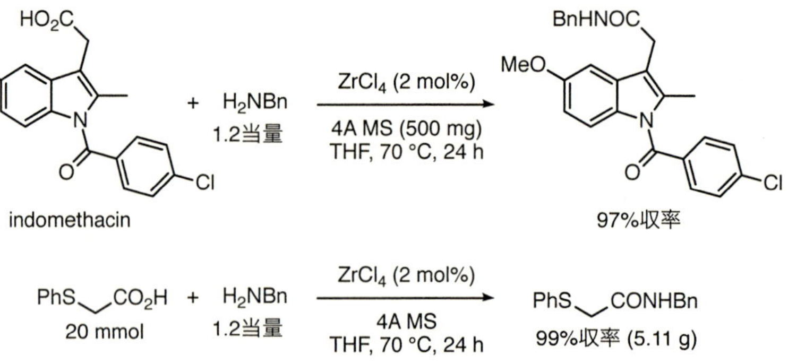

図14　Zr(IV)触媒を用いるアミド縮合反応

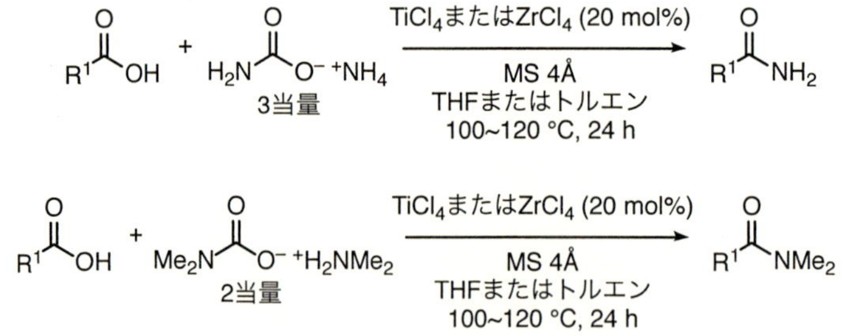

図15　Zr(IV)触媒を用いるカルボン酸とアンモニウムカルバマート間のアミド縮合反応

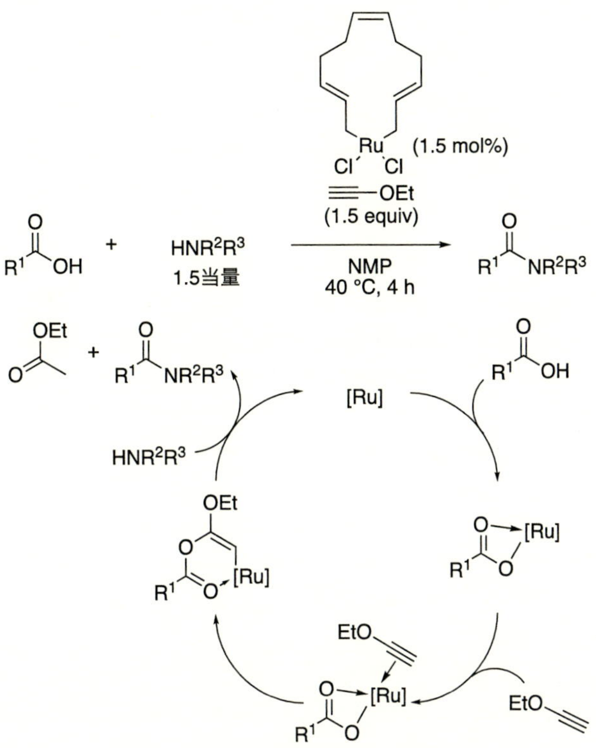

第 5 章　ホウ酸・ボロン酸触媒を用いるアミド縮合反応の開発と工業利用

図 16　Ru(IV)触媒を用いるアミド縮合反応

5　おわりに

　アミド縮合反応で最も困難かつ重要な標的化合物がペプチドである[42]。α-アミノ酸由来の不斉炭素のエピ化をどのように防ぐか，タンパク質の熱変性をどのように防ぐか，タンパク質のペプチド部位との強すぎる相互作用をどのように抑えるかなどの課題を解決する必要がある。そのためには室温近くの穏和な条件下で脱水縮合を行わなければならない。既にペプチド合成への検討は始まっており，ジペプチド合成で，ある程度の成果が得られつつある[14,15,19,32]。今後の進展に期待したい。

　ここに紹介した著者らの研究の一部は，科研費「基盤研究 S」（課題番号 15H05755）の研究課題として実施したことを付記する。

有機分子触媒の開発と工業利用

文　　　献

1) K. Ishihara, *Tetrahedron*, **65** (6), 1085 (2009).

2) K. Ishihara, in *Synthesis and Application of Organoboron Compounds, Topics in Organometallic Chemistry*, **49** (Eds.：Fernández, E., Whiting, A.), 243 (2015), Springer, Heidelberg.

3) K. Ishihara, S. Ohara, H. Yamamoto, *J. Org. Chem.*, **61** (13), 4196 (1996).

4) K. Ishihara, S. Ohara, H. Yamamoto, *Org. Synth.*, **79**, 176 (2002).

5) K. Ishihara, S. Ohara, H. Yamamoto, *Macromolecules*, **33** (10), 3511 (2000).

6) T. Maki, K. Ishihara, H. Yamamoto, *Synlett*, **2004** (8), 1355 (2004).

7) P. Wipf, X. Wang, *J. Comb. Chem.*, **4** (6), 656 (2002).

8) I. Georgiou, G. Ilyashenko, A. Whiting, *Acc. Chem. Res.*, **42** (6), 756 (2009).

9) N. Gernigon, R. M. Al-Zoubi, D. G. Hall, *J. Org. Chem.*, **77** (19), 8386 (2012).

10) T. Marcelli, *Angew. Chem. Int. Ed.*, **49** (38), 6840 (2010).

11) C. Wang, H.-Z. Yu, Y. Fu, Q.-X. Guo, *Org. Biomol. Chem.*, **11** (13), 2140 (2013).

12) T. M. E. Dine, W. Erb, Y. Berhault, J. Rouden, J. Blanchet, *J. Org. Chem.*, **80** (9), 4532 (2015).

13) E. K. W. Tam, Rita, L. Y. Liu, A. Chen, *Eur. J. Org. Chem.*, **2015** (5), 1100 (2015).

14) T. M. E. Dine, J. Rouden, J. Blanchet, *Chem. Commun.*, **51** (89), 16084 (2015).

15) H. Noda, M. Furutachi, Y. Asada, M. Shibasaki, N. Kumagai, *Nature Chem.*, **9** (6), 571 (2017).

16) A. Sakakura, T. Ohkubo, R. Yamashita, M. Akakura, K. Ishihara, *Org. Lett.*, **13** (5), 892 (2011).

17) A. Sakakura, R. Yamashita, M. Akakura, K. Ishihara, *Aust. J. Chem.*, **64** (11), 1458 (2011).

18) K. Ishihara, Y. Lu, *Chem. Sci.*, **7** (2), 1276 (2016).

19) S. Liu, Y. Yang, X. Liu, F. K. Ferdousi, A. S. Batsanov, A. Whiting, *Eur. J. Org. Chem.*, **2013** (25), 5692 (2013).

20) K. Ishihara, S. Kondo, H. Yamamoto, *Synlett*, **2001** (9), 1371 (2001).

21) T. Maki, K. Ishihara, H. Yamamoto, *Org. Lett.*, **7** (22), 5043 (2005).

22) R. Latta, G. Springsteen, B. Wang, *Synthesis*, **2011** (11), 1611 (2001).

23) L. Gu, J. Lim, J. L. Cheong, S. S. Lee, *Chem. Commun.*, **50** (53), 7017 (2014).

24) Y. Lu, K. Wang, K. Ishihara, *Asian J. Org. Chem.*, **6** (9), 1191 (2017).

25) P. Tang, *Org. Synth.*, **81**, 262 (2005).

26) M. Janvier, S. Moebs-Sanchez, F. Popowycz, *Eur. J. Org. Chem.*, **2016** (13), 2308 (2016).

27) C. Grosjean, J. Parker, C. Thirsk, A. R. Wright, *Org. Process Res. Dev.*, **16** (5), 781 (2012).

28) G. Arce, G. Carrau, A. Bellomo, D. Gonzalez, *World J. Chem. Educ.*, **3** (1), 27 (2015)

29) R. K. Mylavarapu, K. GCM, N. Kolla, R. Veeramalla, P. Koilkonda, A. Bhattacharya, R.

第5章　ホウ酸・ボロン酸触媒を用いるアミド縮合反応の開発と工業利用

Bandichhor, *Org. Process Res. Dev.*, **11**（6）, 1065（2007）.

30) T. Maki, K. Ishihara, H. Yamamoto, *Org. Lett.*, **8**（7）, 1431（2006）.

31) R. Yamashita, A. Sakakura, K. Ishihara, *Org. Lett.*, **15**（14）, 3654（2013）.

32) R. M. Lanigan, P. Starkov, T. D. Sheppard, *J. Org. Chem.*, **78**（9）, 4512（2013）.

33) M.-C. Fu, R. Shang, W.-M. Cheng, Y. Fu, *Angew. Chem. Int. Ed.*, **54**（31）, 9042（2015）.

34) Q. Zhang, M.-C. Fu, H.-Z. Yu, Y. Fu, *J. Org. Chem.*, **81**（15）, 6235（2016）.

35) H. Lundberg, F. Tinnis, N. Selander, H. Adolfsson, *Chem. Soc. Rev.*, **43**（8）, 2714（2014）.

36) H. Lundberg, F. Tinnis, H. Adolfsson, *Chem. Eur. J.*, **18**（13）, 3822（2012）.

37) H. Lundberg, H. Adolfsson, *ACS Catal.*, **5**（6）, 3271（2015）.

38) H. Lundberg, F. Tinnis, H. Adolfsson, *Synlett*, **23**（15）, 2201（2012）.

39) H. Lundberg, F. Tinnis, J. Zhang, A. G. Algarra, F. Himo, H. Adolfsson, *J. Am. Chem. Soc.*, **139**（6）, 2286（2017）.

40) F. Tinnis, H. Lundberg, H. Adolfsson, *Adv. Synth. Catal.*, **354**（13）, 2531（2012）.

41) T. Krause, S. Baader, B. Erb, L. J. Gooßen, *Nature Commun.*, **7**, 11732（2016）.

42) C. A. G. N. Montalbetti, V. Falque, *Tetrahedron*, **61**（46）, 10827（2005）.

第6章　丸岡触媒® 及び関連触媒の開発

丸岡啓二[*]

1　はじめに

　近年，地球規模で広がる環境への負荷をできるだけ減らし，いわゆる環境にやさしい化学合成，環境にやさしい触媒・反応の設計を目指してより良い環境を作るためにグリーン・ケミストリーへの取り組みが進んでいる。必要な物を望むだけ作ることを主に目指してきた有機合成化学の分野でも，資源を無駄遣いしてきた従来のやり方から質の転換が求められている。特に天然資源の少ないわが国では，資源を有効利用しつつ環境調和型の有機合成をする必要がある。この観点から，私どもは金属を使わないキラル有機分子触媒の分子設計に取り組んでいる。本稿では，特に実用的な観点も考慮した高性能キラル相間移動触媒としての丸岡触媒® とその関連した触媒の創製と活用について述べる。

2　相間移動触媒の化学

　S_N2 置換反応を用いるエーテル合成等においては，通常強塩基（NaOH）でアルコールの脱プロトン化を行い，アニオンを生成させて求電子剤（PhCH$_2$Cl）との反応が行われる。しかしながら，収率向上や溶解性などの点から，通常，DMF や DMSO などの非プロトン性極性溶媒を用いる必要がある。これらは高沸点のために除去が難しく，また比較的高価なため大量合成には向いていない。そこで，第四級アルキルアンモニウム塩としての相間移動触媒を利用すると，有機化合物と水の二相系での反応が可能になり，温和な条件で反応が円滑に進行し，後処理も容易になる（図1）[1]。

　このように，相間移動反応は，水溶液中，常温，常圧，開放系で行えるため，極めて工業化しやすい反応システムである[2]。しかも，金属を使わないテトラアルキルアンモニウム塩を触媒と

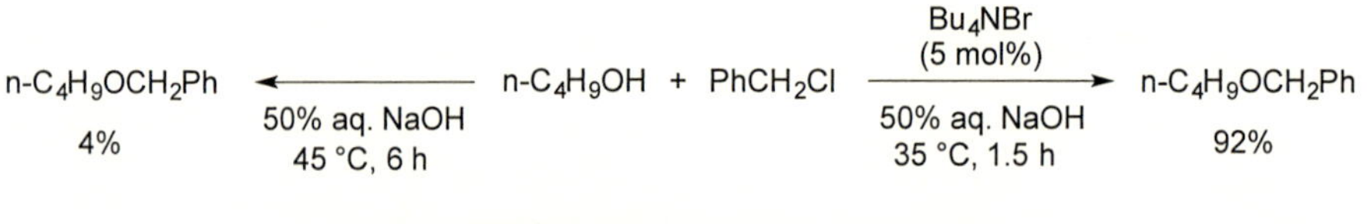

n-C$_4$H$_9$OCH$_2$Ph　←――――――　n-C$_4$H$_9$OH　+　PhCH$_2$Cl　――――――→　n-C$_4$H$_9$OCH$_2$Ph

4%　　　　50% aq. NaOH　　　　　　　　　　　　　　Bu$_4$NBr (5 mol%)　　　92%
　　　　　45 ℃, 6 h　　　　　　　　　　　　　　　　50% aq. NaOH 35 ℃, 1.5 h

図1　相間移動触媒を用いるエーテル合成

---

[*]　Keiji Maruoka　京都大学　大学院理学研究科　化学専攻　教授

第 6 章 丸岡触媒® 及び関連触媒の開発

図 2 塩基性，中性，酸性条件下での相間移動反応

して用いるため，地球環境にやさしい無公害型反応プロセスとなる。しかしながら，従来，相間移動触媒の化学では，ほとんどの場合，塩基性条件下での反応が取り扱われてきた。私どもは，この相間移動触媒の反応が，塩基性条件下だけでなく，中性条件下，さらに酸性条件下で行うことが可能なら，この領域の更なる発展につながるのではないかと考え，それらの可能性について検討した（図 2）。

3 塩基性条件下での不斉相間移動反応

3.1 丸岡触媒® 及び簡素化丸岡触媒® の開発と α-アルキルアミノ酸合成への応用

これまでキラル相間移動触媒として有効なもののほとんどが天然由来のシンコナアルカロイド誘導体に限られており，これらは常に触媒設計における制限や触媒自体の分解などの欠点を有していた[3]。こういった問題の抜本的な解決を計るため，私どもは市販の安価なキラル有機分子としての光学活性ビナフトールから独自の発想に基づいて第四級スピロアンモニウム型キラル相間移動触媒のデザインを行い，スピロ型キラル相間移動触媒 (R,R)-1 体及び (S,S)-1 体を調製した[4]。

このキラル相間移動触媒 1 を 1 モル％（基質の 100 分の 1 の量）用いて，最も簡単なアミノ酸であるグリシンの誘導体 2a の不斉アルキル化反応を行うと，(R,R)-1 体からは天然型のアミノ酸 3 が，一方，(S,S)-1 体からは非天然型のアミノ酸 4 が得られる。この際，エナンチオ選択性は，触媒 1 のアリール置換基（Ar）に大きく依存する。特に，3,5-ジフェニルフェニル基や 3,4,5-トリフルオロフェニル基を導入したキラル相間移動触媒 1d や 1e は，グリシン誘導体の不斉アルキル化反応において高いエナンチオ選択性，一般性を有することがわかり，ほとんどの場合，98〜99％ ee という極めて高いエナンチオ選択性が認められた[4c]。このようにキラル触媒を使い分け，しかも各種のアルキルハライド（R-X）と組み合わせるだけで，無数の天然型，及び非天然型のアミノ酸が合成できることになる（図 3）。これらの手法を利用すると，生理活性アミノ酸であるパーキンソン病の治療薬 L-ドーパ，抗生物質 L-アザチロシンなどが容易に合成できる。本キラル触媒は実用性の点で産業界から注目を集めており，既に試薬会社最大手の米国シグマ・アルドリッチ社や和光純薬工業から「丸岡触媒®（Maruoka Catalyst®）」として，本キラル触媒の商品化，販売が行われている。

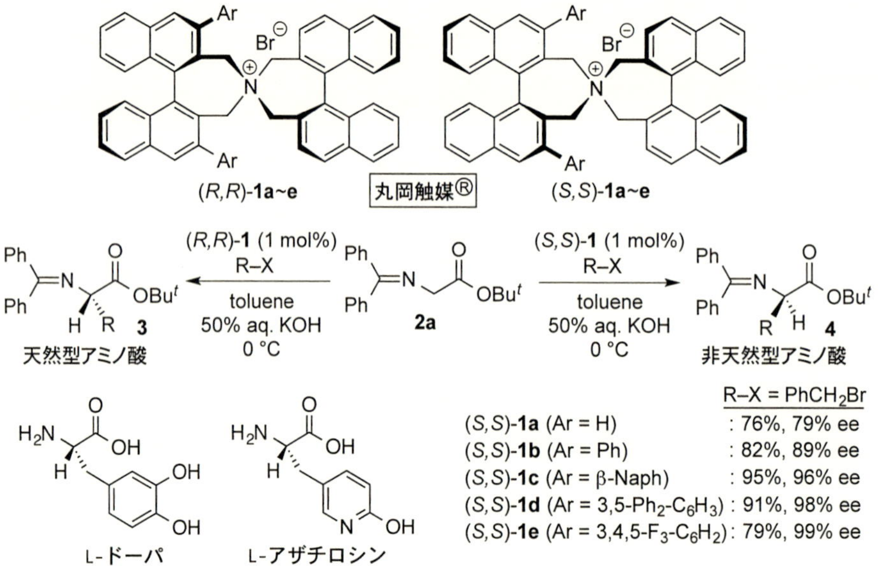

有機分子触媒の開発と工業利用

図3 丸岡触媒®を用いる実用的な α-アミノ酸合成

スピロ型キラル相間移動触媒 **1** は，ふたつの異なった光学活性ビナフチル基を含んでいる。実用的見地からこのようなスピロ型キラル相間移動触媒における構造の簡素化を試み，市販の第二級アミンから容易に簡素化触媒 **5** を合成する方法を開発した。この触媒 **5** をグリシン誘導体 **2a** の不斉アルキル化反応に適用したところ，触媒活性が極めて高いことが判り，わずか 0.01～0.05 モル％の触媒量でも反応が円滑に進行し，しかも優れたエナンチオ選択性が得られることを見出した（図4）[5]。現在，この簡素化触媒 **5** を用いて，光学活性アリルグリシンを始め各種の人工アミノ酸合成の事業化が進んでおり[6]，また，シグマ・アルドリッチ社，関東化学やストレム社からは，「簡素化丸岡触媒®（Simplified Maruoka Catalyst®）」として市販されている。

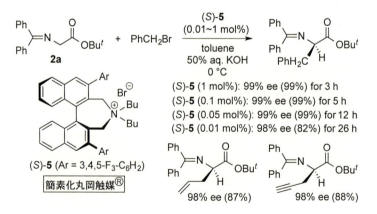

図4 簡素化丸岡触媒®を用いる実用的な α-アミノ酸合成

第 6 章 丸岡触媒®及び関連触媒の開発

3. 2 α,α-ジアルキルアミノ酸の実用的合成

　光学活性 α,α-ジアルキルアミノ酸は天然に存在しないが，ペプチド修飾や酵素阻害剤あるい
は不斉合成におけるキラル素子として高い潜在需要を持っている。このため，私どもは光学活性
α,α-ジアルキルアミノ酸の最も直截的な不斉合成手法の開発に取り組んだ。すなわち，グリシン
誘導体 2b にキラル相間移動触媒 1e を用い，二種の異なるアルキルハライドを順次加えること
により同一容器内で一挙に不斉二重アルキル化反応が進行する。得られたジアルキル化体は，酸
処理によって容易に光学活性 α,α-ジアルキルアミノ酸へと導ける（図 5）[4b,c]。この手法の利点
は，二種の異なるアルキルハライドの加える順序を入れ替えれば，同じ触媒を用いて両方のエナ
ンチオマーが合成できることである。また，簡素化触媒 5 を用いて，アラニンやバリン等の
α-アルキルアミノ酸の不斉モノアルキル化によっても，実用的に光学活性 α,α-ジアルキルアミ
ノ酸が得られる[6]。この手法を利用すると，L-メチルドーパや新規 PET 診断薬 AA-7 などが容
易に合成できる。

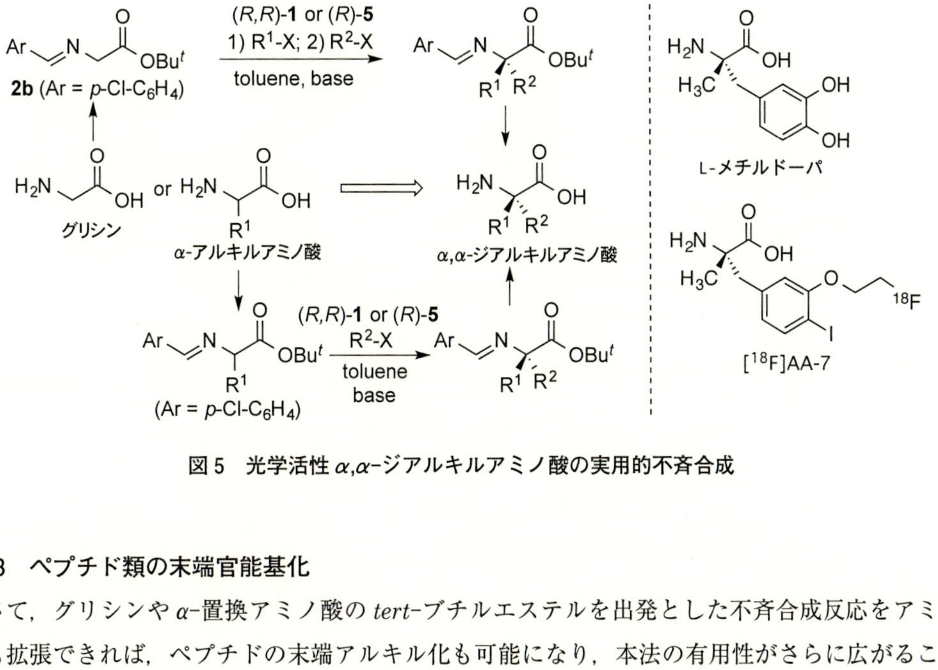

図 5　光学活性 α,α-ジアルキルアミノ酸の実用的不斉合成

3. 3 ペプチド類の末端官能基化

　さて，グリシンや α-置換アミノ酸の *tert*-ブチルエステルを出発とした不斉合成反応をアミド
にも拡張できれば，ペプチドの末端アルキル化も可能になり，本法の有用性がさらに広がること
が期待される。試みにジペプチドのベンジル化を Bu_4NBr 存在下で行うと，ほとんど選択性が
見られない。一方，キラルな触媒を用いると，触媒の絶対配置とジペプチドの絶対配置との相性
が問題になる。ここでは，L 体のアミノ酸を含む基質に対しては，(*S,S*)-1 型触媒がマッチす
る。特に，3,5 位にかさ高い *tert*-ブチル置換基をもつフェニル基を導入した (*S,S*)-1f やさらに
伸張した (*S,S*)-1g を用いると選択性が 97% de まで向上する[7]。この触媒 (*S,S*)-1g は，オリ
ゴペプチド類の選択的末端アルキル化にも適用でき，高いジアステレオ選択性が発現することを
見いだした。

63

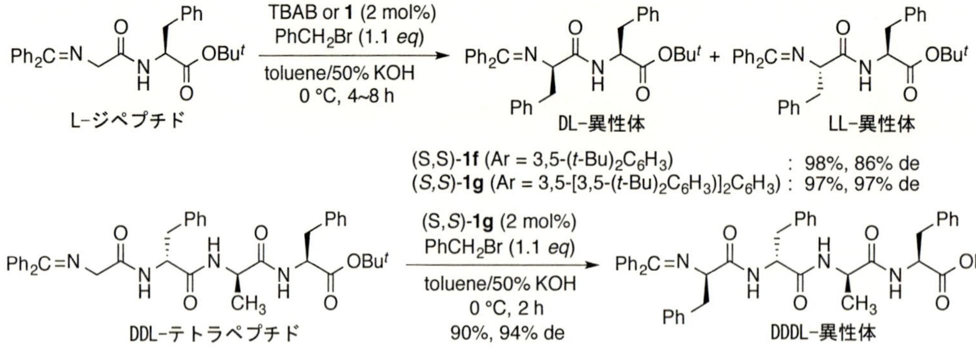

図6 光学活性ペプチドの選択的末端アルキル化反応

3.4 ニトロアルカンの不斉共役付加

光学活性 γ-アミノ酸合成を実現するひとつの手法として,ニトロアルカンの不飽和マロン酸エステルへの不斉共役付加反応が挙げられる。キラル相間移動触媒 **1h**（Ar = 3,5-[3,5-$(CF_3)_2C_6H_3$]C_6H_3）がこの不斉共役付加反応においても優れたエナンチオ選択性を発現することを見いだし,光学活性 γ-アミノ酸への不斉変換を選択性良く実現化することに成功した[8]。この不斉合成手法を応用することにより,筋弛緩剤である (R)-バクロフェンやホスホジエステラーゼ拮抗剤である (R)-ロリプラムなどの生理活性物質が短段階合成できた。

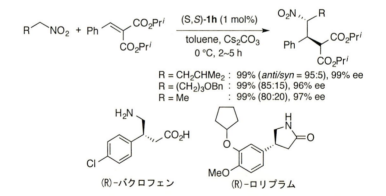

図7 ニトロアルカンの不斉共役付加反応と光学活性 γ-アミノ酸合成

3.5 ラセン型キラル相間移動触媒を用いるかさ高い α-アルキルアミノ酸の合成

このようなキラル相間移動触媒を用いた不斉アルキル化による人工アミノ酸合成の唯一の泣き所は,かさ高い α-アルキルアミノ酸が合成しにくい点である。そこで,私どもはストレッカー反応に着目し,かさ高いイミン類の不斉シアノ化反応を行うことによって,かさ高い人工アミノ酸を合成しようと試みた。その際,実用的見地からシアン化カリウムを水溶液として用いた,相

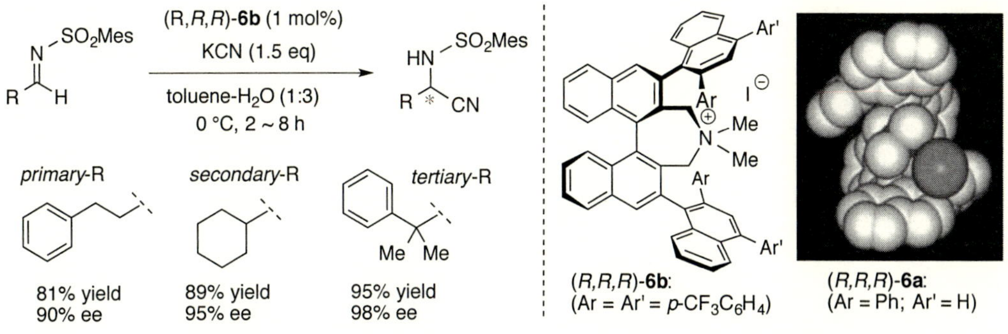

第 6 章　丸岡触媒® 及び関連触媒の開発

図 8　不斉ストレッカー反応によるかさ高い光学活性-アミノ酸の合成

間移動条件下での不斉ストレッカー反応の開発に取り組んだ。ところが，既述のキラル相間移動触媒を用いても，なかなか満足な結果が得られなかった。そこで，不斉ストレッカー反応に有効なキラル触媒として，ビナフチル骨格の 3,3′位にオルト-ビアリール置換基を導入したキラル相間移動触媒 **6a** をデザインし，その X 線解析をしたところ，(R,R,R) 配置のラセン構造を有していることが判った。この触媒とシアン化カリウム水溶液を用いて，スルホニルイミン（R = cyclohexyl）の触媒的不斉ストレッカー反応を試みたところ，高い選択性でシアノ化体が得られた（83％；89％ ee）。更に，キラル相間移動触媒 **6b** を用いると，エナンチオ選択性は 95％ ee まで向上した[9]。

4　中性条件下で使えるキラル相間移動触媒

　光学活性ビナフチル基由来の簡素化キラル相間移動触媒 **5** をさらに官能基化することにより，より進化した触媒を設計することが可能になる。例えば，近年，一連の二官能性キラル相間移動触媒 **7** を幾つかデザインすることにより興味深い結果を得ている。特に，二官能性キラル触媒 (S)-**7a** を活用すると，塩基を使わない中性反応条件下での不斉相間移動反応が可能になることを見出している[10]。このユニークな反応を可能にしているのは，キラル触媒の構造と水を主溶媒として用いた点である。もとより，最も望ましい環境調和型の実践的有機合成プロセスとしては，水を主溶媒とする中性反応条件下，金属フリーの触媒を用いて原子効率の良い反応を開発することであろう。こういった観点から，私どもは水を主溶媒としたオキシインドールの不斉共役付加反応が中性条件下で円滑に進行することを見出し，共役付加体を高エナンチオ選択的に得ることに成功した（図 9）[11]。

　この二官能性キラル相間移動触媒 **7** を水溶媒系で用いる中性条件下での反応系は，オキシインドールの不斉共役付加反応のみならず，ニトロオレフィンへの不斉共役アミノ化やニトロエステルのマレイミドへの不斉共役付加反応にも適用可能であることが判った（図 10）[12,13]。

　光学活性ホスフィンは，遷移金属錯体の光学活性配位子として汎用されており，今では多種多

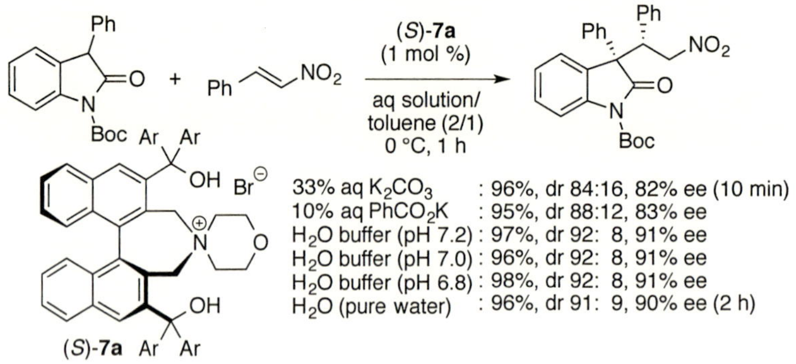
Ph
O
N
Boc
+
Ph
NO2
(S)-7a
(1 mol %)
aq solution/
toluene (2/1)
0 °C, 1 h
Ph
Ph
NO2
O
N
Boc
Ar
Ar
OH
Br⊖
N⊕
O
OH
(S)-7a
Ar
Ar
33% aq K2CO3 : 96%, dr 84:16, 82% ee (10 min)
10% aq PhCO2K : 95%, dr 88:12, 83% ee
H2O buffer (pH 7.2) : 97%, dr 92: 8, 91% ee
H2O buffer (pH 7.0) : 96%, dr 92: 8, 91% ee
H2O buffer (pH 6.8) : 98%, dr 92: 8, 91% ee
H2O (pure water) : 96%, dr 91: 9, 90% ee (2 h)

図 9　二官能性キラル相間移動触媒を用いる中性条件下での不斉共役付加反応

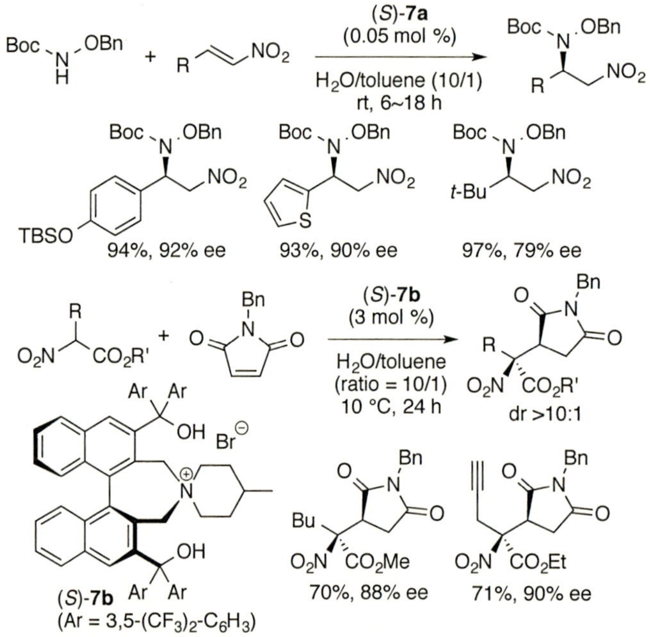
Boc
N
H
OBn
+
R
NO2
(S)-7a
(0.05 mol %)
H2O/toluene (10/1)
rt, 6~18 h
Boc
N
OBn
R
NO2
TBSO
94%, 92% ee
S
93%, 90% ee
t-Bu
97%, 79% ee
R
O2N
CO2R'
+
Bn
N
O
O
(S)-7b
(3 mol %)
H2O/toluene
(ratio = 10/1)
10 °C, 24 h
CO2R'
dr >10:1
Ar
Ar
OH
Br⊖
N⊕
OH
(S)-7b
(Ar = 3,5-(CF3)2-C6H3)
Bu
CO2Me
70%, 88% ee
CO2Et
71%, 90% ee

図 10　二官能性キラル相間移動触媒を用いる中性条件下での不斉変換反応

様な光学活性ホスフィンが市販されている。これらの光学活性ホスフィンから容易に誘導できる第四級ホスホニウム塩をキラル相間移動触媒として利用できるなら，多彩な有機触媒を生み出すことが可能になる。例えば，光学活性ホスフィン配位子 (*S*)-**8** から誘導できる第四級ホスホニウム塩 (*S*)-**9** を用いて，オキシインドールの不斉共役付加反応に適用したところ，3,5- ジニトロベンジル基を有する (*S*)-**9** が最も良い結果を与えることを見いだした（図 11）[14]。

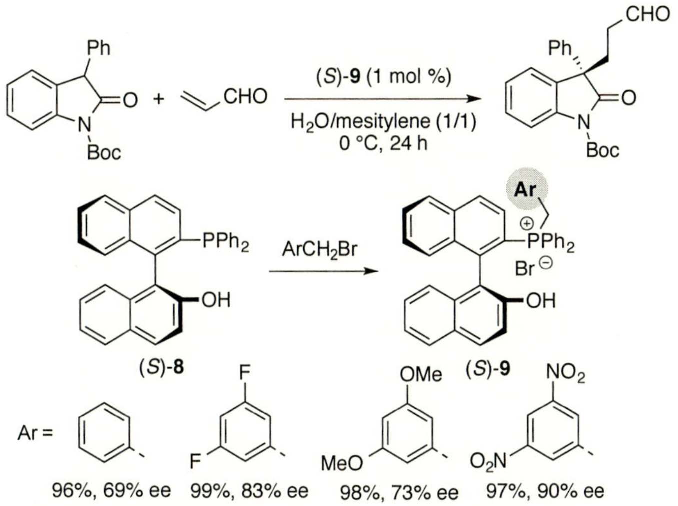

第6章　丸岡触媒®及び関連触媒の開発

図11　光学活性ホスフィン配位子由来の二官能性キラル相間移動触媒を用いる中性条件下での不斉共役付加反応

5　水素結合供与型触媒としての相間移動触媒

相間移動触媒として汎用されているテトラアルキルアンモニウム塩は，代表的な有機分子触媒として位置づけられ，多くの実用的な有機合成反応に使われてきている。この相間移動触媒反応系の本質を見極めるため，アンモニウムエノラート中間体のX線結晶構造解析やDFT計算などが行われ，アンモニウム塩触媒の基質認識能について議論されている[15]。すなわち，テトラアルキルアンモニウム塩の構造は，一般的に **10a** のように表される。しかし，実際の構造は正電荷が窒素上に局在化しているわけではなく，α-水素上に非局在化し，このα-水素がアニオン性部位と水素結合を形成した **10b** のような構造をとることが，結晶構造や計算結果から明らかにされている（図12）。私どもは，この興味深い水素結合供与能に着目し，水素結合供与型有機分子触媒の設計に取り組んだ。

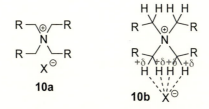

図12　テトラアルキルアンモニウム塩の構造

水素結合供与能を効果的に引き出すため，六員環骨格を有するピペリジンを用い，α-水素の酸性度を高める目的でエステル部位を導入した触媒 11 の設計を試みた．X 線結晶構造解析の結果，期待通り 11a の α-水素がカウンターアニオンであるヨウ素イオンと水素結合を形成していることが明らかになった．この触媒 11a の水素結合供与能を評価するため，イソキノリン誘導体のマンニッヒ型反応を行ったところ，触媒 11a の存在下，反応が促進されることが判った（図 13）[16]．一方，エステル部位を持たないアンモニウム塩 12 や第三級アミン 13 を触媒とした場合，反応の加速がほとんど見られないことから，触媒 11a のエステルおよびアンモニウム塩部位の両方が反応の促進に重要であることが示唆された．さらに，触媒 11a のカウンターアニオンを非配位性のアニオン（BArF⁻）に置き換えることで，触媒活性が向上することが認められた．

同様の化学的な挙動は，トリアルキルスルホニウム塩においても見られ，イミンと Danishefsky ジエンとのヘテロ・ディールズ・アルダー反応において，環状トリアルキルスルホニウム塩 14 が水素結合供与型有機分子触媒として作用することを見いだした（図 14）[17]．

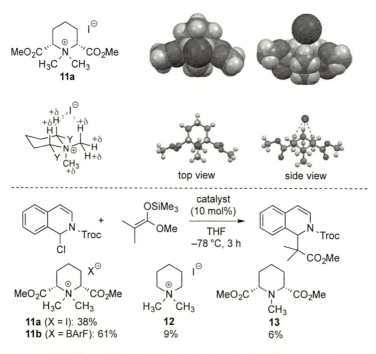

図 13　水素結合供与型触媒 11 を用いるイソキノリン誘導体のマンニッヒ型反応

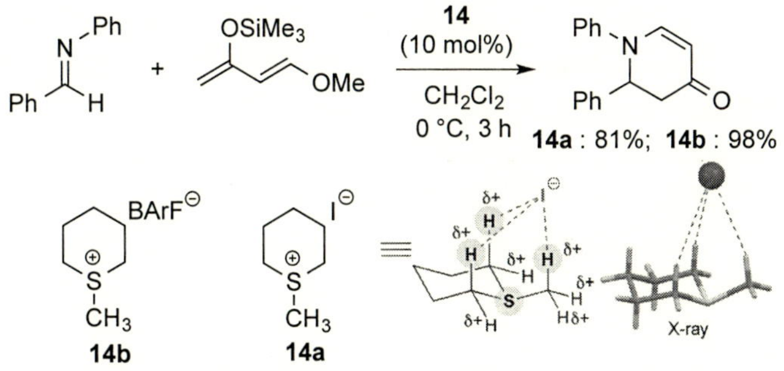

第 6 章　丸岡触媒®及び関連触媒の開発

図 14　水素結合供与型触媒 **14** を用いるヘテロ・ディールズ・アルダー反応

文　　献

1)　H. H. Freedman, R. A. Dubois, *Tetrahedron Lett.*, **16**, 3251（1975）.

2)　(a) Y. Sasson, R. Neumann, Eds. *Handbook of Phase Transfer Catalysis*；Blackie Academic & Professional：London, 1997. (b) M. E. Halpern, Ed. *Phase Transfer Catalysis*；ACS Symposium Series 659；American Chemical Society：Washington, DC, 1997.

3)　(a) T. Hashimoto, K. Maruoka, *Chem. Rev.*, **107**, 5656（2007）. (b) T. Ooi, K. Maruoka, *Angew. Chem. Int. Ed.*, **46**, 4222（2007）. (c) T. Ooi, K. Maruoka, *Aldrichimica Acta*, **40**, 77（2007）. (d) K. Maruoka, T. Ooi, T. Kano, *Chem. Commun.*, 1487（2007）. (e) K. Maruoka, *Org. Proc. Res. Devel.*, **12**, 679（2008）. (f) S. Shirakawa, K. Maruoka, *Angew. Chem. Int. Ed.*, **52**, 4312（2013）.

4)　(a) T. Ooi, M. Kameda, K. Maruoka, *J. Am. Chem. Soc.* **121**, 6519（1999）. (b) T. Ooi, M. Takeuchi, M. Kameda, K. Maruoka, *J. Am. Chem. Soc.*, **122**, 5228（2000）. (c) T. Ooi, M. Kameda, K. Maruoka, *J. Am. Chem. Soc.* **125**, 5139（2003）.

5)　(a) M. Kitamura, S. Shirakawa, K. Maruoka, *Angew. Chem. Int. Ed.*, **44**, 1549（2005）. (b) M. Kitamura, S. Shirakawa, Y. Arimura, X. Wang, K. Maruoka, *Chem. Asian J.*, **3**, 1702（2008）.

6)　NAGASE の非天然アミノ酸ライブラリー（長瀬産業㈱），Ver. 23（2017）.

7)　(a) T. Ooi, E. Tayama, K. Maruoka, *Angew. Chem. Int. Ed.*, **42**, 579（2003）. (b) K. Maruoka, E. Tayama, T. Ooi, *Proc. Natl. Acad. Sci. USA*, **101**, 5824（2004）.

8)　T. Ooi, S. Fujioka, K. Maruoka, *J. Am. Chem. Soc.* **126**, 11790（2004）.

9)　T. Ooi, Y. Uematsu, K. Maruoka, *J. Am. Chem. Soc.* **128**, 2548（2006）.

10)　S. Shirakawa, K. Maruoka, *Tetrahedron Lett.*, **55**, 3833（2014）.

11)　R. He, S. Shirakawa, K. Maruoka, *J. Am. Chem. Soc.*, **131**, 16620（2009）.

12)　L. Wang, S. Shirakawa, and K. Maruoka, *Angew. Chem., Int. Ed.*, **50**, 5327（2011）.

有機分子触媒の開発と工業利用

13） S. Shirakawa, S. J. Terao, R. He, K. Maruoka, *Chem. Commun.*, **47**, 10557 （2011）.

14） S. Shirakawa, A. Kasai, T. Tokuda, K. Maruoka, *Chem. Sci.*, **4**, 2248 （2013）.

15） 稲垣都士，池田博隆，山本尚，化学（化学同人），**70**, 41 （2015）.

16） S. Shirakawa, S. Liu, S. Kaneko, Y. Kumatabara, A. Fukuda, Y. Omagari, K. Maruoka, *Angew. Chem. Int. Ed.*, **54**, 15767 （2015）.

17） S. Kaneko, Y. Kumatabara, S. Shimizu, K. Maruoka, S. Shirakawa, *Chem. Commun.*, **53**, 119 （2017）.

第7章 トリスイミダゾリンの分子認識能を利用する 不斉触媒システムの開発

藤岡弘道[*1], 村井健一[*2]

1 はじめに

有機分子触媒の発展において, 新規触媒構造の開発とその機能開拓は重要なテーマである。我々は, 独自に開発した光学活性トリスイミダゾリン触媒について, その分子認識能を利用した不斉反応の開発に取り組んできた。トリスイミダゾリン触媒は, C_2 対称ジアミン由来のイミダゾリンがベンゼン環の 1,3,5 位に置換した C_3 対称性分子であり, 2 つのイミダゾリンにより構築される C_2 対称性反応場を 3 つ有するユニークな構造をしている。本分子は, 水素結合を介してカルボン酸と複合体を形成するという特徴を持つ。本稿では, 光学活性トリスイミダゾリン触媒の設計と本分子を利用するエナンチオ選択的ハロラクトン化反応について述べる。

2 トリスイミダゾリン触媒の設計[1)]

2. 1 触媒の設計と合成

近年, 有機触媒として様々なアミン触媒が活発に研究されている。一方, 有機触媒分子としてのイミダゾリンの利用は数例報告されているのみであり, イミダゾリン分子による高選択的反応はこれまでに報告がなかった。しかし, イミダゾリンは塩基性や求核性を有し, プロトン化すれば Brønsted 酸としても作用し得る多様な機能を持つ魅力的な分子である。以前に我々は他の研究でイミダゾリンを使用していた背景もあり, その有機触媒としての利用に興味を持った。イミダゾリン環を持つ有機触媒を設計するにあたり, その対称性を最大限に利用することを考えた。イミダゾリンはアミジン構造を持つ分子であるため, C_2 対称キラルジアミン由来のイミダゾリンは C_2 対称性を持つ。そこで, ベンゼン環上に 2 つではなく, 3 つ配置した分子 **1a** が構造的に面白いのではないかと考えた (図 1, i)。**1a** は C_3 対称性を持つ構造的にも美しい分子である。

トリスイミダゾリン構造について文献を調べると材料科学の領域で興味深い性質が報告されていた[2)]。それは, トリスイミダゾリン **2** がカルボン酸と 1 対 3 で複合体を形成するという報告であり, 論文中では有機電界発光装置への応用の可能性が述べられていた (図 1, ii)。本性質の合成化学的利用は例がなかったが, この水素結合ネットワークに大きな興味を持ち, 本構造を基本骨格とする光学活性トリスイミダゾリンの有機触媒としての応用研究を開始した。チオウレアや

＊1 Hiromichi Fujioka 大阪大学 大学院薬学研究科 分子合成化学分野 教授
＊2 Kenichi Murai 大阪大学 大学院薬学研究科 分子合成化学分野 助教

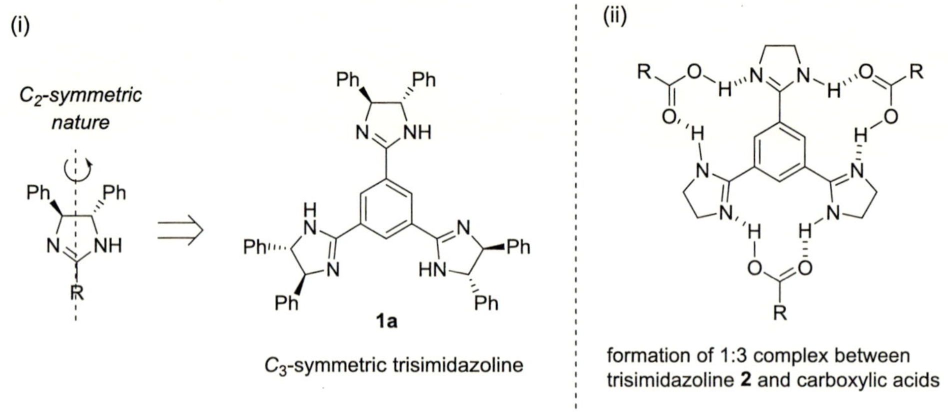
(i)
C_2-symmetric nature
Ph
Ph
N
NH
R
Ph
Ph
N
NH
H
N
Ph
N
N
Ph
HN
Ph
Ph
1a
C_3-symmetric trisimidazoline
(ii)
R
O
H
N
N
H
O
R
O
O
H
H
N
N
N
N
H
H
O
O
R
formation of 1:3 complex between
trisimidazoline 2 and carboxylic acids

図 1

グアニジンなど有機触媒としてその高い有用性が示されている分子もカルボン酸との水素結合を介するネットワーク形成が報告されており，それらと同様にトリスイミダゾリンも有機触媒として有用なのではないかと期待した。

2. 2　触媒の評価（β-ケトエステルを利用する反応）

触媒 **1a** について評価するため，有機塩基触媒としての利用について検討した。その結果，β-ケトエステルを基質とするニトロマイケル反応や α-アミノ化反応等に適用できることを見出した（スキーム 1）。いずれの反応も他の有機触媒を用いて高エナンチオ選択的反応が達成されているが，これらはイミダゾリンを有機触媒に用いる初めての高エナンチオ選択的反応である。

トリスイミダゾリンの C_3 対称構造が，反応性や選択性に与える影響について調べるため，ニトロマイケル反応についてビスイミダゾリン触媒 **3**，モノイミダゾリン触媒 **4** と比較した（表 1）。検討の結果，ビスイミダゾリン触媒を用いた場合 61% ee と中程度の選択性にとどまり，モノイミダゾリン触媒を用いた場合には選択性はほとんど発現しないことが分かった。また，モノイミダゾリン触媒を用いた際には反応は遅く，生成物は低収率であった。これらの結果

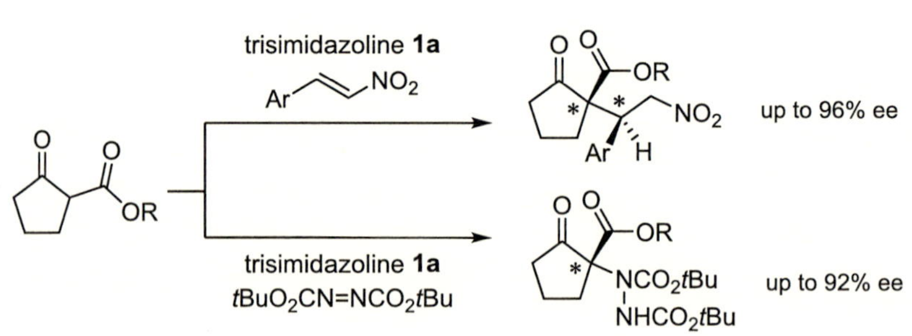
trisimidazoline 1a
Ar
NO2
O
O
OR
O
O
OR
*
*
NO2
Ar
H
up to 96% ee
trisimidazoline 1a
tBuO2CN=NCO2tBu
O
O
OR
*
NCO2tBu
NHCO2tBu
up to 92% ee

スキーム 1

第7章　トリスイミダゾリンの分子認識能を利用する不斉触媒システムの開発

表1

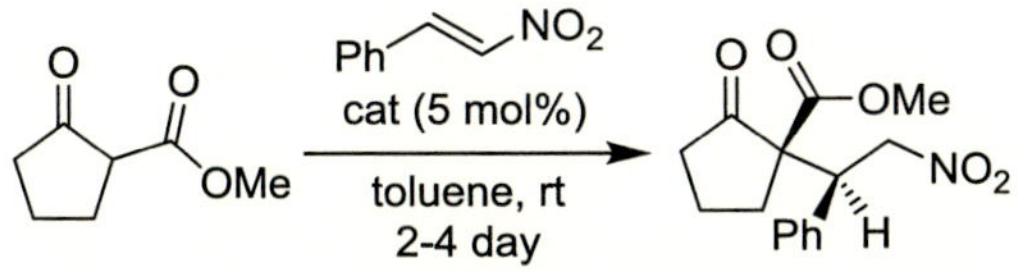

entry	cat	yield (%)	dr	ee (%)[a]
1	**1a** (tris)	94	18 : 1	89
2	**3** (bis)	91	18 : 1	61
3	**4** (mono)	29	5 : 1	1

[a] Ee of major diasteromer is shown.

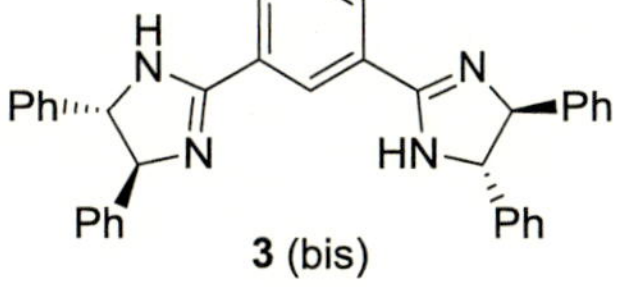

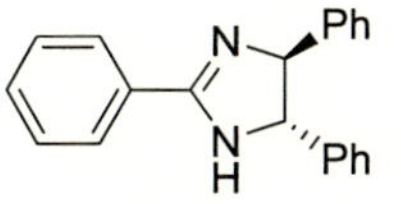

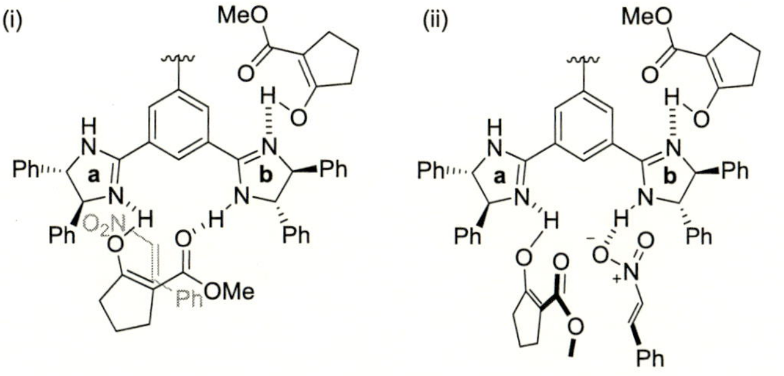

図2

から，反応性にはビスイミダゾリン構造が，選択性にはトリスイミダゾリン構造が重要であることが分かる。

本反応は，二つのイミダゾリンで囲まれた C_2 対称性反応場で進行していると考えている（図2）。2つのイミダゾリンによって構築される反応場では，1つのイミダゾリンが塩基触媒として，もう一方が水素結合供与体として作用する図の (i) か (ii) の様式で反応していると想定している。二つのイミダゾリン環は同一のユニットであるが，異なる様式で作用するのが本触媒の特徴である。トリスイミダゾリンがビスイミダゾリンより高い選択性を与えたのは，ビスイミダゾリンの場合には反応場の外でモノイミダゾリンによって触媒される可能性があるのに対し，トリスイミダゾリンはその対称性のため均等に整列した3つの「2つのイミダゾリンよって構築される反応場」を提供しているためと考えている。

73

3 ハロラクトン化

トリスイミダゾリン分子の面白さはカルボン酸との相互作用にある。その特徴を利用した触媒システムを開発するため，カルボン酸を基質とする反応について検討した。反応にはハロラクトン化反応を選択し，そのエナンチオ選択的反応の開発に取り組んだ。

ハロラクトン化反応は，合成化学上重要な反応のひとつである。反応生成物は様々な変換に利用し得る有用な合成中間体であるため，不斉反応によって光学活性ハロラクトンが容易に合成できれば，有力な合成法になると期待される。キラルハロニウム種の生成やハロニウムイオン中間体のラセミ化といった課題があり触媒的不斉ハロラクトン化反応の開発は困難とされていたが，2010年に有機触媒を用いる高エナンチオ選択的ハロラクトン化反応が数例報告されたのをきっかけとして，近年急速に発展している[3]。我々も2010年にトリスイミダゾリン触媒を用いる不斉ブロモ化反応を報告し，その創成期の一旦を担うことができた。以下そのトリスイミダゾリン触媒を用いるエンカルボン酸のブロモラクトン化反応及びその後の展開の一つであるアレンカルボン酸のヨードラクトン化反応について示す。

3.1 エンカルボン酸のブロモラクトン化反応[4]

不斉ハロラクトン化反応において，エンカルボン酸と適切なキラル塩基触媒の相互作用によりキラルイオン対を形成させれば，カルボン酸を活性化するとともに不斉環境を構築し，続く環化反応が選択的に進行すると考えた。ハロニウムイオン中間体形成反応は可逆反応と考えられているため，本アプローチではハロゲン化の面選択性の制御は不斉発現における重要な要因とならず，環化段階において一方のハロニウムイオンが選択的に反応することで不斉発現するのではないかと期待した（スキーム2）。先述したように，トリスイミダゾリン化合物は，カルボン酸と1対3複合体を形成するという興味深い分子認識が報告されている。触媒 **1a** もカルボキシアニオンと解離することなく，イオン対として近傍に存在できると期待され，上記に示した不斉ハロラクトン化のアプローチに利用できると考えた。

まずトリスイミダゾリン触媒 **1a** と他のキラルアミン触媒を用いてエンカルボン酸 **5a** のブロモラクトン化反応について検討した（表1，i）。**1a** を用いると期待した通り良好なエナンチオ選択性で目的物が得られた（entry 1）。一方，キニジンや（DHQD)$_2$PHAL を用いた場合，**1a** ほ

スキーム2

第 7 章　トリスイミダゾリンの分子認識能を利用する不斉触媒システムの開発

表 2

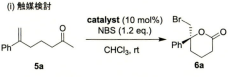

(i) 触媒検討

entry	catalyst	yield (%)	ee (%)
1	trisimidazoline **1a**	95	69
2	quinidine	86	-5
3	(DHQD)₂PHAL	89	47
4	bisimidazoline **3**	99	28
5	monoimidazoline **4**	92	6

(ii) ブロモ化剤と溶媒の検討（触媒：**1a**）

entry	solvent	temp.	Br⁺ source	time	yield (%)	ee (%)
1	CH₃CN	rt	NBS	30 min	91	32
2	CH₂Cl₂	rt	NBS	30 min	86	69
3	CHCl₃	rt	NBS	30 min	95	69
4	toluene	rt	NBS	30 min	91	73
5	toluene	-40 °C	NBS	28 h	97	87
6	toluene	-40 °C	DBDMH[a]	15 h	69	91
7	toluene	-40 °C	NBP[b]	11 h	95	75
8	toluene	-40 °C	NBI[c]	22 h	63	9
9	toluene	-40 °C	NBSacc	24 h	23	39
10	toluene	-40 °C	TBCO	24 h	47	82
11	toluene	-40 °C	DBDMH[c]	11 h	99	91

a) 0.6 eq.; b) 2.0 eq.; c) 1.0 eq.

どの選択性は得られなかった（entries 2, 3）。また，ビスイミダゾリン **3**，モノイミダゾリン **4** を用いた場合にも選択性は低く（entries 4, 5），**1a** の C_3 対称構造が重要と分かる。

続いて触媒 **1a** を用いて反応条件を精査した（表 2, ii）。まず溶媒について検討したところ（entries 1-4），低極性溶媒中で良好な選択性を与え，特にトルエンが最適であると分かった。より低温で反応を行うことで選択性が向上し，-40℃で 87% ee と高い選択性で反応が進行した（entry 5）。ブロモ化剤として N-bromosuccinimide（NBS）の代わりに 1,3-dibromo-5,5-dimethylhydantoin（DBDMH）（0.6 当量）を用いたところ，収率の低下がみられたが，選択性が向上した（91% ee, entry 6）。他のブロモ化剤として，N-bromophthalimide（NBP），N-bromoisocyanuric acid（NBI），N-bromosaccharin（NBSacc），2,4,4,6-tetrabromo-2,5-cyclohexadienone（TBCO）を用いた場合には，DBDMH ほどの選択性は得られなかった（entries 7-10）。最終的に DBDMH を 1.0 当量用いることで，高収率かつ高エナンチオ選択的にブロモラクトン化を進行させることに成功した（entry 11）。

本エナンチオ選択的ブロモラクトン化反応は，種々の置換基を持つエンカルボン酸に適用可能である。末端オレフィンを持つ基質だけでなく，内部オレフィンを持つ基質でも良好な結果が得られた（図 3）。また，反応は鎖状のエンカルボン酸だけでなく，環状のエンカルボン酸にも適用可能で，スピロラクトンも良好な選択性で得られた。

反応はグラムスケールでも実施可能であり，本法を天然物 tanikolide の合成にも応用した。すなわち，ケトエステル **7** から合成した 3 置換エンカルボン酸 **8** にトリスイミダゾリン触媒 **1a** を用いる不斉ブロモラクトン化反応を適用し，ブロモラクトン **9** を定量的に得た。つづいてブロモ基を水素へ置換した後に，フェニル基を酸化しカルボン酸 **11** へと変換した。最後に，混合酸無水物を経てカルボン酸を選択的に還元することで，(-)-tanikolide の不斉合成を達成した（スキーム 3）。

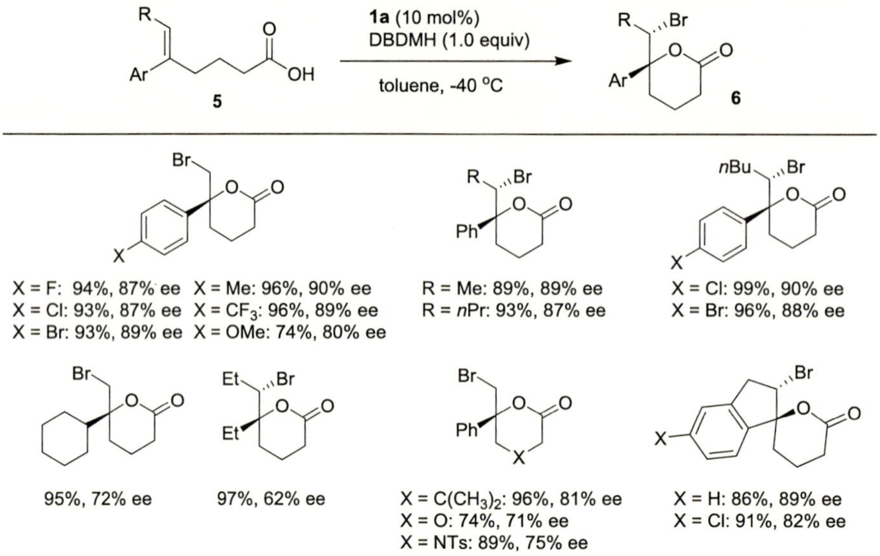

有機分子触媒の開発と工業利用

図 3

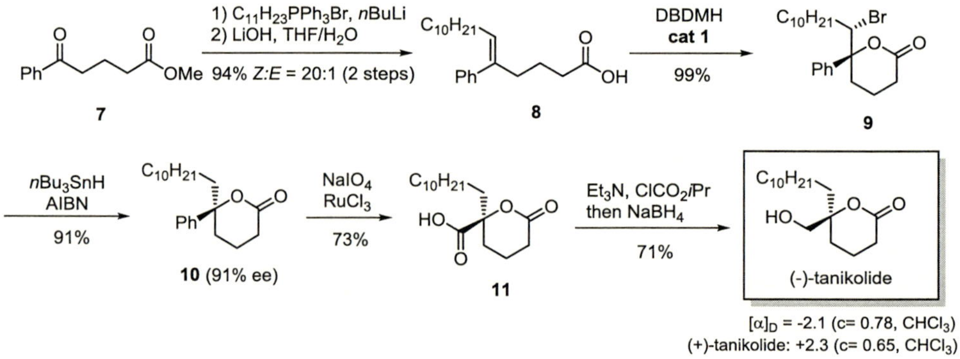

スキーム 3

　また，トリスイミダゾリン **1a** と基質のエンカルボン酸 **5a** 間の相互作用を NMR 実験で確認した（図 4）。両者の 1 対 3 混合物を重クロロホルム中で測定したところ，**1a** の中心のベンゼン環上のプロトン（H_A）の化学シフト値は δ 8.69 ppm から δ 10.43 ppm へと大きく低磁場シフトした。この挙動は無置換トリスイミダゾリン **2** においても報告されており，光学活性体 **1a** も同様の複合体を形成することが分かる。本反応の反応機構は複雑であり，詳細は明らかにできていないが，カルボン酸の存在が重要であり，トリスイミダゾリン分子がカルボン酸と水素結合を介して複合体を形成することで，キラルカルボキシレートが生じ，ブロモニウムイオン中間体への付加が選択的に進行するためと考えている。

第7章 トリスイミダゾリンの分子認識能を利用する不斉触媒システムの開発

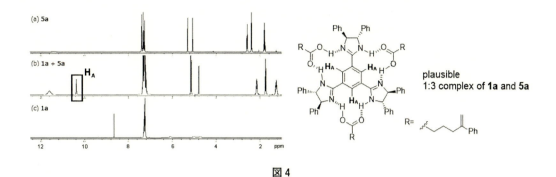

図4

3．2 アレンカルボン酸のヨードラクトン化反応[5)]

炭素-炭素多重結合として，アルケンを用いるエナンチオ選択的ハロ環化反応はこれまでに多数報告されているが，アルキンやアレンの反応はほとんど報告されていない。我々は，アレンを有するカルボン酸での不斉ハロラクトン化反応について検討し，これまでに報告のないアレンカルボン酸の不斉ヨードラクトン化を達成した。

アレンカルボン酸とヨウ素化剤との反応では，(i) 3員環状のヨードニウムイオンと (ii) π-アリルカチオンの2種の中間体をとる可能性があり，いずれの中間体を経由するかでエナンチオ選択性の発現機構が異なると考えられる。すなわち，前者では中間体形成段階で，後者では環化段階での選択性制御がポイントであり，それぞれに応じた触媒システムを構築する必要がある。先述したように，ブロモラクトン化反応において，トリスイミダゾリン触媒はカルボン酸に作用し，環化段階でのエナンチオ選択性制御に効いていると考えている。したがって，π-アリルカチオンを経由して反応を進行させることができれば，エナンチオ選択的ヨードラクトン化反応が達成できると考えた（スキーム4）。

ヨードニウムイオンとπ-アリルカチオンの生成に関して，Maらは NIS を用いると前者が，I_2 を用いると後者が生成すると報告している[6)]。本報告を参考に，アレンカルボン酸 **12a** を基質

スキーム4

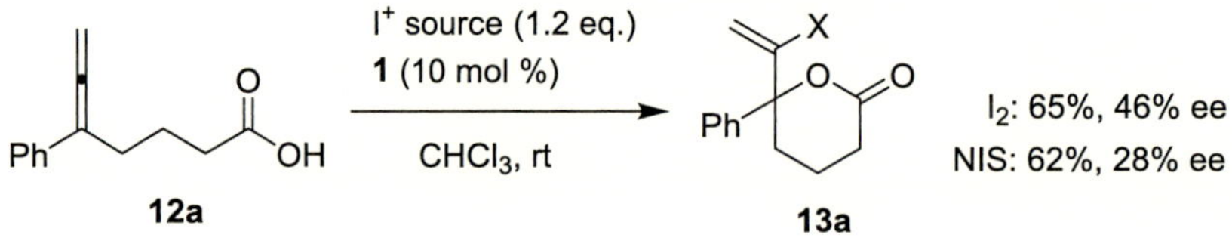

有機分子触媒の開発と工業利用

I⁺ source (1.2 eq.)
1 (10 mol %)

CHCl₃, rt

Ph〜 **12a** 〜OH → **13a**

I₂: 65%, 46% ee
NIS: 62%, 28% ee

スキーム5

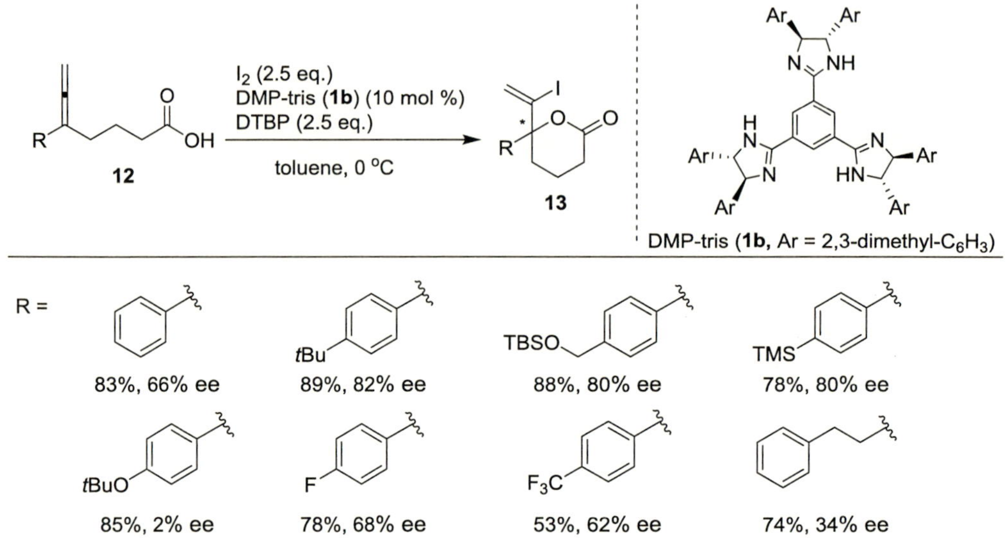

I₂ (2.5 eq.)
DMP-tris (**1b**) (10 mol %)
DTBP (2.5 eq.)

toluene, 0 °C

R〜 **12** 〜OH → **13**

DMP-tris (**1b**, Ar = 2,3-dimethyl-C₆H₃)

R =

83%, 66% ee   89%, 82% ee   88%, 80% ee   78%, 80% ee
(Ph)   (tBu)   (TBSO)   (TMS)

85%, 2% ee   78%, 68% ee   53%, 62% ee   74%, 34% ee
(tBuO)   (F)   (F₃C)

図5

として，トリスイミダゾリン **1a** を用いる不斉ヨードラクトン化反応を検討した（スキーム5）。
実際に NIS と I₂ を用いて検討したところ，NIS を用いた場合にはエナンチオ選択性は低く，I₂
を用いると中程度の選択性が得られることを見出した。なお，DBDMH や NBS 等の臭素化剤を
適用した場合には反応は複雑となった。

　I₂ を用いた場合に最も良い選択性を与えることを見出したので，I₂-トリスイミダゾリン触媒
システムについて反応条件を精査した。その結果，2,6-di-*tert*-butylpyridine（DTBP）存在
下，DMP-tris（**1b**）を用いると良好な選択性でヨードラクトン化が進行することを見出した。
反応の一般性を，図5に示した。なお，DTBP は反応の進行に伴い副生するヨウ化水素を捕捉
する目的で添加している。反応経路に関して種々の実験から π-アリルカチオン中間体を経て進
行していることを支持する結果を得ており，当初想定した形で反応が進行していると考えている。

第 7 章　トリスイミダゾリンの分子認識能を利用する不斉触媒システムの開発

4　おわりに

　本稿では，トリスイミダゾリンの分子認識能に着目した触媒の創出と，それを用いるエナンチオ選択的ハロラクトン化反応について述べた。トリスイミダゾリン触媒の機能は多様であり，本稿で記した β-ケトエステルやカルボン酸を基質とする反応[7]以外にも，フェノールを基質とする Betti 反応や mCPBA を用いるケチミンの酸化反応などへ適用できることも分かってきた[8]。今後，トリスイミダゾリンを基本骨格とする有機触媒の機能開拓により，新たな不斉触媒反応の開発が期待される。

文　　献

1)　(a) K. Murai, S. Fukushima, S. Hayashi, Y. Takahara, H. Fujioka, *Org. Lett.*, **12**, 964 (2010) (b) K. Murai, S. Fukushima, A. Nakamura, M. Shimura, H. Fujioka, *Tetrahedron,* **67**, 4862 (2011).

2)　A. Kraft, R. Fröhlich, *Chem. Commun.*, 1085 (1998).

3)　S. E. Denmark, W. E. Kuester, M. T. Burk, *Angew. Chem. Int. Ed.*, **51**, 10938 (2012).

4)　(a) K. Murai, T. Matsushita, A. Nakamura, S. Fukushima, M. Shimura, H. Fujioka, *Angew. Chem. Int. Ed.*, **49**, 9174 (2010) (b) K. Murai, A. Nakamura, T. Matsushita, M. Shimura, H. Fujioka, *Chem. Eur. J.*, **27**, 8448 (2012).

5)　K. Murai, N. Shimizu, H. Fujioka, *Chem. Commun.*, **50**, 12530 (2014).

6)　X. Jiang, C. Fu, S. Ma, *Chem. Eur. J.*, **14**, 9656 (2008).

7)　ブロモラクトン化反応を利用した β 置換カルボン酸の光学分割及び不斉非対称化も報告している。(a) K. Murai, T. Matsushita, A. Nakamura, N. Hyogo, J. Nakajima, H. Fujioka, *Org. Lett.*, **15**, 2526 (2013). (b) K. Murai, J. Nakajima, A. Nakamura, N. Hyogo, H. Fujioka, *Chem. Asian. J.*, **9**, 3511 (2014).

8)　(a) S. Takizawa, S. Hirata, K. Murai, H. Fujioka, H. Sasai, *Org. Biomol. Chem.*, **12**, 5827 (2014) (b) S. Takizawa, K. Kishi, M. A. Abozeid, K. Murai, H. Fujioka, H. Sasai, *Org. Biomol. Chem.*, **14**, 761 (2016) (c) S. Takizawa, M. Sako, M. A. Abozeid, K. Kishi, H. D. P. Wathsala, S. Hirata, K. Murai, H. Fujioka, H. Sasai, *Org. Lett.*, **19**, 5426 (2017).

第8章 大量スケール合成に適用可能な高エナンチオ選択的アシル化反応の開発

菅 誠治[*1], 萬代大樹[*2]

1 はじめに

N,N-ジメチル-4-アミノピリジン（DMAP）あるいは4-ピロリジノピリジン（PPY）はアルコールのアシル化反応を効率的に促進できる触媒として知られており，広く合成反応に利用される求核触媒の一つである[1]。ここでキラルな求核触媒を用いてラセミ体第二級アルコールのアシル化を行うと，このプロセスは速度論的光学分割反応となり，未反応の光学活性なアルコールを回収できる[2,3]。これまで様々なキラルなDMAPやPPY誘導体が開発されており，様々なエナンチオ選択的な反応に用いられてきた[4]。しかし，光学活性なこれらの触媒を得るためには触媒合成過程で光学分割などの煩雑な操作が必要となる場合があり，多様な構造をもつ触媒ライブラリーを迅速に構築するのはかなりの労力を要する。また別の問題として，反応点であるピリジン環窒素の近傍に不斉環境を構築すると，触媒としての求核性（反応性）が大きく損なわれることが知られている[5]。これを避けるために，反応点から遠い位置に不斉環境を配置する必要がある。しかし，高いエナンチオ選択性を発現させるためには，反応点付近に不斉環境を置く必要があり，触媒活性とエナンチオ選択性の両方を満足する触媒設計が求められる。我々は，これらの課題に対して，①多様な構造をもつ光学活性DMAPの迅速合成および②求核触媒反応の反応加速の2点をキーワードとして，独自のアプローチでこの問題に取り組んだ。本稿では，触媒設計と合成の概要と，この触媒を用いた大量スケール合成に適用可能な分子内・分子間アシル化反応について紹介したい。

2 触媒設計と合成[6]

冒頭で掲げた①多様な構造をもつキラルなDMAPの迅速合成，および②求核触媒反応の反応加速の両方を一挙に解決する革新的な不斉求核触媒の創製を目指して，不斉配位子や有機分子触媒の不斉源として広く用いられている1,1'-ビナフチル骨格をDMAPに組み込むことにした（図1）。ビナフチル骨格を活用すると，その3,3'位に様々な置換基を導入できるので多様な構造をも

---

*1 Seiji Suga 岡山大学 大学院自然科学研究科 応用化学専攻 合成プロセス化学研究室 教授

*2 Hiroki Mandai 岡山大学 大学院自然科学研究科 応用化学専攻 合成プロセス化学研究室 助教

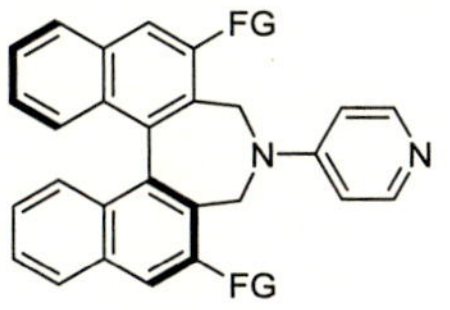

第 8 章　大量スケール合成に適用可能な高エナンチオ選択的アシル化反応の開発

図 1　ビナフチル骨格をもつキラル DMAP 誘導体

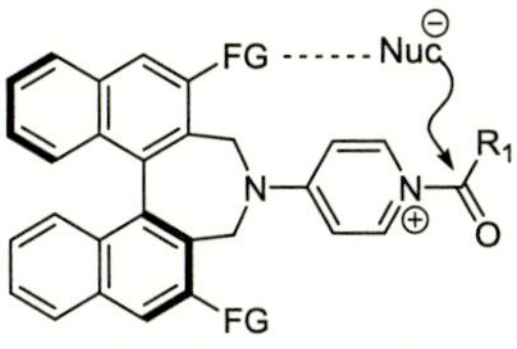

図 2　水素結合による対アニオン（求核剤）の活性化（分子内反応）

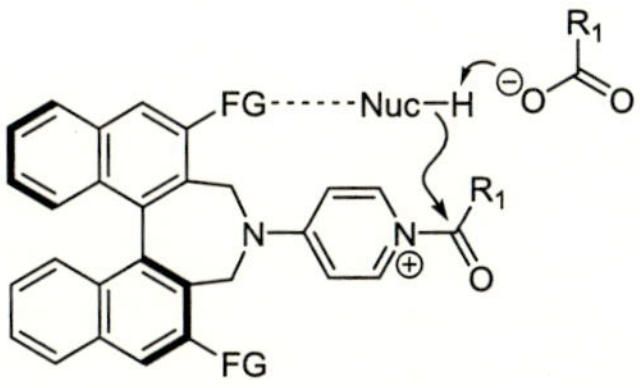

図 3　水素結合による求核剤の活性化（分子間反応）

つ誘導体を合成しやすいと考えられる。しかし，この不斉環境が触媒活性点（ピリジン環窒素）から遠く，満足なエナンチオ選択性を発現させるには少々心許ない。そこでビナフチル部位の 3,3'位に第三級アルコールなどの極性官能基（FG）があれば，水素結合相互作用が働き，反応基質の活性化による反応加速，あるいは遷移状態の安定化によるエナンチオ選択性の発現が可能ではないかと考えた（図 2,3）。このような触媒設計コンセプトのもと，実際に触媒合成に取り掛かった。

　文献[7,8]を参考にキラルな DMAP 合成を行った（図 4）。(S)-BINOL を出発原料として，2 つのヒドロキシル基に保護基を導入して化合物 **1** とし，このビナフチル骨格の 3,3'位にエステル基の導入と MOM 基の脱保護により化合物 **2** を得た。これをトリフラート化（生成物 **3**）をしたのち，我々が独自に開発した改良型 Stille カップリング反応により，化合物 **4** を収率 83％で得た。これに対して，ベンジル位のブロモ化ならびに窒素原子を導入（**4**→**5**→**6**→**7**）して化合物 **7** を得た。最後は **7** と 4-ブロモピリジンとの Buchwald-Hartwig クロスカップリングにより，3,3'位にエステル基をもつ化合物 **8** を合成した。この化合物を鍵中間体として，様々な光学活性 DMAP 誘導体に導くことができる。例えば，このエステル体 **8** に対してアリールリチウム反応

81

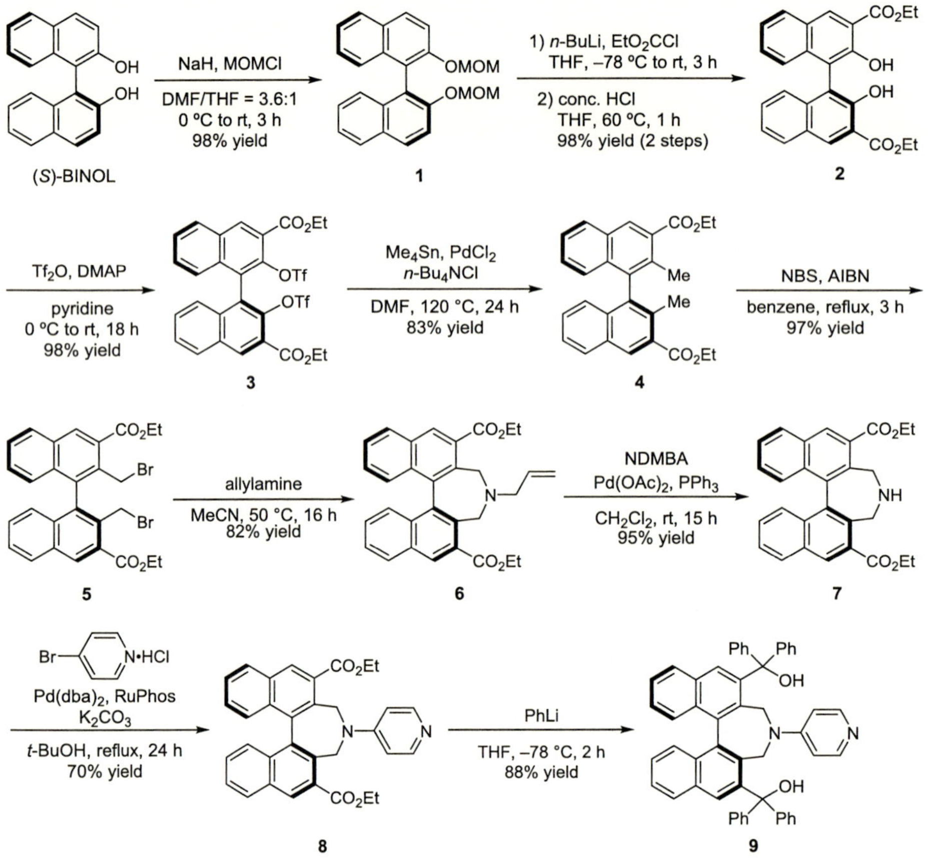

有機分子触媒の開発と工業利用

図4　キラル DMAP 誘導体の合成スキーム

剤を作用させることで，ビナフチル骨格の3,3'位に第三級アルコールをもつ光学活性 DMAP 誘導体 **9** に変換できる。この化合物の単結晶 X 線構造解析によると第三級アルコール部位のヒドロキシ基が触媒活性部位のピリジン環の上下に位置しており，適切な不斉環境を構築していると推察される（図5）。

3　分子内不斉アシル基転位反応[6]

光学活性 DMAP 誘導体の触媒性能調査のため，オキシインドール類のエナンチオ選択的 Steglich 転位反応をモデル反応として検討を行ったところ，触媒量を 0.5 mol% まで低減しても，反応が5時間で完結することがわかった。また様々な反応基質に対しても円滑に反応が進行し，高いエナンチオ選択性で目的物が得られた（図6）。本触媒反応系は大量スケールの反応にも適用できる（図7）。反応基質 15 g に対して，わずか 0.5 mol%（193 mg）の触媒を作用させると，対応する転位生成物を定量的かつ高エナンチオ選択的（98：2 er）に得ることができ

82

第8章 大量スケール合成に適用可能な高エナンチオ選択的アシル化反応の開発

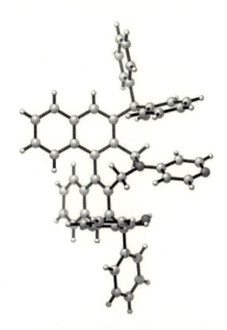

図5 キラルDMAP誘導体9の単結晶X線構造解析

た。触媒は収率95％で回収でき，触媒反応に再利用しても収率とエナンチオ選択性は損なわれない。

　本触媒がなぜ極めて高い触媒活性と高いエナンチオ選択性が発現するのか興味が持たれるところである。DFT計算により本反応の遷移状態を求めたところ，主エナンチオマーを与える遷移状態 **TS-I** のほうが副エナンチオマーを与える遷移状態 **TS-II** よりも 3.1 kcal/mol 安定であることがわかった（図8）。**TS-I** と **TS-II** 共に触媒（ヒドロキシ基およびフェニル基のオルト位C-H）と求核剤であるオキシアニオンとの間に複数の水素結合が働いて遷移状態の安定化に寄与しているが，触媒との立体障害が少ない **TS-I** が有利となるようである。これと併せて種々のコントロール実験の結果から触媒設計時の作業仮説（図2）を立証できた。

4　分子間不斉アシル化反応

4.1　d,l-1,2-ジオールの速度論的光学分割[9]

　次に分子間アシル化反応について，本触媒が有効であるかどうか検討を行った。これは分子間反応における作業仮説（図3）の検証にあたる。速度論的光学分割では selectivity factor（s 値）が触媒評価の指標として知られており[10]，一般的に s 値が20以上あれば合成的に価値のある反応と言われている[11]。

　既に第二級アルコール（モノオール）の速度論的光学分割[12]が本触媒により効果的に促進することを明らかにしていたので，次に化学選択的な反応が求められるさらに難易度が高い1,2-ジ

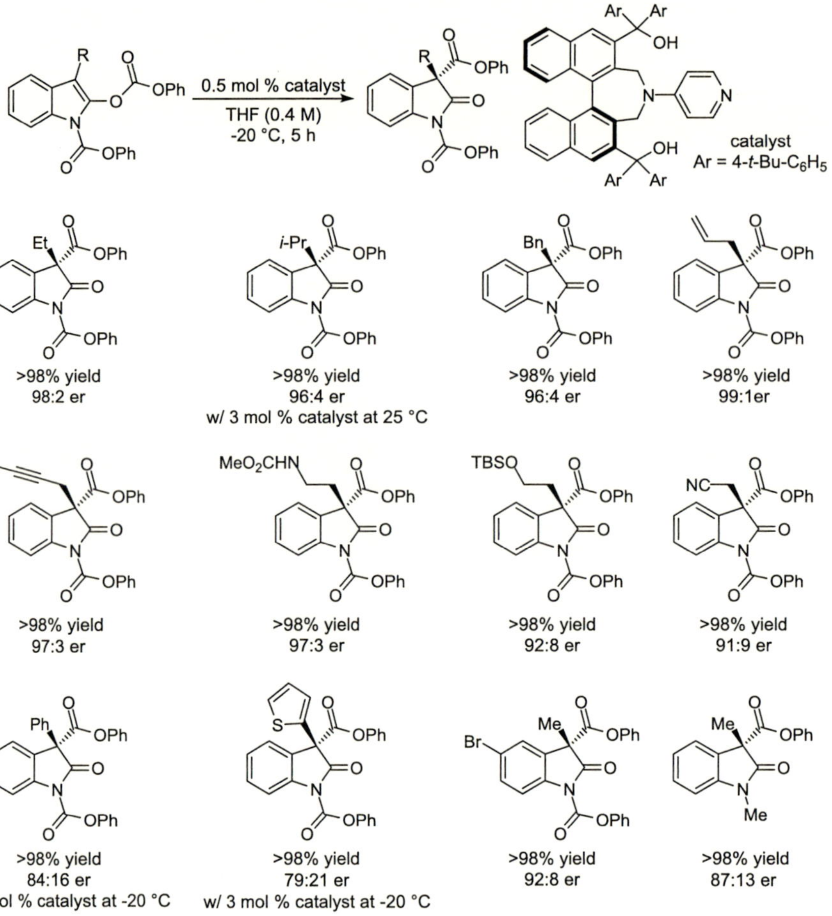

有機分子触媒の開発と工業利用

図6　オキシインドール類のエナンチオ選択的 Steglich 転位反応

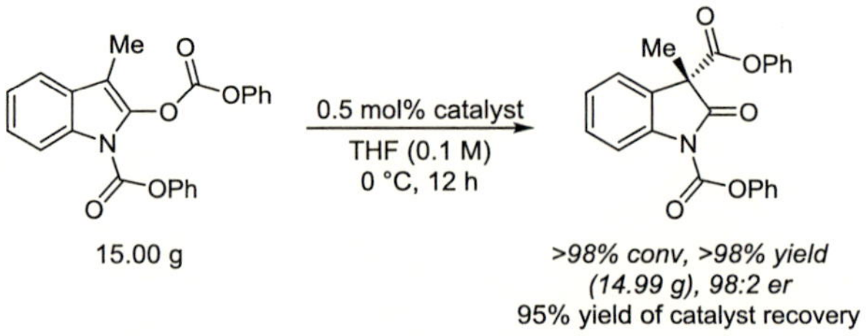

図7　大量スケール合成

オール類の速度論的光学分割反応の開発に取り組んだ（図9）。様々な鎖状ヒドロベンゾイン誘導体でも，反応性と良好な s 値（$s = 54 - 180$）でモノアシル化を選択的に得ることができた。一方，環状ジオールを反応基質とした場合は，その環員数に関わらず良好な s 値（$s = 20.1 -$

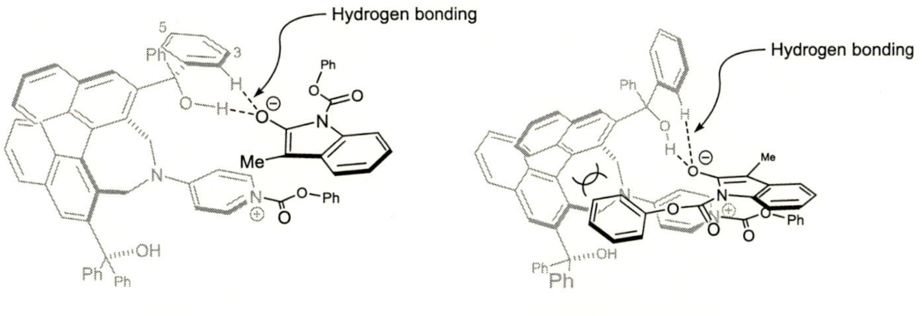

第 8 章　大量スケール合成に適用可能な高エナンチオ選択的アシル化反応の開発

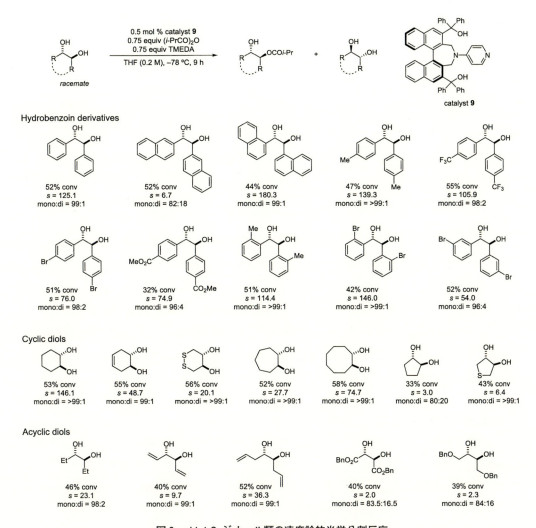

図 8　反応遷移状態の DFT 計算

図 9　d,l-1,2-ジオール類の速度論的光学分割反応

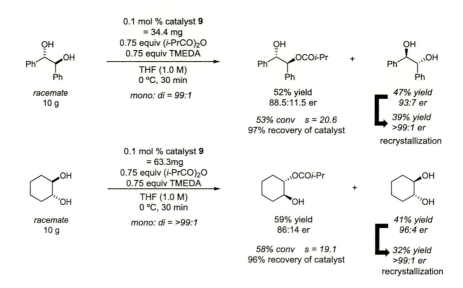

図10 大量スケール合成

146.1) で分割できた。さらにアルキル基，アリル基，ビニル基をもつ鎖状 1,2-ジオールでも，まずまずの s 値 ($s=9.7-36.3$) で分割できた。しかし本触媒でも不得意な 1,2-ジオール類は依然としてあり，これらの反応基質でも分割できる次世代の触媒の開発を進めているところである。

本反応においても，触媒のビナフチル骨格 3,3 位の第三級アルコール部位がないと反応加速と高エナンチオ選択性の発現が見られないことが，種々のコントロール実験により明らかになっている。

本反応系の有用性を示すため，光学活性ジオールの大量スケール合成を試みた（図10）。このとき，小スケールの反応と比べて，①触媒量の低減化，②温和な反応温度，③極少量の溶媒使用，④短時間での反応終結，がカギとなる。そこで s 値が 20 を大幅に下回らないように反応条件を再検討したところ，0.1 mol％の触媒量を用いた場合でも反応時間 30 分で鎖状・環状の光学活性ジオールを得る条件を見いだした。ショートカラム（シリカゲル）により触媒を取り除く必要はあるものの，再結晶により，ほぼ単一のエナンチオマーを得ることに成功した。なお，この場合でも触媒は回収・再利用が可能である。

4.2 *meso*-1,2-ジオール類の非対称化反応[13]

次に類似の反応である *meso*-1,2-ジオール類の非対称化反応を検討することにした。この反応は官能基化された光学活性 1,2-ジオール誘導体の有力な供給手段として汎用されている[14,15]。これまで有機分子触媒を用いるいくつかの報告例があるものの，反応に適用できるジオールの構造に制限があり，過剰アシル化反応が進行したジアシル化体が副生するために，モノアシル化体のみ選択的に与える反応系を確立する必要がある。

第8章 大量スケール合成に適用可能な高エナンチオ選択的アシル化反応の開発

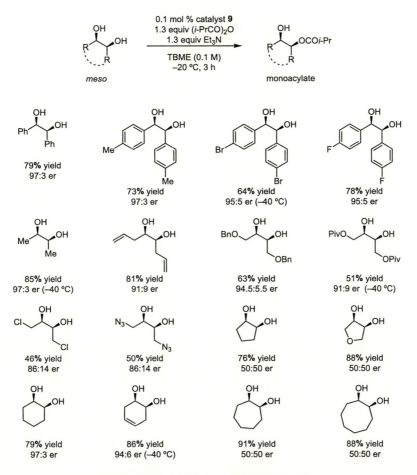

図11 *meso*-1,2-ジオール類の非対称化反応

　本触媒を用いて種々検討した結果，わずか0.1 mol％の触媒を用いると幅広い鎖状 *meso*-1,2-ジオールに対して，エナンチオ選択的非対称化反応が進行した（図11，最大97：3 er）。反応基質によっては，望まないジアシル化体が若干副生するものの，これまでの報告例と比べて，良好な結果が得られている。一方，環状1,2-ジオールを反応基質とした場合，6員環をもつ反応基質はエナンチオ選択性が発現するものの，他の環員数をもつ反応基質は，モノアシル化体は選択的に得られるが，残念ながら全くエナンチオ選択性が発現しなかった。その理由は不明ではあるが，恐らく環状基質に対する本触媒の不斉認識能が弱いためだと考えている。

　本反応においても，触媒に2つの極性官能基（第三級アルコール部位）があると最も良いエナンチオ選択性が発現するようである（図12）。例えば，最適触媒 **9** のヒドロキシ基の1つを水素に置き換えた擬 C_2 対称触媒 **9a** ではモノアシル化体選択的に反応が進行するものの，生成物への変換率とエナンチオ選択性の若干の低下が見られた（56％ yield, 95：5 er, mono：di＝

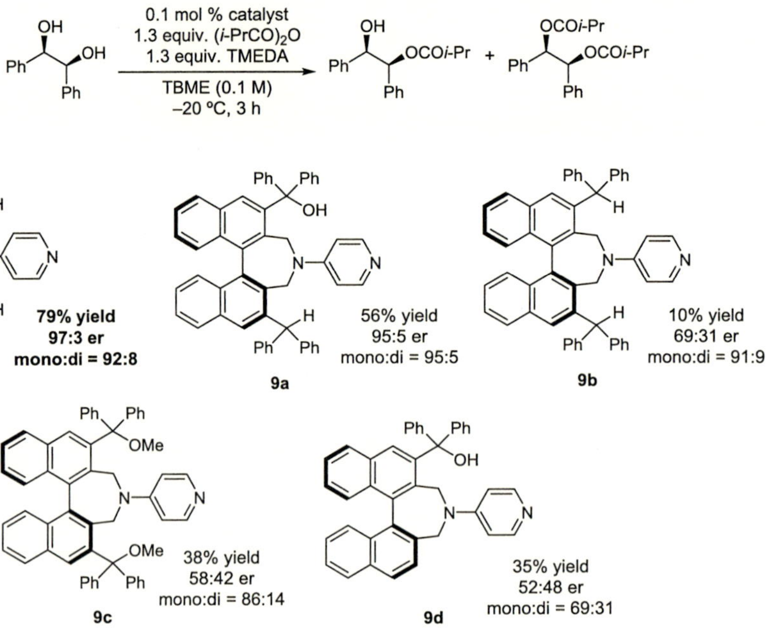

有機分子触媒の開発と工業利用

図12 触媒構造とモノアシル化体の収率・エナンチオ選択性の相関

95：5）。さらに2つのヒドロキシル基を水素に置き換えた触媒 **9b** ではほとんど反応が進行せず，エナンチオ選択性も中程度まで低下した（10% yield, 69：31 er, mono：di＝91：9）。その他，ヒドロキシ基をメチル基でキャップした水素結合相互作用ができない触媒 **9c** は，ほぼラセミ体生成物を与える（38% yield, 58：42 er, mono：di＝86：14）。また最適触媒 **9** から1つ第三級アルコール部位を除去した C_1 対称触媒 **9d** は，モノアシル化体の選択性が劇的に低下し，またエナンチオ選択性も発現しない（35% yield, 52：48 er, mono：di＝69：31）。

5　おわりに

　我々は高い触媒活性と高いエナンチオ選択性発現の両方を兼ね備える光学活性 DMAP 誘導体の開発に成功し，様々な分子内および分子間エナンチオ選択的アシル化反応に適用できることを明らかにした。本触媒の使用量は極微量のため，大量スケール合成にも適用でき，また触媒の回収・再利用も可能な堅固な触媒である。エナンチオ選択性に関して改善の余地があるものの，反応適用範囲が広い優れた触媒を創製することができた。引き続き，本触媒が適用できる反応の開発を目指して，研究を進めているところである。

第 8 章　大量スケール合成に適用可能な高エナンチオ選択的アシル化反応の開発

文　　献

1)　L. M. Litvinenko *et al., Dokl. Akad. Nauk SSSR*, **176**, 97 (1967)
2)　D. E. J. E. Robinson *et al., Tetrahedron : Asymmetry*, **14**, 1407 (2003)
3)　H. Pellissier, *Adv. Synth. Catal.*, **353**, 1613 (2011)
4)　R. P. Wurz, *Chem. Rev.*, **107**, 5570 (2007)
5)　T. Sammakia *et al., J. Org. Chem.*, **64**, 4652 (1999)
6)　H. Mandai *et al., Nat. Commun.*, **7**, 11297 (2016)
7)　T. Ooi *et al., J. Am. Chem. Soc.*, **125**, 5139 (2003)
8)　D.-C. Liang *et al., Org. Biomol. Chem.*, **10**, 3071 (2012)
9)　K. Fujii *et al., Adv. Synth. Catal.*, **359**, 2778 (2017)
10)　H. B. Kagan *et al., Top. Stereochem.*, 249 (1988)
11)　E. Vedejs *et al., Angew. Chem. Int. Ed.*, **44**, 3974 (2005)
12)　K. Fujii *et al., Bull. Chem. Soc. Jpn.*, **89**, 1081 (2016)
13)　H. Mandai *et al., J. Org. Chem.*, **82**, 6846 (2017)
14)　A. Enriquez-Garcia *et al., Chem. Soc. Rev.*, **41**, 7803 (2012)
15)　M. D. Diaz-de-Villegas *et al., Chem. Eur. J.*, **18**, 13920 (2012)

第9章　超強酸性炭素酸を触媒として用いた分子変換

矢内　光[*]

1　はじめに

　1960年代を中心に行われたOlahらによるカルボカチオンの研究において，SbF_5とFSO_3Hの混合物（いわゆる，"magic acid"）の果たした役割は極めて大きい。酸強度が，100%硫酸（Hammett酸度関数$H_0 = -12$）を超える酸を超強酸とよび，H_0が約-23のmagic acid（$SbF_5/FSO_3H = 1:1$）はその代表例である。飽和炭化水素すらプロトン化される超強酸中では，容易にカルボカチオンが発生し，通常の有機合成手法では実現困難な数々の分子変換が報告されてきた。

　三配位カルボカチオンは，五配位カルボカチオンと区別するためにカルベニウムイオンとよばれ，オクテット則を満たすことができない不安定で反応性に富む化学種である。Olahの成果は，超強酸中で発生させたカルベニウムイオンが分光学的に検出可能なほどに安定化されたことを意味する。これは，強い酸から導かれる極度に安定な対アニオンが，カルベニウムイオンとは反応しないという速度論的な安定化の帰結であり，なんらかの求核種が共存する場合には無論，結合形成反応が速やかに起こる。こうした対アニオンは，Coulomb力などのイオン間に働く安定化相互作用を最小化することで，カルベニウムイオンを「裸」の状態に近づけ，高い求電子性を実現することができる。超強酸という術語が「媒体」，言い換えれば溶媒を指す言葉であるため，触媒量の超強酸を用いた分子変換というのは考えにくい。しかし，超強酸中で起こる魅力的な反応の数々は，酸の使用量を低減させることへの大きなモチベーションとなってきた。その一つに，硫酸分子よりも強い酸性度をもつ酸分子，いわゆる超強酸分子の開発がある[1]。1954年にHaszeldine, Kiddが報告したトリフルオロメタンスルホン酸TfOH（$Tf = CF_3SO_2$；$H_0 = -14.1$）や1984年にDesMarteauが報告したビス(トリフリル)イミドTf_2NHは，その代表である。TfOHが報告された直後にはBriceとTrott, Haszeldineが炭素類縁体であるビス(トリフリル)メタンTf_2CH_2 **1a** を，Tf_2NHの報告の直後にはSeppeltがトリス(トリフリル)メタンTf_3CHを報告している。一連の酸分子に関する気相酸性度GA（酸分子がイオン化する際のGibbsエネルギー差）は興味深い。硫酸の値（302.2 kcal mol^{-1}）と比べて，TfOHとTf_2NHの値（299.5 kcal mol^{-1}, 286.5 kcal mol^{-1}）は小さく，両化合物の超強酸分子としての性質が理解できる。また，トリフリル基で置換されたメタン類では，トリフリル基の数が増えるに従ってGA値は小さくなる（$TfCH_3$, 339.8 kcal mol^{-1}；Tf_2CH_2 **1a**, 300.6 kcal mol^{-1}；Tf_3CH, 289.0 kcal mol^{-1}）。こうしたデータから，近年，一般式

---

[*]　Hikaru Yanai　東京薬科大学　薬学部　准教授

90

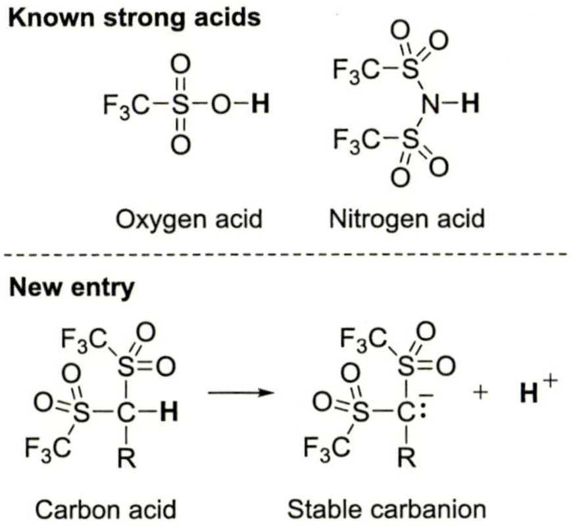

第9章　超強酸性炭素酸を触媒として用いた分子変換

Known strong acids

F3C–S–O–H

Oxygen acid　　　Nitrogen acid

New entry

Carbon acid　　　Stable carbanion

Acid	GA (kcal mol^{-1})	pK_a (in DMSO)
H$_2$SO$_4$	302.2	1.4
TfOH	299.5	–
Tf$_2$NH	286.5	–
Tf$_3$CH	289.0	–
Tf$_2$CH$_2$ (**1a**)	300.6	2.1
CF$_3$CO$_2$H	–	3.45
(PhSO$_2$)$_2$CH$_2$	–	12.25
(EtO$_2$C)$_2$CH$_2$	–	16.2
TfCH$_3$	339.8	18.8

図1　トリフリル基をもつ強い有機酸の構造と酸性度データ

Tf$_2$CHR で表される炭素酸が新たな酸触媒として注目を集めている。TfOH や Tf$_2$NH では更なる分子構造の修飾が難しいのに対して，Tf$_2$CHR 型炭素酸では十分な酸性度を確保するために必要な二つのトリフリル基と第三の置換基 R とを炭素上に置くことができるためである。

　こうした炭素酸の際立って強い酸性度は，脱プロトン化によって生じるカルボアニオン [Tf$_2$CR]$^-$ がトリフリル基によって安定化された結果である。実は，この種のカルボアニオンを含有する塩は単離できるほどに安定で，トリフリル基による電子求引性誘起効果と負の超共役（非共有電子対の収容された $p_{C(-)}$ 軌道と近接した σ^*_{S-CF3} 軌道間での相互作用）が安定化に大きく寄与している。立体的にかさ高く，化学的安定性の高い [Tf$_2$CR]$^-$ を対イオンとすれば，やはり，カチオンとの間に働く相互作用を減弱できるであろう。我々は，[Tf$_2$CR]$^-$ を対イオンとすることで，これまでに知られていない難易度の高い反応が起こるのではないかと期待した。本稿では，強酸性炭素酸を用いたカチオン性反応中間体の発生と，それを介した分子変換に関する研究成果を概説する。

2　強酸性炭素酸の合成と酸性度

　Tf$_2$CHR 型炭素酸およびその類縁化合物の合成手法に関する詳細は，最近，著者が総説にまとめたので，そちらを参考にして頂きたい[2]。ここでは，汎用性が高く，後述の触媒利用とも関連した我々の合成法を紹介する。

　Tf$_2$CHR 型炭素酸は，多くが結晶性の化合物であり，吸湿性や潮解性，発煙性といった取り扱い上，問題となる性質を示さない。ただし，合成に際しては，精製法のノウハウ確立が不可欠である。例えば，この種の酸は塩として溶離するため，一般的なシリカゲルを用いたクロマトグラフィーでの精密な分離が難しい。そのため，蒸留や再結晶，昇華による精製が一般的で，しばしば目的の酸を単離できない状況に陥る。そこで，我々は高度に求電子的なアルケン Tf$_2$C＝CH$_2$ **2**

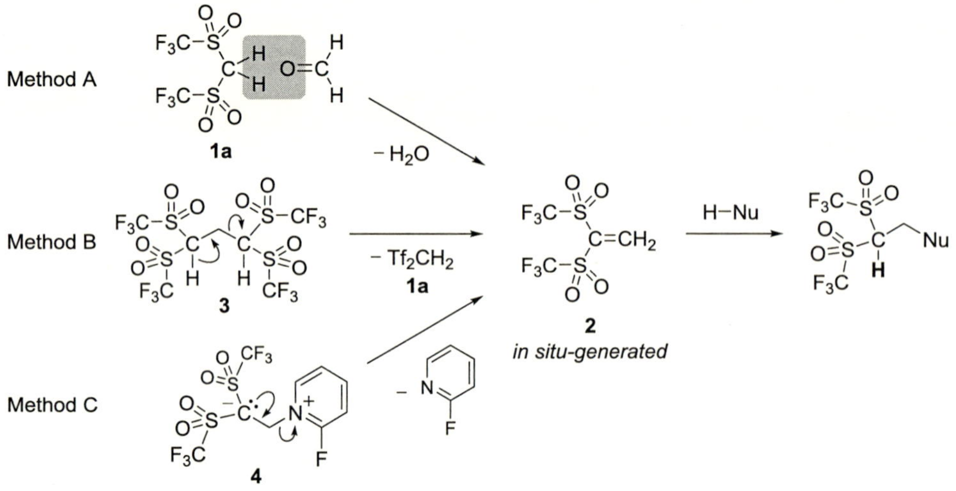

有機分子触媒の開発と工業利用

図2 1,1-ビス(トリフリル)エチレン 2 の系内発生法

を求核種で捕捉する合成法を開発した[3,4]（図2）。このアプローチでは，多段階合成で得た複雑な求核種に一段階で炭素酸構造を導入でき，煩雑な酸の精製工程を最小化できる。求電子アルケン 2 は空気中の湿気によって速やかに Tf₂CH₂ 1a とホルムアルデヒドへと加水分解されることから，長期の保存には向かない。我々は有用な系内発生法として，Tf₂CHCH₂CHTf₂ 3 の逆 Michael 反応を用いる方法（B 法）[5]と 2-フルオロピリジニウム型双性イオン 4 のフラグメント化反応を用いる方法（C 法）[6]を開発した。なお，1a とホルムアルデヒドの混合縮合による 2 の発生法（A 法）も知られているが，その発生速度が遅く，一般的な炭素酸合成手法とはなり難い。

　テトラスルホン 3 と 2-フルオロピリジニウム 4 を駆使すれば，フェノールやアリールエーテル，アニリンといった電子豊富アレーンに炭素酸構造を導入することができる（図3）。例えば，p-クレゾールのアセトニトリル溶液に，等モルのテトラスルホン 3 を加えると ortho--置換体 1b が収率99％で得られた。多くの場合，この反応は定量的に進行し，求電子アルケン 2 の生成に伴って生じる Tf₂CH₂ 1a だけが副生物となる。そのため，目的とする酸は，Kugelrohr オーブンを用いた bulb-to-bulb 蒸留（生成物が高沸点の場合は，同装置を用いた 1a の留去）や再結晶によって容易に単離できた。特筆すべきは，フェノール骨格上に炭素酸構造の位置と数が異なる一群の化合物を作ることができた点である。例えば，4-tert-ブチルフェノールに2倍モルのテトラスルホン 3 を作用させると 2,6-二置換体 5 が，ベンゼン-1,3,5-トリオールに3倍モルの 3 を作用させると C_3 対称な三価炭素酸 6 が得られた。酸性官能基を複数もつ多塩基酸が容易に合成できるのは，炭素上に置換基を導入できる炭素酸の分子構造ならではのことである。また，エストロンなどの複雑なアレーンや 1,3-ジカルボニル化合物，単純なケトン，スクシンイミドなどに対しても炭素酸構造を首尾よく導入することができた。Tf₂CH₂ 1a とパラホルムアル

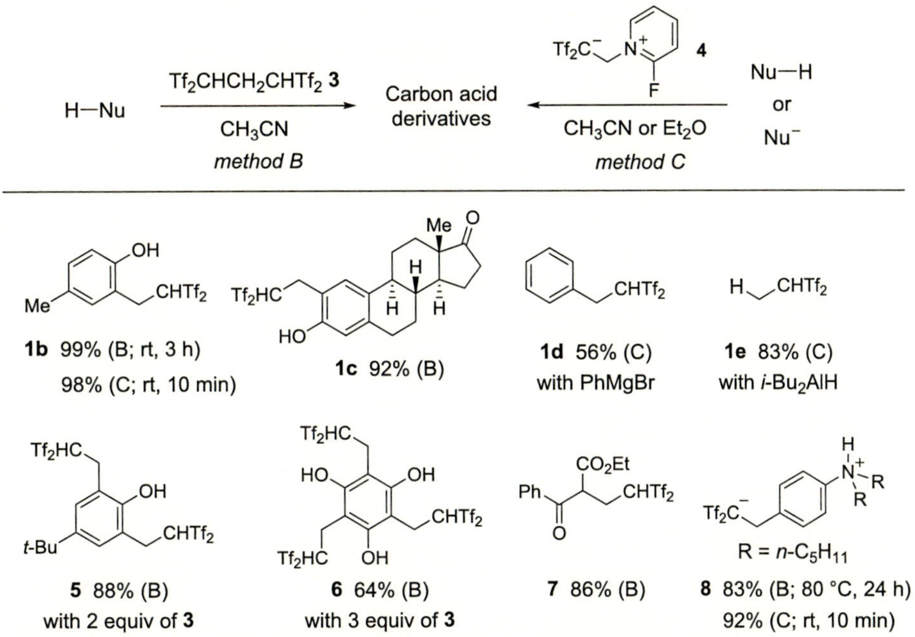

第 9 章　超強酸性炭素酸を触媒として用いた分子変換

図 3　テトラスルホン 3 と 2-フルオロピリジニウム 4 を用いた Tf$_2$CH 型炭素酸の合成

デヒド，2-フルオロピリジンの三成分反応により容易に合成できる 2-フルオロピリジニウム **4**
はより効果的な反応剤で，上述の中性求核種のみならず，Grignard 反応剤や i-Bu$_2$AlH といっ
た有機金属反応剤を適用することも可能であった[6]。

　合成した炭素酸のアセトニトリル中での pK_a 値（室温，ボルタモグラフィー法[7]）から，
Tf$_2$CHR 構造上の置換基 R が酸性度に及ぼす影響も明らかになっている（図 4）[6]。この溶媒中で
の硫酸の pK_a 値は 8.75[8]で，Tf$_2$CH$_2$ **1a**（pK_a = 10.4）は僅かに弱い酸であった。置換基 R がメ

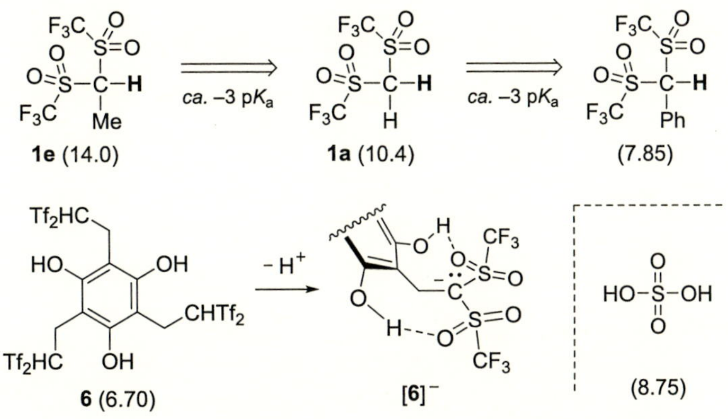

図 4　Tf$_2$CHR 型炭素酸誘導体のアセトニトリル中における pK_a 値

93

チル基の Tf₂CHMe **1e** の pK_a 値は 14.0 で,その酸性度は **1a** よりも約 10^3 倍弱い。一方,フェニル置換体 Tf₂CHPh では,**1a** よりも約 10^3 倍の酸性度の増強が見られた。また,三価炭素酸 **6** の pK_a 値は 6.70 であったことから,このものが硫酸分子よりも約 100 倍強い酸,つまり超強酸性分子であることを明らかにした。B3LYP/6-311++G(d,p) レベルの DFT 計算で見積もった **6** の GA 値は 278.9 kcal mol^{-1} で,気相でも超強酸分子として機能することが示された[9]。さらに,この計算から,**6** の脱プロトン化によって生じたカルボアニオンが,近接した二つのフェノール性水酸基とスルホン酸素原子との二点水素結合によって強く安定化されていることも詳らかになっている。

3 炭素酸による触媒反応

3.1 アキラルな炭素酸を用いた反応

まず,「Tf₂CHR 型炭素酸は本当に Brønsted 酸触媒になるのか?」という疑問に答えたい。我々は,典型的な Brønsted 酸触媒反応として知られるアルデヒドのジメチルアセタール化反応によって Tf₂CHR 型炭素酸の触媒作用を検討した(図5)。その結果,三価炭素酸 **6** が TfOH と同様にジメチルアセタールを収率よく与えるのに対して,より弱い酸である Tf₂CH₂ **1a** を用いると反応の効率が大きく低下することを見いだした。また,Yamamoto, Ishihara らも,独自に開発したペンタフルオロフェニル置換体 Tf₂CHC₆F₅ **1f** が(-)-メントールのベンゾイル化反応を始めとした種々の Brønsted 酸触媒反応に適用できることを報告している[10]。

安定カルボアニオン [Tf₂CR]⁻ を対イオンとするカルベニウム種の発生法として先導的な研究対象となってきたのが,カルボニル化合物の O-シリル化反応である(図6)。Tf₂CH 型炭素酸はケテンシリルアセタールなどのケイ素エノラートをプロトン化することで,イオン対 **A** を与える。このもの自身,あるいは引き続く C-シリル化反応により生じるシリルアルカニド **B** は,非常に高いシリル化能を有する "R₃Si⁺" 等価体である。カルボニル化合物に対して触媒量の Tf₂CH 型炭素酸と化学量論量のケテンシリルアセタールを反応させれば,系内発生した "R₃Si⁺" 等価体がカルボニル基質を O-シリル化することで,[Tf₂CR]⁻ を対イオンとするシリルカルボキソニウム中間体を与え,未反応のケテンシリルアセタールとの結合形成が進行する。こ

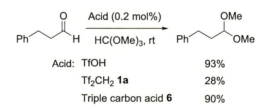

図5 Tf₂CHR 型炭素酸の Brønsted 酸触媒作用

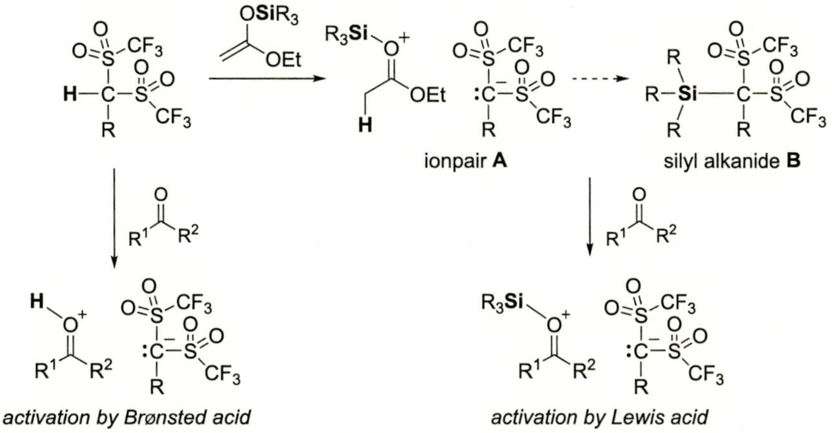

第 9 章　超強酸性炭素酸を触媒として用いた分子変換

図6　Tf$_2$CHR 型炭素酸の Brønsted 酸触媒作用と "R$_3$Si$^+$" 等価体を介した Lewis 酸触媒作用

表1　ビニロガス Mukaiyama アルドール反応における強い酸の触媒作用

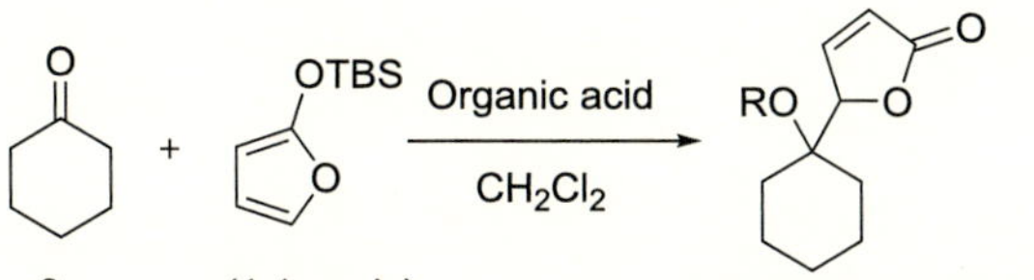

Entry	Organic acid (mol%)	Temp. (°C)	Time (h)	Yield of 10^a (%)
1	TfOH (0.5)	−24	2.5	25
2	Tf$_2$NH (0.5)	−24	2.5	63
3	Tf$_2$CHC$_6$F$_5$ 1f (0.5)	−24	2.5	74
4	Tf$_2$CHCH$_2$CHTf$_2$ 3 (0.5)	−24	2.5	82
5	1b (1.0)	rt	2	51
6	1g (1.0)	rt	2	30
7	5 (1.0)	rt	2	82
8	6 (1.0)	rt	2	83
9	6 (0.05)	rt	2	83

^{a} Combined yield of 10-H (R = H) and 10-Si (R = TBS).

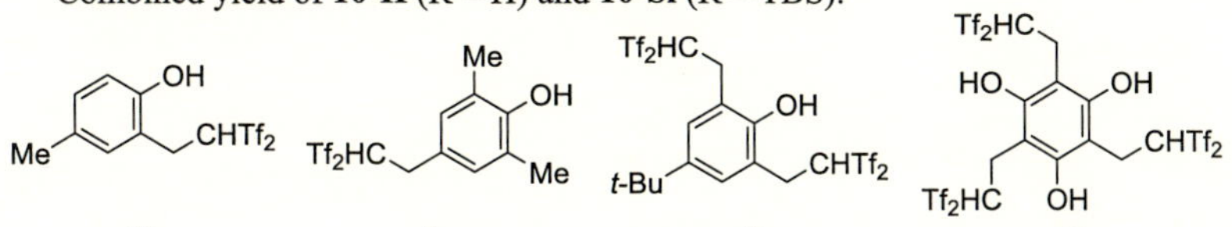

有機分子触媒の開発と工業利用

れは，Tf$_2$CH 型炭素酸から導かれた "R$_3$Si$^+$" 等価体による Lewis 酸的な活性化を介した触媒反応である。

　冒頭でも述べた通り，こうしたカルベニウム中間体では，いわば「裸」のカチオンとしての高い反応性が期待される。そこで，我々は 2-シリルオキシフランを用いたビニロガス Mukaiyama アルドール反応を試金石に，多様な置換基をもつ Tf$_2$CHR 型炭素酸の触媒作用を比較した（表 1）。0.5 mol%の TfOH ないし Tf$_2$NH を触媒として用いてもこの反応は完結しなかったが，先に Tf$_2$C＝CH$_2$ **2** の系内発生剤として紹介したテトラスルホン **3** を用いると目的の生成物 **10** が収率82%で得られた。この反応系では，Yamamoto, Ishihara らの Tf$_2$CHC$_6$F$_5$ **1f** もまた比較的良好な結果を与えた。面白いことに，フェノール類から合成した一連の酸を適用したところ，フェノール性水酸基と炭素酸構造の相対的な位置関係が触媒効率に影響を与えることが明らかとなった。すなわち，水酸基と炭素酸構造とが *ortho* の位置関係に置かれた **1b** は，*para* の位置関係をもつ **1g** よりも良好な結果を与え，二価炭素酸 **5** や三価炭素酸 **6** を 1.0 mol%用いると収率よく **10** が得られた。最も良好な触媒作用を示した三価炭素酸 **6** は，その使用量を 0.05 mol%にまで減じても顕著な収率の低下なしに **10** を与えた。

　既述のとおり，テトラスルホン **3** は有機溶媒中，室温程度で Tf$_2$C＝CH$_2$ **2** / Tf$_2$CH$_2$ **1a** との平衡混合物を与える。そのため，触媒として **3** が利用できるのは低温下に限られる。ただし，この条件に合致する場合は，切れ味の鋭い触媒として利用できる。例えば，極少量のテトラスルホン **3** を用いるのみで，立体的に大きな基質間での Mukaiyama アルドール反応[11] や Mukaiyama-Michael 反応[12] が進行した（図 7）。

　テトラスルホン **3** が分子構造のかさ高さによってイオン間相互作用を減弱させるのに対して，

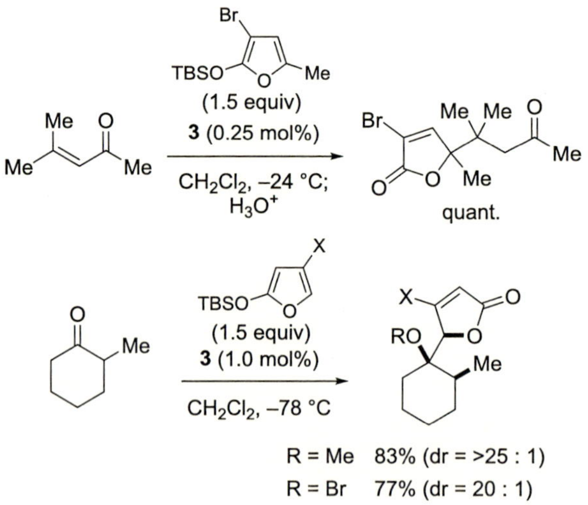

図 7　テトラスルホン **3** により引き起こされる反応

第9章 超強酸性炭素酸を触媒として用いた分子変換

$Tf_2CHC_6F_5$ **1f** は，置換基効果によってカルボアニオンの更なる安定化を図った例として位置づけることができる。表1で示した通り，この酸もまた TfOH や Tf_2NH よりも優れた触媒性能を発揮し，**3** でみられた熱的不安定もない。ごく最近になって List らは，置換基効果によるアニオンの安定化を更に押し進めた炭素酸触媒を報告した[13]。1,1,3,3-テトラキス(トリフリル)プロペン **11** である（図8）。この化合物から生じるカルボアニオンは，メソメリー効果によって負電荷が分散されたアリルアニオンで，Mukaiyama アルドール反応をモデルとした評価では，Tf_3CH やテトラスルホン **3** をも凌駕する触媒性能が示されている。

　我々の見いだした C_3 対称な三価炭素酸 **6** もまた，熱的に安定で，吸湿性，潮解性，発煙性のない安定な結晶性化合物であった。既に示したとおり，このものから導かれるカルボアニオンは，近接した水酸基とスルホン酸素原子間での二点水素結合によって大きく安定化されている。詳細な検討から，イソクマリン類とケテンシリルアセタールの反応において，ユニークな触媒特性を見いだした[14]（図9）。すなわち，2 mol%の **6** 存在下，イソクマリンにケテンシリルアセタールを 0 ℃で作用させ，次いで室温で撹拌すると，(Z)-ビニルエーテルが選択的に得られた。この反応は，ラクトンに対するケテンシリルアセタールの付加反応と引き続く E1 型の脱シラノール化反応が逐次的に起こったもので，少なくとも付加段階に **6** から生じた "R_3Si^+" 等価体が関与している。また，この酸の存在下では，クマリンへの Mukaiyama-Michael 反応により生じた中間体に，第二の Michael 受容体となるクロモンを加えることで，逐次的な Mukaiyama-Michael 反応が進行した[15]。こうした反応系では，各段階において未反応の Michael 受容体と系内で生じたケイ素エノラート等価体との過剰反応を抑制する必要があり，成功例は皆無であった。三価炭素酸 **6** から導かれた，かさ高く，極端に安定化されたカルボアニオンを対イオンとすることで，ケテンシリルアセタールのケイ素原子に対する攻撃を介した求核的活性化が抑制され，Michael 受容体の求電子的な活性化のみによって反応が進行するようになった結果と考えられる。

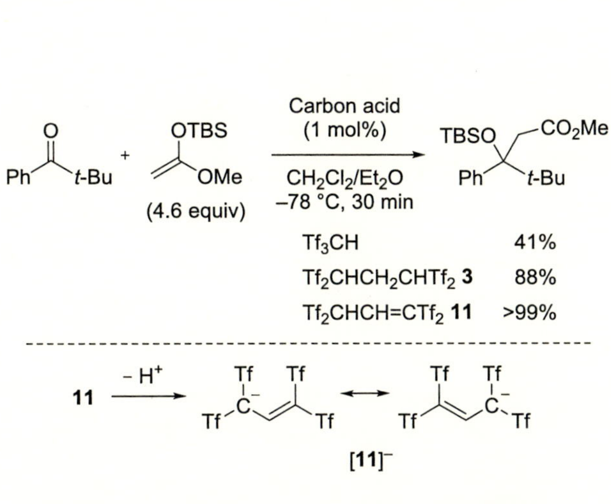

図8　テトラキス(トリフリル)プロペン **11** の触媒作用

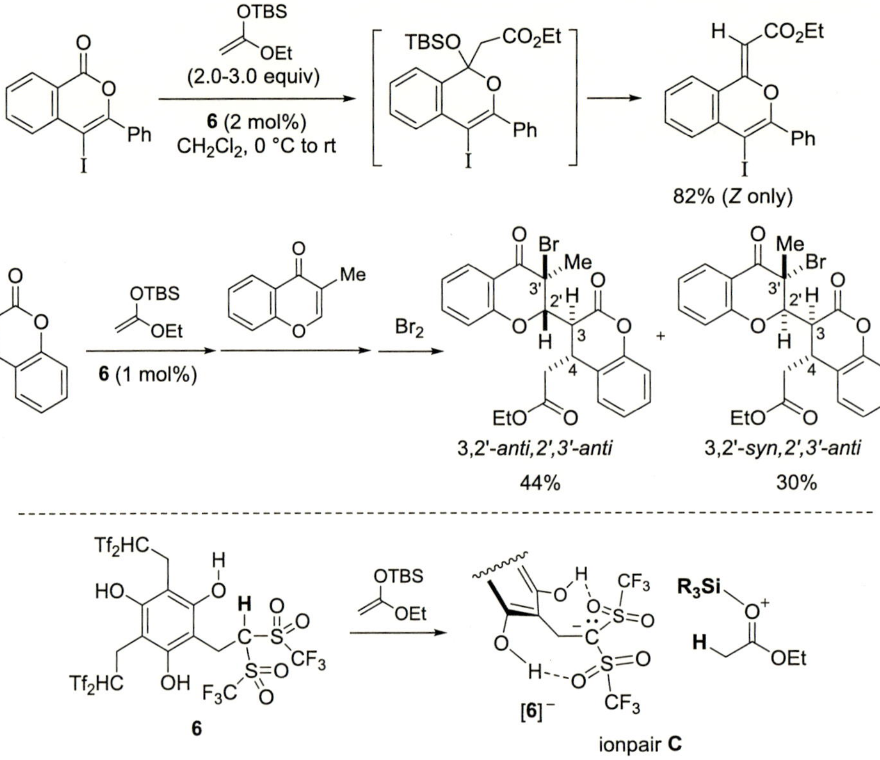

有機分子触媒の開発と工業利用

図9　三価炭素酸 **6** を用いた反応例

3.2　キラルな炭素酸を用いたエナンチオ選択的反応

　安定カルボアニオン $[Tf_2CR]^-$ がカチオンとタイトなイオン対をつくりにくいことは，厳密な反応場の構築を必要とするエナンチオ選択的な触媒への適用を考えた場合には，大きな困難を想定させる。ところが，僅か二例ではあるが，Tf_2CH 基をもつキラルな炭素酸触媒を用いたエナンチオ選択的な反応が報告されている（図10）。

　その嚆矢となったのが，Yamamoto, Ishihara らによるビナフチル **12** を用いたエナンチオ選択的 Mukaiyama-Mannich 反応である[16]。この報告では，イミン基質が触媒の O-H ないし C-H と水素結合（様）相互作用することで，エナンチオトピック面の制御がなされているのではないかと推定されており，反応機構の解明が待たれる。また，ごく最近，List らはビナフチル骨格の 3,3′ 位に 9-フェナンスリル基をもつ炭素酸 **13** が，エナンチオ選択的 Diels-Alder 反応の触媒となることを報告した[17]。この場合，イオン対 **D** が "R_3Si^+" 等価体として提案され，3,3′-ジ（9-フェナンスリル）ビナフチル骨格の作り出す，深いキャビティが選択性の発現に不可欠である。

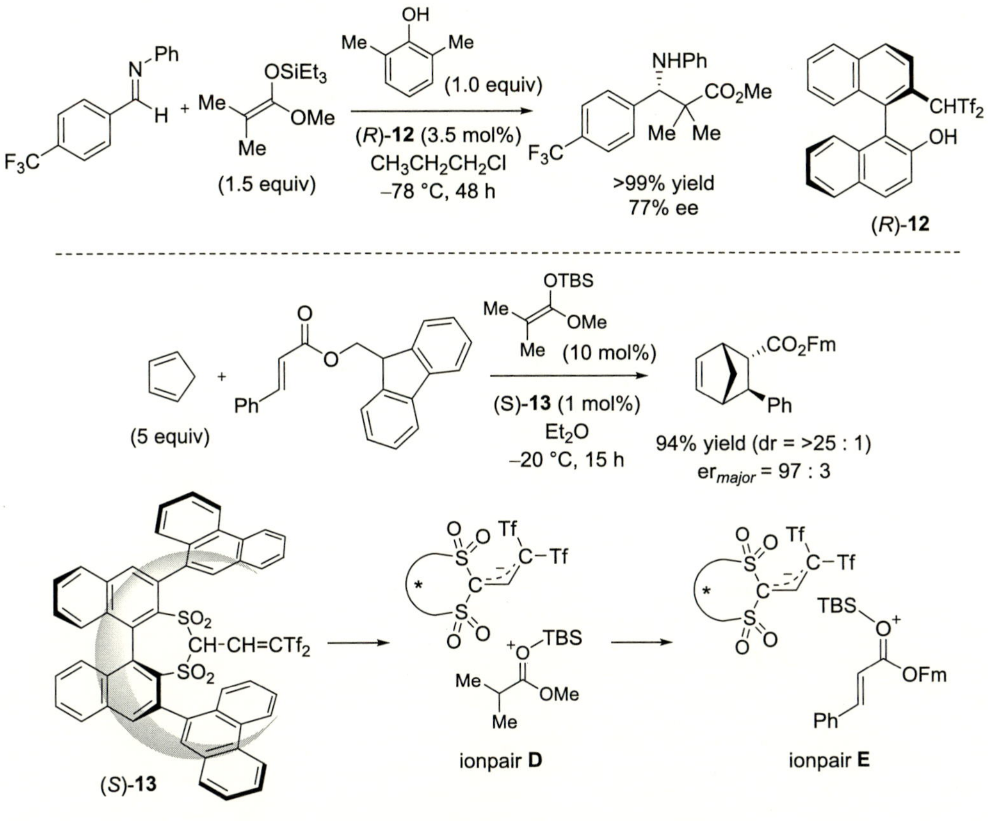

第9章　超強酸性炭素酸を触媒として用いた分子変換

図10　キラルな炭素酸を用いたエナンチオ選択的反応

4　おわりに

　有機化学の教科書では，酸触媒反応を記述するために，しばしば「H$^+$」という表現が用いられる。無論，これは説明の都合上のことで，現実の反応系では裸のH$^+$が反応系に存在しているわけではない。この伝統的な「H$^+$」表現は，「対アニオンは反応に大した影響を及ぼさない」という暗黙の了解をもたらしているように思われる。Tf$_2$CH型炭素酸およびその類縁化合物の最近の進歩は，こうした了解に一石を投じるものであろう。本稿で示したとおり，炭素酸の共役塩基である［Tf$_2$CR］$^-$を，より一層安定化していく試みは，裏を返せば，より強い酸性度の追究に他ならない。他方，Listらが示したように，［Tf$_2$CR］$^-$を有効な不斉反応場として利用するには巨大な不斉空間が不可欠で，より実践的なキラル炭素酸触媒の開発には更なるブレイクスルーが必要であろう。より強い酸性度の追究と共に，今後は，不斉触媒への展開も大きなトレンドとなっていくのでないだろうか。ありきたりな結論かもしれないが，対アニオンは反応に影響を及ぼさないどころか，不可欠な要素なのである。

有機分子触媒の開発と工業利用

文　献

1) G. A. Olah, G. K. S. Prakash, J. Sommer, A. Molnar, Eds, *Superacid Chemistry*, Wiley-VCH, Hoboken（2009）

2) H. Yanai, T. Taguchi, *J. Fluorine Chem.*, **174**, 108（2015）

3) 矢内 光 , 田口武夫 , 有機合成化学協会誌 , **72**, 158（2014）

4) H. Yanai, *Chem. Pharm. Bull.*, **63**, 649（2015）

5) H. Yanai, T. Taguchi *et al., Chem.-Eur. J.*, **17**, 11747（2011）

6) H. Yanai *et al., Chem.-Eur. J.*, **23**, 8203（2017）

7) K. Takamura, F. Kusu *et al., J. Electroanal. Chem.*, **468**, 53（1999）

8) A. Kütt, I. Leito *et al., J. Org. Chem.*, **76**, 391（2011）

9) M. Mishima, H. Yanai *et al., J. Phys. Org. Chem.*, **28**, 181（2015）

10) K. Ishihara, H. Yamamoto *et al., Angew. Chem. Int. Ed.*, **40**, 4077（2001）

11) H. Yanai, T. Taguchi *et al., J. Org. Chem.*, **75**, 5375（2010）

12) H. Yanai, T. Taguchi *et al., J. Org. Chem.*, **75**, 1259（2010）

13) B. List *et al., Angew. Chem. Int. Ed.*, **56**, 1411（2017）

14) H. Yanai, T. Taguchi, *Chem. Commun.*, **48**, 8967（2012）

15) H. Yanai, *et al., Chem. Commun.*, **52**, 3280（2016）

16) K. Ishihara, H. Yamamoto *et al., Org. Lett.*, **8**, 3175（2006）

17) B. List *et al., Science*, **351**, 6276（2016）

第２編
分子変換システムの開発

第10章　天然物合成を志向した水素結合供与触媒の創製

竹本佳司[*]

はじめに

　21世紀に入り，これまでの選択性と効率のみを追求した「モノづくり」から，資源と環境の持続性を保証した「モノづくり」への変換が産業界のみならず社会からも強く要望されている。そのような背景のもと，我々は生体機能の維持や調整を司る生体触媒（エンザイム，リボザイムなど）の優れた環境調和性と厳密な機能構造相関性に着目し，酵素特有の高次の分子間相互作用ネットワークを模倣した画期的な新触媒の開発を研究課題として取り組んでいる。すなわち，生体触媒の分子構造と反応機構の考察から新たな分子間あるいは分子内相互作用を活用することで新しい機能を持った触媒分子の創製が可能となり，人類未踏の不斉触媒反応の開発に繋がるものと信じている。本総説では，我々が新規水素結合供与型触媒として独自に設計したチオ尿素型触媒とベンゾチアジアジン型グアニジン触媒の開発の経緯と新規触媒を用いた不斉触媒反応への展開，さらには有機触媒反応を鍵工程とする生物活性天然有機化合物の全合成について以下にその詳細を述べたい。

1　チオ尿素触媒を用いる β-ヒドロキシアミノ酸等価体の不斉合成法の開発

　β-ヒドロキシアミノ酸は様々な生物活性天然物のみならず，スレオニン，セリンなどの必須アミノ酸，或いは非天然型アミノ酸としてペプチドやタンパク質にしばしば見出される重要な部分構造である[1]。そのため，このフラグメントを効率的に不斉合成できる方法論を確立することは重要な研究課題である。本課題においては，連続する2つの不斉中心を如何に制御するかという点に加えて，様々な反応基質に適用可能な汎用性の高い β-ヒドロキシアミノ酸の合成戦略を企画した。

　著者らは図1に示した生物活性物質に，β-ヒドロキシ構造が1つあるいは2つ存在することに着目し，アルデヒドに対する2-アミノマロン酸エステル誘導体のアルドール付加反応を基盤とした β-ヒドロキシアミノ酸等価体の不斉合成を計画した。本戦略では，アルドール反応に続く環化反応を不可逆かつ連続的に行うことにより，逆反応が抑制され高いエナンチオ選択性が期待できる。さらに，生成物を環状化合物にすることで分子内に存在する2つのエステルの識別が容易になり，ジアステレオ選択的な官能基変換によって連続する2つの不斉中心制御と官能

---

[*]　Yoshiji Takemoto　京都大学　薬学研究科　薬科学専攻　教授

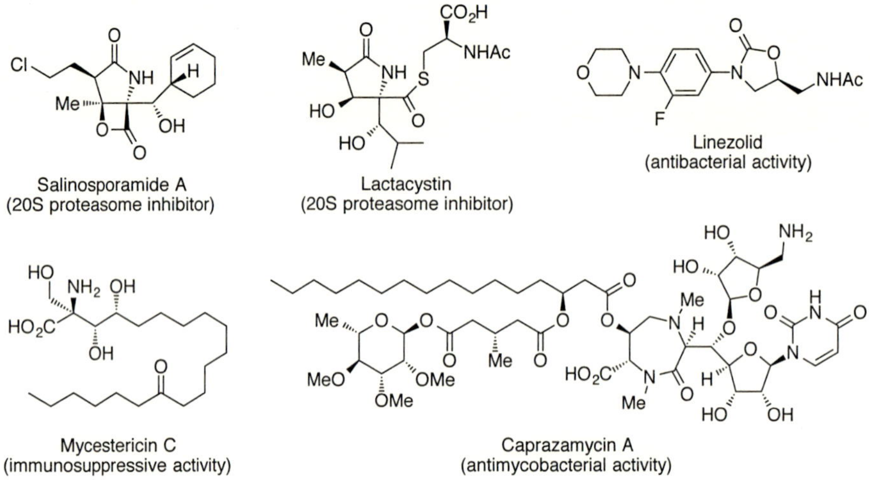
Salinosporamide A
(20S proteasome inhibitor)
Lactacystin
(20S proteasome inhibitor)
Linezolid
(antibacterial activity)
Mycestericin C
(immunosuppressive activity)
Caprazamycin A
(antimycobacterial activity)

図1　β-ヒドロキシアミノ酸構造を含む生物活性天然化合物

表1　チオ尿素触媒 **3A** を用いたアルドール付加-環化反応

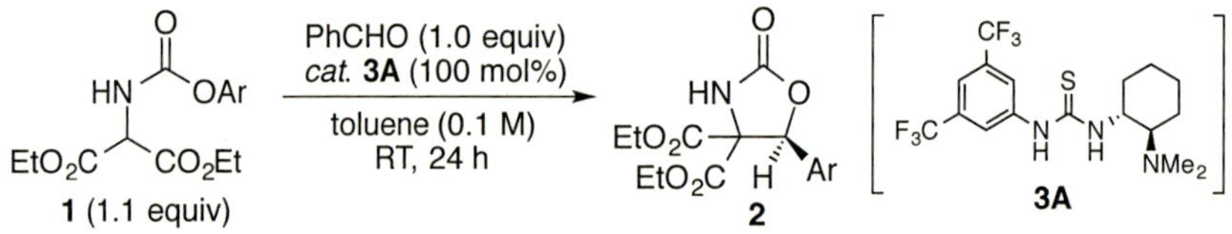
PhCHO (1.0 equiv)
cat. 3A (100 mol%)
toluene (0.1 M)
RT, 24 h
1 (1.1 equiv)
2
3A

entry	Ar	yield (%)	ee (%)
1	Ph	47	70
2	*p*-$MeOC_6H_4$	18	75
3	*p*-FC_6H_4	32	72
4	*p*-BrC_6H_4	62	72
5	*p*-$NO_2C_6H_4$	46	60
6	*p*-$CF_3C_6H_4$	40	80

基化を同時に行うことも可能となる。

まずこの戦略の妥当性を検証するために，2-(aryloxycarbonylamino)malonate **1** とベンズアルデヒドとのアルドール反応をアミノチオ尿素 **3A**[2,3]存在下で検討した（表1）。その結果，触媒 **3A** を当量用いることで，アルドール付加とそれに続く環化反応が進行し目的のオキサゾリジノン体 **2** がまずまずの収率で得られた。しかし，基質 **1** のカルバモイル基（Ar）をいくつか変更して検討したがエナンチオ選択性は中程度にとどまった。このように収率と立体選択性が向上し

第10章 天然物合成を志向した水素結合供与触媒の創製

ないのは，アルドール付加で生じるアルコールが窒素上のカルバモイル基と反応するのが遅いために，原料のアルデヒド体に戻る平衡反応と競合するからではないかと推測した。

そこで，アルドール付加後の環化反応を加速させるために，カルバモイル基よりも求電子性の高いイソシアナート構造を2位に有するマロン酸エステル 4 を用いて反応を行った（表2）[4]。まずチオ尿素触媒 3A（10 mol%）存在下，ベンズアルデヒド 5a に対して種々のマロン酸エステル 4a-d を室温で反応させた（entries 1-4）。その結果，マロン酸エステルの種類に関係なく

表2 イソシアナート 4 を用いたアルドール反応の条件最適化

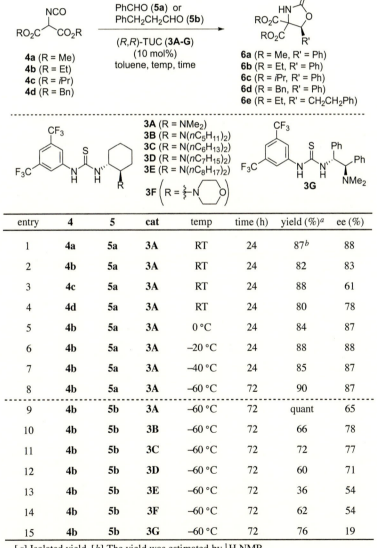

entry	4	5	cat	temp	time (h)	yield (%)[a]	ee (%)
1	4a	5a	3A	RT	24	87[b]	88
2	4b	5a	3A	RT	24	82	83
3	4c	5a	3A	RT	24	88	61
4	4d	5a	3A	RT	24	80	78
5	4b	5a	3A	0 °C	24	84	87
6	4b	5a	3A	−20 °C	24	88	88
7	4b	5a	3A	−40 °C	24	85	87
8	4b	5a	3A	−60 °C	72	90	87
9	4b	5b	3A	−60 °C	72	quant	65
10	4b	5b	3B	−60 °C	72	66	78
11	4b	5b	3C	−60 °C	72	72	77
12	4b	5b	3D	−60 °C	72	60	71
13	4b	5b	3E	−60 °C	72	36	54
14	4b	5b	3F	−60 °C	72	62	54
15	4b	5b	3G	−60 °C	72	76	19

[a] Isolated yield. [b] The yield was estimated by ^{1}H NMR

反応はいずれもスムーズに進行し，目的の付加環化体 **6a-d** が収率よく得られたが，**4** のエステル置換基は嵩の小さい方がより高い立体選択性を与える傾向にあることがわかった。そこで，試薬の安定性も考慮しエチルエステル体 **4b** を用いて，次に反応温度と触媒の効果を調べた。エナンチオ選択性に対する温度の影響はそれほど大きくはないものの，低温（−60℃）下で反応を行うのが最適条件であった（entries 5-8）。一方，脂肪族アルデヒド **5b** との反応では，窒素上の置換基をメチル基からノルマルペンチル基に変更した触媒 **3B** が最も高いエナンチオ選択性を与えることがわかった（entries 9-15）。

本反応を様々な芳香族および脂肪族アルデヒドに適用した結果を図2に示した。芳香族アルデヒド **6c-m** では明確な傾向は見られなかったが，ベンゼン環上の置換基の種類と位置によって

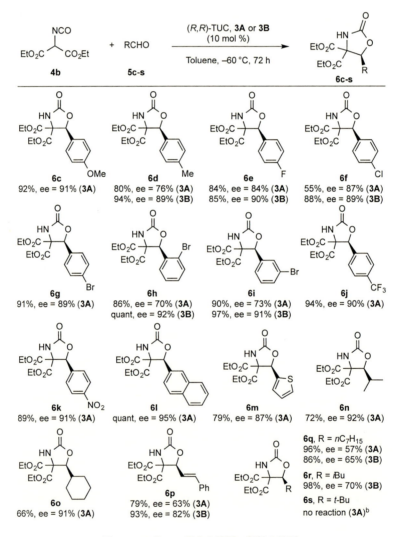

図2　アルドール反応の基質一般性の検討

第 10 章　天然物合成を志向した水素結合供与触媒の創製

エナンチオ選択性が影響を受けること，また脂肪族アルデヒド **6n-s** の場合には，第二級アルキル基のような嵩高い置換基を持つアルデヒドでは高いエナンチオ選択性を与えるが，第一級アルキル基のように置換基が小さくなるにつれて立体選択性は低下する傾向にある。しかしながら，触媒 **3A** を用いてエナンチオ選択性が低い場合には，触媒 **3B** を使用することで常に選択性が向上することを見出した。

　本触媒反応が第二級アルキル基を有する脂肪族アルデヒドに適用可能であることが判明したので，キラルな四置換炭素を含めて3つの連続した不斉炭素を分子内に持つ mycestericin C の全合成に着手した（図3）。本天然物は，セリンパルミトイル転移酵素の阻害を介して免疫抑制作用を発現することが知られている[5]。市販のシクロヘキセニルカルボアルデヒド **7** とイソシアナート **4b** を触媒 **3A** で処理することで，所望のオキサゾリジノン **8** を収率91%，88% ee で合成することに成功した。キラルな四置換炭素の構築は，2つのエステルの内，より立体障害の少ないエステルを塩基性条件下選択的に加水分解してモノカルボン酸 **9** とし，得られたカルボキシ基を塩化アシルに変換後，ヒドリド還元することでアルコール体 **10** に誘導することで達成した。さらに，化合物 **10** の水酸基を TBS 基で保護した後，オゾン酸化によりケトアルデヒド体とし NaBH$_4$ で還元処理することで，4:1 のジアステレオ選択性で二環性ラクトン体 **11** を合成した。次に側鎖の炭素鎖を延長するために，第一級アルコールを DMP 酸化と Wittig 反応によ

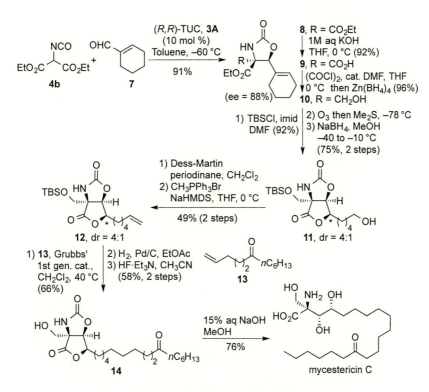

図3　Mycestericin C の不斉合成

りオレフィン体 **12** へと変換後，第一世代 Grubbs 触媒を用いたケトン体 **13** との分子間オレフィンメタセシス，接触水素化と TBS 基の除去を経て，必要な炭素数と官能基を全て装着したケトラクトン体 **14** を得た。最後に，環状カルバメートとラクトンを塩基性条件下で加水分解することにより，総工程数 12 ステップ，総収率 0.08％にて mycestericin C の不斉合成を完成させた[4]。

2　(−)-Caprazamycin A の不斉全合成

カプラザマイシン類は放線菌 *Streptomyces* sp. MK730-62F2 から 2003 年に五十嵐らによって単離された核酸系抗生物質の一種である[6]。3 つの不斉中心を有する七員環ジアゼパン骨格を中心に，アミノリボース，ウリジン，脂肪鎖側鎖が複雑に縮合した興味深い構造である。多剤耐性菌を含む結核菌に対し強い抗菌活性をもつことが知られており，バンコマイシン耐性陽球菌やメチシリン耐性黄色ブドウ球菌などを含む広い抗菌スペクトルを示すと期待されていたが，その当時全合成は未だ報告されていなかった。著者らは，ウリジンから誘導したアルデヒド体 **15** に対して，独自で開発したチオ尿素触媒による不斉アルドール反応を適用することで図 4 に示す *syn*-β-ヒドロキシアミノ酸誘導体 **17** を立体選択的に合成できると考えた。実際，アルデヒド **15** とイソシアナート **4b** をトルエン中室温下，アキラルな塩基（Et₃N, K₂CO₃, DBU）存在下で反応させると所望の生成物 **16a** は得られるが，逆の立体異性体 **16b** も生成するため立体選択性は殆ど得られなかった（表 3：entries 1-3）。ところがチオ尿素触媒 **3A** で処理することで生成比を逆転させることができ，特に嵩高いアミノ基を有する触媒 **3B** を用いることで，オキサゾリジノン体 **16a** を 77％（*dr* = 6.5：1）で合成することに成功した。一方，触媒 **3B** の鏡像体を使用すると逆のジアステレオマー **16b** がほぼ単一化合物として得られることから，反応基質の構造

表 3　アルドール反応の立体選択性の検討

entry	catalyst	yield (%)[a]	dr (**16a**:**16b**)
1	Et₃N (10 mol%)	50	1:1.8
2	K₂CO₃ (10 mol%)	60	1.3:1
3	DBU (10 mol%)	42	1:1
4	(*S*,*S*)-**3A** (10 mol%)	64	3.1:1
5	(*S*,*S*)-**3B** (10 mol%)	77	6.5:1
6	(*R*,*R*)-**3B** (10 mol%)	80	1:>20

[a] The diastereomeric ratio (dr) was determined by ^{1}H NMR

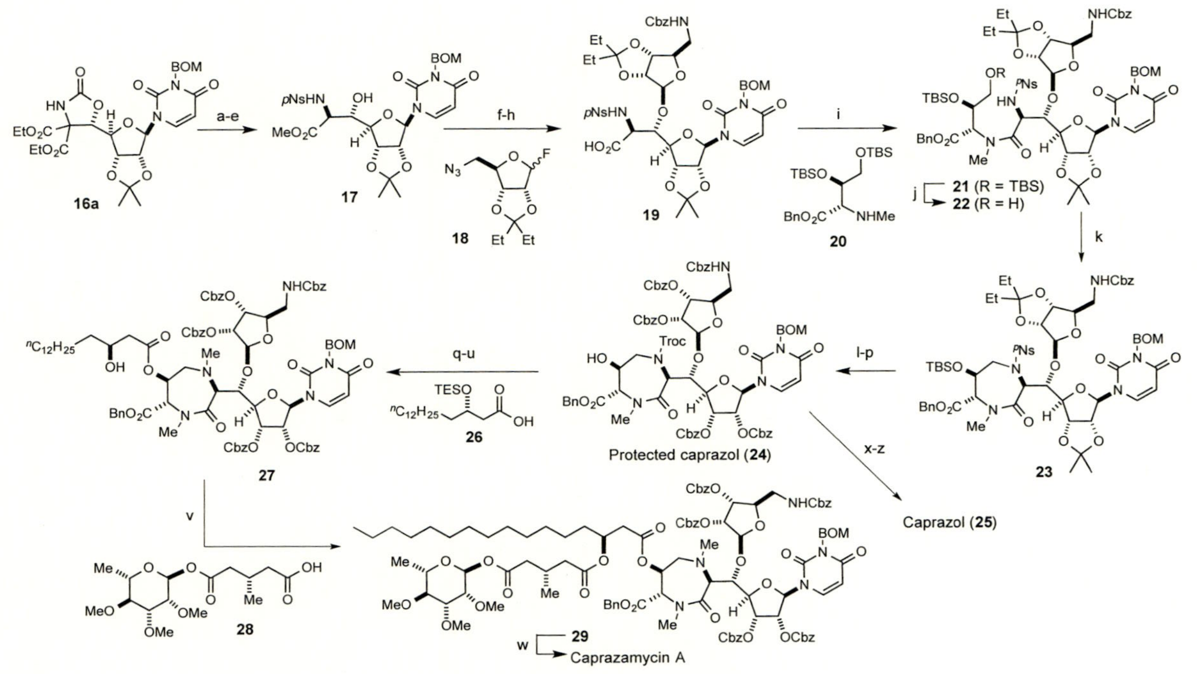

第10章　天然物合成を志向した水素結合供与触媒の創製

図 4　Caprazamycin の全合成

反応条件：a) aq. KOH, THF, 0 to 25 ℃；b) DBU, THF, 70 ℃, 86 % (2 steps)；c) $Zn_4(OCOCF_3)_6O$ (3.2 mol%), MeOH, 50 ℃, quant.；d) NaH, pNsCl, DMF, 0 to 25 ℃；e) NaOMe, MeOH, 65 % (2 steps)；f) 18, $BF_3\cdot Et_2O$, MS4Å, CH_2Cl_2, -30 ℃, 71 %；g) PPh_3, THF/PhH = 1 : 1 then CbzCl, aq NaHCO_3, aq NaHCO_3, 0 to 25 ℃；h) $Ba(OH)_2\cdot 8H_2O$, THF/H_2O = 4 : 1, 0 to 25 ℃；i) Ghosez reagent, CH_2Cl_2, 0 ℃ then 20, aq. $NaHCO_3$, 0 ℃, 46 % (3 steps)；j) CSA, $MeOH/CH_2Cl_2$ = 1 : 1, 0 ℃, 68 % (17 % for recovered 21, b.r.s.m. 82 %)；k) PPh_3, DBAD, toluene, 0 ℃, 75 %；l) K_2CO_3, PhSH, MeCN, 0 to 25 ℃, 73 %；m) TrocCl, DMAP, pyridine, CH_2Cl_2, 0 to 25 ℃, 79 %；n) $TsOH\cdot H_2O$, MeOH, 60 ℃, 41 % and diol having penthylidene acetal (21 %)；o) CbzCl, DMAP, CH_2Cl_2, 0 to 25 ℃；p) $pTsOH\cdot H_2O$, MeOH, 25 to 60 ℃, 71 % (2 steps)；q) 26, EDCI, DMAP, CH_2Cl_2, 0 to 25 ℃；r) Zn, AcOH/THF, 25 ℃；s) AcOH/DCE, 25 ℃；t) $(CH_2O)_n$, $NaBH(OAc)_3$, $AcOH/ClCH_2CH_2Cl$, 25 ℃；u) HF·py, THF, 0 ℃ to 25 ℃, 43 % (5 steps)；v) 28, 2,4,6-trichlorobenzoyl chloride, DMAP, Et_3N, 0 to 25 ℃, 64 %；w) Pd black, $EtOH/HCO_2H$ = 20 : 1, 25 ℃, 98 %；x) Zn, AcOH/THF, 25 to 50 ℃；y) $(CH_2O)_n$, $NaBH(OAc)_3$, $AcOH/CH_2Cl_2$, 25 ℃, quant. (2 steps)；z) Pd black, $EtOH/HCO_2H$ = 10 : 1, 25 ℃, 46 %.

に由来する立体選択性をキラル触媒で逆転させたことになる。

　次に，立体選択的に合成した **16a** を用いて（−）-caprazamycin A の不斉全合成を検討した（図4）[7]。まずジエステル体 **16a** を加水分解によりモノエステルとし，脱炭酸を行うことで *trans*-オキサゾリジノン体へと変換後，エステル交換とオキサゾリジノンの開環により β-ヒドロキシアミノ酸 **17** を合成した。続いて，この水酸基にアミノリボース前駆体 **18** を連結後[8]，メチルエステルを加水分解してカルボン酸 **19** へと誘導し，第二級アミン体 **20** を縮合させることで7員環前駆体 **21** とした。次に，TBS 基を位置選択的に脱保護して得られる第1級アルコール **22** を PPh₃/DBAD（di-*tert*-butyl azodicarboxylate）を用いて光延反応に付すことで収率よくジアゼパン体 **23** に変換することができた。また全合成の最終段階で行う脱保護をより穏和にするため，この段階で全てのアセタール基を Cbz 基に，さらにアミノ基の保護を Troc 基に付け替え，Caprazol 前駆体 **24** へと誘導した。実際に，化合物 **24** を脱 Troc 化，生じた第二級アミンをメチル化し，Pd black を用いた接触水素化により Caprazol **25** を46％で合成できた[8,9]。一方，Caprazamycin A の全合成に必要な7員環上の水酸基への側鎖導入については種々検討した結果，対応する2つのカルボン酸 **26** と **28** を段階的に連結することで可能であることがわかった。最後に得られた化合物 **29** を接触水素化することで，5つの Cbz 基，BOM 基，ベンジルエステル基を一挙に脱保護して，最終化合物の合成に成功した[7,10]。

3　不斉分子内オキサマイケル付加反応の開発及び生物活性化合物への応用

　一般に求核性の低いアルコール類を求核付加反応に利用することは困難なため，不斉オキサマイケル反応への応用例は数が限られる。その中で，比較的反応性の高い α,β-不飽和ケトンやアルデヒドへの不斉付加反応は，プロリンあるいはプロリノール触媒を用いることで高いエナンチオ選択性が実現されている。一方，反応性の低い α,β-不飽和エステルやアミドへの触媒的な不斉オキサマイケル付加に成功した例は殆どない。そこで手始めに，ヒドロキシルアミンを分子内に持つ α,β-不飽和アミド **30a** の分子内オキサマイケル反応を検討した。従来のチオ尿素触媒では反応の進行は非常に遅く原料消失に長時間を要したのに対し，ベンゾチアジアジン触媒 **32A**[11] を用いると，24時間で反応は完結し望みのイソオキサゾリジン **31a** を収率92％，95％ ee で与えた（図5）[12]。

　これらの結果から，本不斉反応を適切な基質に適用すれば，高脂血症治療薬アトルバスタチンの重要合成中間体（7-アミノ-3,5-ジヒドロキシヘプタン酸）の不斉合成に応用できると考えた。まず，後のエステルへの変換が容易に行える *N*-ベンジル不飽和アミド体 **31b** を用いて，分子内オキサマイケル付加を種々検討したところ，6位にフッ素原子を持つベンゾチアジアジン触媒 **32B** が最も強い触媒活性を示し，環化体を73％収率，91％ ee で与えることを見出した。また反応をグラムスケールで実施しても，収率と選択性ともに低下することなく生成物を与えた。続いて，環化体 **31b** のアミド基をベンジルエステルに変換後，SmI₂ で N-O 結合を開裂させ，

第 10 章　天然物合成を志向した水素結合供与触媒の創製

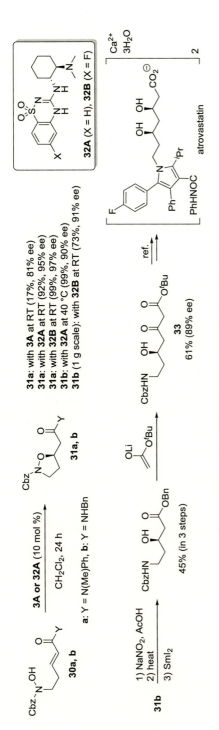

図 5　オキサマイケル反応を用いたイソオキサゾリジン類の不斉合成

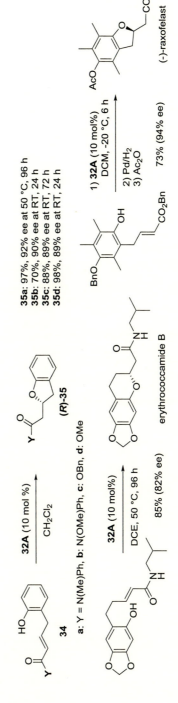

図 6　オキサマイケル反応を用いたクロマン類とジヒドロベンゾフラン誘導体の不斉合成

111

有機分子触媒の開発と工業利用

最後に酢酸エステルのエノラートとの反応により炭素鎖を延長し，所望のケトアルコール体 **33** へ変換した。この化合物はすでにアトルバスタチンへ誘導されており[13]，ここに形式的な触媒的不斉合成を完成させた[14]。

ベンゾチアジアジン **32A** は，ヒドロキシルアミン以外にもフェノール性水酸基の不斉オキサマイケル反応にも有効に作用する。例えば，フェノール性不飽和エステルやアミド体 **34a-d** を触媒 **32A** で処理すると所望の環化体 **35a-d** が収率 70-98%，89-92% ee で得られた（図 6）。従来のチオ尿素触媒 **3A** では反応の進行が非常に遅く，エナンチオ選択性も低下することから（50℃，338 h：収率 64%，83% ee），**32A** が優れた触媒であることを示している。さらに，本反応を利用してクロマン骨格とジヒドロベンゾフラン骨格を有する生物活性化合物 erythrococcamide B と raxofelast の不斉合成を達成した[12]。

プロスタグランジンは様々な生理活性を示すことが知られており，近年では神経回路の再生がプロスタサイクリン（PGI$_2$）によって促進されることが報告され，注目されている（図 7）。PGI$_2$ は不安定なエノールエーテル構造を有しており，安定性の向上を目的として様々な類縁体が開発されている。Beraprost（**36**）[15]は血小板凝集抑制や血管拡張作用を有しているが，その触媒的な不斉合成法はこれまでに報告例がない。そこで，著者らは独自で開発した不斉分子内オキサマイケル付加反応を利用した **36** の触媒的不斉合成を目指し，研究に着手した。

まず，α,β-不飽和アミド **37** の不斉分子内オキサマイケル付加反応について種々触媒の検討を行った（図 8）。これまでに報告したチオ尿素触媒 **3A** やベンゾチアジアジン触媒 **32B** を用いた場合，それぞれ 75% ee，80% ee の選択性で目的の環化体 **38** を与えた。芳香環上に臭素原子がない基質ではいずれも 90% 以上の高い立体選択性が発現することから，触媒による基質の認識が置換基によって阻害されていることが示唆された。そこで，より強力な水素結合供与能を有する触媒 **32C** を新規に合成して検討したところ，85% ee まで選択性が向上した。ベンゾチアジアジン触媒を用いた反応の遷移状態において，触媒−基質間の非古典的水素結合（-SO$_2$···H-C-）が重要な役割をしていることが示唆された[16]。

次に得られた環化体 **38** を用いて 4 つの立体化学を制御した重要中間体 **44** を不斉合成し，beraprost の形式合成を達成した（図 9）[17]。すなわち，交差クライゼン縮合によって得られたケ

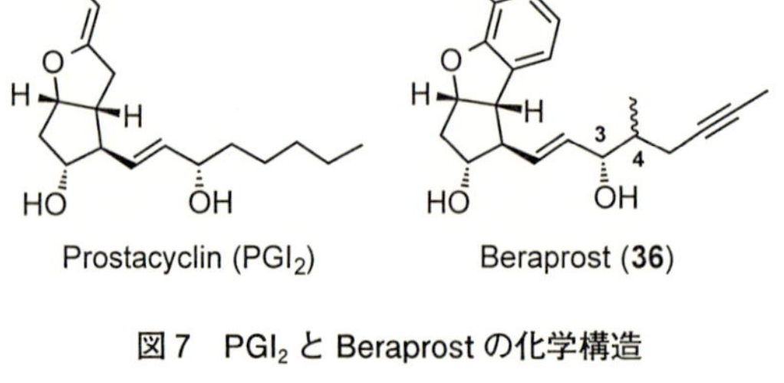

図 7　PGI$_2$ と Beraprost の化学構造

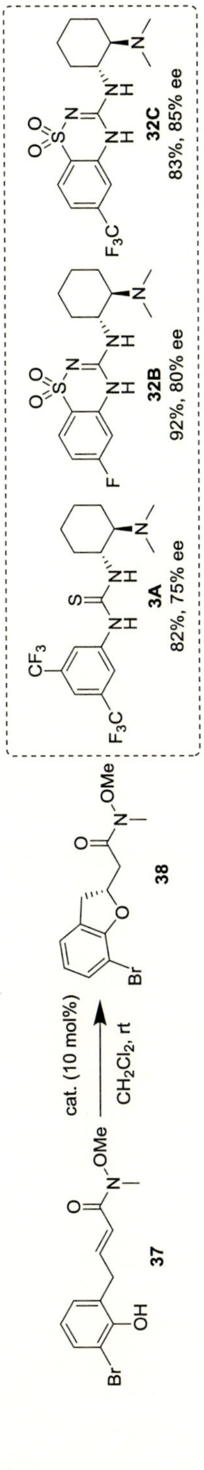

第 10 章　天然物合成を志向した水素結合供与触媒の創製

図 8　三置換フェノールの不斉分子内オキサマイケル付加反応の検討

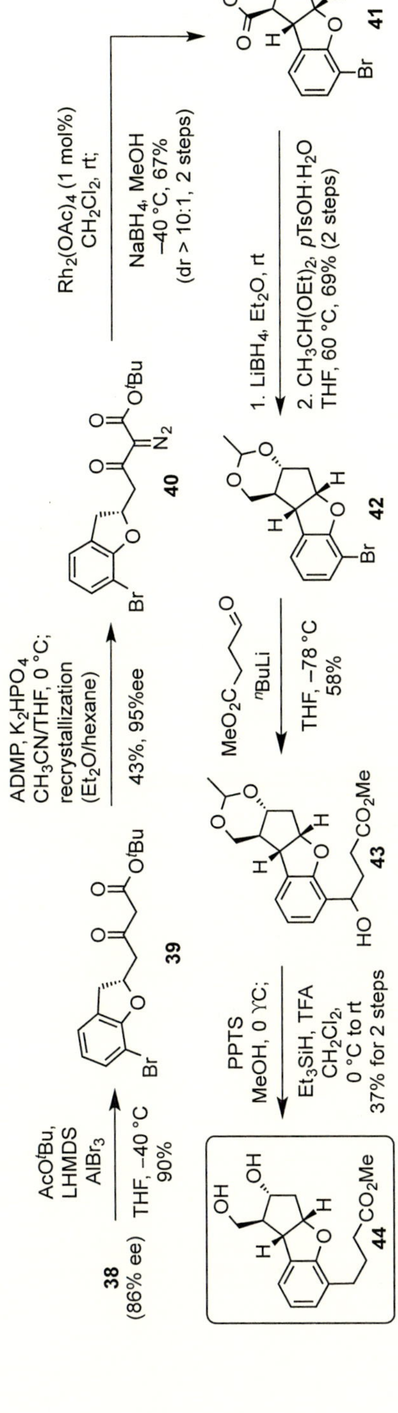

図 9　Beraprost の合成中間体 44 への変換

113

有機分子触媒の開発と工業利用

トエステル **39** をジアゾ化して得られる環化前駆体 **40** を触媒量の $Rh_2(OAc)_4$ で処理すると，位置および立体選択的に C–H 挿入反応が進行した。得られた環状ケトエステルは不安定だったため，水素化ホウ素ナトリウムで処理することで三環性化合物 **41** を収率よく得た。この際，convex 面からのヒドリド還元が優先し，所望の 4 つの立体化学を制御することができた。次に，**41** のエステル部位を還元して得られるジオールを保護してアセタール **42** とした後，芳香環に C4 ユニットを導入しエステル **43** を得た。最後に，アセタールの脱保護とベンジル位水酸基の還元を経て，重要中間体 **44** の不斉合成を達成した。

文　　献

1) Z. Jin, *Nat. Prod. Rep.*, **26**, 382 (2009).

2) T. Okino, Y. Hoashi, T. Furukawa, X. Xuenong, Y. Takemoto, *J. Am. Chem. Soc.*, **127**, 119 (2005).

3) Y. Takemoto, *Chem. Pharm. Bull.*, **58**, 593 (2010).

4) S. Sakamoto, N. Kazumi, Y. Kobayashi, C. Tsukano, Y. Takemoto, *Org. Lett.*, **16**, 4758 (2014).

5) S. Sasaki, R. Hashimoto, M. Kikuchi, K. Inoue, T. Ikumoto, R. Hirose, K. Chiba, Y. Hoshino, T. Okumoto, T. Fujita, *J. Antibiot.*, **47**, 420 (1994).

6) M. Igarashi, N. Nakagawa, N. Doi, S. Hattori, H. Naganawa, M. Hamada, *J. Antibiot.*, **56**, 580 (2003).

7) H. Nakamura, C. Tsukano, M. Yasui, S. Yokouchi, M. Igarashi, Y. Takemoto, *Angew. Chem. Int. Ed.*, **54**, 3136 (2015).

8) S. Hirano, S. Ichikawa, A. Matsuda, *Angew. Chem. Int. Ed.*, **44**, 1854 (2005).

9) P. Gopinath, L. Wang, H. Abe, G. Ravi, T. Masuda, T. Watanabe, M. Shibasaki, *Org. Lett.*, **16**, 3364 (2014).

10) H. Nakamura, T. Yoshida, C. Tsukano, Y. Takemoto, *Org. Lett.*, **18**, 2300 (2016).

11) T. Inokuma, M. Furukawa, T. Uno, Y. Suzuki, K. Yoshida, Y. Yano, K. Matsuzaki, Y. Takemoto, *Chem. Eur. J.*, **17**, 10470 (2011).

12) Y. Kobayashi, Y. Taniguchi, N. Hayama, T. Inokuma, Y. Takemoto, *Angew. Chem. Int. Ed.*, **52**, 11114 (2013).

13) Y. Kawato, S. Chaudhary, N. Kumagai, M. Shibasaki, *Chem. Eur. J.*, **19**, 3802 (2013).

14) Y. Kobayashi, T. Inokuma, Y. Takemoto, *J. Synth. Org. Chem., Jpn.*, **71**, 491 (2013).

15) H. Nagase, K. Matsumoto, H. Nishiyama, *J. Synth. Org. Chem., Jpn.*, **54**, 1055 (1996).

16) H. Xiao, Y. Kobayashi, Y. Takemoto, K. Morokuma, *ACS Catal.*, **6**, 2988 (2016).

17) Y. Kobayashi, R. Kuramoto, Y. Takemoto, *Beilstein J. Org. Chem.*, **11**, 2654 (2015).

第11章　基質認識型触媒による位置選択的分子変換

上田善弘[*1]，川端猛夫[*2]

1　はじめに

　有機合成化学が著しく発展した現代においても，多官能基性化合物の特定の官能基の直接的分子変換は未だ困難な課題である。通常は，反応性の高い官能基から順に保護した後に，望む官能基の変換を行う必要があり，本来不要な結合形成に多段階を要する。さらに，同一官能基を複数有する基質の場合は，その内の特定の一つを選択的に保護することさえ容易でない場合が多い。一方で，生物活性化合物の宝庫である多官能基性天然物の位置選択的分子変換は，活性化合物探索のためのライブラリー構築や短段階全合成の基盤として，潜在的意義は大きい。生体内では酵素群がこのような反応の触媒を担っているが，多様な官能基変換及び汎用性の観点から人工触媒による同分子変換法の開発が望まれており，最近では幾つかの優れた手法が開発されつつある[1]。本稿ではこの現代有機化学の未解決課題に対し，触媒官能基と基質官能基との非共有結合性相互作用を基盤とする精密分子認識型アプローチによる著者らの研究例を中心に紹介したい[2]。

2　天然由来ポリオールの位置選択的アシル化

　天然由来医薬品の誘導化は，活性の向上や活性を保持したままでの安定性の向上が期待できることから，近年注目を集めている[3]。特に，基質本来の反応性が高い位置とは異なる位置での，触媒制御による官能基の導入（触媒制御型選択性）を可能にする手法は，ランダムな誘導体ライブラリーとは相補的な特性を持つライブラリー構築が可能なため有望である。その先駆的研究として，Miller らによる抗生物質 erythromycin A（**1**）の位置選択的アシル化が挙げられる（図1）[4,5]。五つの水酸基を持つポリオール天然物 **1** に対し，N-methylimidazole（NMI）を触媒とし二当量の酸無水物を作用させると，C(2')-OH 及び C(4")-OH がアシル化された **3** を主生成物として与え，副生成物として C(2')-OH 及び C(11)-OH がアシル化された後，ヘミアセタールを形成した **4** も少量与える。これは，**1** の三つの第二級水酸基が C(2')-OH，C(4")-OH，C(11)-OH の順に高い反応性を有していることを示している。一方で，同様に NMI を活性中心とするペプチド触媒 **2** を用いると，本来の反応性とは異なり **4** を主生成物として選択的に与えた。本報告は天然由来多官能基性化合物の誘導化において触媒制御型選択性の発現が可能なこと

　＊1　Yoshihiro Ueda　京都大学　化学研究所　助教
　＊2　Takeo Kawabata　京都大学　化学研究所　教授

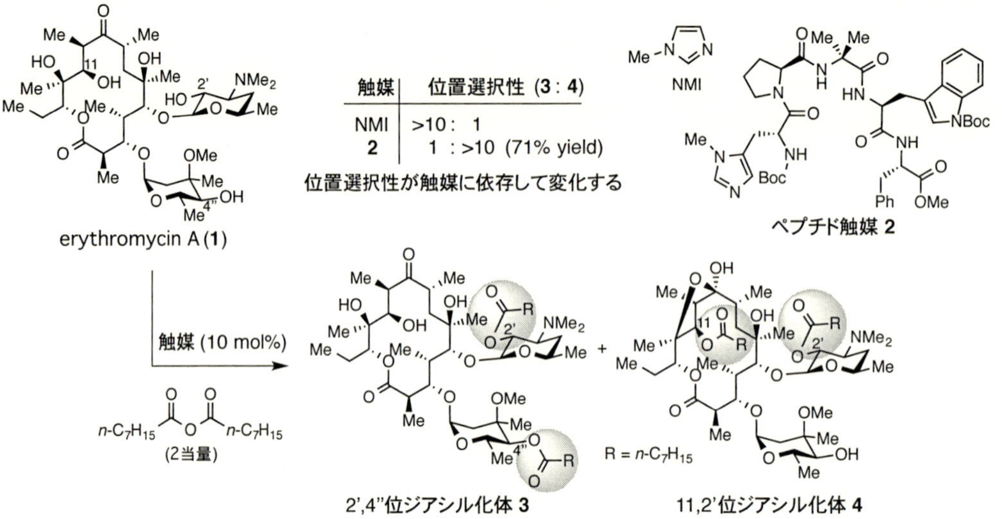

有機分子触媒の開発と工業利用

触媒	位置選択性 (3:4)
NMI	>10 : 1
2	1 : >10 (71% yield)

位置選択性が触媒に依存して変化する

erythromycin A (1)

ペプチド触媒 2

触媒 (10 mol%)

$n\text{-}C_7H_{15}$ 〜 $n\text{-}C_7H_{15}$

(2当量)

2',4''位ジアシル化体 3

11,2'位ジアシル化体 4

$R = n\text{-}C_7H_{15}$

図1 Erythromycin A (1) の触媒制御による位置選択的ジアシル化

を示した点で意義深い。Miller らは独自のペプチド触媒によって，特異なアポトーシス誘導作用を示す配糖体 apoptolidin A やグリコペプチド系抗生物質 vancomycin の触媒制御による位置選択的アシル化も報告している[6,7]。

3　グルコピラノシドの触媒的位置選択的アシル化

著者らは 4-pyrrolidinopyridine を活性中心とする有機分子触媒の開発に取り組み[8]，二つのアミノ酸側鎖を有する C_2 対称型触媒 5 によるグルコース誘導体 6 の位置選択的アシル化を報告している（図2）[9]。本反応においては，6 の 4 つの水酸基の内，本来反応性の高い 6 位第一級水酸基存在下に，反応性の低い 4 位第二級水酸基へ化学選択性の逆転を伴った位置選択性でアシル化が進行する。本法ではカラム精製が必要ない程定量的かつほぼ完全な選択性で 7 が得られる。一方，同化合物 7 を従来の保護-脱保護法に基づく合成法で得るには，位置異性体の分離も含め数工程を要し，収率も中程度である[10]。様々な実験に基づいた反応機構解析から図2に示す遷移状態を想定している。触媒官能基が基質の水酸基を多点水素結合によって認識することで，加速性を伴った位置選択的アシル化が進行する。4 位水酸基選択的アシル化が加速性を伴って進行することで，通常は回避困難なジアシル体の副生が抑制される[10]。本法は高い官能基受容性を示し，多様な官能基を持つアシル基の導入も可能である[11]。最近では，アシルドナーと添加剤を工夫することで，高度な位置選択性を保ったまま，触媒量を 0.02 mol% にまで低減化することにも成功している（触媒回転数 >4,000）[12]。

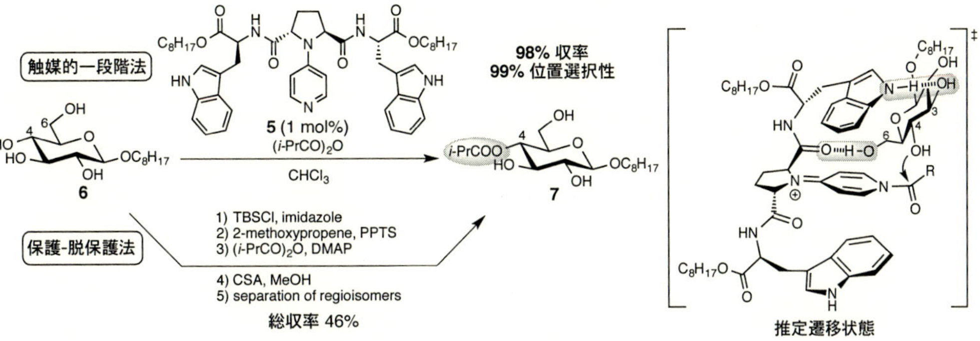

第 11 章　基質認識型触媒による位置選択的分子変換

図 2　グルコピラノシドの触媒的位置選択的アシル化

4　配糖体天然物の位置選択的アシル化

　触媒 5 はグルコピラノシド構造を認識し，加速性を伴った 4 位選択的アシル化を進行させる
ため，多数の水酸基を有する配糖体天然物の位置選択的モノアシル化に有効である[13, 14]。強心配
糖体 lanatoside C（8）は糖鎖末端に β-グルコピラノシド部位を含む天然物由来医薬品で，8 つ
の水酸基を持っている（図 3a）。低極性溶媒中では分子内水素結合により 3''''位水酸基が異常に
高い反応性を有し，4-dimethylaminopyridine（DMAP）触媒を用いて条件を最適化すると
97％の位置選択性でアシル化が進行する。一方で 5 の類縁体である触媒 11 を用いると同様の条
件下，3''''位の高い反応性を凌駕し，90％の位置選択性で 4''''位アシル化を進行させる。高極性溶
媒中では水素結合の寄与が小さく，触媒に依らず 6''''位第一級水酸基選択的アシル化が進行する
ため，条件に応じて三方向の位置選択的誘導化が可能である。また，抗腫瘍活性配糖体天然物
multifidoside B（12）の全合成においても触媒的位置選択的アシル化は強力な威力を発揮した
（図 3b）[15]。無保護の前駆体配糖体天然物（2R,3S）-wallichoside（13）は 2 つの第一級水酸基を
含む 5 つの遊離水酸基を持つが，触媒 5 はグルコピラノシド 4 位水酸基の高位置選択的アシル
化を進行させ，後処理による TES 基の脱保護を経て 12 へのワンポット直接変換が可能であっ
た。本法は逆合成解析の観点から極めて特徴的である。即ち，全合成の最終段階は通常脱保護工
程であるが，本法では最終段階に鍵反応を用いている。本法は新規な逆合成ルートを提案する点
に加えて，全合成でしばしば問題となる最終工程脱保護問題を回避できる利点もある。具体的に
は，著者らは当初，13 を部分的に保護した基質を用いた全合成を検討していたが，最終段階の
脱保護工程で深刻な副反応が進行し，12 の全合成が達成できなかった経緯があったが，本法は
この問題点の克服に有効であった[15]。

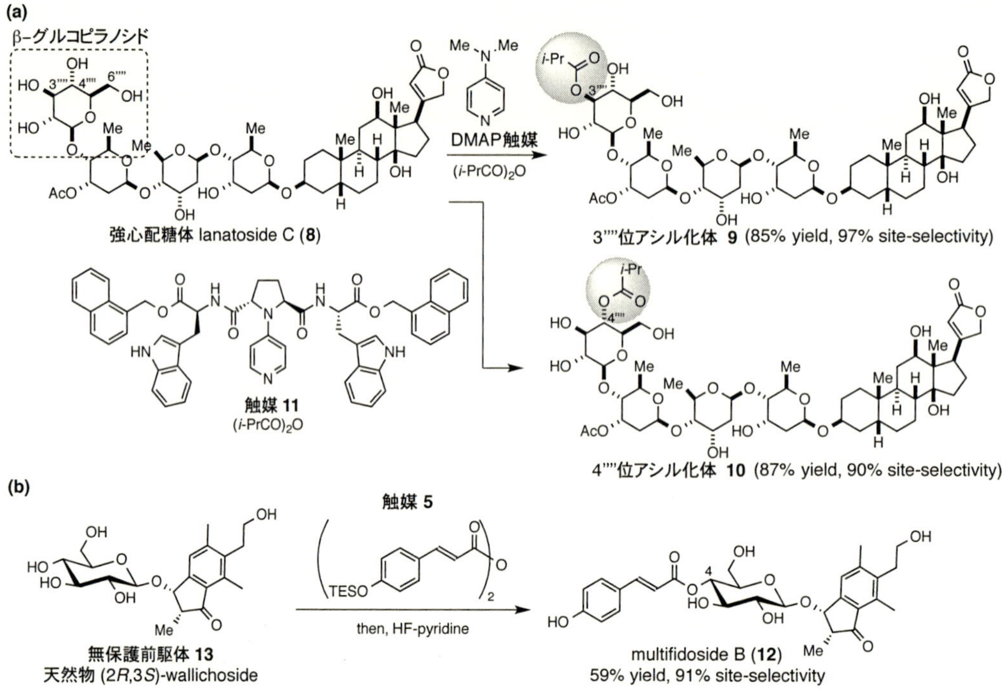

有機分子触媒の開発と工業利用

図3 配糖体天然物の触媒制御による位置選択的アシル化

5　天然物由来ポリオールへの展開

　糖以外のポリオール天然物の位置選択的アシル化においても触媒**5**が有効であることが最近明らかになってきている（図4）。抗がん剤 taxol の半合成出発物質 10-deacetylbaccatin III（**14**）は4つの水酸基を有し，この内7位水酸基が最も反応性が高く，シリル化はほぼ完全な選択性で7位水酸基に進行することが知られている[16]。一方，触媒**5**存在下無水酢酸を作用させると，10位水酸基に高選択的アセチル化が進行し，別の天然物 baccatin III（**15**）へと直接変換することができる（図4a）[17]。高い選択性で進行する本反応はジカルボン酸をリンカーとする位置選択的二量化にも有効であった（図4，baccatin III 二量体アナログ）。生物活性天然物の二量化は親天然物に対し耐性を獲得した細胞にも有効性を示す例が報告されており，新たな医薬品シーズとして潜在的に有用である[18]。また砂塚らは触媒**5**を用いて，2015年大村智博士ノーベル医学生理学賞受賞の契機となった天然物 avermectin B$_{2a}$（**17**）の位置選択的アシル化を報告している（図4b）[19]。**17**のアセチル化は DMAP 触媒では5位，4″位にほぼ1：1の比で進行する一方，触媒**5**を用いると94％の選択性で5位アシル化体**18**が得られる。このように，触媒制御による複雑天然物の位置選択的官能基化は従来法では困難であった直接的な誘導化を可能にし，特徴的な化合物ライブラリーの提供や物質生産に貢献できるものと期待される。

118

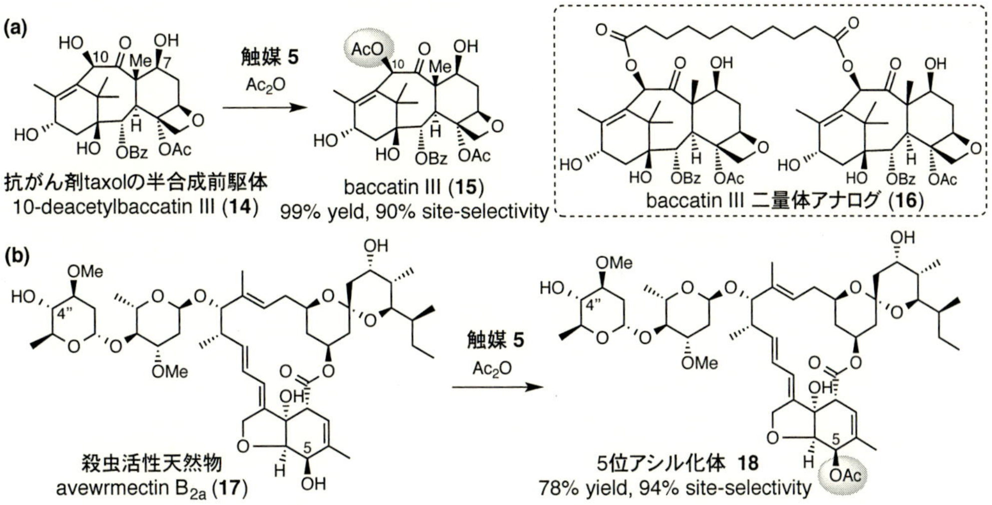

第 11 章　基質認識型触媒による位置選択的分子変換

(a)

触媒 5
Ac₂O

抗がん剤taxolの半合成前駆体
10-deacetylbaccatin III (14)

baccatin III (15)
99% yeld, 90% site-selectivity

baccatin III 二量体アナログ (16)

(b)

触媒 5
Ac₂O

殺虫活性天然物
avewrmectin B₂ₐ (17)

5位アシル化体 18
78% yield, 94% site-selectivity

図 4　ポリオール系天然物の位置選択的誘導化

6　連続位置選択的官能基化に基づくエラジタンニン類の革新的全合成

エラジタンニンは加水分解性タンニンの一種であり，グルコースを基本構造とし，その水酸基上のアシル基の構造や位置によって千を超える天然物が存在する[20]。これらの化合物には抗ウイルス作用や免疫賦活作用を含む様々な生物活性が報告されている。そのため，活発な合成研究が行われているが，グルコースの特定の水酸基に必要とされる置換基を導入する必要があるため，多段階の保護−脱保護によって水酸基を区別した保護前駆体 **22** や **23** を経て全合成が達成されてきた（図5）。著者らはこれらの保護前駆体を経ることなく，無保護グルコースの水酸基に直接位置選択的に必要とされる置換基を導入する手法に基づいてエラジタンニン類の全合成を行った。

Strictinin（**19**）の合成経路を図6に示す[21]。ジオキサン溶媒中保護没食子酸を求核剤とする光延反応は無保護グルコースのアノマー位で化学選択的に進行し[22]，β−グリコシド **24** を立体選択的に与えた。次に触媒 **5** 存在下，4位水酸基選択的にガロイル基を導入後，反応系中で酸無水物から脱離基として生じたカルボン酸をガロイルドナーとして有効利用し，反応性の高い第一級6位水酸基選択的にガロイル基を導入することで，4,6位ガロイル化体 **25** をワンポットで得た。Bn 基の脱保護の後，山田らによって開発されたフェノールの酸化的カップリング条件[23]に伏し，糖のキラリティーを反映して所望の軸不斉（aS）を有するヘキサヒドロキシジフェノイル（HHDP）基を構築した。続く MOM 基の脱保護により，無保護グルコースから，わずか5工程で **19** の全合成を達成した。本合成では，糖水酸基への保護基を一切利用しないため，従来法（グルコースから11工程[24]及び13工程[25]）と比べ工程数を大幅に削減することができた。

119

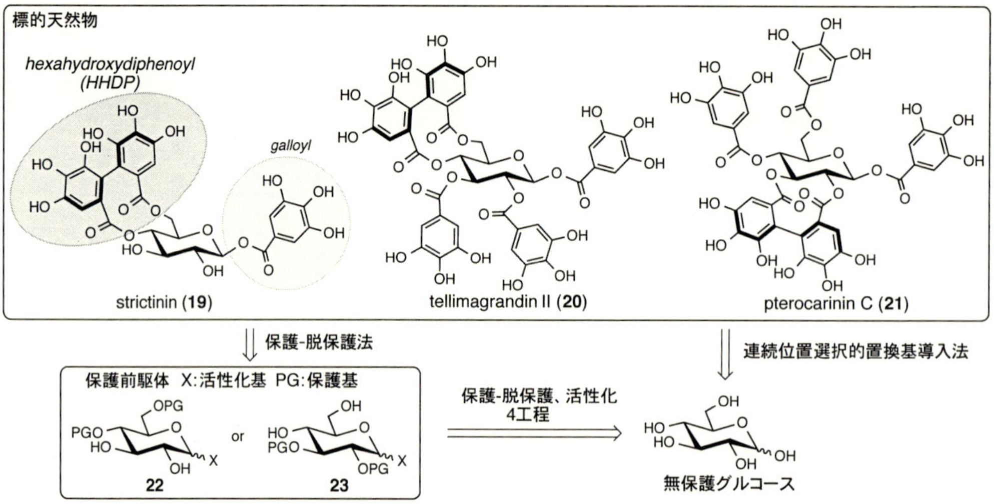

有機分子触媒の開発と工業利用

図5　標的エラジタンニンの逆合成解析

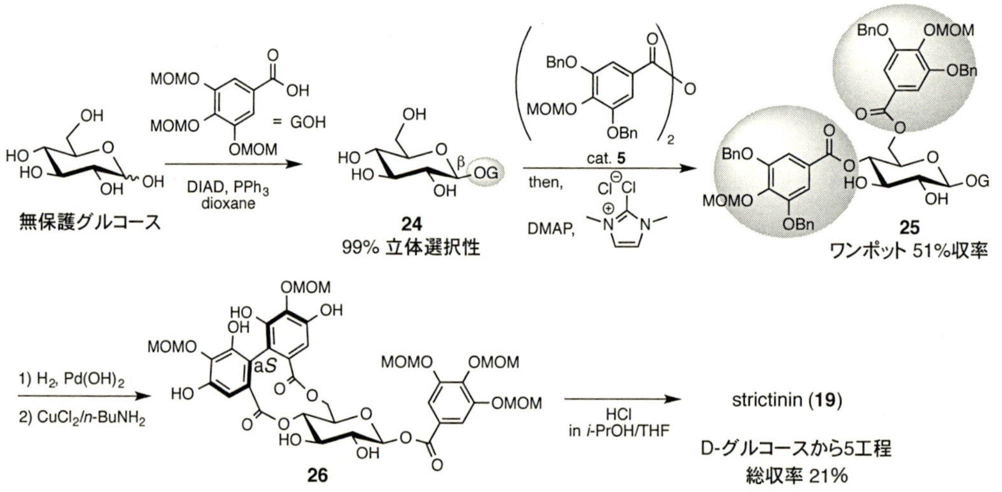

図6　Strictinin（19）の D-グルコースからの5段階全合成

　同様の合成戦略に基づき，tellimagrandin II（20）及び pterocarinin C（21）の全合成を実施した（図7）[21,26]。両天然物は HHDP 基の位置が異なる位置異性体天然物であるため，適切な保護基を配したガロイル基導入の順番を入れ替えるだけで，20 と 21 の全合成が可能と考えた。19 の合成と同様にしてグリコシル化体 24 を得，Bn-MOM 基で保護したガロイル基（G² 基）を 4,6 位水酸基に導入した後，残る 2,3 位水酸基に MOM 基保護ガロイル基（G¹ 基）を導入し，G² 基上の Bn 基の脱保護によって，4,6 位での HHDP 基構築のための前駆体 27 を得た。フェ

120

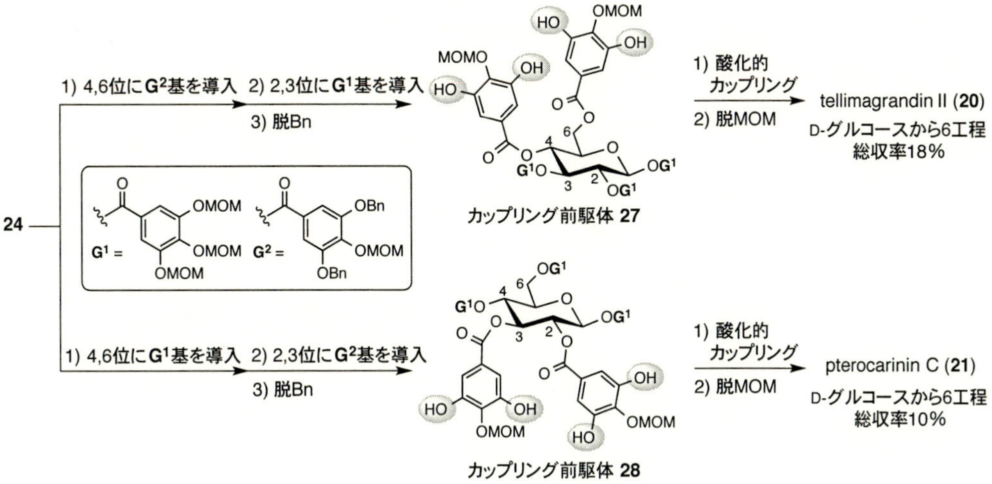

第 11 章 基質認識型触媒による位置選択的分子変換

1) 4,6 位に G² 基を導入 2) 2,3 位に G¹ 基を導入
3) 脱Bn

24

G¹ =

G² =

1) 酸化的
カップリング
2) 脱MOM

tellimagrandin II (**20**)
ᴅ-グルコースから6工程
総収率18%

カップリング前駆体 **27**

1) 4,6 位に G¹ 基を導入 2) 2,3 位に G² 基を導入
3) 脱Bn

1) 酸化的
カップリング
2) 脱MOM

pterocarinin C (**21**)
ᴅ-グルコースから6工程
総収率10%

カップリング前駆体 **28**

図 7 Tellimagrandin II（**20**）及び pterocarinin C（**21**）の ᴅ-グルコースからの 6 段階全合成

ノールの酸化的カップリングの後，MOM 基を除去することで，**20** の全合成を達成した。また，**24** に対し G¹ 基を 4,6 位水酸基に導入後，2,3 位水酸基に G² 基を導入，Bn 基を脱保護すると，2,3 位での HHDP 基構築に向けた前駆体 **28** が得られた。**20** の全合成と同様の手法によって，**28** から **21** を全合成した。いずれの全合成も無保護グルコースから 6 工程で達成することができ，従来法（**20** の全合成[27]：14 工程，**21** の全合成[28]：HHDP 基の構築工程を除き 9 工程）からは工程数が大幅に短縮されている。

7 鎖状アミノアルコールの位置選択的アシル化

多官能基性化合物の位置選択的官能基化にあたっては，有機合成の選択性制御に最も有効な概念である立体障害が効果的な手段とならないため，従来法とは異なるアプローチが必要となる。著者らは，触媒-基質間の多点水素結合に基づく動的分子認識（反応遷移状態に至る分子認識）仮説に基づくアプローチにより，触媒制御によるグルコースの位置選択的アシル化を達成した（図 2）。この動的分子認識仮説に基づき，生物活性化合物や機能性分子に普遍的に存在するアミノ基を認識官能基とするアミノジオール類の位置選択的アシル化に取り組んだ[29~31]。ノシルアミド基を有するアルケンジオール **30a**（R＝H）に対し，DMAP 触媒下無水酢酸を作用させると二つの第一級水酸基が同程度反応し，*E*-**31a** と *Z*-**31a** をほぼ 1：1 の比率で与え，これらのモノアシル化体（55%）に加えて過剰反応が進行したジアシル体も 14% 副生した（図 8a）。一方で，触媒 **29** 存在下では *E*-**31a** を 94% の位置選択性で与え，モノアシル体収率は 90% まで向上した。さらに，四置換アルケン **30b** の場合，触媒 **29** は高い収率，位置選択性で *E*-**31b** を与え

121

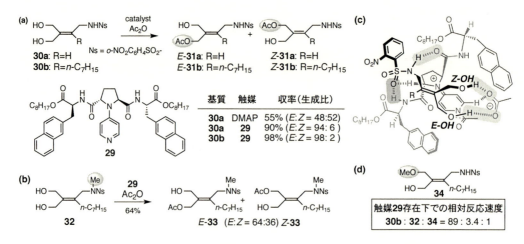

図8 (a) アルケンジオールの触媒的位置選択的アシル化 (b) N-Me 保護した基質 32 のアシル化 (c) DFT 計算に基づく推定遷移状態 (d) 32 の N-メチル化，および O-メチル化による反応速度の減少（32 の Z-OH 及び NHNs による反応加速効果）

た[29]。DMF などの極性溶媒中では E-選択性が消失すること，また NMeNs 基を有する基質 32 では E-選択性が大きく低下することから（図 8b），基質の N-H と触媒との水素結合が選択性発現に関与すると考えられる。山中らはこれらの実験事実と理論計算に基づき，触媒-基質間の多点水素結合を特徴とする遷移状態構造を提唱している（図 8c：詳細は3章参照）[30]。NHNs 基と触媒アミドカルボニル基との水素結合に加えて，反応しない方の水酸基（Z-OH）がアセテートアニオンとの水素結合を形成し遷移状態を安定化することにより，E-OH のアシル化が加速的に進行したと理解できる。本機構は，N-Me 体 32 や Z-OH をメチル保護した基質 34 では，触媒 29 によるアシル化が 30b に比べて，著しく減速されるという実験結果とも合致する（図 8d）。ノシルアミド基から適切な距離にある水酸基に加速的なアシル化が進行するという動的認識仮説に基づき，次に化学選択性の逆転を伴ったアシル化を行った（図 9）[31]。第一級及び第二級水酸基を有するアミノジオール 36 のアセチル化は DMAP 触媒存在下では，第一級水酸基にほぼ完全な選択性で進行する。一方触媒 35 存在下では化学選択性が逆転し，98% の選択性で二級アシル化体 37 を与える（図 9a）。本結果は，触媒 35 が第二級水酸基アシル化の活性化エネルギーを，相対的に 3 kcal/mol 以上安定化させる（-60 度の反応として）ことを意味しており，意図的な動的分子認識仮説の成果と言える。この反応性の逆転は，さらに大きな立体障害をも凌駕して発現することがわかった（図 9b）。即ち，触媒 35 の存在下では，通常は大きな立体障害置換基としてはたらくイソプロピル基の α 位水酸基が 98% の高い位置選択性でアシル化された。

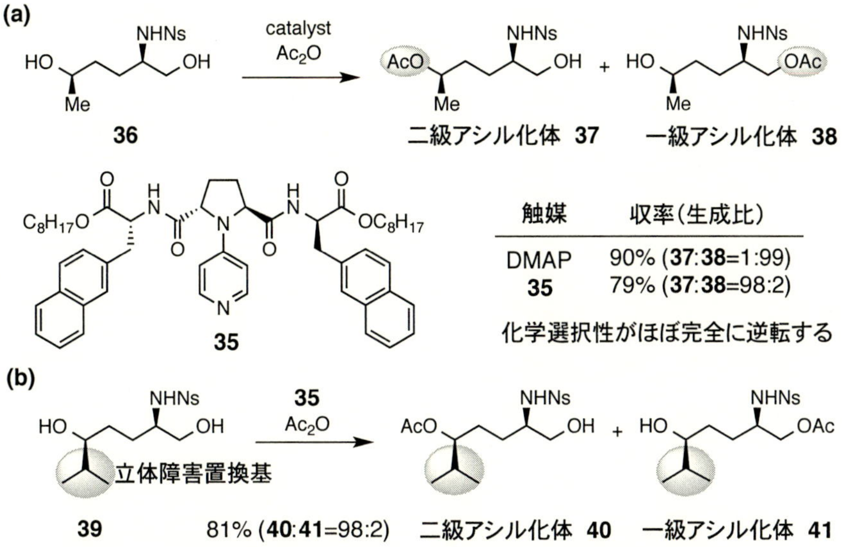

第 11 章　基質認識型触媒による位置選択的分子変換

図 9　化学選択性の逆転を伴う鎖状アミノジオールの位置選択的アシル化

8　アミノジエンの位置選択的エポキシ化

　動的分子認識仮説に基づく位置選択的アシル化で得られた知見を他の官能基変換へと展開すべく，著者らは天然物中にもしばしば見られる官能基であるポリオレフィンの位置選択的エポキシ化に注目した。ポリエンの位置選択的エポキシ化は，特定の構造特性を維持しつつ多様な誘導化を可能にする有用な分子変換と考えられる。最近，ポリエン系天然物 farnesol の触媒制御による位置選択的エポキシ化が Miller らによって報告され，話題を呼んだ[32]。ペプチド由来のカルボン酸を触媒中心とし，縮合剤及び過酸化水素によって系中で過酸を発生させる Miller らの手法を参考に，著者らはカルボン酸触媒 45 を設計・合成し，スルホンアミドを認識部位とする nerylamine 誘導体 42 の位置選択的エポキシ化を試みた（図 10）[33]。42 を基質とし，エポキシ化で汎用される m-chloroperbenzoic acid（mCPBA）を作用させると，6,7 位エポキシ体 44 が高選択的に得られた。42 の二つの三置換アルケンの内，スルホンアミド基に近接する二重結合は誘起効果により求核性が低下し，mCPBA 存在下ではオレフィンの電子状態を反映した位置選択性が発現したものと考えられる。一方，触媒 45 存在下では，位置選択性が逆転し，2,3 位エポキシ体 43 が高い位置選択性で得られ，その光学純度は 89 % ee であった。触媒構造と選択性の相関から，ビフェニルユニットのアミド基が主に位置選択性発現を担い，ピロリジン環上の置換基が立体選択性を向上させることが示唆された。本反応の位置選択性発現の機構は未だ不明な点が多いが，本触媒による動的認識機構を精査することで，カルボン酸以外の活性中心を持つ分子認識型触媒開発にも展開できる知見が得られるものと期待される。

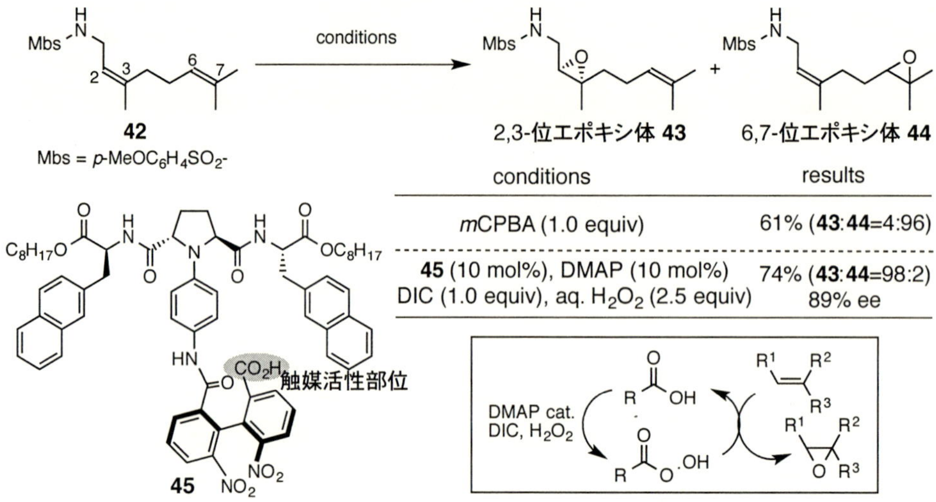

conditions	results
*m*CPBA (1.0 equiv)	61% (**43**:**44**=4:96)
45 (10 mol%), DMAP (10 mol%) DIC (1.0 equiv), aq. H_2O_2 (2.5 equiv)	74% (**43**:**44**=98:2) 89% ee

図 10　基質認識型酸化触媒 45 によるアミノジエン 42 の位置及び立体選択的エポキシ化

9　さいごに

基質認識型触媒を用いた位置選択的分子変換に焦点をあて，著者らの研究を中心に述べた。有機合成化学は官能基変換の化学を基軸に発展してきたため，複数の同一官能基の内の特定のひとつを選択的に修飾するには困難が伴う。特に基質本来が持つ反応性とは独立した触媒制御による位置選択性の発現に向けたアプローチは，やっと端緒がついたばかりの研究分野である。触媒制御による位置選択的官能基化は，多官能基性生理活性物質の直接的な誘導化や，保護基の使用を最小限にした革新的全合成を可能にする強力な合成手法となり得る。本研究分野の成熟は，有機合成化学の大きな目標である複雑分子の自在変換に貢献するものと期待できる。この動的分子認識仮説に基づく位置選択性の発現を，C-H 結合官能基化に展開するのが筆者らの次の大きな目標であり，夢である。

文　　献

1) C. R. Shugrue, S. J. Miller, *Chem. Rev.*, **117**, 11894 (2017)
2) Y. Ueda, T. Kawabata, *Top. Curr. Chem.*, **372**, 203 (2015)
3) O. Robles, D. Romo, *Nat. Prod. Rep.*, **31**, 318 (2014)
4) C. A. Lewis, S. J. Miller, *Angew. Chem. Int. Ed.*, **45**, 5616 (2006)
5) C. A. Lewis, J. Merkel, S. J. Miller, *Bioorg. Med. Chem. Lett.*, **18**, 6007 (2008)

第 11 章　基質認識型触媒による位置選択的分子変換

6) C. A. Lewis, K. E. Longcore, S. J. Miller, P. A. Wender, *J. Nat. Prod.*, **72**, 1864 (2009)

7) S. Yoganathan, S. J. Miller, *J. Med. Chem.*, **58**, 2367 (2015)

8) T. Kawabata, M. Nagato, K. Takasu, K. Fuji, *J. Am. Chem. Soc.*, **119**, 3169 (1997)

9) T. Kawabata, W. Muramatsu, T. Nishio, T. Shibata, H. Schedel, *J. Am. Chem. Soc.*, **129**, 12890 (2007)

10) T. Kawabata, T. Furuta, *Chem. Lett.*, **38**, 640 (2009)

11) Y. Ueda, W. Muramatsu, K. Mishiro, T. Furuta, T. Kawabata, *J. Org. Chem.*, **74**, 8802 (2009)

12) M. Yanagi, A. Imayoshi, Y. Ueda, T. Furuta, T. Kawabata, *Org. Lett.*, **19**, 3099 (2017)

13) K. Yoshida, T. Furuta, T. Kawabata, *Tetrahedron Lett.*, **51**, 2907 (2010)

14) Y. Ueda, K. Mishiro, K. Yoshida, T. Furuta, T. Kawabata, *J. Org. Chem.*, **77**, 7850 (2012)

15) Y. Ueda, T. Furuta, T. Kawabata, *Angew. Chem. Int. Ed.*, **54**, 11966 (2015)

16) J.-N. Denis, A. E. Greene, D. Guénard, F. Guéritte-Voegelein, L. Mangatal, P. Potier, *J. Am. Chem. Soc.*, **110**, 5917 (1988)

17) M. Yanagi, R. Ninomiya, Y. Ueda, T. Furuta, T. Yamada, T. Sunazuka, T. Kawabata, *Chem. Pharm. Bull.*, **64**, 907 (2016)

18) U. N. Sundram, J. H. Griffin, T. I. Nicas, *J. Am. Chem. Soc.*, **118**, 13107 (1996)

19) T. Yamada, K. Suzuki, T. Hirose, T. Furuta, Y. Ueda, T. Kawabata, S. Ōmura, T. Sunazuka, *Chem. Pharm. Bull.*, **64**, 856 (2016)

20) S. Quideau, D. Deffieux, C. Douat-Casassus, L. Pouységu, *Angew. Chem. Int. Ed.*, **50**, 586 (2011)

21) H. Takeuchi, K. Mishiro, Y. Ueda, Y. Fujimori, T. Furuta, T. Kawabata, *Angew. Chem. Int. Ed.*, **54**, 6177 (2015)

22) A. Kobayashi, S. Shoda, S. Takahashi, WO 2006038440 A1 (2006)

23) H. Yamada, K. Nagao, K. Dokei, Y. Kasai, N. Michihata, *J. Am. Chem. Soc.*, **130**, 7566 (2008)

24) K. Khanbabaee, C. Schulz, K. Lötzerich, *Tetrahedron Lett.*, **38**, 1367 (1997)

25) N. Michihata, Y. Kaneko, Y. Kasai, K. Tanigawa, T. Hirokane, S. Higasa, H. Yamada, *J. Org. Chem.*, **78**, 4319 (2013)

26) H. Takeuchi, Y. Ueda, T. Furuta, T. Kawabata, *Chem. Pharm. Bull.*, **65**, 25 (2017)

27) K. S. Feldman, K. Sahasrabudhe, *J. Org. Chem.*, **64**, 209 (1999)

28) K. Khanbabaee, K. Lötzerich, *Liebigs Ann. Recl.*, 1571 (1997)

29) K. Yoshida, K. Mishiro, Y. Ueda, T. Shigeta, T. Furuta, T. Kawabata, *Adv. Synth. Catal.*, **354**, 3291 (2012)

30) M. Yamanaka, U. Yoshida, M. Sato, T. Shigeta, K. Yoshida, T. Furuta, T. Kawabata, *J. Org. Chem.*, **80**, 3075 (2015)

31) K. Yoshida, T. Shigeta, T. Furuta, T. Kawabata, *Chem. Commun.*, **48**, 6981 (2012)

32) P. A. Lichtor, S. J. Miller, *Nat. Chem.*, **4**, 990 (2012)

33) T. Nobuta, T. Kawabata, *Chem. Commun.*, **53**, 9320 (2017)

第12章　グアニジン触媒を用いた不斉分子変換反応

細谷圭介[*1]，長澤和夫[*2]

1　グアニジン官能基とその反応性

グアニジン官能基は，強力な塩基性を示す有機官能基の1つである。これはグアニジン官能基のプロトン化により生じるグアニジニウム（Guanidinium）が，3種の共鳴構造により強く安定化されるためである。現在，グアニジン官能基の強力な塩基性およびグアニジニウムと求電子剤との相互作用に基づく反応基質の活性化能を利用した，有機分子触媒としての活用が数多く報告されている。特にグアニジン官能基周辺に不斉環境を導入したキラルグアニジン化合物を触媒とする不斉反応の開発が活発に研究されている。

本章では，「グアニジン官能基と反応基質の相互作用様式」という観点から，グアニジン触媒による反応を **Type-A**～**Type-E**（図1）に分類し，これらのパターンに分類される代表的な不斉反応についてそれぞれ紹介する。

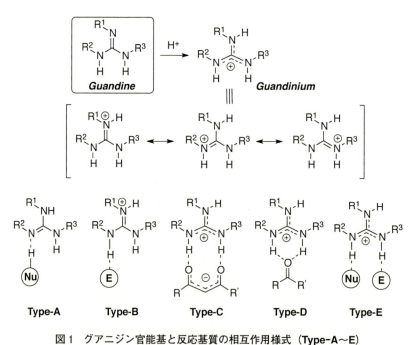

図1　グアニジン官能基と反応基質の相互作用様式（**Type-A**～**E**）

[*1] Keisuke Hosoya　東京農工大学　大学院工学府　生命工学専攻
[*2] Kazuo Nagasawa　東京農工大学　大学院工学研究院　教授

第 12 章　グアニジン触媒を用いた不斉分子変換反応

2　グアニジンの窒素 1 つと求核剤との相互作用を介した触媒反応（Type-A）

　グアニジンの 1 つの窒素を塩基として活用し，求核剤との相互作用を介した **Type-A** を経る
不斉反応として，フェノールの分子内 oxa-Michael 反応の報告がある。石川等は，分子内にフェ
ノールと不飽和エステルをもつ **1** に対し環状グアニジン **G1** を作用させると 6-*exo-trig* 型で分
子内 oxa-Michael 反応が進行し，クロマン骨格を有する **2** が得られることを報告している（ス
キーム 1）[1]。このとき **G1** は塩基として **1** のフェノール性水酸基と相互作用する。加えて **G1** 内
の水酸基が **1** のカルボニル基と相互作用し反応遷移状態を安定化することでエナンチオ選択的
に環化反応が進行し，76-80％ ee で **2** が得られる。

スキーム 1　フェノール **1** の分子内 oxa-Michael 反応

3　グアニジンの窒素 1 つと求電子剤との相互作用を介した触媒反応（Type-B）

　グアニジニウムは求電子剤であるカルボニル基等と水素結合を介して相互作用し，その
LUMO エネルギーを下げ求電子剤の反応性を向上させる。Tan 等は，活性化された *meso*-アジ
リジンのチオールによる開環反応を報告している[2]。本反応では，アジリジン窒素のカルボニル
基がグアニジン **G2** の共役酸と水素結合を介して相互作用することで活性化される。ついでチ
オール **4** が **G2** のシロキシ基を避けながら求核攻撃することで，エナンチオ選択的にアジリジン
の開環反応が進行し，**5** が 94％ *ee* で得られる（スキーム 2）。

127

有機分子触媒の開発と工業利用

スキーム2　アジリジン 3 のチオール 4 による立体選択的開環反応

4　グアニジンの窒素 2 つと求核剤との相互作用を介した触媒反応（Type-C）

　グアニジンが塩基として働く場合，求電子剤がグアニジンの 2 つの窒素と相互作用する中間体 **Type-C** を経る反応が報告されている。この反応では，グアニジンと求核剤がより安定な遷移状態を形成することが可能であり，反応活性，立体選択性ともに優れた多くの反応が開発されている。また求核剤として，1,3-ジカルボニル化合物，ニトロ化合物などが用いられる。

　Jacobsen 等は，グアニジン触媒を用いた *O*-アリル-*β*-ケトエステル類の不斉 Claisen 転位反応を報告している[3]。グアニジウム塩 **G3** 存在下アリルエーテル **6** または **7** を反応させると Claisen 転位反応が進行し，*α* 位がアリル化された *β*-ケトエステル **8**，**9** が高いエナンチオ選択性で得られる（スキーム 3）。また，DFT 計算の結果から，本反応ではクライゼン転位反応の遷移状態において，**G3** が 2 つの窒素原子と相互作用する遷移状態を経て進行することが示唆されている。

　同様の触媒との相互作用を介して，*β*-ケトエステル類の *α* 位に対するエナンチオ選択的なヒドロキシル化反応が開発されている。Liu 等は，インダノン由来の *β*-ケトエステル **10** に対し，グアニジン触媒 **G4** 存在下，ラセミ体のオキサジリジン（±）-**11** を酸化剤として反応させるとヒドロキシル化反応が進行し，**12** が 94% *ee* で得られることを報告している（スキーム 4）[4]。また，（±）-**11** の速度論的光学分割反応が同時に進行し，光学活性な（−）-**11** が 90% ee で得

第 12 章　グアニジン触媒を用いた不斉分子変換反応

スキーム 3　*O*-アリル-*β*-ケトエステル **6** または **7** の不斉 Claisen 転位反応

スキーム 4　インダノン型 *β*-ケトエステルに対する *α* 位の不斉ヒドロキシル化反応

129

有機分子触媒の開発と工業利用

Ar = 3,5-(CF₃)₂C₆H₃

G5 (5 mol %)

16

K₂CO₃ (0.2 eq.)
Toluene, 0 ℃

CHP (1.2 eq.)

16-48 h

17

82-99%
85-95% *ee*

スキーム5　テトラロン型 *β*-ケトエステルに対する *α* 位の不斉ヒドロキシル化反応

られる。本反応では，インダノン類 **13**，オキサジリジン類 **14** に対する広い基質一般性が得られている。また，エステル部位のアダマンチル基が高いエナンチオ選択性を得る上で重要である。

　これまでインダノン構造を有する *β*-ケトエステルに対する不斉ヒドロキシル化反応は，グアニジンを始めとする有機触媒や金属触媒を用いて高い立体選択性での不斉反応が実現されている。一方，テトラロン構造を有する *β*-ケトエステルの場合，基質の平面性が乏しく反応性が低いことから高い立体選択性で水酸化される反応の報告例は少ない。長澤等は，分子内にグアニジンとウレアの2種の官能基を有する官能基複合型触媒 **G5** を用いることで，様々なテトラロン構造を有する *β*-ケトエステルに対する高エナンチオ選択的な *α* 位でのヒドロキシル化反応を実現している（スキーム5）[5]。本反応は，DFT 計算の結果から，グアニジニウムとウレアのそれぞれ2つの窒素が水素原子を介して **16** のエノラートと相互作用し，もう1つのウレアがクメンヒドロペルオキシド（CHP）の炭素と結合している酸素と水素結合することで，エノラートの触媒への配位方向および CHP のエノラートへの接近方向が制御されていることが示唆されている[6]。

第12章 グアニジン触媒を用いた不斉分子変換反応

また同著者等は，本酸化反応を利用することで，テトラロン 3 位，4 位の置換基に関して，酸化的速度論的光学分割反応が進行することを見いだし報告している（スキーム 6）[6,7]。即ち **G5** の存在下，3 位または 4 位に置換基を有するラセミ体のテトラロン誘導体 **18** に対し CHP を 0.75 当量作用させることで，効率よく速度論的光学分割反応が進行し，2 位がヒドロキシル化された **19** および光学活性な未反応の **18** がそれぞれ高いエナンチオ選択性で得られることがわかった。この反応は，環状化合物 **20** にも適用することができ，光学活性な 2 位がヒドロキシル化された **21** および未反応の **20** がそれぞれ高いエナンチオ選択性で得られる。

ニトロアルカンは塩基と反応してニトロネートとなる。このニトロネートは，β-ケトエステルと同様，グアニジンの 2 つの窒素を介して相互作用する。生じたニトロネートは様々な求電子剤と反応する。

ここで求電子剤としてカルボニル化合物を用いると Henry 反応（ニトロアルドール反応）が進行する。本反応で得られるニトロアルコールは，様々な有用化合物の合成中間体として知られ，その不斉反応化が検討されている。Nájera 等は **G6** を用いたグアニジン触媒による初めて

| Entry | R^1 | R^2 | 19 | | 18 | | |
			yield (%)	ee (%)	yield (%)	ee (%)	s value
1	Ph	H	49	83	42	97	44
2	2-CF$_3$-C$_6$H$_5$	H	50	90	43	99	99
3	3-OMe-C$_6$H$_5$	H	48	89	44	89	51
4	Me	H	43	90	43	67	38
5	H	Ph	51	89	44	99	89
6	H	Me	48	91	45	92	69

スキーム 6 テトラロン 3 位および 4 位に関する酸化的速度論的光学分割

有機分子触媒の開発と工業利用

スキーム7　ニトロアルカンを用いた不斉 Henry 反応

第 12 章　グアニジン触媒を用いた不斉分子変換反応

の不斉ヘンリー反応を報告した[8]。本反応では，対応するニトロアルコール **24** が中程度のエナンチオ選択性で得られる。なおこの報告は，グアニジン化合物が触媒として機能することを示した初めての例である（スキーム 7）。

　長澤等はキラルスペーサを介してグアニジンとチオウレア基を結合させた官能基複合型触媒 **G7** を用いた Henry 反応を検討した。その結果，分岐型脂肪鎖アルデヒド **25** とニトロメタン **23** との反応において，高いエナンチオ選択性で対応するニトロアルコール **26** が得られることを見いだした（スキーム 7）[9]。この反応では水-トルエン 2 相系溶媒が必須であり，またヨウ化カリウムを加えることで，通常不斉 Henry 反応におけるエナンチオ選択性の低下の原因となるレトロアルドール反応が抑制される。本触媒反応は，種々のニトロアルカンを用いたジアステレオ-エナンチオ選択的 Henry 反応へ応用することができ，対応するニトロアルコール **28** が高いエナンチオ・ジアステレオ選択性で得られる（スキーム 7）。**G7** を用いた反応では，グアニジンがニトロ基と相互作用する一方，アルデヒドのカルボニル基がチオウレア基と相互作用し，反応の遷移状態が固定化され，高い選択性が実現していると考えられる。

　求電子剤としてカルボニル化合物の代わりにイミンを用いると aza-Henry 反応が進行する。Feng 等はイサチン由来のイミン **29** に対し，**G8** 存在下ニトロメタン **23** を反応させることで，対応する **30** が高いエナンチオ選択性で得られることを報告している（スキーム 8）[10]。本反応では，**G8** とニトロメタンの相互作用に加え，**G8** 中のアミド窒素が **29** のカルボニル基と相互作用し立体選択性を制御している。

スキーム 8　イサチン由来のイミンに対する不斉 aza-Henry 反応

有機分子触媒の開発と工業利用

5　グアニジンの窒素 2 つと求電子剤との相互作用を介した触媒反応（Type-D）

グアニジニウムがカルボニル基と相互作用する場合，グアニジンの 2 つの窒素を介した相互作用による遷移状態（**Type-D**）を経る反応が報告されている。

不飽和カルボニル化合物に対する過酸を用いた求核的エポキシ化反応では，グアニジン化合物と過酸により生じるグアニジニウム塩がカルボニルと相互作用することでこれを活性化する。Taylor 等は，キラルグアニジン化合物 **G9** を用いた **31b** への不斉エポキシ化反応を検討し，エポキシ化合物 **32** が 60% ee で得られることを報告している[11]。カルコン **33** に対するエポキシ化反応についても，様々なキラルグアニジン化合物を用いて検討されている[12~14]。Murphy 等は **G10** を用い，酸化剤として次亜塩素酸ナトリウムを用いることで，非常に高いエナンチオ選択性で生成物が定量的に得られることを報告している（スキーム 9)[12]。

長澤等は，酸化剤として過酸化水素水を用いる求核的不斉エポキシ化反応について検討を行った[15]。分子内にグアニジンとウレア官能基を有する官能基複合型触媒 **G11** を用いトルエン-水の混合溶媒条件下で反応を行うことで，カルコン誘導体 **35** への不斉酸化反応が非常に高いエナンチオ選択性で進行することを見いだした（スキーム 10）。

スキーム 9　不飽和カルボニル化合物への求核的不斉エポキシ化反応

第12章　グアニジン触媒を用いた不斉分子変換反応

　竹本等は，α,β-不飽和アミド化合物に対する求核的エポキシ化反応を報告している。彼等は酸化剤に対して安定なグアニジン触媒 **G12** を用いることで，**37** へのエポキシ化が立体選択的に進行することを見いだした（スキーム 11）[16]。本反応の遷移状態について，DFT 計算による理論的解析を行ったところ，グアニジンがアミドのカルボニル基と相互作用し，酸化剤の *tert*-ブチルヒドロペルオキシド（TBHP）が **G12** 中のアミノ基と相互作用することで酸化剤の接近する

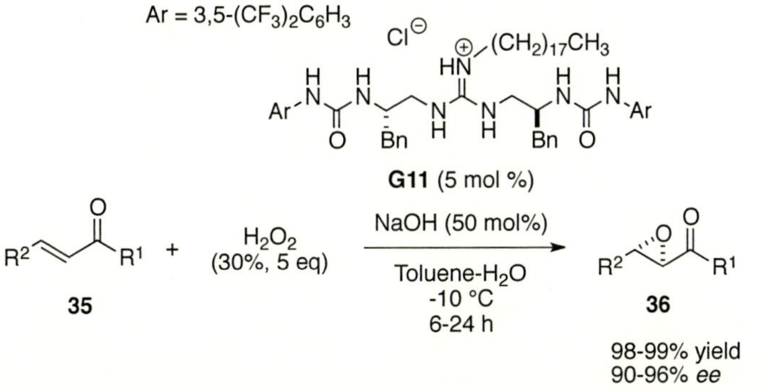

スキーム 10　過酸化水素水を酸化剤として用いるカルコン誘導体への求核的不斉エポキシ化反応

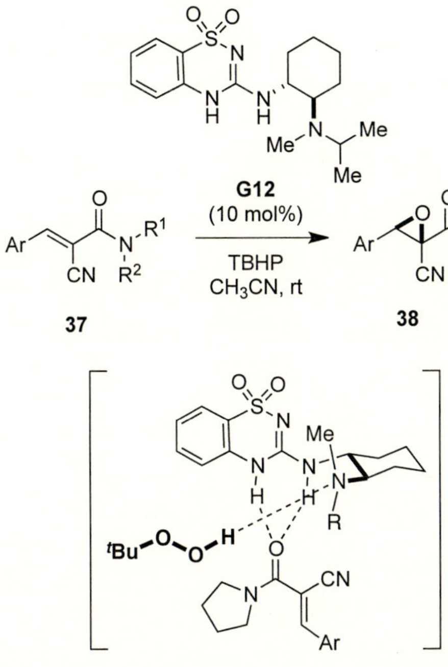

スキーム 11　α,β 不飽和アミド化合物への求核的不斉エポキシ化反応

135

有機分子触媒の開発と工業利用

スキーム 12　アズラクトン誘導体とアルデヒドとの不斉アルドール反応

方向が制御されている。

　Type-D の相互作用様式は，グアニジン触媒を用いる不斉アルドール反応においても応用されている（スキーム 12）[17]。杉村等は，触媒 **G13** 存在下，アズラクトン誘導体 **39** とアルデヒド **40** との直接的アルドール反応を報告している。本反応では，いずれの場合にも，非常に高いエナンチオ選択性かつ *syn* 選択性で反応が進行する。

6　グアニジンの窒素 2 つと求核剤，求電子剤との相互作用を介した 触媒反応（Type-E）

　触媒反応の遷移状態において，求核剤と求電子剤がグアニジン触媒の 2 つの窒素とそれぞれ相互作用した遷移状態が提唱されている反応がある。

　Corey 等は，二環性グアニジン **G14** を触媒とし，イミン **42** に対する Strecker 反応が高エナンチオ選択的に進行し，**43** が 86% *ee* で得られることを報告した（スキーム 13）[18]。本反応では，イミン **42** とシアン化物イオンがそれぞれグアニジン **G14** と相互作用し，エナンチオ選択性が制御される。

　Jiang, Liu 等は，キラルグアニジン **G15** を触媒とするオキシインドール 3 位の不斉スルフェニル化反応を報告している（スキーム 14）[19]。スルフェニル化剤として，*N*-（アルキルチオ）スクシンイミド **45** を用いることで，スルフェニル化されたオキシインドール **46** が 86-98% *ee* で得られる。本反応ではオキシインドールのエノレート，およびスクシンイミドのカルボニル基がそれぞれグアニジンの窒素と相互作用する遷移状態が提唱されている。

　寺田等は軸不斉を有するグアニジン **G16** を触媒とする不斉アミノ化反応を報告している[20]。*α*-ケトエステル **47** に対しアゾジカルボン酸エステル **48** をアミノ化剤として反応を行うと，

第 12 章　グアニジン触媒を用いた不斉分子変換反応

スキーム 13　イミンに対する不斉 Strecker 反応

スキーム 14　オキシインドール 3 位の不斉スルフェニル化反応

β 位にヒドラジノ基が導入された **49** が得られる。これはケトンを L-selectride で立体選択的に
還元することで安定な **50** として得ることができる。この反応では，α-ケトエステルのエノレー
トおよびアゾジカルボン酸エステルの窒素が，**G16** のグアニジン窒素とそれぞれ相互作用し，
立体障害の少ない方からエノレートが接近することで高いエナンチオ選択性が得られることが，
触媒の X 線結晶構造解析およびこれを元にした DFT 計算の結果から提唱されている。

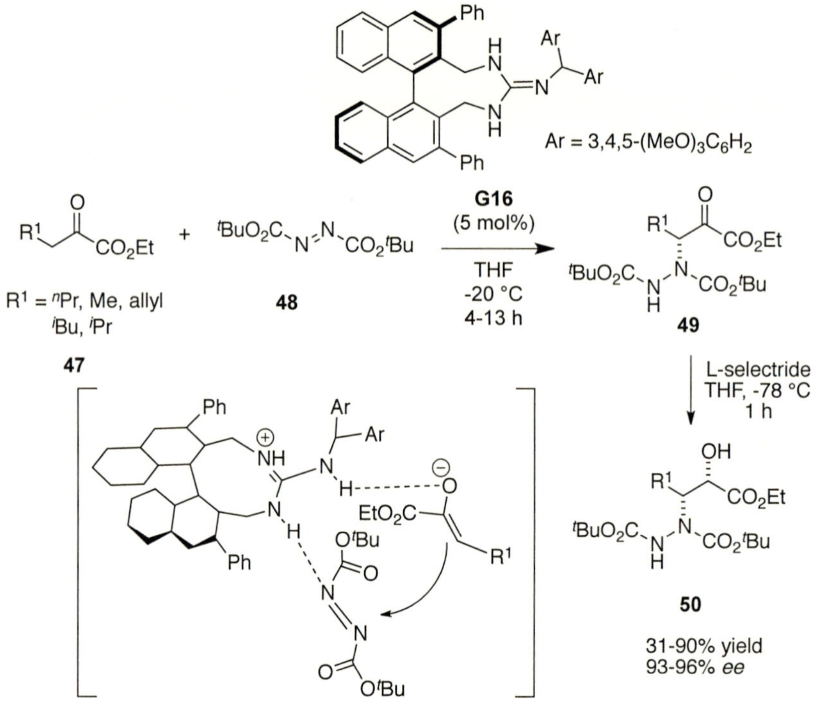

有機分子触媒の開発と工業利用

スキーム15　α-ケトエステルに対する不斉アミノ化反応

7　おわりに

　本章では，グアニジン化合物の触媒機能について，「グアニジン官能基と反応に関わる求核剤，求電子剤との相互作用様式」の観点から反応を分類し，これらの反応性と立体選択性について述べた。反応試薬との相互作用様式は，反応性のみならず，立体選択性にも大きな影響を与える。特に高い立体選択性を得るためには，遷移状態を制御するために，触媒中に反応基質と相互作用させるための第二の官能基を導入する必要もある（官能基複合型触媒）。一方で，グアニジンの2つの窒素をそれぞれ有効に活用することで，反応試薬の近接効果と遷移状態制御を行う戦略も可能であることがわかる（**Type-E**）。基質との相互作用様式を設計することで，今後，より多様な反応への展開が期待できる。

第 12 章　グアニジン触媒を用いた不斉分子変換反応

文　　献

1) N. Saito, A. Ryoda, W. Nakanishi, T. Kumamoto, T. Ishikawa, *Eur. J. Org. Chem.*, 2759 (2008).

2) Y. Zhang, C. W. Kee, R. Lee, X. Fu, J. Y.-T. Soh, E. M. F. Loh, K.-W. Huang, C.-H. Tan, *Chem. Commun.*, **47**, 3897 (2011).

3) C. Uyeda, A. R. Rötheli, E. N. Jacobsen, *Angew. Chem. Int. Ed.*, **49**, 9753 (2010).

4) X. Lin, S. Ruan, Q. Yao, C. Yin, L. Lin, X. Feng, X. Liu, *Org. Lett.*, **18**, 3602 (2016).

5) M. Odagi, K. Furukori, T. Watanabe, K. Nagasawa, *Chem. Eur. J.* **49**, 16740 (2013).

6) M. Odagi, K. Furukori, Y. Yamamoto, M. Sato, K. Iida, M. Yamanaka, K. Nagasawa, *J. Am. Chem. Soc.*, **137**, 1909 (2015).

7) M. Odagi, K. Hosoya, Y. Yamamoto, K. Nagasawa, *Synlett*, **28**, 1305 (2017).

8) R. Chinchilla, C. Nájera, P. Sánchez-Agulló, *Tetrahedron: Asymmetry*, **5**, 1393 (1994).

9) Y. Sohtome, N. Takemura, K. Takeda, R. Takagi, T. Iguchi, K. Nagasawa, *Chem. Asian. J.*, **2**, 1150 (2007).

10) B. Fang, X. Liu, J. Zhao, Y. Tang, L. Lin, X. Feng, *J. Org. Chem.*, **80**, 3332 (2015).

11) a) J. C. McManus, J. S. Carey, R. J. K. Taylor, *Synlett*, 365 (2003); b) J. C. McManus, T. Genski, J. S. Carey, R. J. K. Taylor, *Synlett*, 369 (2003).

12) M. T. Allingham; A. Howard-Jones, P. J. Murphy, D. A. Thomas, P. W. R. Caulkett, *Tetrahedron Lett.*, **44**, 8677 (2003).

13) T. Kumamoto, K. Ebine, M. Endo, Y. Araki, Y. Fushimi, I. Miyamoto, T. Ishikawa, T. Isobe, K. Fukuda, *Heterocycles*, **66**, 347 (2005).

14) T. Kita, B. Shin, Y. Hashimoto, K. Nagasawa, *Heterocycles*, **73**, 241 (2007).

15) S. Tanaka, K. Nagasawa, *Synlett*, 667 (2009) .

16) Y. Kobayashi, S. Li, Y. Takemoto, *Asian J. Org. Chem.*, **3**, 403 (2014).

17) T. Misaki, G. Takimoto, T. Sugimura, *J. Am. Chem. Soc.*, **132**, 6286 (2010).

18) E. J. Corey, M. J. Grogan, *Org. Lett.*, **1**, 157 (1999).

19) L. Huang, J. Li, Y. Zhao, X. Ye, Y. Liu, L, Yan, C.-H. Tan, H. Liu, Z. Jiang, *J. Org. Chem.*, **80**, 8933 (2015).

20) M. Terada, K. Amagai, K. Ando, E. Kwon, H. Ube, *Chem. Eur. J.*, **17**, 9037 (2011).

第13章　含窒素複素環式カルベン触媒の新展開

鳴海哲夫[*1]，喜屋武龍二[*2]

1　はじめに

　含窒素複素環式カルベン（N-heterocyclic carbene, 以下 NHC）による極性転換反応は，古典的な有機化学とは異なる結合形成を可能にする柔軟かつ汎用性の高い分子変換であり，これまでにベンゾイン生成反応や Stetter 反応が様々な天然物や有用物質の合成に利用されている。NHC 触媒による分子変換は，1943 年に鵜飼らが報告したビタミン B1 を触媒前駆体とするベンゾイン生成反応に端を発し[1]，1957 年には Breslow によって，本来求電子的なカルボニル炭素が求核的に機能するアシルアニオン等価体を経由する反応機構が提案された[2]。アルデヒドとNHC 触媒から生成するエナミノール中間体は Breslow 中間体と呼ばれ，アルデヒドや電子不足オレフィンに加え，他にも多くの求電子剤と反応する。近年では，基質に α,β-不飽和アルデヒドを用いることで反応形式がさらに拡張され，アシルアニオン等価体に加え，ホモエノラート等価体，エノラート等価体，活性エステル等価体（アシルアゾリウム），ラジカルカチオンを生成し，これら反応活性種を活用した触媒反応に関する研究が広く展開され，著しい進歩を遂げている[3]。

　本章では，これまでに報告されている NHC 触媒の種類と特徴，現在展開されているチアゾリデン触媒に関する研究の基礎と位置づけられる報告から最近の進展について概観する。

2　NHC 触媒の分類と特徴

　NHC は，窒素や硫黄をはじめとするヘテロ原子によって安定化された一重項カルベンであり，ヘテロ原子の孤立電子対が，カルベン中心炭素原子の空の p 軌道に電子供与した共鳴構造として表され，これまでに報告されている NHC の構造的性質を図 1 にまとめる。NHC は中心炭素原子周りに嵩高い置換基を導入することで安定化され，単離することができる。しかし，NHC を有機分子触媒として用いる場合，カルベンを単離する必要はなく，一般に触媒前駆体であるアゾリウム塩に対し，小過剰量の塩基を作用させ，反応系中でカルベンを生成させる手法が用いられている。

＊1　Tetsuo Narumi　静岡大学　大学院総合科学技術研究科　工学専攻　化学バイオ工学
　　　　コース　准教授

＊2　Ryuji Kyan　静岡大学　創造科学技術大学院　光・ナノ物質機能専攻

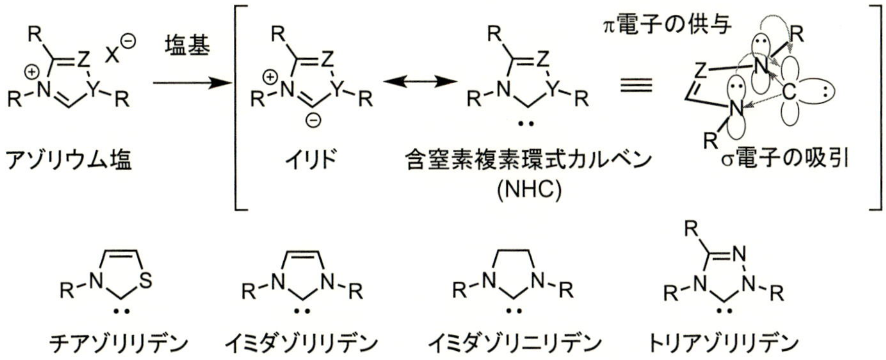

第13章　含窒素複素環式カルベン触媒の新展開

図1　含窒素複素環式カルベンの特徴

・立体的・電子的に安定化された一重項カルベン
・隣接するヘテロ原子の嵩高い置換基による二量体化の抑制（速度論的安定化）
・ヘテロ原子からの誘起効果による s 軌道のエネルギー低下と空の p 軌道への電子供与による安定化
・部分的な芳香族性による安定化（イリドとの共鳴構造）
・アゾリウム環の大きさや骨格，ヘテロ原子数や種類は NHC の安定性や反応性，電子的性質に寄与

　NHC は有機分子触媒に加え，金属配位子やイオン性液体としての有用性も多数見出されていることから，これまでに多種多用なアゾリウム塩が NHC 触媒前駆体として報告されている。なかでも有機分子触媒としておもに用いられるのは，チアゾリウム塩から生成するチアゾリリデン，イミダゾリウム塩から生成するイミダゾリリデン，トリアゾリウム塩から生成するトリアゾリリデンの3種類であり，それぞれが異なる反応性を示す。他方，遷移金属錯体のキラル配位子として汎用されているイミダゾリニリデンは，有機分子触媒としての有用性は限定的であり[4]，今後の研究の進展が期待される。

　後述するチアゾリリデンは，おもにアシルアニオン等価体としての反応性に優れており，ベンゾイン生成反応や Stetter 反応に応用されてきた。電子豊富で求核性が高いイミダゾリリデンは，ホモエノラート等価体としての反応性に優れ，ホモエノラート等価体を経由する付加反応や環化反応に多用されている。トリアゾリリデンは，適切に構造最適化することによって多様な反応性を示す NHC 触媒であり，近年では活性エステル等価体であるアシルアゾリウムやエノラート等価体を経由する不斉触媒反応が多数報告されている。

　アゾリウム環の窒素原子上のアリール基の立体的および電子的特性も NHC 触媒の反応性を決める重要な要素である（図2a）。ビタミン B1 に代表される古典的な NHC 触媒ではベンジル基やフェニル基が用いられていたが，近年ではペンタフルオロフェニル基や 2,4,6-トリメチルフェニル基（メシチル基）が多用されている。大別すると，ペンタフルオロフェニル基や 2,4,6-トリクロロフェニル基のような電子求引性のアリール基は，ベンゾイン生成反応や Stetter 反応などアシルアニオン等価体による分子変換に多用されており，メシチル基のように嵩高く電子供与性

141

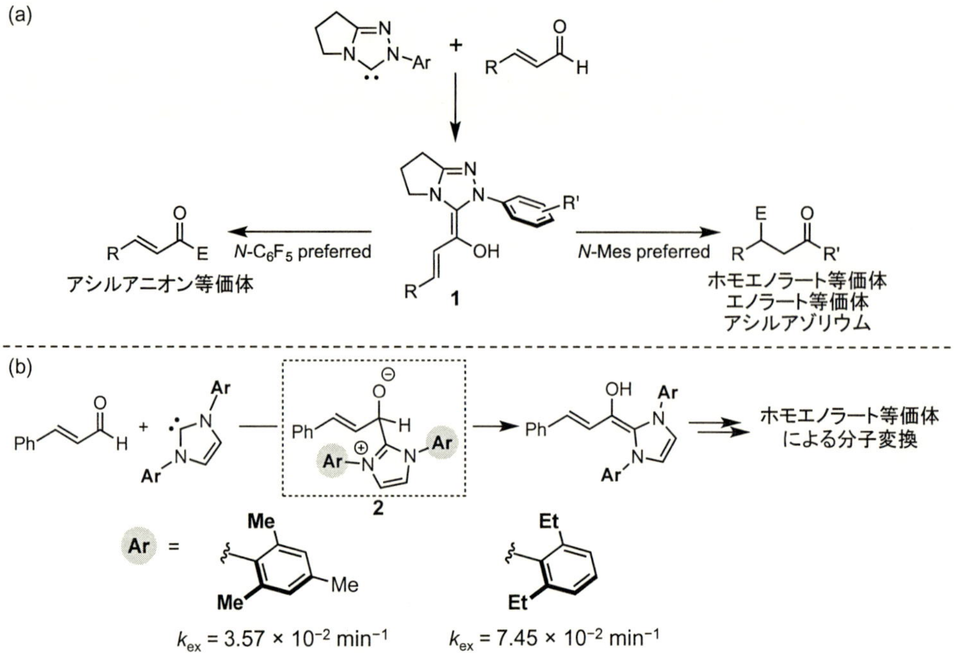

有機分子触媒の開発と工業利用

(a)

アシルアニオン等価体　　N-C₆F₅ preferred　　1　　N-Mes preferred　　ホモエノラート等価体
エノラート等価体
アシルアゾリウム

(b)

$k_{ex} = 3.57 \times 10^{-2}$ min^{-1}　　$k_{ex} = 7.45 \times 10^{-2}$ min^{-1}

図2　NHC 触媒反応における N-アリール基の効果

のアリール基は，ホモエノラート等価体やエノラート等価体による分子変換やアシルアゾリウムによる酸化還元反応によく用いられている。特に，近年盛んに研究されている共役型 Breslow 中間体 **1**（α,β-不飽和アルデヒドと NHC 触媒から生成する二重結合と共役したエナミノール中間体）を経由する反応では，メシチル基を有する NHC 触媒を用いるものが多い[5]。

これに加え，最近筆者らは N-アリール基上のアルキル基が，NHC 触媒の活性に大きく影響することを見出した（図 2b）[6]。すなわち，ホモエノラート等価体による分子変換において，メシチル基を有するイミダゾリリデンに比べ，2,6-ジエチルフェニル基を有するイミダゾリリデンが約 2 倍高い反応性を示すことを明らかにした。1-重水素化アルデヒドを用いて速度論的同位体効果により反応機構を解析した結果，本反応の律速段階は α,β-不飽和アルデヒドと NHC 触媒から生じる付加体（四面体中間体：**2**）から共役型 Breslow 中間体への水素移動であり，2,6-ジエチルフェニル基を有するイミダゾリリデンを用いた場合，メシチル基を有するイミダゾリリデンよりも速度論的同位体効果の値が大きくなった。これは N-アリール基上のアルキル基が α,β-不飽和アルデヒドと NHC から生じる四面体中間体の速度論的性質に影響し，四面体中間体から共役型 Breslow 中間体の形成が促進されることを示している。

また，カルベン生成に用いられる塩基も NHC 触媒の反応性に及ぼす効果が極めて顕著である（図 3）。Bode らはエタノール存在下，シンナムアルデヒドとイミダゾリウム塩に対し，塩基としてジイソプロピルアミンを作用させると，触媒的エステル化反応が優先し，塩基として tert-

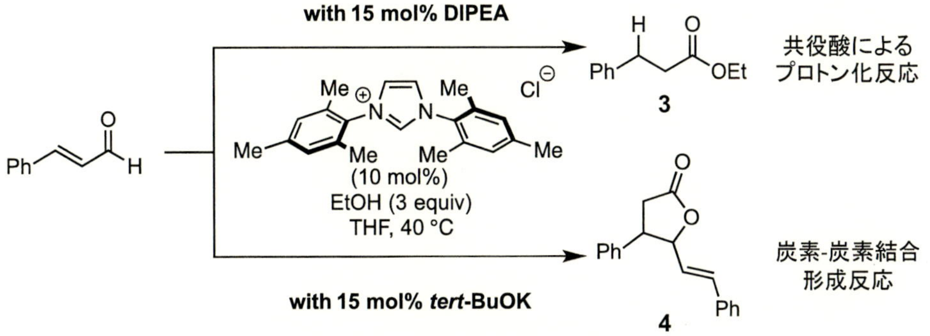

第 13 章　含窒素複素環式カルベン触媒の新展開

図 3　NHC 触媒反応における塩基の効果

ブトキシカリウムを作用させると，炭素-炭素結合形成反応が優先することを報告した[7]。これはアゾリウム環の 2 位水素原子と塩基から生成する共役酸の酸性度に依存していると考えられる。すなわち，生成する共役酸が強い場合には，共役型 Breslow 中間体のプロトン化反応が進行し，飽和エステル化合物 3 が得られ，共役酸が弱い場合には，プロトン化に優先してシンナムアルデヒドへの求核付加を経てラクトン化合物 4 を与える。

　以上のように，NHC を用いる触媒反応ではアゾリウム環，N-アリール基やその置換基，カルベン生成に用いる塩基が反応性に大きく影響する。これは，適切な組み合わせを選択することで，多様な反応活性種を選択的に生成させることが可能であることを示しており，NHC を有機分子触媒として用いる魅力的な点である。

3　チアゾリウム塩の分子変換

　チアゾリウム塩に塩基を作用させて生成するチアゾリリデンによる分子変換のきっかけとなったのが，先に述べた鵜飼らのビタミン B1 を触媒前駆体とするベンゾイン生成反応である。鵜飼らはビタミン B1 とベンズアルデヒドを塩基存在下で反応させたところ，当初目的としたアルコール体は得られずに，ベンゾインが得られることを報告している[1]。本反応は 2 位水素が塩基によって引き抜かれ，チアゾリリデン 5 が生成し，アルデヒドへの求核付加を経て，水素移動により Breslow 中間体 6 が生成する。これがアシルアニオン等価体 7 としてもう 1 分子のアルデヒドに攻撃し，プロトン移動を経てベンゾイン化合物が生成するとともにチアゾリリデンが再生し，触媒サイクルが成立する（図 4）。

　チアゾリリデン触媒は，おもにベンゾイン生成反応や Stetter 反応に応用されてきたが，2000年以降新たな反応性が見出され，チアゾリリデン触媒を用いる分子変換が多数報告されている。汎用されるトリアゾリウム塩やイミダゾリウム塩から生成する NHC は，カルベン中心炭素原子が 2 個の窒素原子によって安定化されているのに対し，チアゾリリデンは窒素原子と硫黄原子

143

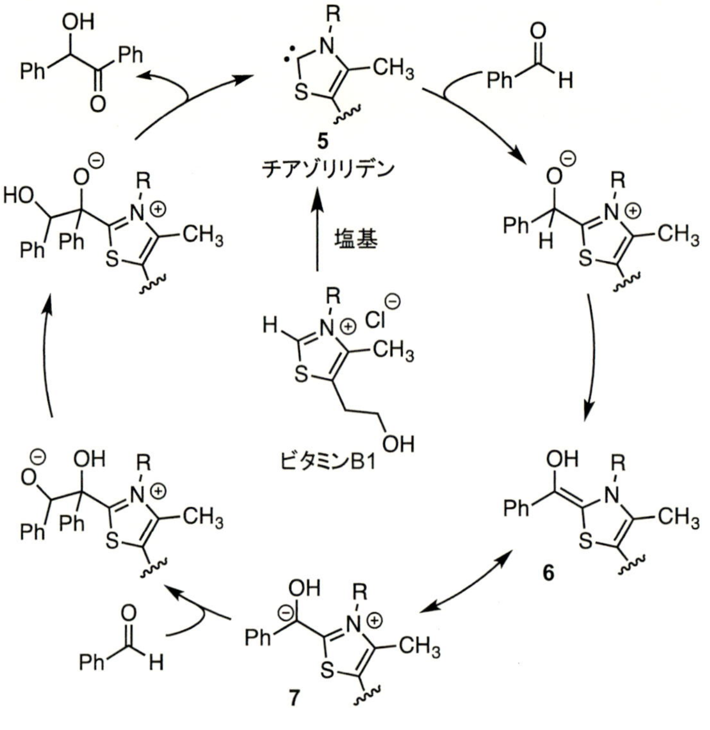

有機分子触媒の開発と工業利用

図4　ビタミンB1を触媒とするベンゾイン生成反応

によって安定化されている。炭素–硫黄結合はπ性が小さいため，チアゾリリデンの電子的特性や安定性が他のアゾリウムカルベンとは大きく異なることから，特異な反応性を示すと考えられている。以下に，チアゾリリデン触媒の最近の報告例について紹介する。

3. 1　交差ベンゾイン生成反応

　Yangらは脂肪族アルデヒドと芳香族アルデヒドの交差ベンゾイン生成反応の生成物が，触媒構造に大きく依存することを報告している（図5）[8]。本反応においてチアゾリリデン触媒を用いた場合には，芳香族アルデヒドが求核的に機能し，アセトアルデヒドへの求核攻撃を経て，α-ヒドロキシケトン化合物 8 が優先して得られる。一方で，トリアゾリリデン触媒を用いると，アセトアルデヒドが求核的に機能し，芳香族アルデヒドへの求核攻撃を経て，α-ヒドロキシケトン化合物 9 を与える。本反応における化学選択性は，脂肪族アルデヒドと芳香族アルデヒドの当量比が重要であることに加え，カルベン中心炭素原子近傍の立体環境に大きく依存すると考えられているが，その理由は完全には理解されていない。後にGravelらはトリアゾリリデン触媒の構造を最適化することで，アルデヒドの当量比に依存せずに，高い化学選択性で交差ベンゾイン生成物が得られることを報告している[9]。一方で，NHC触媒による脂肪族アルデヒド／芳

144

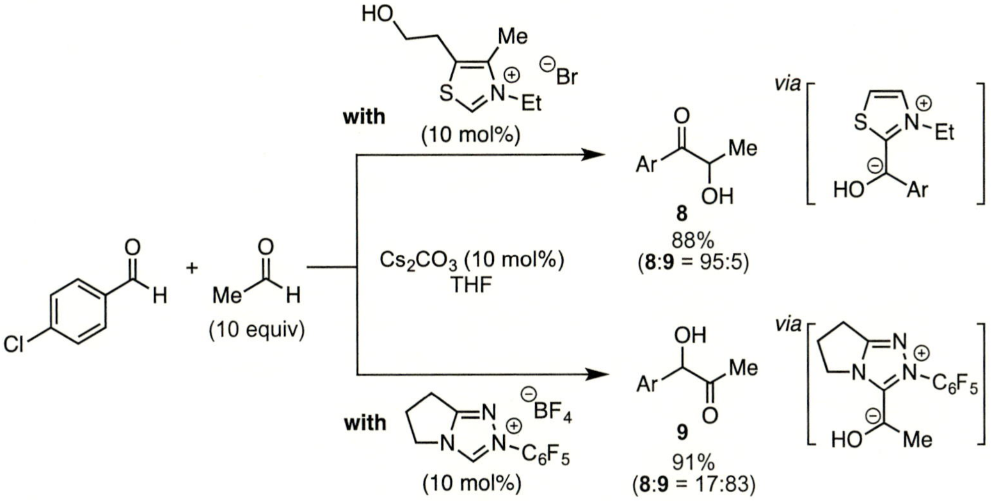

第 13 章　含窒素複素環式カルベン触媒の新展開

図5　化学選択的な交差ベンゾイン生成反応

香族アルデヒドの不斉交差ベンゾイン生成反応は，60% ee にとどまっており，今後の研究の進展が期待される。

3. 2　アザ Stetter 反応

　Murry や Frantz らはアルデヒドとチアゾリリデンから生成した Breslow 中間体が，塩基存在下トシルアミド **10** と平衡状態にあるアシルイミン **11** に付加することで，α-アミドケトン化合物 **12** が得られることを報告している（式1）[10]。本反応では，トシルアミド **10** から系中で発生させたイミン **11** がカルボニル基と共役しているため，共役イミンに対する Stetter 反応ともいえる。後に Miller らはペプチド性チアゾリリデン触媒を用いることで，本触媒反応の不斉化に成功している[11]。本反応では，複数の不斉中心からなるペプチドの立体構造に加え，ペプチド主鎖と反応基質であるイミンが分子間水素結合を形成し，反応点近傍に適切な不斉反応場が構築されることで高いエナンチオ選択性が達成されたと考えられている。

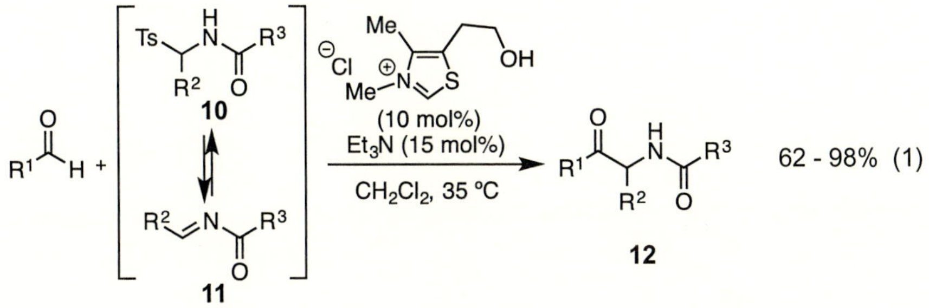

式（1）

3. 3 Redox エステル化反応

Bode らはアルコール存在下，α,β-エポキシアルデヒド **13** にチアゾリリデンを作用させると，分子内酸化還元反応が進行し，アンチ-アルドール生成物に相当する β-ヒドロキシエステル化合物 **14** が得られることを報告した（式 2）[12]。これはアルデヒドへの付加によって生成した四面体アルコキシド中間体がプロトン化され，E2 脱離によってエポキシ環の炭素-酸素結合が開裂する。続いて，プロトン移動により生成するエノラートが立体選択的にプロトン化され，アシルチアゾリウム中間体 **15** が生成し，アルコールが付加することでエステル化合物 **14** を与える。さらに，α-アセトキシアルデヒドや α-ブロモアルデヒド，α,α-ジクロロアルデヒド，ホルミルアジリジン，ホルミルシクロプロパンを用いることでも同様な酸化還元反応が進行する。

Connon らはチアゾリリデン触媒によるアルデヒドの酸化的エステル化反応を報告している（式 3）[13]。これはアルデヒドとチアゾリリデンから生成した Breslow 中間体 **16** に酸化剤としてアゾベンゼンを作用させることで，活性エステルとなるアシルアゾリウム中間体 **17** へと酸化

式 (2)

式 (3)

第13章　含窒素複素環式カルベン触媒の新展開

し，アルコールが付加するものである。本反応は古典的なトリアゾリウム塩から生成するNHC触媒ではほとんど反応が進行せず，チアゾリリデン触媒を用いることで円滑に酸化的エステル化反応が進行する。後にZeitlerらによって，酸化的ラクトン化反応も同様な機構で進行することが報告されている[14)]。また，これらの分子変換では適切な酸化剤を用いることで，Breslow中間体からアシルアゾリウムへの酸化反応を優先させ，副反応となるベンゾイン生成反応を抑制している。

3.4 ホモエノラート

Gloriusらは，N-アリール基を有するチアゾリウム塩 **18** と塩基の存在下，α,β-不飽和アルデヒド **19** とトリフルオロメチルケトン **20** を反応させると，トリフルオロメチル基を有するγ-ブチロラクトン化合物 **21** がシス選択的に得られることを見出した（図6）[15)]。本反応では，共役型Breslow中間体がホモエノラート等価体として機能し，トリフルオロメチルケトンへ付加，アシルアゾリウムへの分子内環化によってラクトン化合物を与える。一方，N-ベンジル基を有する古典的なチアゾリウム塩では全く反応が進行せず，メシチル基や2,6-ジイソプロピルフェニル基など嵩高いN-アリール基を有するチアゾリウム塩を用いることで円滑に反応が進行する。また，N-アリール基はジアステレオ選択性発現にも重要であり，対称構造を有するイミダゾリリデン触媒を用いた場合とは，ジアステレオ選択性が逆転することは興味深い。これはチアゾリリ

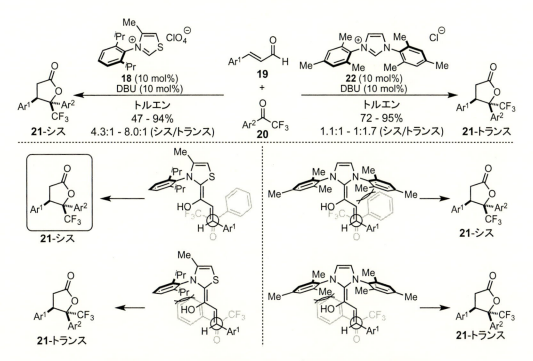

図6　ホモエノラート付加反応によるγ-ブチロラクトン化合物の合成

有機分子触媒の開発と工業利用

デンから生成した共役型 Breslow 中間体では窒素原子側のみに置換基を有するため, 求電子剤となるケトンの配向制御が可能になると説明している。

3. 5 ヒドロアシル化反応

2006 年に She らは, チアゾリリデン触媒による分子内にアルキルトシラートを有するアルデヒド **24** の 5 員環形成反応を報告している (図 7)[16]。当初, 本反応はトシラートの脱離に伴い生成する 1 級カルボカチオン **25** からヒドリド転位を経て生成するオキソニウム中間体 **26** に対し, アシルアニオン等価体が付加することで環化反応が進行すると考えられたが (図 7, 経路 I), その後の検討によって本反応は脱プロトン化によって生成するエノール **27** に対するヒドロアシル化反応であることが明らかにされた (図 7, 経路 II)。これまでアシルアニオン等価体を用いる分子変換では, 反応基質にアルデヒドや活性化されたケトンなど求電子剤を必要とするのに対し, 本反応では反応基質に電子豊富なエノールを用いた最初の報告例として注目される。その後, Glorius らは, 二環性チアゾリウム塩 **28** を用いることで, 活性化されていないオレフィン類に対するヒドロアシル化反応を達成した (図 8)[17]。本反応では Breslow 中間体が炭素求核種として機能するだけでなく, ヒドロキシ基がブレンステッド酸触媒としてアルケンを活性化する

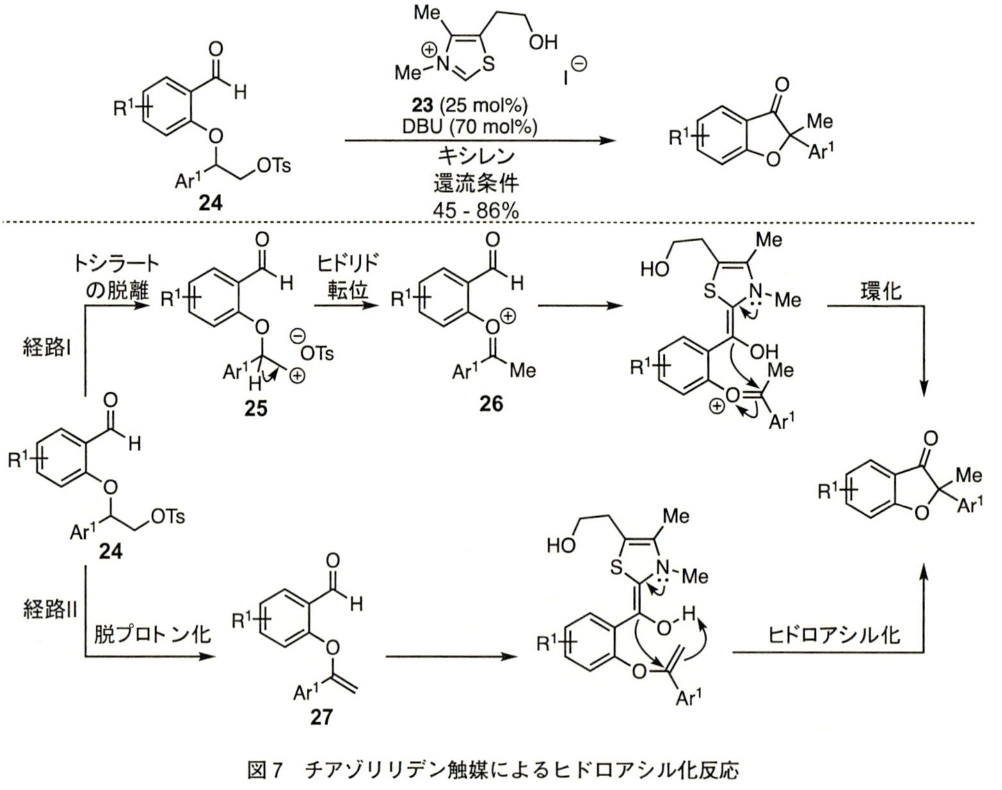

図 7 チアゾリリデン触媒によるヒドロアシル化反応

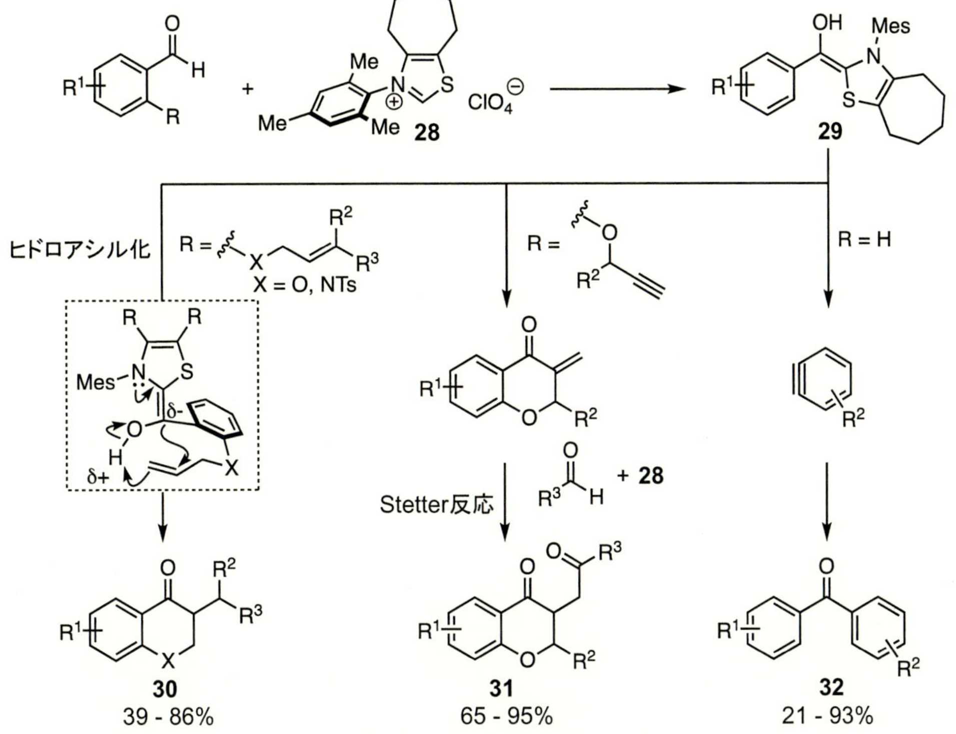

第13章　含窒素複素環式カルベン触媒の新展開

図8　触媒的ヒドロアシル化反応を利用した分子変換

ことで，エナミンのアルケンへの付加を可能にすると考えられている。さらに Glorius らは，ア
ルキン類に対するヒドロアシル化反応と分子間 Stetter 反応を組み合わせたクロマノン化合物
31 の合成[17b]，アライン類の分子間ヒドロアシル化反応によるアリールケトン化合物 **32** の合成
にも成功した[17c]。これらアルケン類ならびにアルキン類の Breslow 中間体による二重活性化は
新たな反応形式として多くの可能性を秘めた分子変換である。

4　おわりに

　以上，NHC 触媒の種類と特徴，古くから有機分子触媒として使われているチアゾリリデン触
媒の最近の分子変換について述べてきた。チアゾリリデン触媒は，トリアゾリリデン触媒やイミ
ダゾリリデン触媒の登場に伴い，その活躍の場は一時的に減少したものの，N-メシチル基を導
入した触媒や環状炭化水素縮環型触媒など新たな触媒構造を有するチアゾリリデンによってその
有用性が再発見されている。当初はアルデヒドの極性転換反応を基軸に進められたチアゾリリデ
ン触媒の研究は，多数の研究者の参入によって，極性転換の対象となる基質が拡張され，生成で
きる反応活性種や反応基質も多彩になりつつある。なお紙面の都合上，本章で述べることはでき

149

なかったが，チアゾリリデンは他の官能基やルイス酸性の金属錯体触媒との共存性にも優れており，ハイブリッド型触媒系を含め今後も新たな触媒系の開拓が期待される。

一方で，これらの不斉触媒反応を達成すべく，様々な光学活性チアゾリウム塩が検討されているものの，中程度のエナンチオ選択性にとどまるものが多い（図9）。光学活性なアミノインダノールから誘導した四環性トリアゾリウム塩が多くの不斉反応で高い不斉収率を与える優れた化合物群であるのとは対照的である。報告されている光学活性なチアゾリウム塩では，チアゾリウム環の窒素原子近傍に不斉反応場を構築しているため，反応点であるカルボニル炭素から数えて4番目となり遠くなってしまうこと，さらに硫黄原子側は反応基質のエナンチオ面選択は困難であることが問題となる。また，チアゾリリデン触媒を含め，現在急成長を遂げているNHC触媒であるが，一般的に触媒量は10 mol%以上必要とするものが多く，反応時間や基質適用範囲，精製法など解決すべき課題は山積している。今後，多くの研究者によってさらなる工夫が重ねられ，これら問題を解決する新たな触媒構造や反応活性種が見出されるのを期待したい。

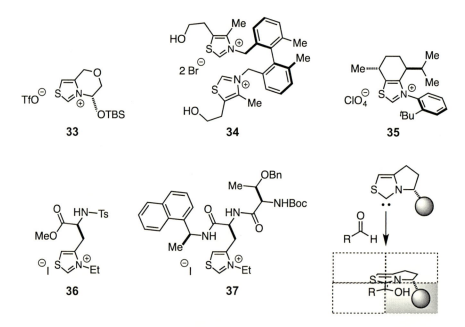

図9　光学活性なチアゾリウム塩の例

第 13 章　含窒素複素環式カルベン触媒の新展開

文　　献

1) T. Ukai *et al.*, *J. Pharm. Soc. Jpn.*, **63**, 296 (1943).

2) R. Breslow, *J. Am. Chem. Soc.*, **80**, 3719 (1958).

3) NHC触媒に関する総説：(a) D. Enders *et al.*, *Chem. Rev.*, **107**, 5606 (2007). (b) J. Mahatthananchai *et al.*, *Acc. Chem. Res.*, **47**, 696 (2014). (c) M. Hopkinson *et al.*, *Nature*, **510**, 485 (2014). (d) D. Flanigan *et al.*, *Chem. Rev.*, **115**, 9307 (2015). (e) R. S. Menon *et al.*, *Beilstein J. Org. Chem.*, **12**, 444 (2016). (f) C. Zhang *et al.*, *ACS Catal.*, **7**, 2583 (2017).

4) (a) K. P. Jang *et al.*, *J. Am. Chem. Soc.*, **136**, 76 (2014). (b) A. Lee *et al.*, *Angew. Chem. Int. Ed.*, **53**, 7594 (2014).

5) J. Mahatthananchai *et al.*, "*Contemporary Carbene Chemistry*", p 237, John Wiley & Sons (2013).

6) R. Kyan *et al.*, *Org. Lett.*, **19**, 2750 (2017).

7) S. S. Sohn *et al.*, *Org. Lett.*, **7**, 3873 (2005).

8) M. Y. Jin *et al.*, *Org. Lett.*, **13**, 880 (2011).

9) S. M. Langdon *et al.*, *J. Am. Chem. Soc.*, **136**, 7539 (2014).

10) J. A. Murry *et al.*, *J. Am. Chem. Soc.*, **123**, 9696 (2001).

11) S. M. Mennen *et al.*, *J. Am. Chem. Soc.*, **127**, 1654 (2005).

12) K. Y.-K. Chow *et al.* *J. Am. Chem. Soc.*, **126**, 8126 (2004).

13) C. Noonan *et al.*, *Tetrahedron Lett.*, **49**, 4003 (2008).

14) C. A. Rose *et al.*, *Org. Lett.*, **12**, 4552 (2010).

15) K. Hirano *et al.*, *Adv. Synth. Catal.*, **350**, 984 (2008).

16) (a) J. He *et al.*, *Org. Lett.*, **8**, 4637 (2006). (b) J. He *et al.*, *Tetrahedron*, **64**, 8797 (2008).

17) (a) K. Hirano *et al.*, *J. Am. Chem. Soc.*, **131**, 14190 (2009). (b) A. T. Biju *et al.*, *J. Am. Chem. Soc.*, **132**, 5970 (2010). (c) A. T. Biju *et al.*, *Angew. Chem. Int. Ed.*, **49**, 9761 (2010).

第14章　有機触媒によるジフルオロカルベンの発生制御とその利用

渕辺耕平[*1]，市川淳士[*2]

1　はじめに

　有機化合物にフッ素を導入することは，医農薬における生理活性の向上や作用選択性の変更を考える上で，最も有効な手段の一つである。生理活性を示す有機フッ素化合物の構造は多岐にわたり，その中にはヘテロ原子上をジフルオロメチル基で置換したものや，環炭素上をフッ素置換したものが多く含まれる（図1）。したがって，これらの有機フッ素化合物を効率良く合成するためには，その手法の開発が重要な課題となってくる。

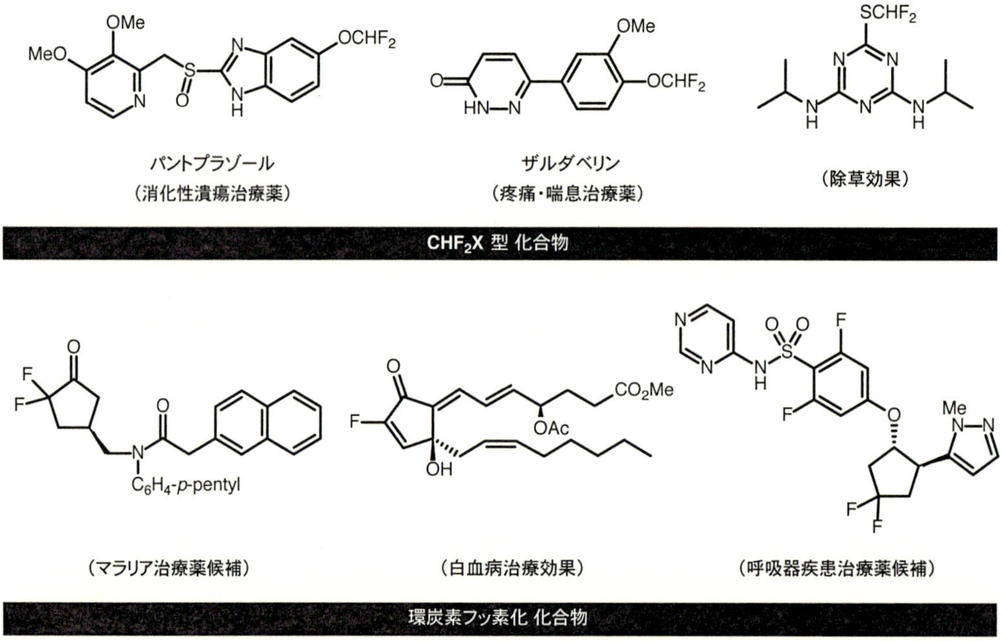

パントプラゾール
（消化性潰瘍治療薬）

ザルダベリン
（疼痛・喘息治療薬）

（除草効果）

CHF₂X 型 化合物

（マラリア治療薬候補）

（白血病治療効果）

（呼吸器疾患治療薬候補）

環炭素フッ素化 化合物

図1　生理活性を示す有機フッ素化合物

＊1　Kohei Fuchibe　筑波大学　数理物質系　化学域　准教授

＊2　Junji Ichikawa　筑波大学　数理物質系　化学域　教授

第 14 章　有機触媒によるジフルオロカルベンの発生制御とその利用

　有機フッ素化合物の合成には，フッ素の直接導入法とフルオロ炭素ユニットの導入法がある。このうち後者は，分子の骨格構築も織り込んだ手法であり，高い効率性が期待できる。本稿では，フルオロ炭素ユニットの中でも最も単純で汎用性の高いジフルオロカルベン（:CF$_2$）を取り挙げ，有機触媒によるその利用について述べる。

2　ジフルオロカルベンの利用に関わる問題と戦略

　ジフルオロカルベンはフッ素置換二価炭素化学種であり，フッ素の非共有電子対により炭素の空のp軌道が安定化されている。このため，代表的な安定カルベンとして古くから研究がなされているが，ジフルオロカルベンのフルオロ炭素ユニット導入法における働きは最近まで限定的であった[1,2]。

　ジフルオロカルベンの利用には，まず発生条件に関わる問題があった。代表的なジフルオロカルベンの発生法に，強塩基性条件（式 1）や高温条件（式 2）を用いるものがある。これらの過酷な反応条件は，合成反応に必要とされる各種選択性を失うことにつながる（後述）。

$$HCClF_2 \xrightarrow[- HCl]{KOH} \quad :CF_2 \qquad (1)$$

$$\begin{array}{c} ClCF_2CO_2Na \\ or \end{array} \xrightarrow[\substack{- NaCl,\ - CO_2 \\ or\ - FC(O)CF_3}]{\Delta} \quad :CF_2 \qquad (2)$$

　ジフルオロカルベンが充分に活用されていなかった理由は，これだけではない。ジフルオロカルベンの反応では，望まない二量化による損失（式 3）や，過剰反応による目的物の収率低下が起こる（後述）。すなわち，ジフルオロカルベンを合成反応で有効利用するためには，基質との反応速度に合わせて発生速度を制御することが必要であり，こうした需給のバランスに関わる問題があった。しかし，これまでこの問題に対する認識が欠けていた。

$$:CF_2 \times 2 \longrightarrow \qquad (3)$$

　ジフルオロカルベンを合成に活用するための第一の鍵は，カルベン源の選択にある。式 4 に示したシリルエステル（TFDA）は，Terjeson らにより初めて合成された化合物であり[3]，Dolbier らによってジフルオロカルベン源として採用された[4]。TFDA は，フッ化物イオンを作用させるとフラグメント化（脱フッ化シリル，脱炭酸，脱二酸化硫黄）を経て，ジフルオロカル

ベンを生じる。この反応は，中性に近くかつ 100℃ 程度の穏やかな条件でカルベンを発生させることができる点で優れる。

$$-CO_2, -SO_2 \longrightarrow :CF_2 + Na^+ F^- \quad (4)$$
$$-Me_3SiF$$

Trimethylsilyl 2,2-difluoro-2-
(fluorosulfonyl)acetate (TFDA)

ただし，フッ化物イオンでは化学修飾することが難しく，先に述べた発生速度の制御によるジフルオロカルベンの需給バランスを取ることはできない。たとえば，テトラロン誘導体のジフルオロメチルエーテル化をフッ化ナトリウム触媒で行うと，いったん生じたビニルエーテルが過剰に発生したジフルオロカルベンによりシクロプロパン化を起こす（式 5）[5]。

$$\xrightarrow[\text{p-Xylene, reflux}]{\substack{\text{6 mol\% NaF} \\ \text{TFDA (8 equiv)}}}$$

77%

(5)

そこで筆者らは，第二の鍵としてジフルオロカルベンの発生制御を掲げた。すなわち，触媒として使われていたフッ化ナトリウムを有機求核剤（＝有機触媒）で置き換えた。有機触媒は，構造を選択することでその活性を制御できる。これにより，穏やかな条件下で速度制御したカルベン発生を可能にした。さらに，有機触媒によるジフルオロカルベンの発生を利用して，種々のジフルオロメチレン化反応（-CF$_2$-導入）とジフルオロメチリデン化反応（CF$_2$=導入）を実現した。以下にこれらの概略を述べる。

3 有機触媒によるジフルオロカルベンの発生と利用

3.1 カルボニル化合物およびチオカルボニル化合物への-CF$_2$-導入： CHF$_2$X 型化合物の合成

カルボニル化合物やチオカルボニル化合物は物質合成にしばしば用いられる有用な中間体であり，それぞれ酸素または硫黄原子上にジフルオロメチル基を有する化合物（CHF$_2$X 型化合物）への出発物質となる。しかし，これらを用いた CHF$_2$X 型化合物の合成では選択性に難があっ

第14章 有機触媒によるジフルオロカルベンの発生制御とその利用

た。筆者らは,ケトン,第二級アミド,第二級チオアミドをジフルオロカルベンの反応基質とすることで,ヘテロ原子上の選択的ジフルオロメチル化反応を達成した（-CF$_2$-導入）。

まず,六員環ケトンを出発物質とするジフルオロメチル＝アリール＝エーテルの合成法を開発した（表1）[6]。1,3-ジメシチルイミダゾリデン（IMes）触媒存在下,シクロヘキサノン誘導体 **1** に対して TFDA を80℃で作用させると,IMes の求核攻撃による TFDA のフラグメント化でジフルオロカルベンが生じ,カルボニルイリド中間体 **2** を経て環状ジフルオロメチル＝ビニル＝エーテル **3** が生成する。これを精製することなく DDQ（2,3-ジクロロ-5,6-ジシアノ-p-ベンゾキノン）で脱水素すると,ジフルオロメチル＝アリール＝エーテル **4** が得られる。ここでは,有機触媒である IMes でジフルオロカルベンを発生させることが重要であり,フッ化ナトリウム触媒で TFDA を分解すると,過剰に発生したジフルオロカルベンによりビニルエーテル **3** のシクロプロパン化が進行してしまう（式5）[5]。すなわち,本合成法は有機触媒により初めて実現できたことになる。

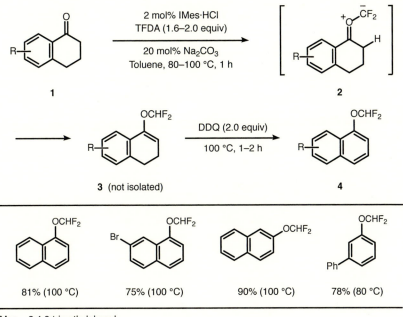

表1 有機触媒によるジフルオロカルベンの発生とジフルオロメチルエーテルの合成[6]

有機分子触媒の開発と工業利用

　このO-ジフルオロメチル化を環状第二級アミド**5,6**に適用することで，ジフルオロメトキシピリジン**7**やジフルオロメトキシキノリン**8**を合成することができる（式6，7）[7]。また，非環状第二級アミド**9**からも，80℃で対応するイミド酸ジフルオロメチル**10**が得られる（表2）。第二級アミドのジフルオロメチル化はいずれも酸素原子上で選択的に進行し，N-ジフルオロメチル化体は全く生じない。なお，ここでは有機触媒としてやや求核力を落とした1,2,4-トリアゾリデンが良好な結果を与える。

$$
\begin{array}{c}
\textbf{5} \xrightarrow[\substack{\text{20 mol\% Na}_2\text{CO}_3 \\ \text{Toluene, 80 °C, 0.3 h}}]{\substack{\text{5 mol\% catalyst} \\ \text{TFDA (2.0 equiv)}}} \textbf{7} \quad 60\% \ (^{19}\text{F NMR yield})
\end{array}
\tag{6}
$$

$$
\begin{array}{c}
\textbf{6} \xrightarrow[\substack{\text{then DDQ (1.0 equiv)} \\ \text{80 °C, 0.5 h}}]{\text{As above (0.3 h)}} \textbf{8} \quad 92\%
\end{array}
\tag{7}
$$

表2　有機触媒によるイミド酸ジフルオロメチルの合成[7]

$$
\textbf{9} \ (R^1\text{C(O)NHR}^2) \xrightarrow[\substack{\text{20 mol\% Na}_2\text{CO}_3 \\ \text{Toluene, 80 °C}}]{\substack{\text{5 mol\% catalyst} \\ \text{TFDA (2.0 equiv)}}} \textbf{10}
$$

Ph–C(OCHF$_2$)=NPh	cyclohexyl–C(OCHF$_2$)=NPh	Me–C(OCHF$_2$)=NC$_6$H$_4$-p-Me	Me–C(OCHF$_2$)=NC$_6$H$_4$-p-F
80% (0.5 h)	81% (0.3 h)	62%, 83%[a] (0.3 h)	72%, 83%[a] (0.4 h)

Products were obtained as a single E / Z isomer. [a] ^{19}F NMR yield based on an internal standard (CF$_3$)$_2$C(C$_6$H$_4$-p-Me)$_2$.

第 14 章　有機触媒によるジフルオロカルベンの発生制御とその利用

　強塩基性条件下でジフルオロカルベンを発生させて第二級アミドのジフルオロメチル化を行う
と，脱プロトンによりアミダートイオンが生じる。アミダートイオンは求核性に富むため，ジ
フルオロメチル化の位置選択性が失われる[8]。これに対し，有機触媒による中性に近い条件下での
カルベン発生ではアミドの脱プロトンを抑えることができ，電子密度の高いカルボニル酸素原子
上で位置選択的なジフルオロメチル化が進行する。

　本反応は，有機触媒を 1,8-ビス(ジメチルアミノ)ナフタレン（プロトンスポンジ®）とするこ
とで，第二級チオアミド **11** の *S*-ジフルオロメチル化にも展開することができる。いずれも対
応するチオイミド酸ジフルオロメチル **12** が 80℃，短時間で位置選択的に得られる（表 3）[9]。電
子豊富なチオカルバミン酸エステルからは，さらに低い 50℃で対応する *S*-置換体を収率良く与
える。本反応系内では，TFDA に極微量（2％以下）存在するカルボン酸（$FSO_2CF_2CO_2H$）か
らプロトンスポンジ–フッ化水素塩が生じ，これが TFDA のケイ素原子を求核攻撃することで，
ジフルオロカルベンを発生している[9]。

表 3　有機触媒によるチオイミド酸ジフルオロメチルの合成[9]

[a] *E* / *Z* ratio (the alkene geometry was not determined).

proton sponge　　　　proton sponge–HF salt

　第二級チオアミドのジフルオロメチル化に，高温条件下でのジフルオロカルベン生成法を用い
ると，*N*-ジフルオロメチル化体が得られる[10]。密度汎関数法による理論計算によると，チオア
ミドの *S*-ジフルオロメチル化体は *N*-ジフルオロメチル化体よりも 10 kcal/mol 程度不安定であ
る（B3LYP/6-31G*）。高温条件下では恐らく，いったん生じた *S*-ジフルオロメチル化体が過
剰なジフルオロカルベンと反応し，*N*-ジフルオロメチル化体へと異性化する。有機触媒を用い
て穏やかな条件下で反応を行うことが，この異性化を抑制したものと理解できる。

有機分子触媒の開発と工業利用

3.2　ジチオエステルへの CF$_2$= 導入： 硫黄置換 1,1-ジフルオロアルケンの合成

チオケトンにジアゾ化合物を作用させ，生じるチイラン（チアシクロプロパン）を還元的に脱硫するとアルケンが得られる。この手法は Barton-Kellogg オレフィン化として知られ[11]，特に多置換アルケンの合成手法として利用されている（式 8）。そこで筆者らは，チオカルボニル化合物とジフルオロカルベンからジフルオロチイランを発生させることで，脱硫を経る 1,1-ジフルオロアルケンの合成を達成した（CF$_2$= 導入）。

thiirane

(8)

チオカルボニル化合物の中でも，ジチオエステルは容易に調製することができ，しかも安定に存在するため，出発物質として優れている。有機触媒としてはプロトンスポンジが適しており，種々のジチオエステル **13** からジフルオロメチリデン化が円滑に進行し，スルファニル基が置換した 1,1-ジフルオロアルケン **14** を合成することができる（表 4）[12]。

表 4　有機触媒による硫黄置換 1,1-ジフルオロアルケンの合成[12]

A: TFDA over 5 min, 60 °C (0.5 h) then 100 °C (0.5 h); B: TFDA over 1 min, 110 °C (0.5 h) . [a] ^{19}F NMR yield based on an internal standard $(CF_3)_2C(C_6H_4\text{-}p\text{-Me})_2$.

第 14 章　有機触媒によるジフルオロカルベンの発生制御とその利用

　この手法は，ジチオエステルに電子不足なジフルオロカルベンを作用させる求電子的ジフルオ
ロメチリデン化である。アルデヒドにジフルオロメチレンイリドを作用させる Wittig 型の求核
的ジフルオロメチリデン化（式 9）[13]とは対照的であり，実際のところ両者は相補的に働く[12]。

$$\underset{R}{\overset{O}{\|}}{\overset{}{\underset{H}{}}} \xrightarrow[-O=PR'_3]{CF_2=PR'_3} \underset{R}{\overset{CF_2}{}}{\underset{H}{}} \qquad (9)$$

　Barton-Kellogg オレフィン化では，脱硫のために還元剤としてホスフィンを用いる。しか
し，フッ素置換した本反応系では還元剤を使用することなく単体硫黄が脱離し，生成物を与え
る[12]。フッ素の強力な電子求引性により増大したチイランの環歪み（Bent 則）が，自発的な脱
硫の駆動力になっていると考えられる。脱硫のために還元剤を必要としないことは合成上の利点
であり，フッ素置換基の効果と言える。

3. 3　シリルエノールエーテルへの-CF$_2$-導入：フッ素置換シクロペンタノンの合成

　シリルエノールエーテルは加水分解を起こし易い。このため，そのジフルオロシクロプロパン
化の例は少なく[14]，なかでもシリル＝ジエノール＝エーテルのシクロプロパン化は全く報告例が
なかった。筆者らは，有機触媒を用いて低い温度で反応を行うことにより，基質と生成物の分解
を伴わないシクロプロパン化を可能とした（-CF$_2$-導入）。得られたジフルオロ（シロキシ）ビ
ニルシクロプロパンは，環形成を行うことで種々のフッ素置換シクロペンタノン誘導体へ変換でき
る（式 10）。

$$\qquad (10)$$

　たとえば，α,β-不飽和ケトンから容易に調製できるシリル＝ジエノール＝エーテル **15** に，プロ
トンスポンジ存在下 60℃で TFDA を作用させる。これにより，ジフルオロシクロプロパン化は
シロキシ置換した電子豊富なアルケン部位で選択的に進行し，対応するジフルオロシクロプロパ
ン **16** が生じる。**16** を単離することなく直ちに 140℃まで昇温することで，[3＋2]型の環拡大
（ビニルシクロプロパン—シクロペンテン転位）が進行し[15]，フッ素置換した五員環シリルエ
ノールエーテル **17** を合成することができる（表5）[16]。得られる生成物は官能基変換により，
種々の α,α-ジフルオロシクロペンタノン誘導体を与える[17]。先に筆者らは，**17** をニッケル触媒
により合成する手法も報告しているが[17]，有機触媒による本ジフルオロシクロプロパン化で，そ

表5 有機触媒によるフッ素置換五員環シリルエノールエーテルの合成[16)]

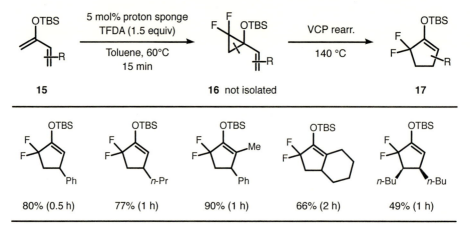

表6 フッ素置換基により加速・制御された Nazarov 環化反応[18a)]

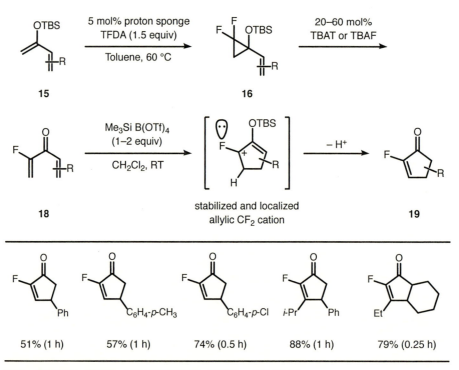

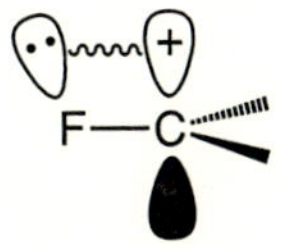

第14章　有機触媒によるジフルオロカルベンの発生制御とその利用

図2　フッ素置換基の α-カチオン安定化効果

の金属フリー化を達成したことになる。

　シリル＝ジエノール＝エーテルのシクロプロパン化を利用すると，位置選択的 Nazarov 環化（α-フルオロシクロペンテノン合成）も可能となる（表6）[18]。まず，60℃で得たジフルオロ(ビニル)シクロプロパン 16 を 1-フルオロビニル＝ビニル＝ケトン 18 へ誘導する。ついで，Lewis 酸による Nazarov 環化をフッ素置換基により位置制御して行うことで，α-フルオロシクロペンテノン 19 が得られる。

　通常の Nazarov 環化では，熱力学的に安定な多置換アルケン部位を有するシクロペンテノンが得られる。しかし，フッ素置換した本反応系においては，置換基の数や種類に関わらず，α-フルオロシクロペンテノン 19 を位置選択的に与える。フッ素置換基は，非共有電子対の供与に基づく α-カチオン安定化効果を有する（図2）[19]。ここでは，中間に生じるシクロペンテニルカチオンがこのフッ素置換基による安定化を受けるため，反応加速効果が現れる。加えて，同効果によりシクロペンテニルカチオンにおける正電荷の局在化が起こるため，脱プロトンが速度論的に制御されて進行し，特異な位置選択性が発現している[18c]。つまり，有機触媒によるシリル＝ジエノール＝エーテルのシクロプロパン化を達成したことで，これまでにない位置選択的なフッ素置換シクロペンタノン誘導体の合成が可能となった。

4　おわりに

　ジフルオロカルベンは古くから知られていながら，合成反応に充分活用されていなかったが，その原因はジフルオロカルベンの発生法にあった。有機触媒は，構造を選択することでその活性を制御できるという特徴を持つ。これにより，TFDA（中性に近い穏やかな条件で働くカルベン源）に残されていた発生速度の制御という問題を解決し，ジフルオロカルベン本来の真価を引き出した。本稿で紹介した反応は，ジフルオロカルベンの化学と有機触媒の化学が出会うことで実現したものであり，有機触媒の有効性を示している。

有機分子触媒の開発と工業利用

文　　献

1) a) Brahms, D. L. S.；Dailey, W. P., *Chem. Rev.*, **96**, 1585（1996）；b) Dolbier, W. R., Jr.；Battiste, M. A., *Chem. Rev.*, **103**, 1071（2003）.

2) For a recent review, see：Ni, C.；Hu, J., *Synthesis*, **46**, 842（2014）.

3) Terjeson, R. J.；Mohtasham, J.；Peyton, D. H.；Gard, G. L., *J. Fluorine Chem.*, **42**, 187,（1989）.

4) a) Tian, F.；Kruger, V.；Bautista, O.；Duan, J.-X.；Li, A.-R.；Dolbier, W. R., Jr.；Chen, Q.-Y., *Org. Lett.*, **2**, 563（2000）；b) Dolbier, W. R., Jr.；Tian, F.；Duan, J.-X.；Li, A.-R.；Ait-Mohand, S.；Bautista, O.；Buathong, S.；Marshall Baker, J.；Crawford, J.；Anselme, P.；Cai, X. H.；Modzelewska, A.；Koroniak, H.；Battiste, M. A.；Chen, Q.-Y., *J. Fluorine Chem.*, **125**, 459（2004）.

5) Cai, X.；Wu, K.；Dolbier, W. R., Jr., *J. Fluorine Chem.*, **126**, 479（2005）.

6) Fuchibe, K.；Koseki, Y.；Sasagawa, H.；Ichikawa, J., *Chem. Lett.*, **40**, 1189（2011）.

7) Fuchibe, K.；Koseki, Y.；Aono, T.；Sasagawa, H.；Ichikawa, J., *J. Fluorine Chem.*, **133**, 52（2012）.

8) a) Chupp, J. P.；Hemmerly, D. M.；Freeman, J. J., *J. Org. Chem.*, **58**, 245（1993）；b) Nawrot, E.；Jonczyk, A., *J. Fluorine Chem.*, **127**, 943（2006）.

9) Fuchibe, K.；Bando, M.；Takayama, R.；Ichikawa, J., *J. Fluorine Chem.*, **171**, 133（2015）.

10) Mehta, V. P.；Greaney, M. F., *Org. Lett.*, **15**, 5036（2013）.

11) a) Barton, D. H. R.；Willis, B. J., *J. Chem. Soc. D：Chem. Commun.* 1225（1970）；b) Barton, D. H. R.；Smith, E. H.；Willis, B. J., *J. Chem. Soc. D：Chem. Commun.* 1226,（1970）；c) Kellogg, R. M.；Wassenaar, S., *Tetrahedron Lett.*, **11**, 1987（1970）.

12) Takayama, R.；Yamada, A.；Fuchibe, K.；Ichikawa, J., *Org. Lett.*, **19**, 5050（2017）.

13) a) Naae, D. G.；Burton, D. J., *Synth. Commun.*, **3**, 197（1973）；b) Hayashi, S.-i.；Nakai, T.；Ishikawa, N.；Burton, D. J.；Naae, D. G.；Kesling, H. S., *Chem. Lett.*, **8**, 983（1979）；c) Zheng, J.；Cai, J.；Lin, J.-H.；Guo, Y.；Xiao, J.-C., *Chem. Commun.*, **49**, 7513（2013）.

14) a) Wu, S.-H.；Yu, Q., *Acta Chim. Sinica*, **7**, 253（1989）；b) Oshiro, K.；Morimoto, Y.；Amii, H., *Synthesis*, 2080（2010）；c) Song, X.；Chang, J.；Zhu, D.；Li, J.；Xu, C.；Liu, Q.；Wang, M., *Org. Lett.*, **17**, 1712（2015）；d) Kosobokov, M. D.；Levin, V. V.；Struchkova, M. I.；Dilman, A. D., *Org. Lett.*, **17**, 760（2015）；e) Fedorov, O. V.；Kosobokov, M. D.；Levin, V. V.；Struchkova, M. I.；Dilman, A. D., *J. Org. Chem.*, **80**, 5870（2015）；f) Aikawa, K.；Toya, W.；Nakamura, Y.；Mikami, K., *Org. Lett.*, **17**, 4996（2015）.

15) a) Wong, H. N. C.；Hon, M. Y.；Tse, C. W.；Yip, Y. C.；Tanko, J.；Hudlicky, T., *Chem. Rev.*, **89**, 165（1989）；b) Baldwin, J. E., *Chem. Rev.*, **103**, 1197（2003）；c) Hudlický, T.；Kutchan, T. M.；Naqvi, S. M., *Org. React.*, **33**, 247（1985）.

16) Takayama, R.；Fuchibe, K.；Ichikawa, J., *ARKIVOC*, 72（2018）.

第 14 章　有機触媒によるジフルオロカルベンの発生制御とその利用

17) Aono, T.；Sasagawa, H.；Fuchibe, K.；Ichikawa, J., *Org. Lett.*, **17**, 5736 (2015).

18) a) Fuchibe, K.；Takayama, R.；Yokoyama, T.；Ichikawa, J., *Chem. Eur. J.*, **23**, 2831 (2017)；b) Fuchibe, K.；Takayama, R.；Aono, T.；Hu, J.；Hidano, T.；Sasagawa, H.；Fujiwara, M.；Miyazaki, S.；Nadano, R.；Ichikawa, J., *Synthesis*, **50**, 514 (2018)；c) Fuchibe, K.；Ichikawa, J., *Chim. Oggi,* in press.

19) a) Smart, B. E., *Organofluorine Chemistry, Principles and Commercial Applications*, Plenum Press, New York, 1994；b) Uneyama, K., *Organofluorine Chemistry*, Blackwell Publishing, Oxford, 2006；c) Bégué, J.-P.；Bonnet-Delpon, D., *Bioorganic and Medicinal Chemistry of Fluorine*, Wiley, Hoboken, 2008.

第15章 有機触媒芳香族脱プロトン化による分子変換システムの開発

根東義則*

1 はじめに

　芳香族化合物あるいは芳香族複素環化合物は医薬品や機能性分子の基本構造や部分構造として重要である。その環上の部位選択的な修飾反応の中で，C-H の活性化を伴う反応はこれまで有機金属化学の方法論を用いて研究が進められ，当量反応，触媒反応の両面から反応開発が行われてきた。当量反応では，通常は芳香族リチオ化合物を調製した後に親電子剤との反応を段階的に行い種々の官能基の導入が行われる。最近では官能基共存性を高めるために用いる金属種としてリチウム以外にもマグネシウム，亜鉛，銅，アルミニウムと幅広い展開をみせている。親電子剤の種類も飛躍的に増え，多様な炭素官能基やヘテロ元素官能基の導入が可能となっている。一方，触媒反応としてはパラジウムなどの遷移金属触媒を用いて C-H 活性化を行い，選択的な炭素-炭素結合生成反応が開発されており，とくに芳香環と芳香環を連結させるビアリール生成反応に威力を発揮している。しかし，医薬品開発を志向する有機合成においては生成物への重金属類の混入はときとして問題となることもある。また環境調和の観点からも重金属類を用いない分子変換反応の開発は魅力的かつ重要な課題である。一方，有機触媒プロセスはキラルな有機分子を触媒として不斉反応を中心に研究され様々な重要な研究成果が得られている。しかし芳香環あるいは芳香複素環の C-H 修飾反応に有機触媒プロセスを用いる例は限られており，特に脱プロトン化を経る触媒プロセス反応は皆無と考えられる。著者は有機超強塩基を用いる芳香環の選択

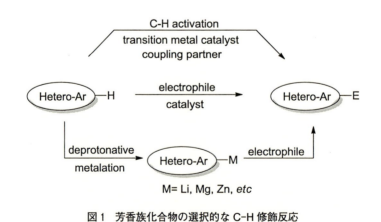

図1　芳香族化合物の選択的な C-H 修飾反応

---

*　Yoshinori Kondo　東北大学　大学院薬学研究科　分子変換化学分野　教授

第15章 有機触媒芳香族脱プロトン化による分子変換システムの開発

的な修飾反応を研究する過程の中で有機触媒プロセス開発の端緒をつかみ，有用と考えられるいくつかの有機触媒的な芳香族修飾プロセスを開発したので以下紹介する。

2 有機超強塩基を触媒とする芳香族脱プロトン化修飾

有機塩基は有機合成化学において幅広く選択的な変換反応に用いられている欠かすことのできない重要な反応剤である。従来用いられてきた有機アミン類の例を図2に示すが，その塩基性の強さは金属性塩基と比べて限界があった。

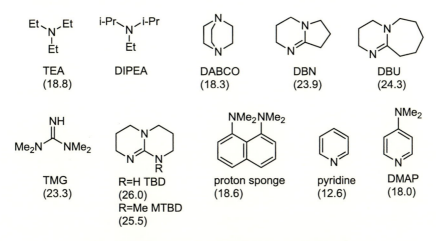

図2 有機合成に用いられる有機塩基とその塩基性の強さ

近年この常識を破る有機超強塩基が開発され有機合成に活用されるようになってきた。Schwesingerらにより合成されたホスファゼン塩基とVerkadeらが合成したプロアザフォスファトラン塩基は極めて強い塩基性を示すことが知られている[1]。これら二つの種類の塩基はそれぞれ独自に開発されいずれも強いブレンステッド塩基性を示し，様々な有機分子の変換反応に用いられている。ホスファゼン塩基の中でも t-Bu-P4 塩基は金属性塩基に匹敵する強塩基性を示すことが知られており，その有機合成における活用が期待されている。ホスファゼン塩基は，電荷をもたない強力な塩基であり，中心の窒素原子は5価のリンに二重結合で結合している。トリアミノイミノホスフォラン単位がさらに連結すると塩基性は増大していく。このホスファゼン塩基の従来の利用法としては，従来の塩基と共通の反応形式のものも多いが，その高いプロトン親和性と立体的なかさ高さを活用して，これまでの有機塩基では達成することが困難な反応も開発されつつある。

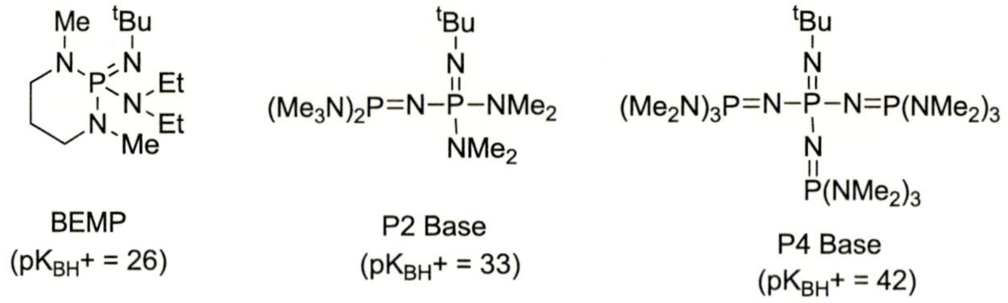

有機分子触媒の開発と工業利用

BEMP
(pK$_{BH}$+ = 26)

P2 Base
(pK$_{BH}$+ = 33)

P4 Base
(pK$_{BH}$+ = 42)

図3　ホスファゼン塩基とその塩基性の強さ

　ホスファゼン塩基の化学構造と塩基性の関係については，以下のようなことが明らかになっている。①プロトン化される部位はイミン窒素②基本的にユニット数が増えるに従い塩基性が増加③ユニット数が同じ場合リン原子により多くのユニットが結合した化合物のほうが強塩基である。このことから，t-Bu-P4塩基がホスファゼン塩基の中でもより強塩基性を有していることがわかるが，求核性が低い強塩基としての利用が期待できる。ホスファゼン塩基が強塩基性を示す理由について Schwesinger らは，共役系を通じて正電荷を分子全体に拡散させることができることを述べている。有機超強塩基を用いる合成化学に関する研究は，米国およびドイツにおいて精力的に行われているが，日本においては著者らが研究を開始した時点では他に研究しているグループは極めて少なかった。

　ピリダジンのような含窒素芳香複素環の C-H 脱プロトン化においては，従来 LTMP のようなリチウムアミド類が用いられその反応部位は窒素の α 位であることが知られていた。それに対してホスファゼン塩基 P4 を用いると窒素の α 位ではなく，窒素から離れた部位が脱プロトン化されることが見出された。この反応においては P4 が求核性を有しないため親電子剤を共存下に脱プロトン化を行うことが可能であり，ピリダジンの4位に置換基が導入された。ピリミジンも同様に2位や4位ではなく5位において脱プロトン化修飾反応が進行することが明らかとなった。

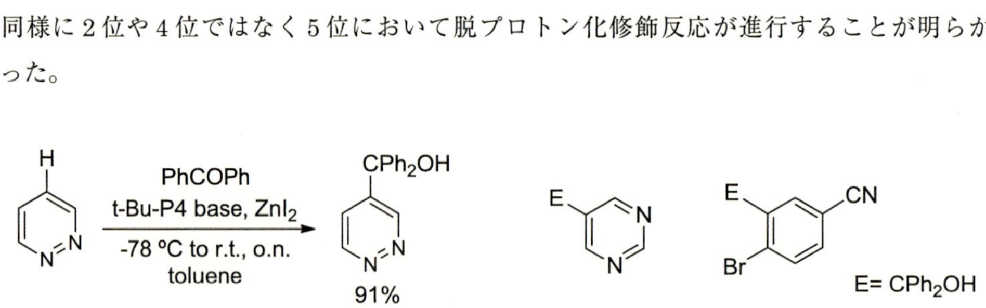

図4　ホスファゼン塩基を用いる芳香族複素環化合物の C-H 修飾反応

　ここで含窒素芳香複素環の環上の C-H の pK$_a$ について報告例を調べると，ピリダジンにおいては3位よりも4位の酸性度が高く，ピリミジンにおいては2位や4位よりも5位の酸性度が高いことが示されている。したがってこの P4 による脱プロトン化においてはより酸性度の高いプロトン化が引き抜かれており，従来のリチウムアミドによる脱プロトン化は環内窒素に配位す

166

第15章　有機触媒芳香族脱プロトン化による分子変換システムの開発

ることによる速度論支配によるものとは区別されることが明らかとなった。さらにベンゼン環上においても類似の選択性の逆転が見られ，例えば4-ブロモベンゾニトリルに対してリチウムアミド類で脱プロトン化を行うとシアノ基の隣接位が引き抜かれるが，P4を用いた反応ではブロモ基の隣接位で脱プロトン化修飾反応が進行することが示されている。これも置換基の効果によるpK_aの値の違いから理解することができ，ベンゼン環上においてもP4はより酸性度の高い部位の脱プロトン化反応が進行している。

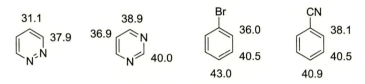

図5　芳香族化合物の環上C-Hの酸性度

この反応においてはP4塩基を当量用いているが，P4塩基を触媒として用いるためには反応において生成する付加体のホスファゼニウムアルコキシドを何らかの添加剤で活性化する必要があると考えられた。そこで種々の有機ケイ素化合物をスクリーニングすることとした。

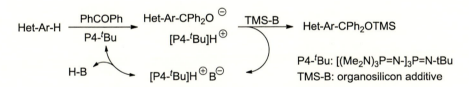

図6　ホスファゼン塩基を触媒とするC-H修飾反応のデザイン

種々の有機ケイ素化合物の中でシリル酢酸誘導体とアルキニルシラン誘導体が候補として見出され，特にトリメチルシリルプロピンを用いた時に触媒サイクルは円滑に回転することが示された[2]。10 mol%程度のP4と1.2当量のトリメチルシリルプロピンによりベンゾチアゾールとベンゾフェノンの反応が円滑に進行し，良好な収率で付加体が得られている。

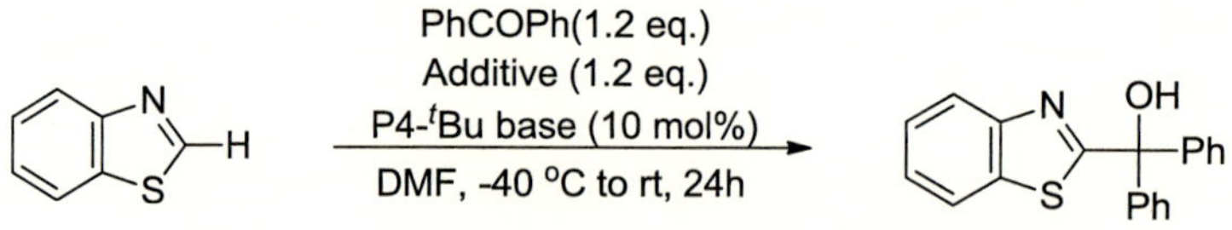

有機分子触媒の開発と工業利用

図7　有機ケイ素を再活性化剤とする触媒的 C–H 修飾反応

entry	additive	yield (%)[a]
1	Et$_3$SiH	0
2	Me$_3$SiPh	0
3	Me$_3$SiCH$_2$COOEt	53
4	Me$_3$SiCH$_2$CONEt$_2$	59
5	Me$_3$SiCH$_2$CN	trace
6	Me$_3$SiCCMe	92(84)[b]

[a] Determined by 1H-NMR analysis. [b] Isolated yield.

この触媒系によりベンゾチアゾールの2位，2-チオフェンカルボン酸エステルの5位，2-シアノフランの5位においても反応が進行することが明らかとなった。

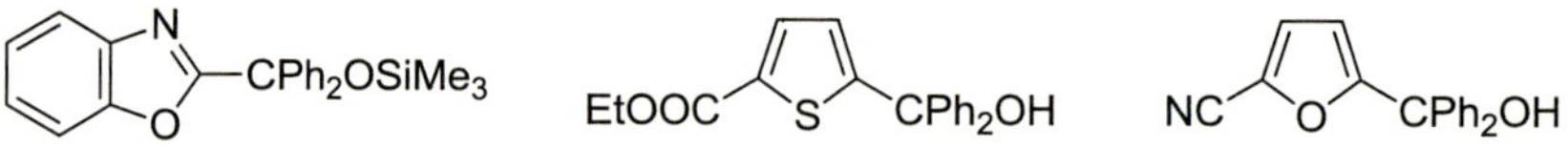

図8　ホスファゼン塩基触媒による芳香族複素環化合物の C–H 修飾反応

このようにホスファゼン塩基 P4 とプロピニルシランの組み合わせが有効な触媒システムとなることが判明した。

3　系内発生 HMDS 触媒を用いる芳香族脱プロトン化修飾[3]

次に種々のフッ化物イオン供与体とジアルキルアミノシランとの反応により系内で発生したHMDS アミドを脱プロトン化剤として利用し，さらに触媒的に再生させる方法論について述べる。これは従来脱プロトン化剤として用いられているリチウムジイソプロピルアミドをオニウムアミドに置き換えることにより，触媒的なプロセスを可能としたことを意味するものである。有機金属を用いることなく，芳香族炭素アニオンを発生させることができ，また親電子剤と反応後に触媒を再生させたことは極めて意義深いと考えられる。この手法は，炭素アニオンの制御全般に幅広く活用することができると考えられ，さらに大きな展開の可能性を秘めていると考えられる。

第15章　有機触媒芳香族脱プロトン化による分子変換システムの開発

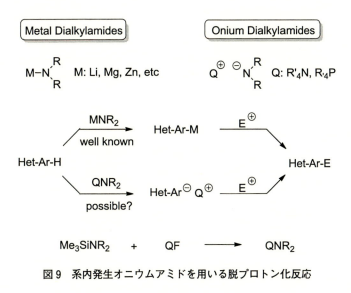

図9　系内発生オニウムアミドを用いる脱プロトン化反応

　これまでにオニウムアミドは有機合成に広く用いられていなかったので，まずその簡便な発生法から検討を行った。種々のフッ化オニウムとトリメチルシリル化アミン類との反応により容易に系内でオニウムアミドが発生できることが明らかになった。従来の金属アミド類の調製においては反応性の高いアルキルリチウムやアルキルマグネシウム類を使用するため，反応の実施および制御には細心の注意が求められたが，オニウムアミドの発生においては安定な試薬と安定な試薬の組み合わせにより反応性の高い試薬の発生を行うためその反応取扱いは極めて安全である。オニウム塩としてはTBAFを用いた場合には熱安定性が低く，高熱の反応においてはフッ化物塩が分解していると考えられる。最も効果的なのはホスファゼニウム塩を用いた場合であるが，TMAFも反応性はやや劣るものの実用的な面では十分使用可能であることが判明した。一方，トリメチルシリル化アミン類については，ジメチルアミン類は，脱プロトン化能とともに求核性も有するため，副生成物の生成がみられる場合があったが，より求核性を抑えたHMDSアミドでは芳香環の脱プロトン化修飾反応は円滑に進行することが明らかとなった。

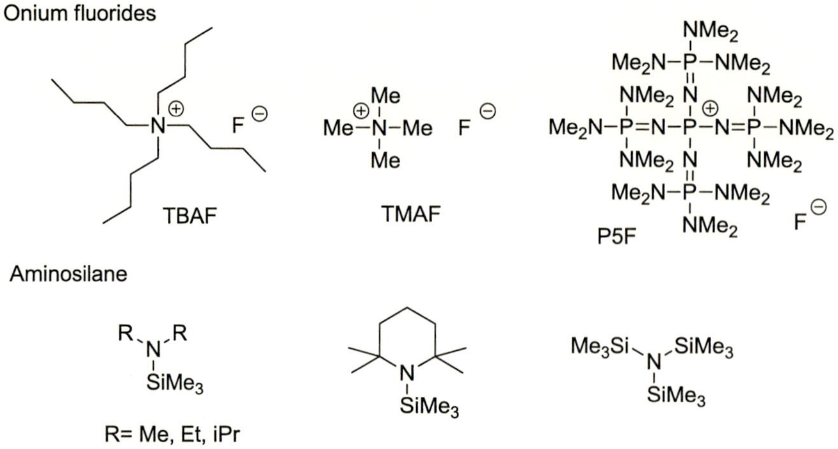
Onium fluorides
TBAF
TMAF
P5F
Aminosilane
R= Me, Et, iPr

図 10　オニウムアミドの前駆体となるフッ化物塩とケイ素化アミン類

ホスファゼニウムの HMDS アミドを系内発生させることによりベンゾチアゾール，ベンゾオキサゾール，ベンゾチオフェンなどの芳香族複素環の触媒的な脱プロトン化修飾においてその有効性が認められた。アミノシランとして種々のジアルキルアミノシランを用いた場合には高温が必要であり，ジイソプロピルアミノシランを用いた場合には高温でも反応は進行しなかった。

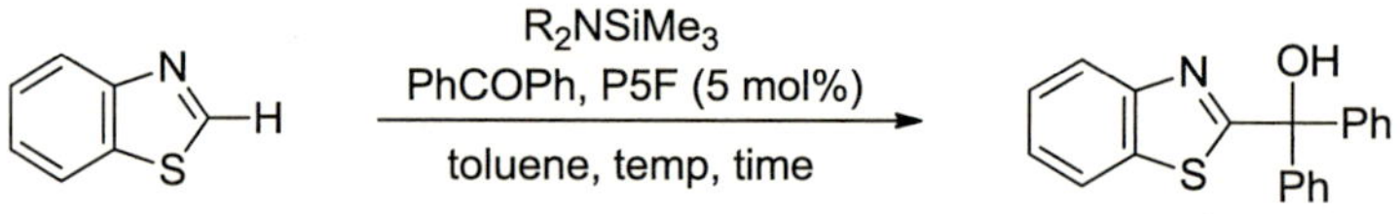
R2NSiMe3
PhCOPh, P5F (5 mol%)
toluene, temp, time

Entry	R	temp (°C)	time (h)	Yield (%)
1	Me	80	24	88
2	Et	80	24	36
3	Et	100	24	54
4	Et	100	48	87
5	iPr	100	48	0
6	Me_3Si	rt	24	94

図 11　ベンゾチアゾールを基質とするオニウムアミド触媒 C–H 修飾反応

この反応システムをベンゾオキサゾールに適用したところ，ジメチルアミノシランを用いた場合にはオキサゾール環の開環反応が進行し目的の脱プロトン化修飾反応による生成物は得られなかったが，トリストリメチルシリルアミンを用いることにより温和な条件にて目的の付加体が良好な収率で得られた。ベンゾチオフェンの 2 位，トリアゾールの 5 位においてもこの触媒的な脱プロトン化修飾反応は円滑に進行することが明らかとなった。

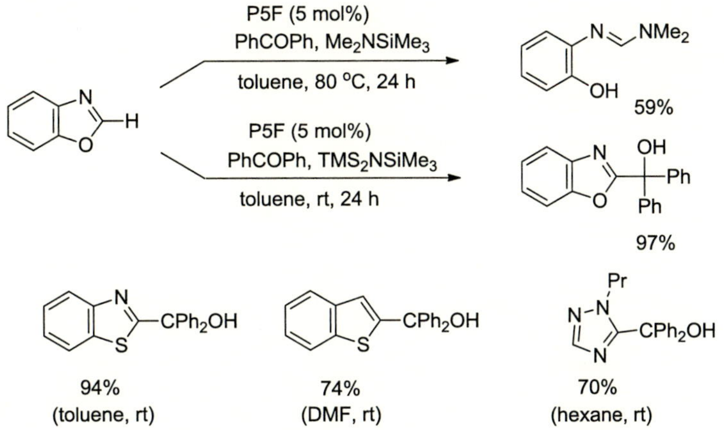

第15章　有機触媒芳香族脱プロトン化による分子変換システムの開発

図12　芳香族複素環化合物のオニウムアミド触媒 C–H 修飾反応

また，反応性はやや低下するもののテトラメチルアンモニウムの HMDS アミドを用いても反応は進行することが明らかとなった。官能基との共存性も高く，有機リチウムや有機マグネシウムを用いる反応とは明らかに異なった利用法としてその展開が期待される。

反応機構としては以下の図のように理解される。まずオニウムフッ化物がアミノシラン類と反応しオニウムアミド種が発生し，これが芳香複素環上のプロトンを引き抜きカルボニル化合物へ付加しオニウムアルコキシド体が生成する。このオニウムアルコキシドがアミノシランと反応してオニウムアミド種が再生することにより触媒サイクルが回転するものと考えられる。ただし，脱プロトン化における真の化学種についてはさらに検討する必要があり，オニウムアミド種が直接関与しているのかあるいは対応する前駆体シリケートが活性反応種であるかは今後明らかにしていく必要がある。

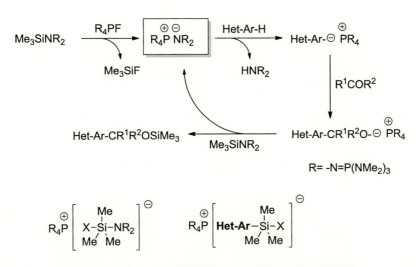

図13　オニウムアミド塩基触媒 C–H 修飾反応の推定反応機構

この触媒システムは親電子剤として含窒素芳香族Nオキシド類を用いることによりヘテロビアリール類の合成に応用することが可能であり，キノリン環あるいはイソキノリン環のヘテロアリール化反応を達成することができた。

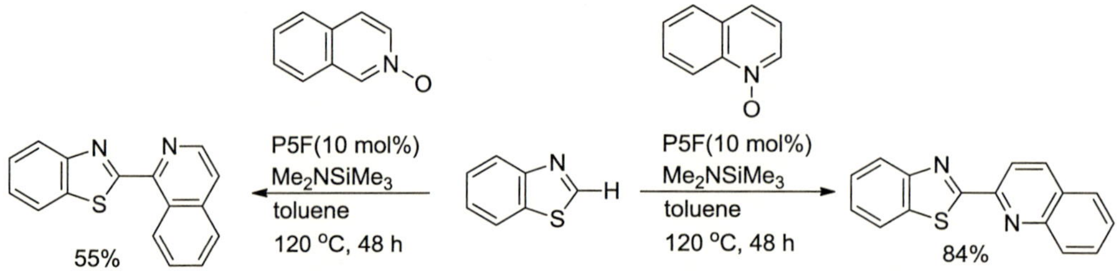

図14 芳香複素環アミンN-オキシドを用いるヘテロビアリール合成

さらに脱プロトン化修飾反応を親電子剤非共存下にDMF中で反応させると，ホルミル化反応が進行することが見出された。フッ化テトラメチルアンモニウム（TMAF）を触媒としてベンゾチオフェンとの室温の反応では，良好な収率でホルミル体が得られている。同様に，3-ブロモベンゾチオフェン，2位に官能基をもつチオフェン誘導体，ベンゾチアゾールとの反応においても良好な収率でホルミル体が得られることが明らかになっている。

4　触媒的脱プロトン化による芳香族ケイ素化反応[4]

親電子剤としてカルボニル化合物の代わりに，脱プロトン化剤前駆体としての役割と親電子剤としての役割を兼ね備えた有機ケイ素化合物を用いることにより，芳香環の脱プロトン化-ケイ素化反応が一段階で達成できる触媒システムを開発できるものと考えた。

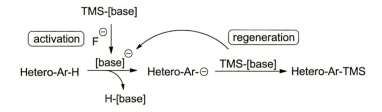

図15　芳香族化合物の触媒的な脱プロトン化-ケイ素化反応のデザイン

第15章　有機触媒芳香族脱プロトン化による分子変換システムの開発

　用いる有機ケイ素化合物を種々スクリーニングした結果，Ruppert 試薬として知られるトリフルオロトリメチルシランと触媒量のフッ化物塩との組み合わせにより，芳香複素環の脱プロトン化ケイ素化反応が一段階で円滑に進行することを見出した。まず無置換のベンゾチオフェンを用いて反応の最適化を行ったところ，フッ化物塩としてはフッ化セシウム，フッ化ルビジウムが優れており，溶媒としてはアミド系の溶媒が適しており，特に DMI が最も良い結果を与えた。TMAF を用いた場合には生成物は痕跡程度しか観測されず，またフッ化物を用いない場合には反応は全く進行しなかった。

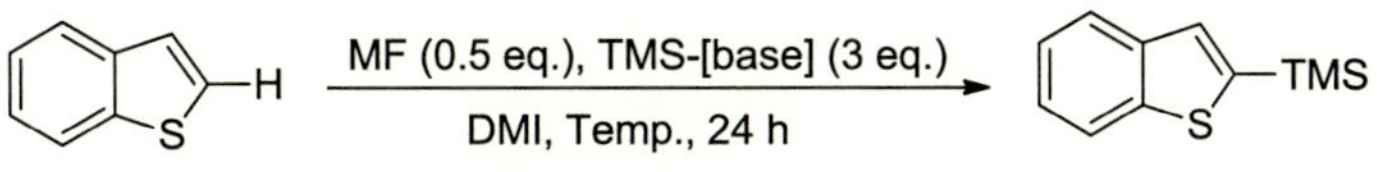

Entry	MF	TMS-[base]	Temp.	Yield (%)^a
1	KF	TMSNMe$_2$	rt	0
2	KF	TMSNEt$_2$	rt	0
3	KF	(TMS)$_3$N	rt	0
4	KF	CF$_3$TMS	rt	14
5	KF	CF$_3$TMS	0 °C	51(41)^b
6	RbF	CF$_3$TMS	0 °C	86 (83)^b
7	CsF	CF$_3$TMS	0 °C	83 (82)^b
8	TMAF	CF$_3$TMS	0 °C	trace
9	none	CF$_3$TMS	0 °C	0

^{a} Determined by ^{1}H NMR. ^{b} Isolated yield.

図 16　ベンゾチアゾールを基質とする触媒的な脱プロトン化-ケイ素化反応

　基質によりやや適した条件は異なり，5 位メチル体では，フッ化セシウムを用いて長時間反応を行うことにより良い結果が得られた。また 5-シアノ体，5-ブロモ体では，フッ化ルビジウムがより効果的であった。またこの反応は 3-ブロモ体でもケイ素化反応が円滑に進行することが明らかとなった。

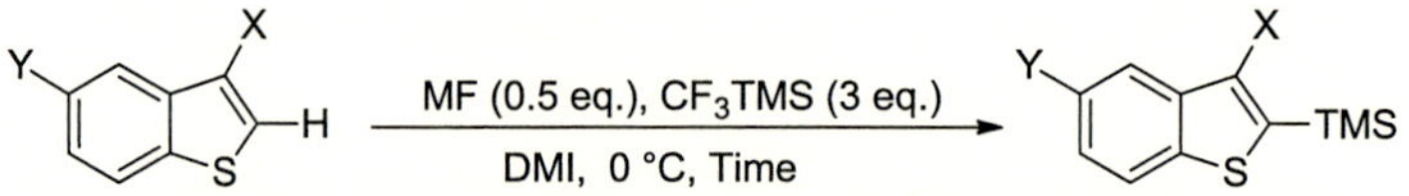

有機分子触媒の開発と工業利用

Entry	X	Y	MF	Time	Yield (%)[a]
1	H	Me	RbF	2	10
2	H	Me	CsF	2	60
3	H	Me	CsF	24	83(81)[b]
4	H	CN	RbF	2	93(79)[b]
5	H	CN	CsF	2	60
6	H	Br	RbF	2	100(93)[b]
7	H	Br	CsF	2	91
8	Br	H	RbF	2	66
9	Br	H	CsF	2	77
10[c]	Br	H	CsF	2	72(65)[b]

[a] Determined by ^{1}H NMR. [b] Isolated yield. [c] CF_3TMS: 5 eq.

図17 ベンゾチアゾールを基質とする触媒的な脱プロトン化-ケイ素化反応

　次に置換チオフェン類にこのケイ素化反応の適用を試みた。2-ブロモ体のみならず2-ヨード体などの反応性の高い化合物においてもハロゲンを損なうことなく5-位を選択的にケイ素化することができた。また，有機金属化学の手法では達成が困難と考えられるニトロ基が置換する化合物においてもこの脱プロトン化-ケイ素化反応は円滑に進行した。エトキシカルボニル基やシアノ基の場合にはフッ化物としてフッ化ルビジウムを用いた場合に良好な結果が得られた。

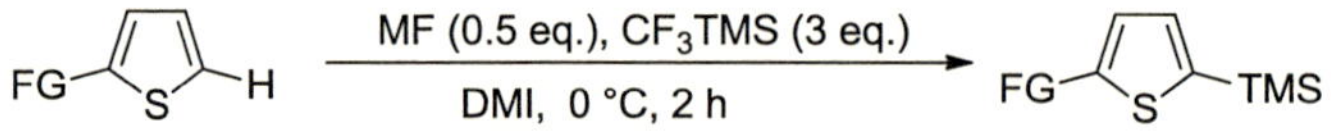

Entry	R	MF	Yield (%)[a]
1	Br	RbF	88(71)[b]
2	Br	CsF	60
3	I	RbF	80(72)[b]
4	I	CsF	46
5	NO_2	RbF	80(68)[b]
6	NO_2	CsF	68
7	COOEt	RbF	40(37)[b]
8	COOEt	CsF	0
9[c]	CN	RbF	92(84)[b]
10	CN	CsF	<5

[a] Determined by ^{1}H NMR. [b] Isolated yield.
[c] DMI/THF (1:1), -20 °C

図18 置換チアゾール類を基質とする触媒的な脱プロトン化-ケイ素化反応

174

第15章　有機触媒芳香族脱プロトン化による分子変換システムの開発

　ベンゾチオフェン誘導体，チオフェン誘導体で良好な結果が得られ，とくに後者においてニトロ基との共存も可能であることが示されたので，次にニトロベンゼン誘導体のケイ素化反応を検討した。無置換のニトロベンゼンとの反応は全く進行しなかったが，ブロモ基，ヨード基を有するニトロベンゼン誘導体でケイ素化反応が進行した。またジニトロベンゼンもケイ素化が進行することが判明した。反応の収率についてはまだ改善の余地はあるものの，今後の展開の可能性は示され更なる反応の最適化により収率の向上を図っている。

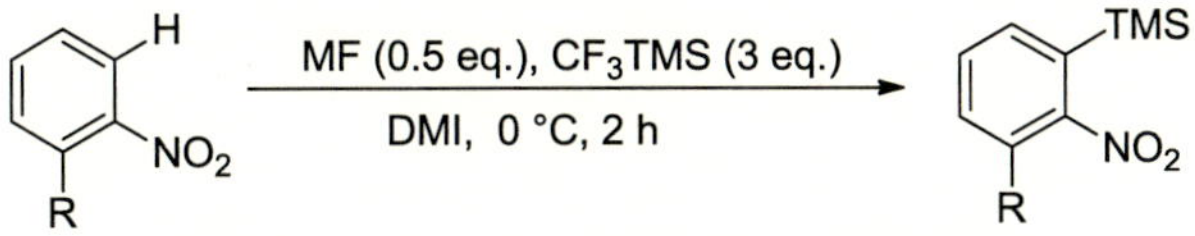

Entry	R	MF	Yield (%)[a]
1	Br	RbF	37(35)[b]
2[c]	Br	RbF	50(49)[b]
3	Br	CsF	28(24)[b]
4	I	RbF	20(17)[b]
5	I	CsF	0
6	NO$_2$	RbF	14
7	NO$_2$	CsF	28
8[d]	NO$_2$	CsF	40(33)[b]

[a] Determined by ^{1}H NMR. [b] Isolated yield.
[c] RbF (2.4 eq.), CF$_3$TMS (6 eq.).
[d] DMI/THF (1:1), -20 ºC, Time: 24 h

図19　ニトロベンゼン類を基質とする触媒的な脱プロトン化–ケイ素化反応

　さらにこの反応を 1,3-ジフルオロベンゼン誘導体の C-H ケイ素化反応に適用したところ，高い官能基選択性を示し円滑にケイ素化反応が進行した。また 3-フルオロニトロベンゼンを基質とした場合にもケイ素化反応は円滑に進行し，2-シリル体が良好な収率で得られた。

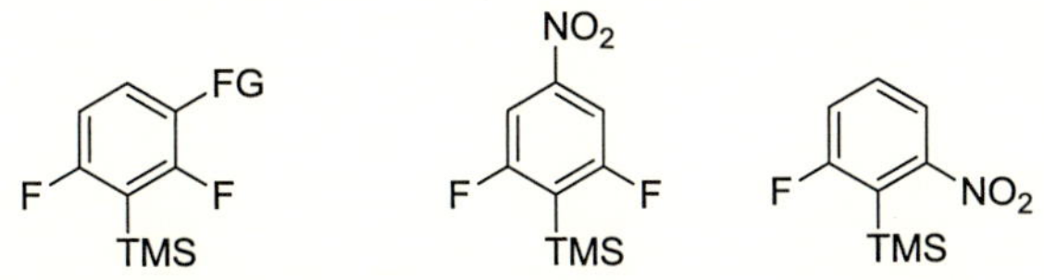

FG=H, OMe, Br, I, Ph, CN, NO$_2$
57-94%　　　　79%　　　　67%

図20　フッ化アリール類を基質とする触媒的な脱プロトン化–ケイ素化反応

有機分子触媒の開発と工業利用

文　　献

1) 根東義則，上野正弘，田中好幸，有機合成化学協会誌，**63**, 453 (2005)
2) Hirono. Y, Kobayashi. K, Yonemoto. M, Kondo. Y, *Chem. Commun.*, **46**, 7623 (2010)
3) Inamoto. K, Okawa. H, Taneda. H, Sato. M, Hirono. Y, Yonemoto. M, Kikkawa. S, Kondo. Y, *Chem. Commun.*, **48**, 9771 (2012)；Inamoto. K, Okawa. H, Kikkawa. S, Kondo. Y, *Tetrahedron*, **70**, 7917 (2014)
4) Sasaki. M, Kondo. Y, *Org. Lett.*, **17**, 848 (2015)；Nozawa-Kumada. K, Osawa. S, Sasaki. M, Chataigner. I, Shigeno. M, Kondo. Y, *J. Org. Chem.*, **82**, 9487 (2017)

第16章　第一級アミンを用いた分子変換反応

柴富一孝[*]

1　はじめに

　2000年にキラル二級アミン触媒による不斉アルドール反応[1]およびDiels-Alder反応[2]が報告されて以来，enamine catalysisを利用したカルボニル化合物の不斉置換反応が盛んに研究されており，プロリン誘導体やキラルイミダゾリジノンに代表されるキラル環状二級アミン触媒を利用した様々な不斉反応が開発されてきた。一方で，第一級アミンも第二級アミンと同様にアルデヒドやケトンと反応してエナミンを形成することから同様の反応に利用することができる。第一級アミンがカルボニル化合物の分子変換反応を触媒することは古くから知られている。例えば，生体内でのアセト酢酸デカルボキシラーゼによるアセト酢酸の脱炭酸反応[3]やアルドラーゼによるフルクトース1,6-二リン酸の分解反応[4]は，いずれも酵素活性部位のリシン残基にある一級アミン部分がカルボニル基とイミンおよびエナミンを形成することによって進行する。またα,α-ジメチルアセト酢酸の脱炭酸反応[5]，およびジアセトンアルコールの逆アルドール反応[6]が単純な構造を持つ第一級アミンによって触媒されることが1930年代に報告されている。さらに，1970年代に報告されたHajos-Parrish-Eder-Sauer-Wiechert反応として知られる不斉ロビンソン環化反応において，反応基質によってはプロリンよりもフェニルアラニンを触媒とした方が良い結果を与えることも報告されている[7]。このような背景とは裏腹に，2000年代中盤まではキラル一級アミン触媒の利用はあまり注目されていなかった。しかしながら，2005年に石原ら，Córdovaら，Tsogoevaら，Jacobsenらのグループがキラル一級アミンの触媒的不斉合成への有用性を報告したのを皮切りに，同触媒の開発および不斉反応への利用が盛んに研究され始めた[8]。本章ではキラル一級アミン触媒の特徴や有効な利用方法について概説する。

2　第一級アミン触媒の反応性

　Enamine catalysisが脚光を浴び始めた2000年以降，数年の間は第一級アミンの触媒としての利用はあまり注目されていなかった。この理由として第一級アミンから生成する二級エナミンの求核性が三級エナミンよりも低いこと，二級エナミンは一般的に不安定でありイミンとの平衡において不利であることが挙げられる（図1a）[9]。一方で，分岐型アルデヒド（α,α-二置換アルデヒド），ケトン，α位に置換基を持つエナール（もしくはエノン）などを反応基質とした場合，

---

　*　Kazutaka Shibatomi　豊橋技術科学大学　大学院工学研究科　環境・生命工学系　准教授

177

有機分子触媒の開発と工業利用

往々にして第二級アミンよりも第一級アミンを触媒とした方が良好な結果を与える[10]。これはアミン触媒と反応基質との間の立体障害の大きさに起因すると考えられている。例えば通常のアルデヒドと第二級アミンから形成されるエナミン中間体Ⅰでは，アミン窒素上の孤立電子対と二重結合のπ軌道が同一平面上に位置することで共役することができる（図1b）。しかしながら，分岐型アルデヒドと第二級アミンから生じるエナミン中間体Ⅱでは，アミン触媒のα置換基と反応基質との間に大きな立体障害が生じるために上述の平面構造をとることが困難となり，結果として反応基質のα位のアニオン性を低下させていると考えられる（図1c）[10,11]。一方で，第一級アミンを触媒とした場合のエナミン中間体Ⅲではこの立体障害を最小限に抑えることができるため，孤立電子対とπ軌道との共役が比較的容易になり，反応基質のα位のアニオン性を保つことができる。また，エナミン中間体Ⅱにおける立体障害はエナミン形成を阻害する可能性があるが，第一級アミンを用いることでこの問題を軽減できる。

しかしながら，第一級アミンから生成したエナミン中間体はコンフォメーションの自由度が比較的高いことから，環状二級アミン触媒に見られるような剛直な不斉環境場の構築は難しい。また分岐型カルボニル化合物を反応基質とする場合，高いエナンチオ選択性を得るためにはエナミン中間体の幾何異性の制御が必須である（図1d，これは二級アミン触媒を用いても同様のことがいえる）[12]。これらの課題を克服して高い不斉誘起を実現するために，多くの触媒は活性中心である一級アミノ基周辺に別の酸性もしくは塩基性官能基を配置した他点認識型の設計がなされている。

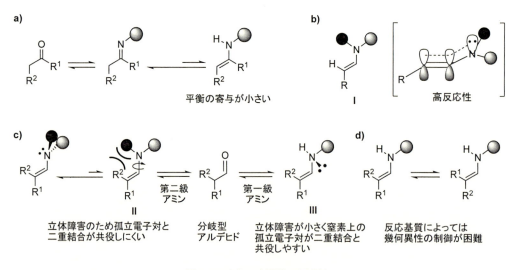

図1　エナミン中間体の反応性

第16章　第一級アミンを用いた分子変換反応

3　不斉反応への応用

　これまでに様々なキラル一級アミン触媒が開発され，これらの不斉反応への応用が報告されてきた。本節では一級アミン触媒の代表的な利用法の一つである嵩高いカルボニル化合物の変換反応を中心に解説する。その他の反応については幾つかの総説に良くまとめられているので参照されたい[10,13]。

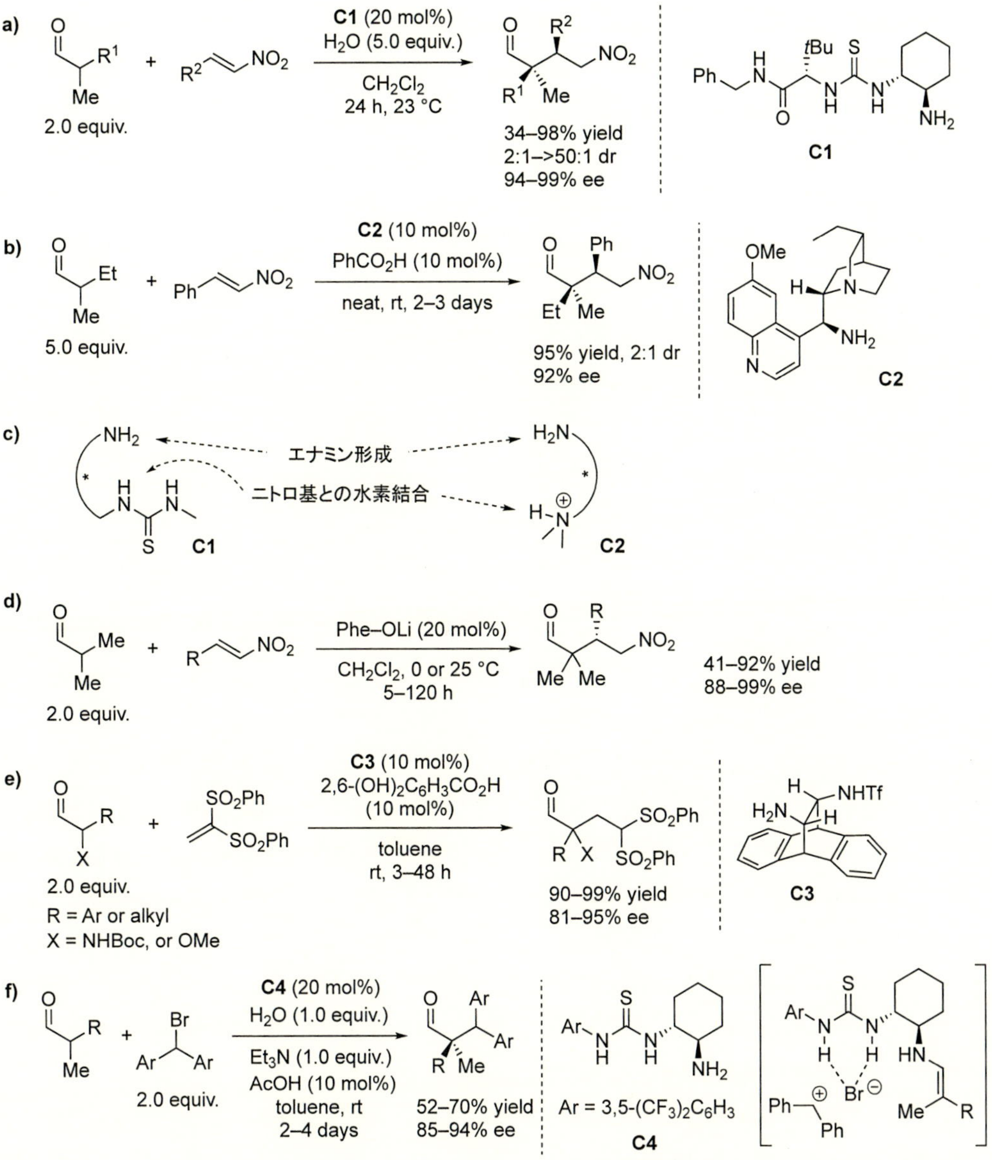

図2　分岐型アルデヒドの Michael 付加反応およびアルキル化反応

有機分子触媒の開発と工業利用

3. 1 分岐型アルデヒドの反応

前節で述べた理由から分岐型アルデヒドのα位置換反応では第一級アミンが有力な触媒候補となる。2006年にJacobsenらは分岐型アルデヒドのニトロアルケンへのMichael付加反応が，チオウレア構造を持つキラル一級アミン触媒 **C1** を利用することで高いエナンチオ選択性およびジアステレオ選択性で進行することを報告した（図2a）[14]。この反応では触媒中の一級アミン部分が反応基質とエナミン中間体を形成すると共に，チオウレア部分がニトロ基と水素結合することで反応基質の双方を同時に活性化する。このような環状の遷移状態を経て反応が進行するために高い立体選択性が発現しているものと考えられている（図2c左）。一方，2007年にConnonらは一級アミン部分を持つシンコナアルカロイド誘導体 **C2** を用いて同様の付加反応に成功した（図2b）[15]。この反応では共触媒として用いる安息香酸がキヌクリジン骨格の三級アミン部分をプロトン化してアンモニウムカチオンを形成し，このアンモニウムカチオンがBrønsted酸として機能してニトロアルケンを活性化している（図2c右）。その他にも，吉田らによるフェニルアラニンのリチウム塩を触媒としたMichael付加反応（図2d）[16]や，丸岡らによるα位にヘテロ原子官能基を持つ分岐型アルデヒドの同付加反応（図2e）なども報告されている[17]。また，JacobsenらはアミンＶチオウレア型触媒 **C4** を利用した分岐型アルデヒドのハロゲン化アルキルによる不斉アルキル化反応にも成功している（図2f）[18]。この反応では，チオウレア部分がハロゲン原子と水素結合することによりアルキルハライドを活性化して，S_N1タイプの反応が進行していると考えられている。アルキル化剤はジアリールメチルハライドに限定されているが興味深い反応機構である。

キラル一級アミンを用いた分岐型アルデヒドの置換反応はヘテロ原子の導入反応にも適用できる。Jørgensen，Jacobsen，柴富らのグループはそれぞれ独自に開発したキラル一級アミン **C5**，**C6**，**C7** を触媒として，求電子的フッ素化剤（NFSI）による分岐型アルデヒドの不斉フッ素化反応を報告している（図3a）[19〜21]。さらにJacobsenらは **C6** を利用したN-スルホニルオキサジリジンによる不斉酸化反応にも成功している（図3b）[20]。また2011年にLuらはシンコナアルカロイド誘導体 **C8** を触媒として，分岐型アルデヒドのアゾジカルボン酸ジエステルへの共役付加反応を報告した（図3c）[22]。この反応ではカンファースルホン酸（CSA）を共触媒として用いている。図2bに示した反応と同様に，三級アミン部分のプロトン化により生じたアンモニウムイオンが求電子剤の活性化を担っていると考えられる。同年にMoreau，GreckらによりCSAの代わりにトリフルオロ酢酸（TFA）を用いても類似の結果が得られることが報告された[23]。Luらの報告では触媒量を0.5／1 mol％まで低下させても高収率と高エナンチオ選択性が維持できることが示されている。その他，**C9** や **C10** などの単純な構造を持つキラルアミンでも高いエナンチオ選択性が達成されている[24,25]。

Brønsted酸を共触媒とすることで求電子剤を活性化する手法はenamine catalysisが注目され始めた2000年代前半から用いられてきた。最近では新たに，遷移金属触媒によって活性化された求電子剤をエナミン中間体と反応させる協働作用触媒系が注目を集めている。2013年に

第16章 第一級アミンを用いた分子変換反応

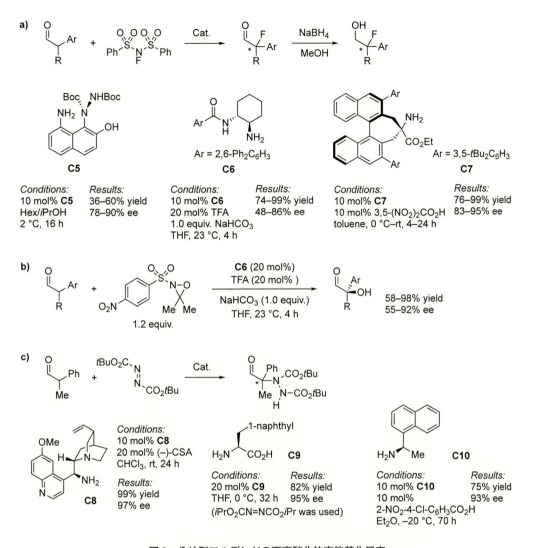

図3 分岐型アルデヒドの不斉酸化的官能基化反応

Carreiraらはシンコナアルカロイド誘導体 **C11a** とキラル配位子 **L1** から調製されたイリジウム錯体を触媒として用いて分岐型アルデヒドのアリルアルコールによるアリル化反応に成功した（図4a）[26]。この反応ではキラルイリジウム錯体がアリルアルコールと反応してπアリルイリジウム錯体を形成し、これがエナミン中間体をアリル化する。興味深いことに、この反応ではそれぞれの触媒の絶対配置の組み合わせを変えることで、生成物の絶対配置と相対配置をコントロールできる。例えば **C11a** と (R)-**L1** の組み合わせでは (R,R) 体が生成するのに対して、**C11a** と (S)-**L1** の組み合わせでは (R,S) 体が生成する。また、**C11a** の擬似エナンチオマーである **C11b** を用いることで、アルデヒドα位の立体が反転した生成物を得ることができる（図4b）。

181

有機分子触媒の開発と工業利用

さらに特筆すべきは，本反応は α,α-ジアルキルアルデヒドを用いても極めて高いエナンチオ選択性を示す点である。一般的な分岐型アルデヒドの不斉反応では，図1dに示したエナミン中間体の幾何異性を制御するために α-アリール-α-アルキルアルデヒドを用いる必要がある。2017年にDongらはキラル一級アミン **C6** とキラル配位子 **L2** から調製されたロジウム錯体を触媒とした分岐型アルデヒドとアルキンのカップリング反応を報告した[27]。本反応では，アルキンとロ

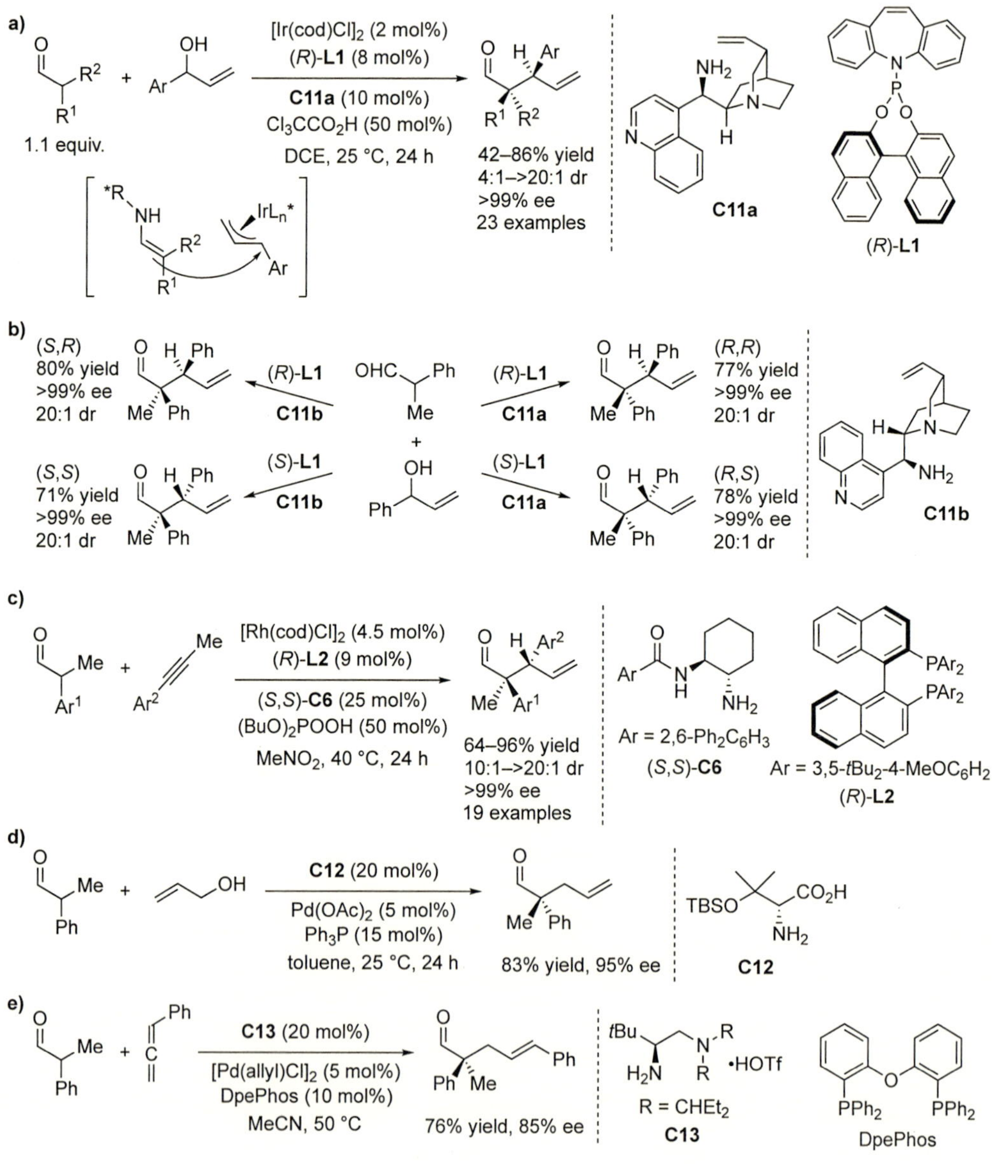

図4 キラル一級アミンと遷移金属錯体の協働作用触媒系

182

第 16 章　第一級アミンを用いた分子変換反応

ジウム触媒からπアリルロジウム錯体が生成した後にエナミンと反応していると考えられている（図 4c）。この反応においても，アミン触媒とキラル配位子の絶対配置の組み合わせを適宜選択することで望みとするジアステレオマーを選択的に合成することができる。その他，キラル一級アミンとアキラルなパラジウム錯体の組み合わせによる分岐型アルデヒドの不斉アリル化反応が吉田ら，Luo らによって報告されている（図 4d,e）[28,29]。

3.2　分岐型ケトンの反応

　一級アミン触媒はケトンのα位活性化にも有効である。α位が分岐していない単純ケトンを用いた反応では高エナンチオ選択性を示す触媒系が多く知られている[10,13]。分岐型ケトンを用いた反応においても幾つかの成功例が報告されている。分岐型ケトンからエナミンが生成する場合，二重結合の位置が異なる 2 種類のエナミンの混合物となる可能性がある。この比率は用いるケトンとアミンの立体的・電子的要因によって大きく左右されるが[30]，例えば 2-メチルシクロヘキサノンとピロリジンからエナミンを形成した場合には，置換基の少ない側に優先して二重結合が生成することが知られている（図 5）[30]。一方で，フェネチルアミンと 2-メチルシクロヘキサノンとの反応で生成したイミン **1** をメチルビニルケトンと反応させると，四置換炭素を持つ生成物 **2** が高収率で得られることから[31]，この場合には置換基の多い側に二重結合を持つエナミン **3** が生成していることがわかる。このように，第一級アミンを用いることで第二級アミンでは困難な分子変換を達成できる場合がある。

　キラル一級アミン触媒を用いた分岐型ケトンの不斉置換反応の例を挙げる。2010 年にLiang，Ye らは，キラル一級アミン **C14** を触媒として分岐型ケトンのマレイミドへの Michael付加反応に成功した（図 6a）[32]。その後，2012 年に Carter らはチオウレア構造を持つキラル一

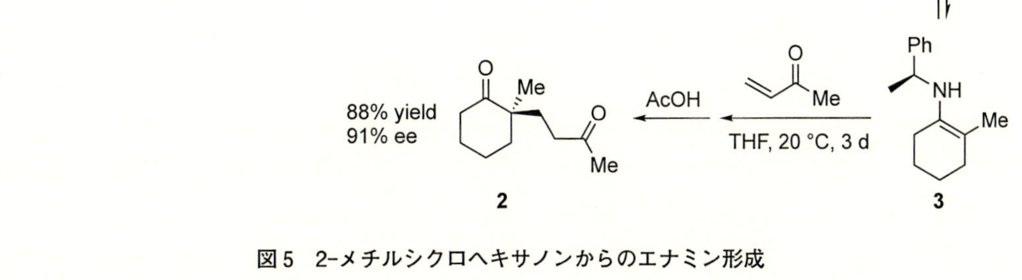

図 5　2-メチルシクロヘキサノンからのエナミン形成

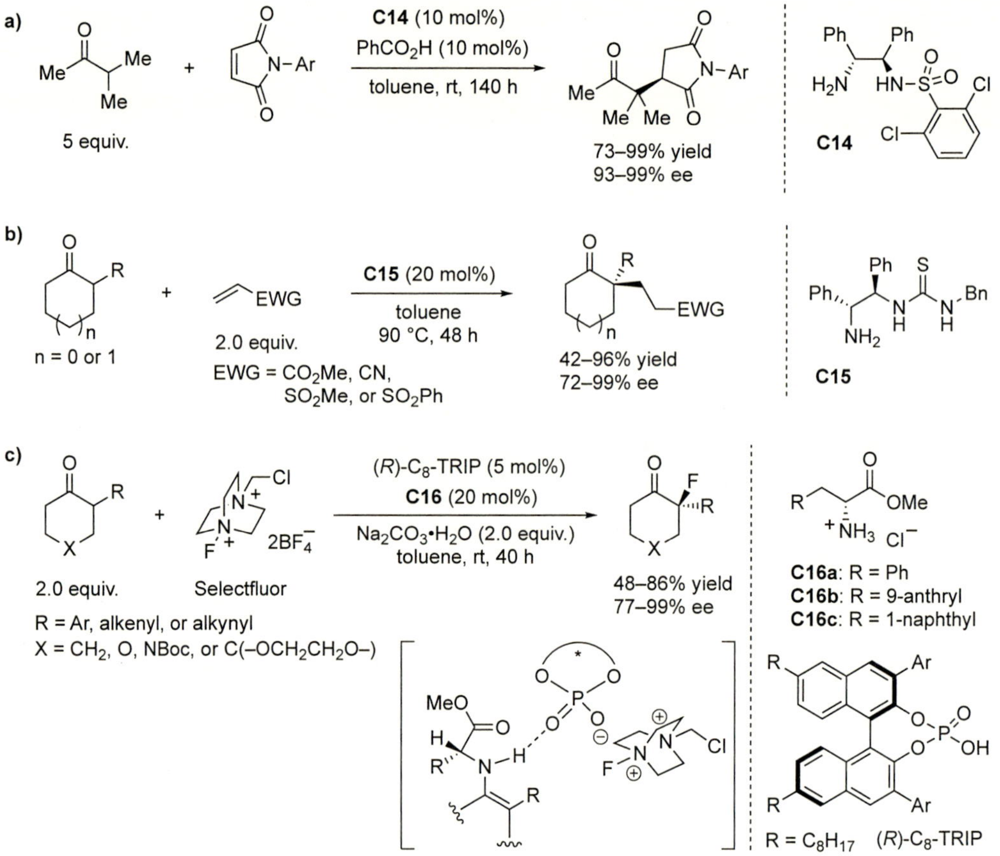

有機分子触媒の開発と工業利用

図6 分岐型ケトンの不斉 α 位置換反応

級アミン触媒 **C15** を用いてアクリル酸エステルを Michael 受容体とした付加反応を行い α,α-二置換シクロヘキサノンの不斉合成を達成した（図 6b）[33]。また 2014 年に Toste らは，分岐型シクロヘキサノンの Selectfluor による不斉フッ素化反応に成功した（図 6c）[34]。この反応では α-アミノ酸エステル **C16** とキラルリン酸を触媒としており，アミン触媒がエナミンを形成すると共にリン酸アニオンが Selectfluor の対アニオンと交換し，両者が水素結合を介して隣接する機構が提唱されている。

α-アルキル-β-ケトカルボニル化合物も分岐型ケトンであるため，立体障害の観点からはイミン/エナミンの形成は不利である。しかしながら，第一級アミンを用いてエナミンを形成した場合にはアミノ基上の水素が隣接するカルボニル基と水素結合するため Z 体のエナミンが選択的に生成する（図 7）。このことから，図 1d および図 5 に示したエナミンの幾何異性および構造異性の問題を回避できる。実際に中村らは β-ケトエステルとイソロイシンから誘導したキラル一級アミンを用いてエナミンを合成すると，ほぼ単一の異性体が生成することを報告している[35]。

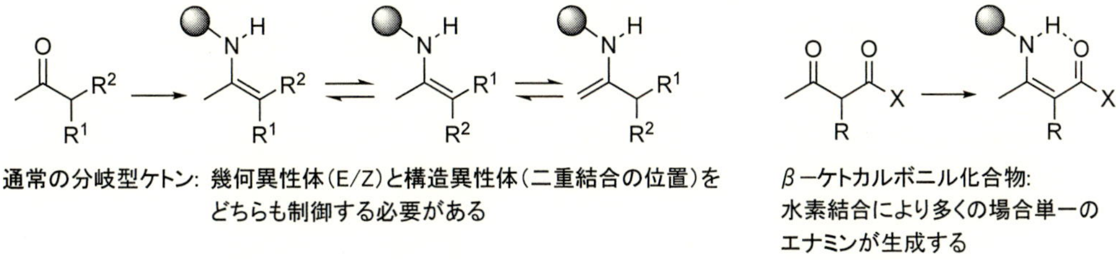

第 16 章　第一級アミンを用いた分子変換反応

通常の分岐型ケトン: 幾何異性体（E/Z）と構造異性体（二重結合の位置）を
どちらも制御する必要がある

β–ケトカルボニル化合物:
水素結合により多くの場合単一の
エナミンが生成する

図7　β–ケトカルボニル化合物から生成するエナミンの特徴

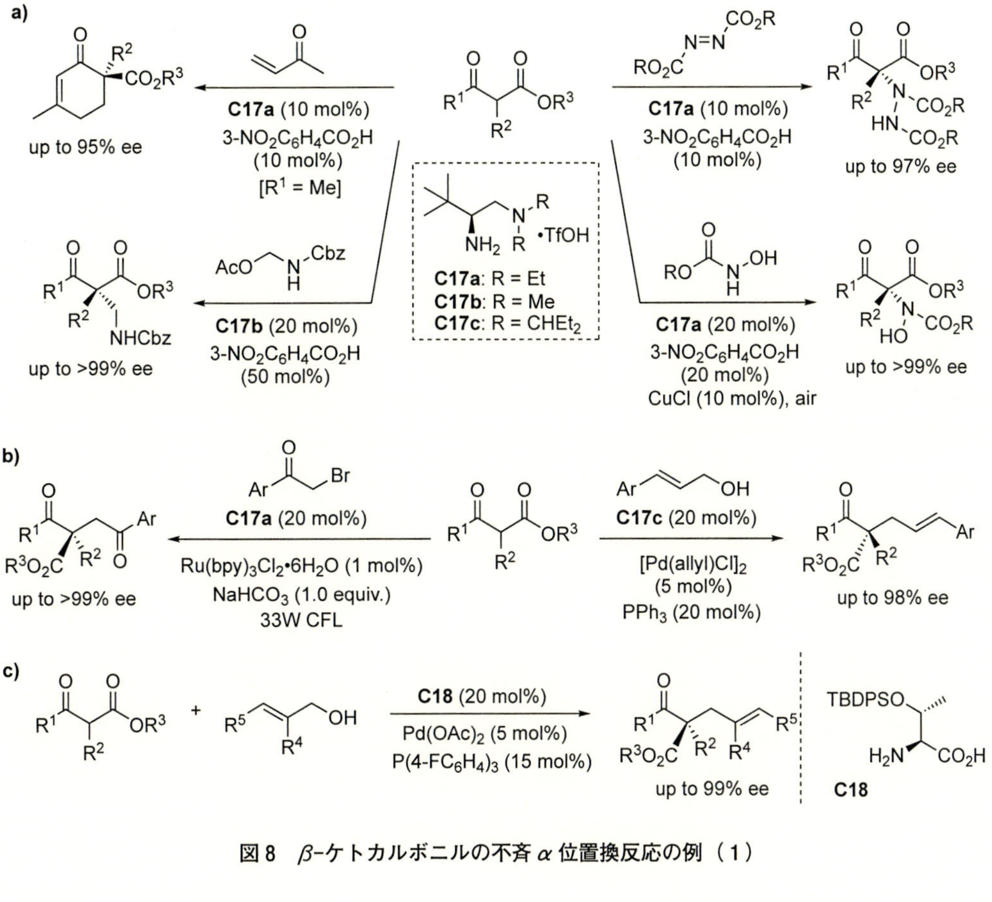

図8　β–ケトカルボニルの不斉 α 位置換反応の例（1）

この原理を利用して近年，β–ケトカルボニル化合物のアミン触媒による不斉反応が多く報告されている。

Luo らはキラル 1,2-ジアミンのトリフルオロメタンスルホン酸塩 C17 を触媒として β–ケトカルボニル化合物の種々の α 位不斉置換反応を報告している[13d]。例えば，メチルビニルケトンとのロビンソン環化付加反応[36]（図 8a，左上）やアゾジカルボン酸ジエステル[36]，ニトロソカルボ

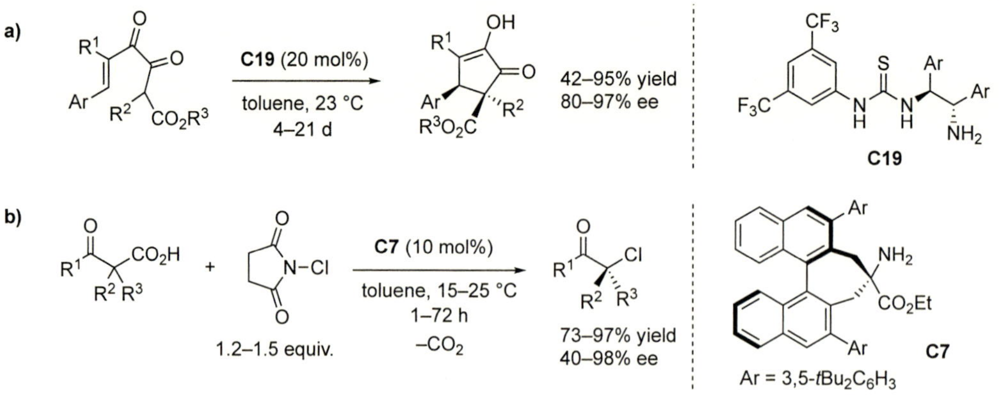

有機分子触媒の開発と工業利用

図9　β-ケトカルボニルの不斉 α 位置換反応の例（2）

ニル化合物[37]による C-N 結合形成反応（図 8a, 右），また N,O-アセタールをイミン前駆体とした Mannich 反応[38]（図 8a, 左下）などが報告されている。さらに遷移金属触媒との協働作用触媒系も報告されている。例えば，可視光レドックス触媒を利用した不斉アルキル化反応[39]（図 8b, 左）やパラジウム触媒によるアリル化反応[40]が高いエナンチオ選択性で進行する（図 8b, 右）。このパラジウム触媒を用いた反応では，図 8a に示した反応と同様の触媒を用いているにも関わらず生成物の絶対立体配置が異なっている。これは触媒の三級アミンがプロトン化されたアンモニウムイオンが他の反応では求電子剤と水素結合するのに対して，π アリルパラジウム中間体とは水素結合しないため，立体障害のみで反応面の選択が行われることが原因であると説明されている。また吉田らも同様のパラジウム触媒を用いた不斉アリル化反応を報告している（図 8c）[41]。

　その他，キラル一級アミン触媒を用いた β-ケトカルボニル化合物の不斉反応の例として，Tius らの一級アミン／チオウレア型触媒 C19 を用いた β,γ-ジケトエステルの Nazarov 環化反応（図 9a）[42]や，柴富らの軸不斉を持つアミノ酸エステル C7 を触媒とした β-ケトカルボン酸の脱炭酸的塩素化反応（図 9b）[43]が挙げられる。これらの反応はいずれも一級アミン部分が Brønsted 塩基として働いて反応基質を活性化するメカニズムが提唱されている。

3. 3　α-置換エナール，α-置換エノン

　α-置換エナール（エノン）もカルボニル基の近傍に嵩高い置換基があるため，第一級アミンが良い触媒候補となる。一般に α,β-不飽和カルボニル化合物と一級アミンから形成されるイミニウムカチオン I は α,β-不飽和系の LUMO を低下させるため，β 位への Michael 付加や Diels-Alder 反応が促進される。β 位への付加反応が起こるとエナミン II が生成するため，さらに求電子剤を作用させることで α 位にも置換基を導入することができる（図 10a）。一方で，

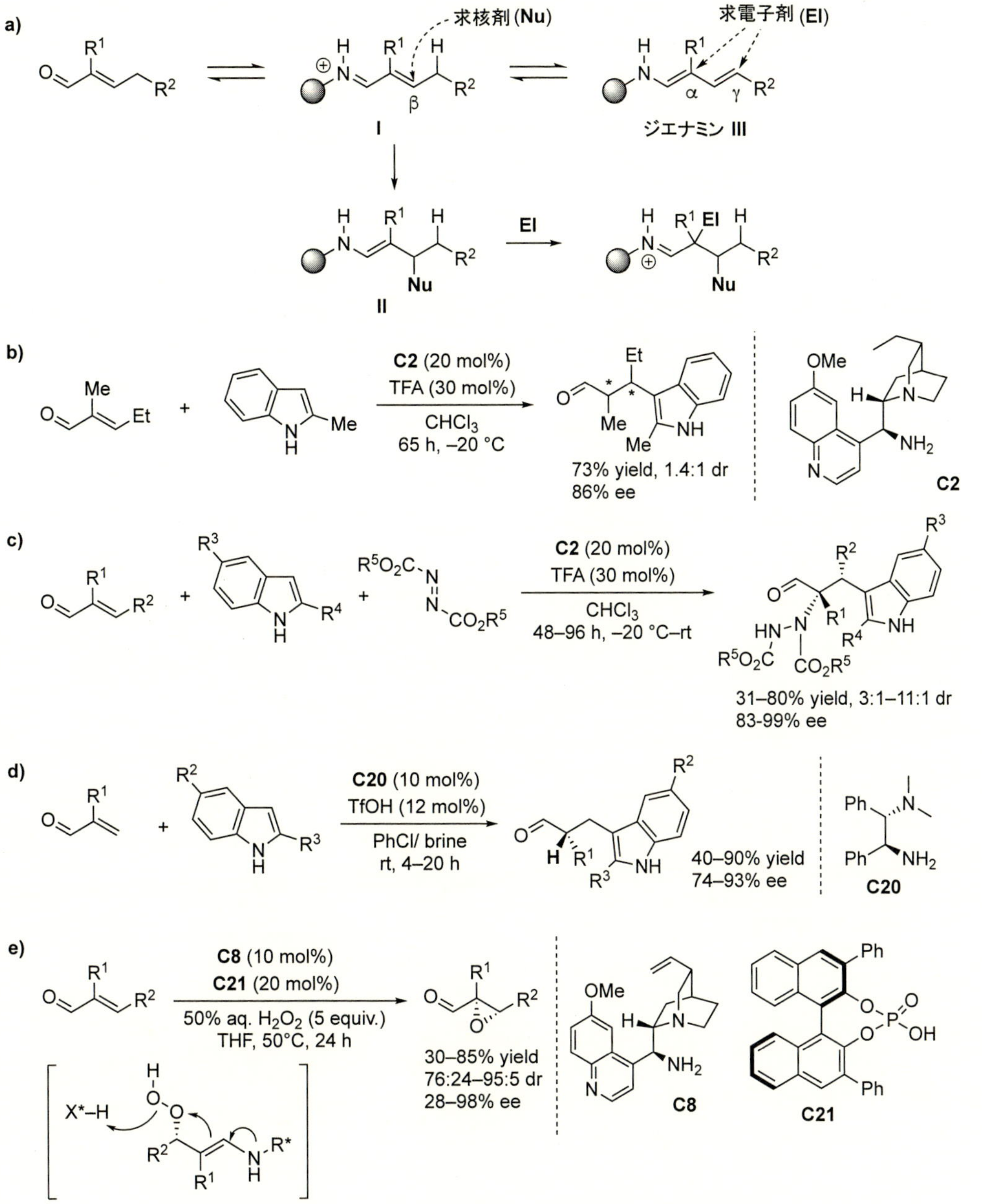

第 16 章　第一級アミンを用いた分子変換反応

図 10　α-アルキル-α,β-不飽和カルボニル化合物の不斉反応（1）

γ 位に sp³ 水素を有する反応基質では γ 位の脱プロトン化を経てジエナミン**III**を生成する場合が
ある。ジエナミン**III**は α 位と γ 位が求核性を持つため，適切な求電子剤を作用させることで α
位もしくは γ 位に置換基を導入することが可能である。有用な中間体であるが，このタイプの

有機分子触媒の開発と工業利用

反応基質を用いる場合にはエナンチオ選択性だけでなく反応の位置選択性も制御する必要がある[44]。

イミニウムカチオン中間体 I の β 位へ求核剤が Michael 付加することは良く知られている。例えば，2009 年に Melchiorre らはシンコナアルカロイド誘導体 C2 を触媒としたインドールの α-アルキル-α,β-エノンへの共役付加反応を報告した（図 10b）[45a,b]。彼らはさらに，共役付加で生成したエナミン中間体をアゾジカルボン酸ジエステルで補足することでカスケード型の置換基導入に成功した（図 10c）[45a,b]。アルキルチオールを求核剤とした同様のカスケード反応も併せて報告されている[45a,c]。2011 年に Luo らは β 位に置換基を持たない α-アルキル-α,β-エナールに対してインドールの共役付加を行い，生成したエナミンを不斉プロトン化することに成功している（図 10d）[46a]。この反応ではキラルジアミン C20 を触媒とすることで高いエナンチオ選択性を達成している。後年には α-アルキル-α,β-エノンを用いた同反応も報告されている[46b]。また，2010 年に List らはキラル一級アミン C8 とキラルリン酸 C21 を触媒とした α-アルキル-α,β-エナールの過酸化水素による不斉エポキシ化反応を報告している（図 10e）[47]。この反応ではまず，反応基質と C8 から生成したイミニウムカチオンに過酸化水素が Michael 付加し，生じた γ-ペルオキソエナミン中間体が分子内で求核的に酸素原子を補足することでエポキシドが得

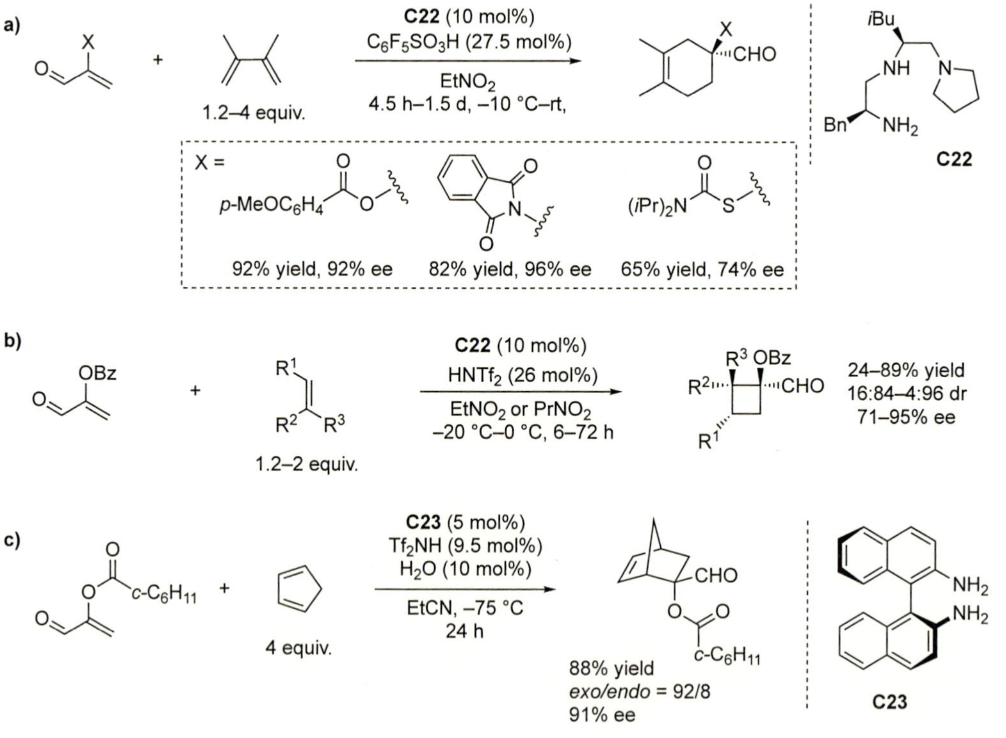

図 11　α-ヘテロ原子置換-α,β-エナールの不斉 Diels-Alder 反応

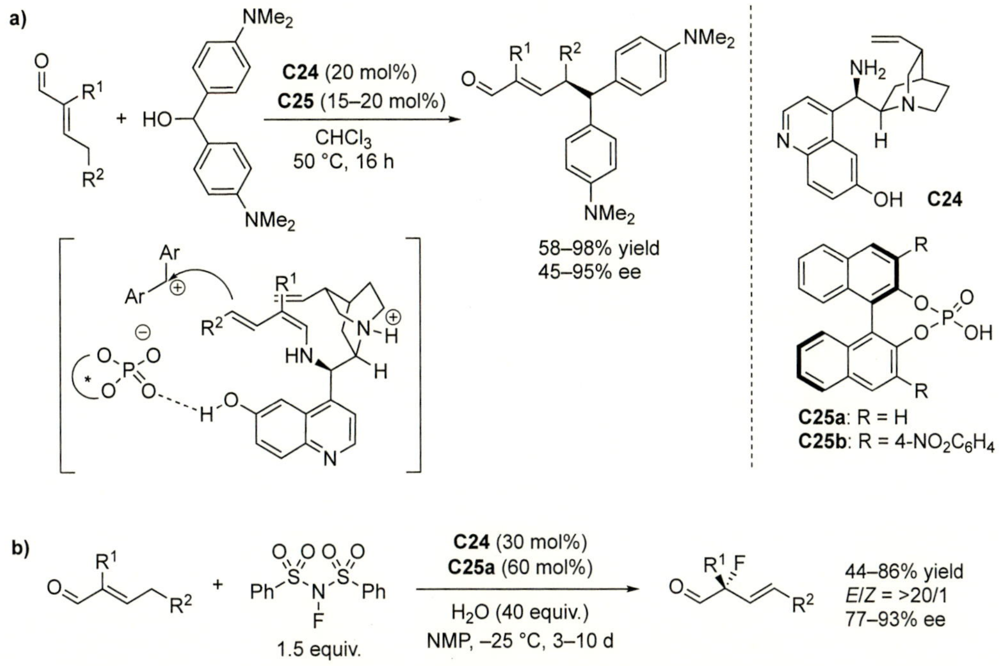

第16章　第一級アミンを用いた分子変換反応

図12　α-アルキル-α,β-不飽和カルボニル化合物の不斉反応（2）

られると考えられている。

　また，イミニウムカチオン中間体 I からは Diels-Alder 反応も進行する[2]。2005年に石原らは一級アミン部分を持つキラルトリアミン **C22** のスルホン酸塩を触媒として，α-アシロキシアクロレインとジエンとの不斉 Diels-Alder 反応を報告した[8a]。後年には α-ジアシルアミノアクロレイン，α-アシルチオアクロレインをジエノフィルとした同反応にも成功している（図11a）[48]。さらに，同キラルアミン **C22** 存在下で α-アシロキシアクロレインが単純なアルケンと[2+2]環化付加を起こすことも報告している（図11b）[49]。また石原らは，軸不斉を持つキラルジアミン **C23** が α-アシロキシアクロレインの Diels-Alder 反応に有効であることも見出している（図11c）[50]。

　α-アルキル-α,β-エナールの γ 位を反応させる例として，Melchiorre らによるジアリールメタノール類を用いた S_N1 型のアルキル化反応が挙げられる（図12a）[51]。本反応では共触媒であるキラルリン酸 **C25** によってジアリールメチルカチオンが生成し，これがキラルアミン **C24** から生成したジエナミンと反応していると考えられる。キラルアミン **C24** のフェノール性水酸基がキラルリン酸を介してアルキルカチオンを適切な位置に固定するために高い γ 選択性が発現していると推定されている。また最近，有光らにより α-アルキル-α,β-エナールの α 位不斉フッ素化反応が報告された（図12b）[52]。この反応もジエナミン中間体を経由して進行していると考え

られる。

4 おわりに

キラル一級アミン触媒の不斉反応における挙動を幾つかの反応基質に焦点を当てて概説した。多くの触媒で酵素反応に見られるような水素結合を介した多点認識機構が働いていることが見て取れる。シンコナアルカロイドから誘導した一級アミンに代表されるように，触媒のコンフォメーションの柔軟性が高いことが複数の活性部位を反応基質に結合させる助けになっていると思われる。キラル一級アミンは天然アミノ酸やアルカロイドから容易に合成でき，さらにこれらの化合物は高い構造多様性を持つ。このような特徴も触媒中に複数の活性部位を導入する上でのアドバンテージとなっている。また，本章で幾つか例示したように遷移金属錯体触媒や可視光レドックス触媒との協働作用を用いた反応が最近注目されている。このような有機分子触媒と遷移金属触媒の特徴を組み合わせることで，高度な分子変換を目指す試みは今後もさらに発展していくと思われる。将来このような技術が機能性物質の開発，製造に大きく貢献すると期待する。

文　　献

1) B. List, R. A. Lerner, C. F. Barbas III, *J. Am. Chem. Soc.*, **93**, 2395 (2000)

2) K. A. Ahrendt, C. J. Borths, D. W. C. MacMillan, *J. Am. Chem. Soc.*, **122**, 4243 (2000)

3) a) G. A. Hamilton, F. H. Westheimer, *J. Am. Chem. Soc.*, **81**, 6332 (1959)；b) R. A. Laursen, F. H. Westheimer, *J. Am. Chem. Soc.*, **88**, 3426 (1966)

4) a) C. Y. Lai, N. Nakai, D. Chang, *Science*, **183**, 1204 (1974)；b) A. Heine, G. DeSantis, J. G. Luz, M. Mitchell, C.-H. Wong, *Science*, **294**, 369 (2001)

5) K. J. Pedersen, *J. Am. Chem. Soc.*, **60**, 595 (1938)

6) a) F. H. Westheimer, H. Cohen, *J. Am. Chem. Soc.*, **60**, 90 (1938)；b) F. H. Westheimer, W. A. Jones, *J. Am. Chem. Soc.*, **63**, 3283 (1941)

7) S. Danishefsky, P. Cain, *J. Am. Chem. Soc.*, **97**, 5282 (1975)

8) a) K. Ishihara, K. Nakano, *J. Am. Chem. Soc.*, **127**, 10504 (2005)；b) I. Ibrahem, W. Zou, M. Engqvist, Y. Xu, A. Córdova, *Chem. Eur. J.*, **11**, 7024 (2005) c) A. Córdova, W. Zou, I. Ibrahem, E. Reyes, M. Engqvist, W.-W. Liao, *Chem. Commun.*, 3586 (2005)；d) S. B. Tsogoeva, S. Wei, *Chem. Commun.*, 1451 (2006)；e) H. Huang, E. N. Jacobsen, *J. Am. Chem. Soc.*, **128**, 7170 (2006)；f) D. A. Yalalov, S. B. Tsogoeva, S. Schmatz, *Adv. Synth. Catal.*, **348**, 826 (2006)

9) a) P. W. Hickmott, *Tetrahedron*, **38**, 1920 (1982)；b) J. Hine, R. A. Evangelista, *J. Am. Chem. Soc.*, **102**, 1649 (1980)；c) B. Witkop, *J. Am. Chem. Soc.*, **78**, 2873 (1956)；

第16章　第一級アミンを用いた分子変換反応

d) R. A. Clark, D. C. Parker, *J. Am. Chem. Soc.*, **93**, 7257 (1971) ; e) D. R. Boyd, W. B. Jennings, L. C. Waring, *J. Org. Chem.*, **51**, 992 (1986)

10) P. Melchiorre, *Angew. Chem. Int. Ed.*, **51**, 9748 (2012)

11) J. E. Anderson, D. Casarini, L. Lunazzi, *Tetrahedron Lett.*, **29**, 3141 (1988)

12) N. Demoulin, O. Lifchits, B. List, *Tetrahedron*, **68**, 7568 (2012)

13) a) L.-W. Xu, J. Luo, Y. Lu, *Chem. Commun.*, 1807 (2009) ; b) L. Jiang, Y.-C. Chen, *Catal. Sci. Technol.*, **1**, 354 (2011) ; c) O. V. Serdyuk, C. M. Heckel, S. B. Tsogoeva, *Org. Biomol. Chem.*, **11**, 7051 (2013) ; d) L. Zhang, N. Fu, S. Luo, *Acc. Chem. Res.*, **48**, 986 (2015) ; e) U. V. S. Reddy, M. Chennapuram, C. Seki, E. Kwon, Y. Okuyama, H. Nakano, *Eur. J. Org. Chem.*, 4124 (2016)

14) M. P. Lalonde, Y. Chen, E. N. Jacobsen, *Angew. Chem. Int. Ed.*, **45**, 6366 (2006)

15) S. H. McCooey, S. J. Connon, *Org. Lett.*, **9**, 599 (2007)

16) a) A. Sato, M. Yoshida, S. Hara, *Chem. Commun.*, 6242 (2008) ; b) M. Yoshida, A. Sato, S. Hara, *Org. Biomol. Chem.*, **8**, 3031 (2010)

17) S. A. Moteki, S. Xu, S. Arimitsu, K. Maruoka, *J. Am. Chem. Soc.*, **132**, 17074 (2010)

18) A. R. Brown, W.-H. Kuo, E. N. Jacobsen, *J. Am. Chem. Soc.*, **132**, 9286 (2010)

19) S. Brandes, B. Niess, M. Bella, A. Prieto, J. Overgaard, K. A. Jørgensen, *Chem. Eur. J.*, **12**, 6039 (2006)

20) M. R. Witten, E. N. Jacobsen, *Org. Lett.*, **17**, 2772 (2015)

21) K. Shibatomi, K. Kitahara, T. Okimi, Y. Abe, S. Iwasa, *Chem. Sci.*, **7**, 1388 (2016)

22) C. Liu, Q. Zhu, K.-W. Huang, Y. Lu, *Org. Lett.*, **13**, 2638 (2011)

23) A. Desmarchelier, H. Yalgin, V. Coeffard, X. Moreau, C. Greck, *Tetrahedron Lett.*, **52**, 4430 (2011)

24) J.-Y. Fu, Q.-C. Yang, Q.-L. Wang, X.-Y. Xu, L.-X. Wang, *J. Org. Chem.*, **76**, 4661 (2011)

25) J.-Y. Fu, Q.-L. Wang, L. Peng, Y.-Y. Gui, F. Wang, F. Tian, X.-Y. Xu, L.-X. Wang, *Eur. J. Org. Chem.*, 2869 (2013)

26) a) S. Krautwald, D. Sarlah, M. A. Schafroth, E. M. Carreira, *Science.*, **340**, 1065 (2013) ; b) B. Bhaskararao, R. B. Sunoj, *J. Am. Chem. Soc.*, **137**, 15712 (2015)

27) F. A. Cruz, V. M. Dong, *J. Am. Chem. Soc.*, **139**, 1029 (2017)

28) a) M. Yoshida, E. Masaki, T. Terumine, S. Hara, *Synthesis*, **46**, 1367 (2014) ; b) M. Yoshida, T. Terumine, E. Masaki, S. Hara, *J. Org. Chem.*, **78**, 10853 (2013)

29) H. Zhou, Y. Wang, L. Zhang, M. Cai, S. Luo, *J. Am. Chem. Soc.*, **139**, 3631 (2017)

30) a) W. D. Gurowitz, M. A. Joseph, *J. Org. Chem.*, **32**, 3289 (1967) ; b) W. D. Gurowitz, M. A. Joseph, *Tetrahedron Lett.*, **6**, 4433 (1965)

31) M. Pfau, G. Revial, A. Guingant, J. d'Angelo, *J. Am. Chem. Soc.*, **107**, 273 (1985)

32) F. Yu, X. Sun, Z. Jin, S. Wen, X. Liang, J. Ye, *Chem. Commun.*, **46**, 4589 (2010)

33) a) J. Y. Kang, R. G. Carter, *Org. Lett.*, **14**, 3178 (2012) ; b) J. Y. Kang, R. C. Johnston, K. M. Snyder, P. H.-Y. Cheong, R. G. Carter, *J. Org. Chem.*, **81**, 3629 (2016)

34) X. Yang, R. J. Phipps, F. D. Toste, *J. Am. Chem. Soc.*, **136**, 5225 (2014)

35) T. Fujimoto, K. Endo, H. Tsuji, M. Nakamura, E. Nakamura, *J. Am. Chem. Soc.*, **130**,

4492 (2008)

36) C. Xu, L. Zhang, S. Luo, *J. Org. Chem.*, **79**, 11517 (2014)

37) C. Xu, L. Zhang, S. Luo, *Angew. Chem. Int. Ed.*, **53**, 4149 (2014)

38) Y. You, L. Zhang, L. Cui, X. Mi, S. Luo, *Angew. Chem. Int. Ed.*, **56**, 13814 (2017)

39) Y. Zhu, L. Zhang, S. Luo, *J. Am. Chem. Soc.*, **136**, 14642 (2014)

40) H. Zhou, L. Zhang, C. Xu, S. Luo, *Angew. Chem. Int. Ed.*, **54**, 12645 (2015)

41) M. Yoshida, *J. Org. Chem.*, **82**, 12821 (2017)

42) a) A. K. Basak, N. Shimada, W. F. Bow, D. A. Vicic, M. A. Tius, *J. Am. Chem. Soc.*, **132**, 8266 (2010) ; b) A. H. Asari, Y. H. Lam, M. A. Tius, K. N. Houk, *J. Am. Chem. Soc.*, **137**, 13191 (2015)

43) K. Shibatomi, K. Kitahara, N. Sasaki, Y. Kawasaki, I. Fujisawa, S. Iwasa, *Nat. Commun.*, **8**, 15600 (2017)

44) a) H. B. Hepburn, L. Dell'Amico, P. Melchiorre, *Chem. Rec.*, **16**, 1787 (2016) ; b) V. Marcos, J. Alemán, *Chem. Soc. Rev.*, **45**, 6812 (2016)

45) a) P. Galzerano, F. Pesciaioli, A. Mazzanti, G. Bartoli, P. Melchiorre, *Angew. Chem. Int. Ed.*, **48**, 7892 (2009) ; b) A. Moran, A. Hamilton, C. Bo, P. Melchiorre, *J. Am. Chem. Soc.*, **135**, 9091 (2013) ; c) X. Tian, C. Cassani, Y. Liu, A. Moran, A. Urakawa, P. Galzerano, E. Arceo, P. Melchiorre, *J. Am. Chem. Soc.*, **113**, 17934 (2011)

46) a) N. Fu, L. Zhang, J. Li, S. Luo, J.-P. Cheng, *Angew. Chem. Int. Ed.*, **50**, 11451 (2011) ; b) N. Fu, L. Zhang, S. Luo, J.-P. Cheng, *Chem. Eur. J.*, **19**, 15669 (2013)

47) a) O. Lifchits, C. M. Reisinger, B. List, *J. Am. Chem. Soc.*, **132**, 10227 (2010) ; b) O. Lifchits, M. Mahlau, C. M. Reisinger, A. Lee, C. Farès, I. Polyak, G. Gopakumar, W. Thiel, B. List, *J. Am. Chem. Soc.*, **135**, 6677 (2013)

48) a) K. Ishihara, K. Nakano, M. Akakura, *Org. Lett.*, **10**, 2893 (2008) ; b) A. Sakakura, H. Yamada, K. Ishihara, *Org. Lett.*, **14**, 2972 (2012)

49) K. Ishihara, K. Nakano, *J. Am. Chem. Soc.*, **129**, 8930 (2007)

50) A. Sakakura, K. Suzuki, K. Nakano, K. Ishihara, *Org. Lett.*, **8**, 2229 (2006)

51) G. Bergonzini, S. Vera, P. Melchiorre, *Angew. Chem. Int. Ed.*, **49**, 9685 (2010)

52) S. Arimitsu, T. Yonamine, M. Higashi, *ACS Catal.*, **7**, 4736 (2017)

第 17 章　選択的ペプチド触媒の開発

工藤一秋[*1]，赤川賢吾[*2]

1　はじめに

　酵素は，水中・体温程度の温度で高い効率と選択性で反応を進める優れた触媒である。ここでいう選択性には，立体選択性はもちろん，位置選択性，化学選択性，サイト選択性も含まれる。酵素の触媒機能は，ポリペプチド鎖が適切に折り畳まれて触媒反応に関与する複数のアミノ酸側鎖が三次元的に適切な場所に配置されることに起因しており，その折り畳みは一次構造（＝アミノ酸配列）が規定している。この指導原理から，酵素同様にアミノ酸を素子とするペプチドを触媒に用いる，という発想が自然に生まれる。しかし実際には，酵素の活性中心にあるアミノ酸群を取り入れたペプチドを作って試しても，期待したような触媒能は出ない。その主な原因はペプチド分子の三次元構造のゆらぎであり，これはタンパク質よりも分子鎖の短いペプチドの宿命といえる。この問題点を回避するために，複数のアミノ酸側鎖間の協同効果ではなく単一のアミノ酸残基だけが関与する触媒反応を対象にする，というアプローチが考えられる。

　1998 年に Miller らは N 末端ヒスチジン（正確にはヒスチジン類似の非天然アミノ酸）を活性点とするトリペプチド触媒 **1** によるアルコールの速度論的光学分割アシル化を報告した[1]。

　また，2000 年に L-プロリンを触媒とするエナミン経由の不斉交差アルドール反応が List ら[2]により報告されたことを受けて，N 末端のプロリンを活性点とする短鎖ペプチド触媒が我々を含む多くのグループから報告された[3]。

---

*1　Kazuaki Kudo　東京大学　生産技術研究所　教授
*2　Kengo Akagawa　東京大学　生産技術研究所　助教

有機分子触媒の開発と工業利用

68%yield, 76%ee

2 イミニウムイオン触媒作用を示すペプチドの開発

　我々は，N末端プロリルペプチド触媒の拡張性に期待し，Macmillanらにより報告されたイミニウムイオン中間体を経由する α,β-不飽和アルデヒド（エナール）への不斉Michael付加反応[4]への展開を試みた。

　種々検討の結果，樹脂固定化ポリロイシンのN末端にプロリンを導入したペプチドH-Pro-(Leu)$_{25}$-NH-resin（resin＝PEGグラフト架橋ポリスチレン樹脂）が，水系溶媒中でのHantzschエステルから3-(4-ニトロフェニル)クロトンアルデヒドへのヒドリド移動反応を触媒すること，さらには混合溶媒中の水の割合を増やすと反応がより加速されることを見出した[5]。なお，この触媒のポリロイシン鎖は末端アミノ化された樹脂を開始剤とするロイシンN-カルボキシ酸無水物の開環重合で得ており，このため分子量分布をもつ。さすがにこの単純な配列のペプチドではエナンチオ選択性は低かったが，ペプチド触媒の利点であるモジュラー性（反応に応じた適切なアミノ酸配列とすることで触媒の最適化が可能という性質）を活かして，N末端プロリンとポリロイシン鎖の間にいくつかのアミノ酸残基を挿入することとした。Millerらの報告した β-ターン構造を誘起するD-Pro-Aibという配列を取り入れるなどして最適化を進めた結果，90％以上のeeを示す固定化ペプチド触媒H-Pro-D-Pro-Aib-Trp-Trp-(Leu)$_{25}$-NH-resin（**2**；Aib＝2-アミノイソ酪酸）に到達した。

R＝ C$_6$H$_5$ 　　4-MeOC$_6$H$_4$
4-ClC$_6$H$_4$ 　2-naphthyl
3-ClC$_6$H$_4$ 　(CH$_3$)$_2$C=CH(CH$_2$)$_2$

　この触媒**2**は，同様にイミニウムイオン機構で進むN-メチルインドールの4-ニトロシンナムアルデヒドへの不斉Michael付加にも有効であった[6]。さらにはエナミンもしくはそのカチオンラジカルを経て進むアルデヒドの不斉 α-位酸素化反応にも適用できた[7]。

第17章　選択的ペプチド触媒の開発

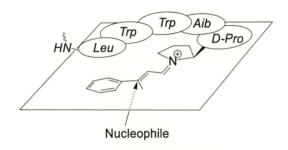

NMR，IR，およびCDスペクトル，ならびに対照実験の結果などから，このペプチド触媒は図1に示したように，末端5残基がターン構造をとって反応中間体の一方の面を塞ぐことによって反応をエナンチオ選択的に進めることが示唆された。また，α-ヘリックス構造をとるポリロイシン鎖部分には，水系溶媒中でN末端側ターン構造を安定化させるはたらきがあることが分かった[8]。

図1　エナンチオ選択性発現の推定機構

3　ペプチド触媒固有の選択的反応の開発

エナンチオ選択的触媒として機能するペプチド配列について一定の知見が得られたので，従来の低分子触媒では実現できていない選択的反応への展開を行った。

最初に，ペプチド触媒が水系溶媒中で機能する点に着目して，ペプチド／酵素共触媒反応を開発した[9]。前述のエナンチオ選択的アルデヒドα-オキシアミノ化反応では，共触媒として鉄塩を用いていたが，その代わりに酸化酵素のlaccaseを用いても問題なく反応が進行した。laccaseなしで別途合成したTEMPO由来オキソアンモニウムイオンと反応させても同じエナンチオ選択性が得られることから，反応系中で固定化ペプチドによるエナミン形成とlaccaseによるTEMPOの酸化が同時に起こっているものと考えられるが，エナミンの酸化還元電位はTEMPOよりも低いとの報告もあることから，エナミンがlaccaseによる一電子酸化を受け，それがTEMPOと結合することで反応が進んでいる可能性も否定できない。興味深いことに，非イオン性界面活性剤であるTween80の存在下では，α-オキシアミノ化に続いてアルデヒドの酸化が

有機分子触媒の開発と工業利用

起こり，α-オキシカルボン酸を与えた。

20 mol % **2**
laccase, air
acetate buffer
rt, 1 h

77% yield, 86% ee

+
TEMPO

20 mol % **2**
laccase, air
tween 80
acetate buffer
rt, 5 h

78% yield, 91% ee

　次に，ペプチド触媒を立体選択的反応に適用した。エナールとスルホニウムイリドは，第二級アミン存在下イミニウムイオンを経由してシクロプロパンを与えることが知られる。ジアステレオおよびエナンチオ選択的にこの反応を進める触媒としてキラルなインドリン-2-カルボン酸 **3** が報告されているが，その触媒は β-アルキル置換エナールでのみ良い結果を与え，β-アリール置換体に対しては立体選択性に問題がある（表1）。そのような基質に対して，ペプチド触媒 **2** のヘリックス構造部分をポリロイシンから 3_{10}-ヘリックスを形成するとされる（Leu-Leu-Aib）$_2$ へと替えたターン-ヘリックスペプチド **3** が高エナンチオ選択的に反応を進めることを見出した。さらに配列検討を進め，非天然アミノ酸であるセリンメチルエーテルの導入が効果的と分かった。この触媒は，電子的性質の異なる広範な β-アリール置換エナールに対して，高い選択性を示した。このように，適用基質に関して既知の低分子有機触媒と相補的な関係を示すペプチド触媒の開発に成功した[10]。

表1　ジアステレオ／エナンチオ選択的シクロプロパン化反応

20 mol % catalyst
rt

4-NO$_2$C$_6$H$_4$ ―CHO **a**

+

4-NO$_2$C$_6$H$_4$ ―CHO **b**

+

4-NO$_2$C$_6$H$_4$ ―CHO **c**

entry	catalyst	solvent, time	conversion (%)	a/b/c	ee (%) of **a**
1	**3**	CHCl$_3$, 24 h	18	71:11:18	27
2	**4**	CHCl$_3$, 24 h	98	35:56:9	89
3	**4**	THF/H$_2$O (1:2), 3 h	97	65:28:7	95
4	**5**	THF/H$_2$O (1:2), 3 h	92	93:5:2	99

CO$_2$H
3

Pro-D-Pro-Aib-Trp-Trp-(Leu-Leu-Aib)$_2$― **4**

Pro-D-Pro-Aib-Trp-Ser(Me)-(Leu-Leu-Aib)$_2$― **5**

第17章　選択的ペプチド触媒の開発

　次いで，低分子触媒では実現の難しい位置選択的反応へと展開した[11]。$\alpha,\beta,\gamma,\delta$-不飽和アルデヒドに対するイミニウムイオン機構での共役付加反応では，1,4-付加が1,6-付加に優先して起こることが知られている。実際，3当量のHantzschエステルを用いた実験では，低分子アミン触媒 **6** を用いると1,4-還元体が主生成物となる（表2）。対照的に，ペプチド **4** との反応では，まず1,6-付加が，次いで1,4-付加が続けて起こり，化合物 c を与えた（表2，エントリー4）。トリプトファン残基をドナー性を増した5-メトキシトリプトファンにするなどの配列最適化を行った結果，位置及びエナンチオ選択性の高いペプチド触媒 **7** を見出すことができた。配列検討時の結果を踏まえて総合的に考えると，反応中間体であるイミニウムイオンとトリプトファン側鎖のインドール環との間のドナー-アクセプター相互作用が重要な役割を果たしているものと推察される。β,δ 二置換の基質の反応も1,6-選択的かつ高エナンチオ選択的に進行したが，ジアステレオマー比は低いものであった。対照実験などから，最初の1,6-付加にはほとんど立体選択性がないことが分かり，ペプチド鎖とイミニウムイオンの相互作用の範囲についてある程度の知見が得られた。

表2　位置／エナンチオ選択的共役付加反応

entry	catalyst	solvent, time	conversion (%)	a/b/c	ee (%) of c
1	6	THF/H$_2$O (1:2), 24 h	93	59:0:41	3
2	4	THF/H$_2$O (1:2), 24 h	56	23:19:58	86
3	7	THF/H$_2$O (1:2), 24 h	95	13:0:87	96
4	7	1,2-dimethoxyethane, 48 h	99	10:0:90	99

　最後に，ペプチド触媒を面性キラル化合物の速度論的光学分割に利用した（図2）。面不斉化合物のキラリティーを識別するには，点不斉化合物を対象とする場合よりも一回り大きなサイズでの分子認識が必要となるが，ペプチド触媒はそのような要請を満たすものと考えた。面不斉メタロセン誘導体について試みたところ，低分子触媒は全く鏡像異性体を識別しなかったのに対

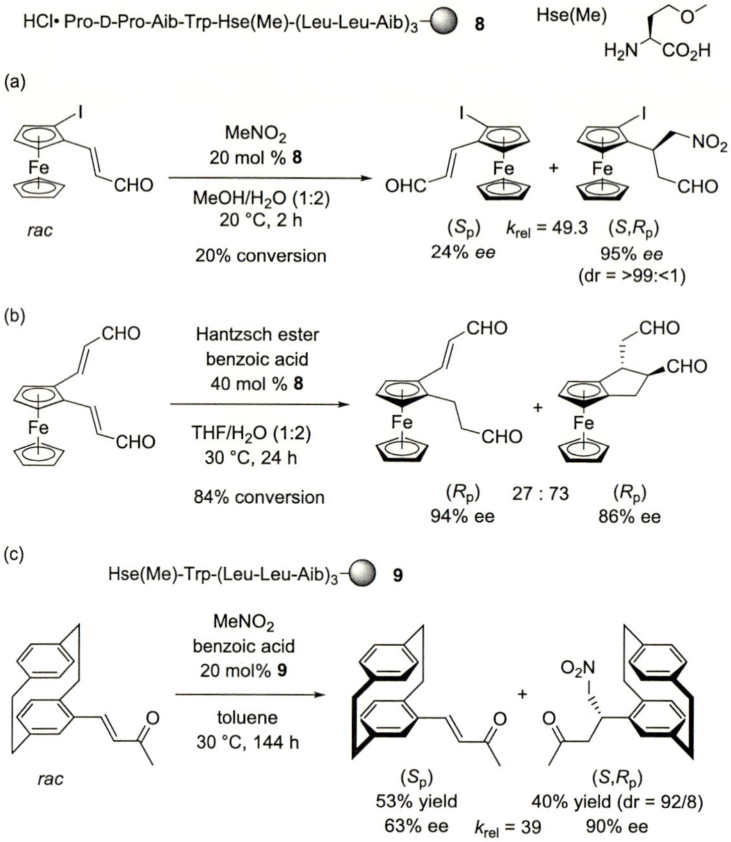

有機分子触媒の開発と工業利用

図 2　面不斉化合物の速度論的光学分割

し，ターン–ヘリックスペプチド触媒は，選択的な反応を促進した。ペプチド配列の最適化により，ホモセリンメチルエーテルを有する高選択的な触媒に到達した（図 2a）[12]。このペプチド触媒は，C_s-対称フェロセニル化合物の非対称化にも適用できた（図 2b）[13]。

　面不斉［2.2］-パラシクロファンの速度論的分割では，これまでのエナールの反応を用いた系では望ましい結果は得られなかったが，基質をエノンとして，ターン部分のないヘリックスペプチドを触媒とすることで，高い不斉識別能が観察された（図 2c）[14]。ここでも，ペプチド鎖へのホモセリンメチルエーテルの導入が良好な結果を与えた。

4　2つのアミノ酸サイトが協同的にはたらくペプチド触媒の発見

　前節に掲げたペプチド触媒はいずれも，まずターン–ヘリックス構造をもつパイロットペプチド **2** または **4** で反応を試し，その後アミノ酸配列のチューニングを行う，という方法で得ている。このアプローチをとる限り，触媒はパイロットペプチド類似の配列にとどまり，ペプチドが

第17章 選択的ペプチド触媒の開発

本来もつ多様性を十分に活かせているとは言い難い。この問題の解決には，コンビナトリアル化学の適用が有効と考えたが，そのためにはまず，イミニウムイオン触媒反応に対するアッセイ系を確立する必要があった。

　前節の反応では，イミニウムイオン中間体への求核剤の共役付加によってエナミンが生じ，それが加水分解されることで生成物のアルデヒドが得られる。この加水分解が起こる前に還元処理すれば，付加体がペプチド上に固定化できるものと期待され，その際に，色素標識された求核試薬を用いていれば，ペプチドの触媒活性を視覚的に確認できることになる（図3）。まず，モデル化合物を用いて実験を行い，トリアセトキシ水素化ホウ素ナトリウムを作用させることで，付加体のアミン上への還元固定化が可能であることを確かめた。次に，触媒**4**類似の配列をもつ樹脂固定化ペプチドライブラリ Pro-D-Pro-Aib-X-Y-(Leu-Leu-Aib)$_2$-resin（ここで X, Y = {Arg, Asp, Glu, His, Lys, Orn, Phe, Pro, Ser, Tyr}，Orn = L-オルニチン）をスプリット合成により作製し，これを用いて色素標識されたマロン酸エステルを求核剤とする反応を行い，過剰の求核剤を洗い流したところ，一部のビーズに着色が認められた。それらを顕微鏡観察下に選り分けて，ペプチドを切り出し，MS/MS測定によりペプチド配列を決定した[15]。

　ヒットした15サンプルのうち6サンプルが X-Y = Phe-His，2サンプルが X-Y = Tyr-His であり，いずれもN末端から5残基目にヒスチジン残基を含んでいた。新しく発見されたこれらのペプチドは，X-Y = Trp-Trp の原型ペプチドよりも反応性・選択性の双方の点で優れた触媒性能を示した（図4）。速度論的解析の結果などから，ヒスチジン側鎖のイミダゾール環が反応中間体のイミニウムイオンに対して可逆的に付加／脱離しており，そのことが基質アルデヒドからのイミニウムイオンの形成の促進に，ひいては反応全体の加速につながっていることが示唆された。また，この中間体ではイミニウムイオンの一方の面が効果的にペプチド鎖に覆われることとなり，それが高い選択性につながっていると理解された（図5）。このように，期せずして酵素同様に複数アミノ酸残基が協同的に作用するペプチド触媒に到達できた。

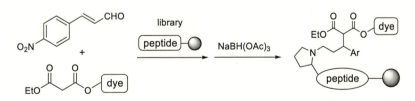

図3　ライブラリアッセイに向けた触媒活性ペプチド検出方法

有機分子触媒の開発と工業利用

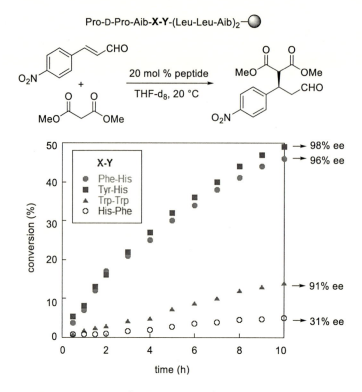

図4　スクリーニングで見出されたペプチド触媒の活性と選択性

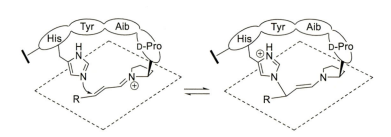

図5　N末端から5残基目にHisをもつペプチド触媒の推定挙動

このコンビナトリアル化学的アプローチに関しては，その後さらに二次構造部分まで含めて配列をランダム化した大規模ライブラリに拡張し，全く新しい配列の高活性ペプチド触媒を開発することにも成功している。詳細は文献を参照いただきたい[16]。

5　おわりに

イミニウムイオン機構で進む反応に適する選択的ペプチド触媒を見出すことができた。これらは，配列のわずかな改変によって様々な反応に適用可能であり，このことはペプチド触媒の特性

第 17 章　選択的ペプチド触媒の開発

を実証している。また，コンビナトリアル化学の適用によって協同作用で触媒能を示す新たな配
列を見出すことができ，酵素に一歩近づいたといえる。人工ペプチドでは天然のタンパク質と異
なり，D-アミノ酸や非天然アミノ酸を自由に導入できる。ペプチド鎖による選択的反応の制御
は，アミン触媒以外にも，金属触媒反応も含む多様な系に拡張可能な概念と考えており，オンデ
マンド型触媒としてのさらなる展開が期待される。

文　　献

1) S.J. Miller, G.T. Copeland, N. Papaioannou, T.E. Horstmann, E.M. Ruel, *J. Am. Chem. Soc.*, **120**, 1629 (1998).

2) B. List, R.A. Lerner, C.F. Barbas III, *J. Am. Chem. Soc.*, **122**, 2395 (2000).

3) a) E.A.C. Davie, S.M. Mennen, Y. Xu, S.J. Miller, *Chem. Rev.*, **107**, 5759 (2007). b) K. Kudo, K. Akagawa, "Polymeric Chiral Catalyst Design and Chiral Polymer Synthesis", p.91, Wiley (2011).

4) a) J. F. Austin, D.W.C. MacMillan, *J. Am. Chem. Soc.*, **124**, 1172 (2002). b) S.G. Ouellet, J.B. Tuttle, D.W.C. MacMillan, *J. Am. Chem. Soc.*, **127**, 32 (2005).

5) a) K. Akagawa, H. Akabane, S. Sakamoto, K. Kudo, *Org. Lett.*, **10**, 2035 (2008). b) K. Akagawa, H. Akabane, S. Sakamoto, K. Kudo, *Tetrahedron : Asymmetry*, **20**, 461 (2009).

6) K. Akagawa, T. Yamashita, S. Sakamoto, K. Kudo, *Tetrahedron Lett.*, **50**, 5602 (2009).

7) K. Akagawa, T. Fujiwara, S. Sakamoto, K. Kudo, *Org. Lett.*, **12**, 1804 (2010).

8) K. Akagawa, R. Suzuki, K. Kudo, *Adv. Synth. Catal.*, **354**, 1280 (2012).

9) K. Akagawa, K. Kudo, *Org. Lett.*, **13**, 3498 (2011).

10) K. Akagawa, S. Takigawa, I.S. Nagamine, R. Umezawa, K. Kudo, *Org. Lett.*, **15**, 4964 (2013).

11) K. Akagawa, J. Sen, K. Kudo, *Angew. Chem. Int. Ed. Engl.*, **52**, 11585 (2013).

12) M. Akiyama, K. Akagawa, H. Seino, K. Kudo, *Chem. Commun.*, **50**, 7893 (2014).

13) K. Akagawa, M. Akiyama, K. Kudo, *Eur. J. Org. Chem.*, **18**, 3894 (2015).

14) K. Akagawa, N. Nishi, I. Yoshikawa, K. Kudo, *Eur. J. Org. Chem.*, **23**, 5055 (2015).

15) K. Akagawa, N. Sakai, K. Kudo, *Angew. Chem. Int. Ed.*, **54**, 1822 (2015).

16) K. Akagawa, J. Satou, K. Kudo, *J. Org. Chem.*, **81**, 9396 (2016). b) K. Akagawa, Y. Iwasaki, and K. Kudo, *Eur. J. Org. Chem.*, **26**, 4460 (2016). c) K. Akagawa, K. Kudo, *Acc. Chem. Res.*, **50**, 2429 (2017).

第18章　有機分子触媒を用いた光ペルフルオロアルキル化反応の開発

矢島知子[*]

1　はじめに

　有機フッ素化合物は，フッ素元素の有する①小さなファンデルワールス半径，②大きな電気陰性度，③強い炭素-フッ素結合などの性質から，有機分子に特有な性質を与えることができる[1]。このことから含フッ素有機化合物は医農薬品のみならず機能性材料としても欠かすことのできない化合物である。しかしながら，これらの特殊な性質から，その合成に際しては一般の有機合成手法がそのまま適用できない場合が多く，合成法の開発は重要な課題となっている。特にトリフルオロメチル基をはじめとする，アルキル基の水素が全てフッ素で置換されたペルフルオロアルキル基を有する化合物は，その凝集性（フルオラス性）から近年，超分子分野にも多く用いられ，機能性材料としての需要も高まりを見せている。

　トリフルオロメチル基の導入は多くの研究がなされており，トリフルオロメチル化剤の開発も進んでいる。しかし，長鎖のペルフルオロアルキル基の導入に際しては，トリフルオロメチル化の場合と同じようには反応しないことが多く，ペルフルオロアルキル化剤の調整およびその導入反応は，トリフルオロメチル化と同様の手法が適用できない場合が多い。

　このような背景の中，我々は，これまで紫外光によるヨウ化ペルフルオロアルキルのホモリシスを用いたペルフルオロアルキル化に関する一連の研究を行ってきた[2]。この手法では，様々なペルフルオロアルキル基を導入することができる。しかしながら，紫外光による反応は有害で高いエネルギーを要する高圧水銀ランプを使用することから，その工業化には問題があった。そこで，我々は可視光を光源とする光ペルフルオロアルキル化の開発に着手した。

　可視光ペルフルオロアルキル化反応としては，ルテニウム，イリジウム錯体を用いたStephenson ら[3]，MacMillan ら[4]，Akita ら[5]，Cho ら[6]の反応が報告されている。ここではStephenson らのヨウ化トリフルオロメチルと末端オレフィンとのヨウ化ペルフルオロアルキル化の例を挙げる（図1）。

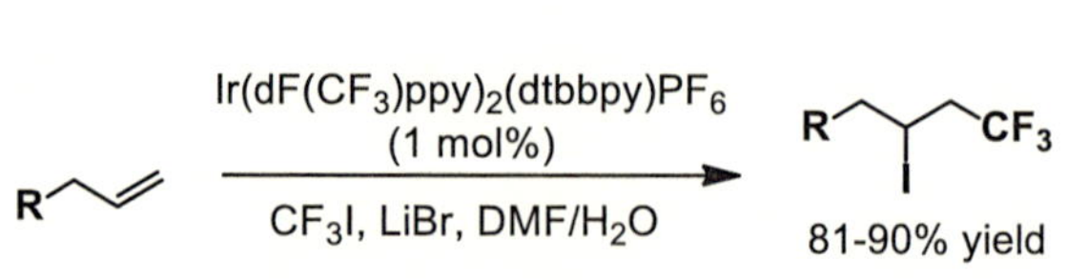

図1　Stephenson らの可視光トリフルオロメチル化

＊　Tomoko Yajima　お茶の水女子大学　基幹研究院　自然科学系　准教授

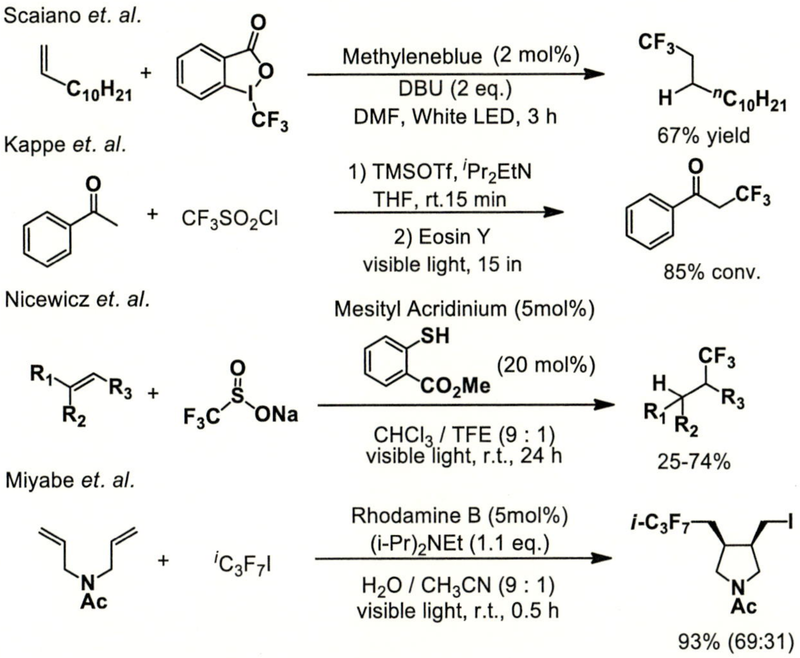

第 18 章　有機分子触媒を用いた光ペルフルオロアルキル化反応の開発

Scaiano *et. al.*

Methyleneblue (2 mol%)
DBU (2 eq.)
DMF, White LED, 3 h

67% yield

Kappe *et. al.*

1) TMSOTf, ^{i}Pr$_2$EtN
THF, rt.15 min
2) Eosin Y
visible light, 15 in

85% conv.

Nicewicz *et. al.*

Mesityl Acridinium (5mol%)

(20 mol%)

CHCl$_3$ / TFE (9 : 1)
visible light, r.t., 24 h

25-74%

Miyabe *et. al.*

Rhodamine B (5mol%)
(i-Pr)$_2$NEt (1.1 eq.)
H$_2$O / CH$_3$CN (9 : 1)
visible light, r.t., 0.5 h

93% (69:31)

図 2　有機色素を用いた可視光ペルフルオロアルキル化の例

　金属錯体をフォトレドックス触媒とする反応では少ない触媒量で良好な収率で反応が進行し，不斉合成についての報告例もある。しかし，高価で希少な金属を使用することは否めない。

　これに対し有機色素を用いた反応は，金属を用いることなく，有機物のみでの環境適応型反応が可能である。この例として，近年 Scaiano ら[7]，Kappe ら[8]，Nicewicz ら[9]，Miyabe ら[10]により報告がなされている。しかし，用いられるペルフルオロアルキル，反応基質が限られている等，それぞれに問題点があり，その更なる開発は待ち望まれている（図 2）。

　本稿では，我々の行った有機色素をフォトレドックス触媒とする可視光ペルフルオロアルキル化反応の開発について紹介する[11]。

2　有機色素を用いた可視光ヨウ化–ペルフルオロアルキル化

2.1　エオシン Y を用いた反応

　まずはじめに，安価で入手容易な有機色素であるエオシン Y を用いてヨウ化ペルフルオロヘキシルをフッ素源とするデセンへの光反応の検討を行った（表 1）。

　エオシンを 10 mol%，ヨウ化ペルフルオロアルキルを 2 当量用いて，チオ硫酸ナトリウム水溶液存在下，アセトニトリル溶液中で 12 W 白色 LED により 1 時間可視光照射を行った。その結果，対応するヨウ化ペルフルオロアルキル化生成物 **2a** が 88%の良好な収率で得られた（エン

有機分子触媒の開発と工業利用

表1 エオシンYを触媒とする反応条件の検討

entry	Eosin Y	$C_6F_{13}I$	$Na_2S_2O_3$	2a	3a
1	10 mol%	2.0 eq.	5.0 eq.	88%	-
2	1 mol%	2.0 eq.	5.0 eq.	89%	-
3	1 mol%	1.5 eq.	5.0 eq.	91%	-
4	1 mol%	1.2 eq.	5.0 eq.	82%	3%
5	1 mol%	1.5 eq.	-a)	n.r.	
6	1 mol%	1.5 eq.	-	61%	-
7	1 mol%	1.5 eq.	-	18%	-

a) In the absence of water and $Na_2S_2O_3$, b) In the presence of $^iPr_2NEt$ (5.0 eq.)

トリー1)。エオシンを1 mol%に減らしたところ，同様の良好な収率で生成物が得られた（エントリー2)。更にヨウ化ペルフルオロアルキルを減らしたところ，1.5当量では収率を維持したが，1.2当量の場合には若干の収率の低下が見られた（エントリー3，4)。また，チオ硫酸ナトリウム水溶液非存在下では反応は進行しなかったが，水を添加した場合には収率の低下は見られるものの反応は進行した（エントリー5，6)。エオシンYの還元剤としてチオ硫酸ナトリウムに代わり，ジイソプロピルエチルアミンを添加したが，収率は大幅に低下した（エントリー7)。

2. 2 有機色素の検討

次に，用いる有機色素の検討を行った（表2)。

エオシンYと同様フルオロセイン由来のフロキシンB，エリスロシンBでは良好な収率で反応は進行した（エントリー2，3)。しかしながら，フルオロセイン，メチレンブルーでは収率は著しく低下し，アリザリンレッドでは反応は進行しなかった（エントリー4〜6)。

2. 3 光源の検討

続いて，エオシンYを用いて，種々の波長の光源の検討を行った（表3)。

白色および青色LEDでは良好な収率で生成物を得たが，青色の際に若干の副生成物を与えた（エントリー1，2)。そこで，反応時間を1時間から30分に短縮したところ，副生成物は見られなかったが，収率の低下が見られた（エントリー3)。緑色LEDでは反応は進行したものの，収

第 18 章　有機分子触媒を用いた光ペルフルオロアルキル化反応の開発

表 2　有機色素の検討

entry	cat.	λ_{max} (nm)[1]	2a	3a	entry	cat.	λ_{max} (nm)[1]	2a	3a
1	Eosin Y	514	91%	-	4	Fluorescein	494	18%	-
2	Phloxine B	540	83%	-	5	Methylene Blue	661	18%	-
3	Erythrosine B	530	82%	5%	6	Alizarin Red S	556	n.r.	-

1) Ref.) F. J. Green. *et.al.*, *The Sigma-Aldrich Handbook of stains, Dyes and Indicators.*, **1990**.

表 3　光源の検討

entry	light source	time	yield
1	White LED (>400 nm)	1 h	91%
2	Blue LED (470 nm)	1 h	93%*
3	Blue LED (470 nm)	30 min	85%
4	Green LED (525 nm)	1 h	77%
5	Red LED (660 nm)	1 h	n.r.

* Including impurities.

率は低下し，赤色 LED では反応は進行しなかった（エントリー4，5）。

2．4　反応基質の検討

　これまでのエオシン Y をレドックス触媒として白色 LED を用いる最適条件で，基質および用いるヨウ化ペルフルオロアルキルの検討を行った。まず，末端アルケンを用いた反応の検討を行った（表 4）。

205

有機分子触媒の開発と工業利用

表4　末端アルケンを用いた反応の検討

Eosin Y (1 mol%)
R_fI (2.0 eq.)
$Na_2S_2O_3$ aq. (5.0 eq.)
CH_3CN, 12 W White LED, 1 h

1a, f-l → **2b-l**

C_8H_{17} — R_f

2b : $CF_3I^{1)}$ 53%
2c : $^iC_3F_7I$, 64%
2d : C_4F_9I, 77%
2e : ICF_2CO_2Et, 93%

HO — $^nC_6F_{13}$
2f
54%

— $^nC_6F_{13}$
2g
93%

— $^nC_6F_{13}$
2h
60%

— $^nC_6F_{13}$
2i
85%

— $^nC_6F_{13}$
2j
68%

— $^nC_6F_{13}$
2k
70%

— $^nC_6F_{13}$
2l
89%

1) 13 eq.

　デセンを基質として様々なヨウ化ペルフルオロアルキルを用いた反応の検討を行った。その結果，いずれのヨウ化物を用いた場合にも良好な収率で対応するヨウ化ペルフルオロアルキル化生成物を与えた。ヨウ化ジフロロエチルアセテートを用いた反応でも良好な収率で進行しており，これは簡便なジフロロ化合物の合成法と言える。基質の検討においては，フリーのアルコールを用いた場合には収率の低下が見られたが，保護したアルコールでは良好な収率で生成物が得られた。また芳香環，エステル，アミド，エーテルが存在しても反応は速やかに進行することが明らかとなった。

　また，この反応混合物に塩基を加えることによる付加-脱離反応を試みた。（図3）。

　光反応の終了後の反応混合物に，ジアザビシクロウンデセン（DBU）を2当量加えてさらに1時間撹拌した。その結果，対応するオレフィンが78%の収率で E 体メジャーで得られた。この反応ではヨウ化ペルフルオロアルキル化後，脱 HI が進行することによりオレフィンが生成しており，ワンポットでの形式的な置換反応とみることができる。

　さらに，末端アルキンを用いた検討を行った（表5）。

　末端アルキンに対する反応も同様に速やかに進行し，対応するヨウ化ペルフルオロアルキル化体を E 体メジャーで与えた。

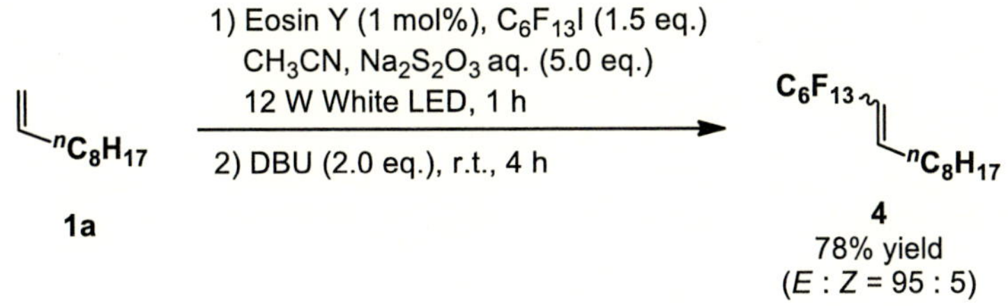

第18章　有機分子触媒を用いた光ペルフルオロアルキル化反応の開発

1) Eosin Y (1 mol%), C₆F₁₃I (1.5 eq.)
   CH₃CN, Na₂S₂O₃ aq. (5.0 eq.)
   12 W White LED, 1 h

2) DBU (2.0 eq.), r.t., 4 h

^{n}C₈H₁₇ (1a) → C₆F₁₃ ^{n}C₈H₁₇ (4)
78% yield
(E : Z = 95 : 5)

図3　ワンポットでの付加-脱離反応

表5　末端アルキンを用いた反応の検討

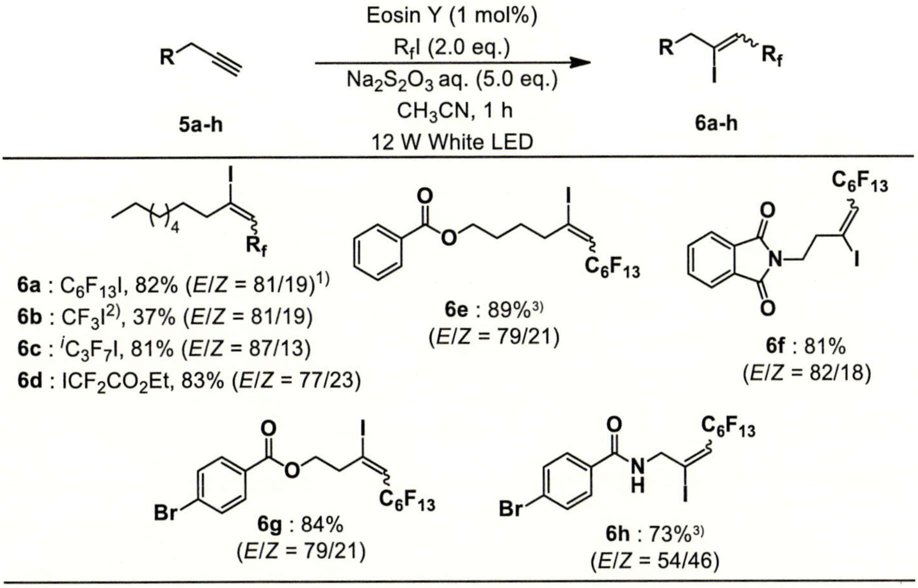

R—≡ (5a-h)

Eosin Y (1 mol%)
R$_f$I (2.0 eq.)
Na₂S₂O₃ aq. (5.0 eq.)
CH₃CN, 1 h
12 W White LED

→ R〜R$_f$ (6a-h)

6a : C₆F₁₃I, 82% (E/Z = 81/19)[1]
6b : CF₃I[2], 37% (E/Z = 81/19)
6c : ^{i}C₃F₇I, 81% (E/Z = 87/13)
6d : ICF₂CO₂Et, 83% (E/Z = 77/23)

6e : 89%[3]
(E/Z = 79/21)

6f : 81%
(E/Z = 82/18)

6g : 84%
(E/Z = 79/21)

6h : 73%[3]
(E/Z = 54/46)

1) E/Z isomers were determined by crude ^{1}H NMR. 2) CF₃I (13 eq.) 3) Reaction time : 2 h.

2.5　反応機構に関する研究

　このように，エオシンYを有機レドックス触媒とする末端アルケン，アルキンへのヨウ化ペルフルオロアルキル化反応が速やかに進行したことから，その反応機構の考察を行った。

　まず，エオシンのレドックスサイクルとして酸化的サイクルと還元的サイクルが考えられる。このいずれかを明らかにするために，紫外可視吸収スペクトルを用いた消光実験を行った（図4）。

　エオシンYのアセトニトリル溶液に，ヨウ化ペルフルオロヘキシルを加えてスペクトル測定を行った。その結果，ヨウ化物の添加に伴いスペクトルの低下が見られた（図4，右）。これに対し，エオシンYの水溶液にチオ硫酸ナトリウムを加えた時にはスペクトルの変化は見られな

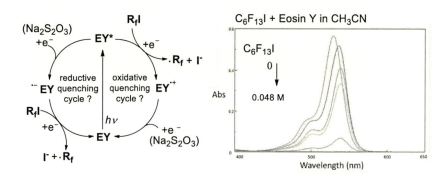

図4 消光実験

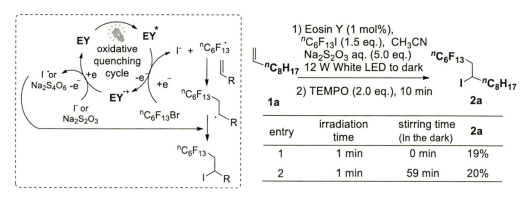

図5 反応機構と暗所実験

かった。このことから，光励起したエオシンがヨウ化ペルフルオロアルキルによってラジカルカチオンとなる酸化的サイクルにより，ペルフルオロアルキルラジカルが生成していると考えた。また，ヨウ化ペルフルオロアルキルの添加に伴う長波長シフトが見られることから，エオシンとヨウ化ペルフルオロアルキルとは相互作用していることが示唆された。

引き続き，生じたペルフルオロアルキルラジカルと基質との反応の反応機構について考察した（図5）。

光励起したエオシンから一電子移動を受けて，ヨウ化ペルフルオロアルキルがヨウ素アニオンとペルフルオロアルキルラジカルを生じる。生じたラジカルはオレフィンと反応し，中間体ラジカルを与える。この中間体ラジカルから生成物を与える経路は①ラジカル連鎖機構，②カチオンを経由する機構，③ヨウ素ラジカルと再結合する機構の3つが考えられる。まず，一つ目のラジカル連鎖機構は，中間体ラジカルがもう一分子のヨウ化ペルフルオロアルキルからヨウ素をもらって，ペルフルオロアルキルラジカルを再生する機構である。この反応では，エオシンによってラジカルが生じればその後は連鎖するので反応の開始時にのみ光が必要であると考えられる。

第 18 章　有機分子触媒を用いた光ペルフルオロアルキル化反応の開発

そこで，暗所での実験を行った（図 5，右）。可視光照射の反応を 1 分行った後，TEMPO を添加し，ラジカル反応を停止させたところ，19％の収率で生成物が得られた。これに対し，同様に光照射を 1 分行った後，暗所で 59 分反応を行い，その後に TEMPO を添加しラジカル反応を停止させた場合にも 20％とほぼ同じ収率で生成物が得られた。このように，暗所では全く反応が進行しないことから，連鎖機構では進行していないと考えた。次に，カチオンを経由する機構では，中間体ラジカルがチオ硫酸ナトリウムによってカチオンに変化することは考えられるが，もしカチオンが生じればヨウ化物イオンよりも早く，多く存在する水由来の水酸化物イオンと反応すると考えられる。しかしながら，アルコールは全く副生してこなかったことから，この経路でもないと考えた。そこで，現在，最後のヨウ素ラジカルとの再結合による機構を考えている。生成したヨウ化物イオンがチオ硫酸ナトリウムによりヨウ素ラジカルとなり，中間体ラジカルと結合したと考えている。

3　おわりに

安価で入手容易，安全な有機色素であるエオシン Y を有機レドックス触媒とした末端アルケン・アルキンの可視光ヨウ化ペルフルオロアルキルラジカル反応を開発した。類似の研究として最近 Bolm らの報告もあり，今後盛んにこの分野の研究が行われることが示唆されている。有機触媒によるフッ素の導入反応は，環境調和型の反応で有用で合成例の少ない含フッ素有機化合物を得ることができることから，この反応を基盤として，今後不斉合成，フロー合成等のより有用な含フッ素化合物の提供に向けた展開が期待される。

文　　献

1)　(a) K. Uneyama, "Organofluorine Chemistry", Blackwell Publishing（2006）；
(b)（独）日本学術振興会・フッ素化学第 155 委員会編，"フッ素化学入門 2010：基礎と応用の最前線"，三共出版，（2010）
2)　(a) T. Yajima *et al., Org. Lett.*, **9**, 2513（2007）；(b) T. Yajima *et al., Tetrahedron*, **68**, 6856（2012）；(c) T. Yajima *et al., J. Fluorine Chem.*, **150**, 1（2013）；(d) E. Nogami *et al., J. Org. Chem.*, **80**, 9208（2015）；(e) E. Nogami *et al., Tetrahedron Lett.*, **57**, 2624（2016）；(f)　矢島知子，有機合成化学協会誌，**71**, 683（2013）
3)　J. D. Nguyen *et al., J. Am. Chem. Soc.*, **133**, 4160（2011）
4)　D. A. Nagib *et al., Nature*, **480**, 224（2011）
5)　Y. Yasu *et al., Chem. Commun.*, **49**, 2037（2013）
6)　N. Iqbal *et al., Tetrahedron Lett.*, **53**, 2005（2012）

7) S. P. Pitre *et al., ACS Catal.*, **4**, 2530 (2014)

8) J. A. Rincón *et al., Org. Lett.*, **16**, 896 (2014)

9) D. Cantillo *et al., Chem. Sci.*, **4**, 3160 (2013)

10) E. Yoshioka *et al., J. Org. Chem.*, **77**, 7217 (2016)

11) T. Yajima *et al., Eur. J. Org. Chem.*, **15**, 2126 (2017)

12) D. P. Tiwari *et al., Org. Lett.*, **16**, 896 (2014)

第19章　光励起ケトンを活性化剤とする分子骨格への直接的官能基導入法

上條　真[*]

1　はじめに

近年，有機化合物の合成を効率化しうる方法論のひとつとして，低反応性 C-H 結合の官能基化が注目をあつめている[1]。そのなかで我々は，$C(sp^3)$-H 結合を直接的に官能基化することが可能な新しい合成手法の開発に取り組んでいる。炭素骨格に含まれる $C(sp^3)$-H 結合を，直接的かつ自在に官能基化する手法は，保護基の使用や官能基の変換，酸化度の調整に要する工程数を最小限に留め，高度に官能基化された標的化合物の合成・入手を大幅に効率化する可能性を秘めた魅力的な変換反応である。炭素骨格を構成する飽和炭素鎖に含まれる C-H 結合の官能基化はアルキル化に相当し，有機合成化学における基本的な変換反応の1つである。隣接する電子求引基により分極した，活性化された酸性度をもつ C-H 結合の官能基化は確立されており，イオン反応が適用できる。塩基による脱プロトン化を経て求核的に活性化したのち，求電子剤を作用させることで様々な官能基を導入できる。しかし一般的に，分子骨格には酸性度をもたない低反応性 C-H 結合が最も多く含まれており，酸性度をもつ活性化された C-H 結合は限られている。酸性度をもたない C-H 結合は分極が小さいため，イオン反応を適用することは困難であり，そのような結合を官能基化の起点とすることは容易ではない。このように酸性度をもたない C-H 結合は著しく反応性が低く，選択性を制御しつつ反応させることはもちろんのこと，変換自体が困難であると考えられてきた。このような背景のもと我々は，光励起ケトン由来の高反応性酸素ラジカル種を巧みに利用した低反応性 C-H 結合のラジカル切断に着目し[2~4]，これを鍵工程とした炭素骨格の直接的な変換法の開発に取り組んできた。

2　C-H 結合のシアノ化[5]

低反応性 $C(sp^3)$-H 結合を反応点とする官能基化反応の開発にあたり，光励起を受け酸素ラジカル種を発生しやすいことが知られている benzophenone[Ph_2CO] を C-H 結合の切断化剤として選んだ。さらに，ラジカル捕捉剤として知られるトシルシアニドをシアノ化剤とすることで C-H 結合のシアノ化を達成した（図1）。

Ph_2CO 存在下，ジオキサン（8当量）に対しトシルシアニド（1当量）を添加し光照射すると，C-H 結合のシアノ化が効率よく進行することを見出した（表1）。1当量の Ph_2CO を用い，

---

[*]　Shin Kamijo　山口大学　大学院創成科学研究科　准教授

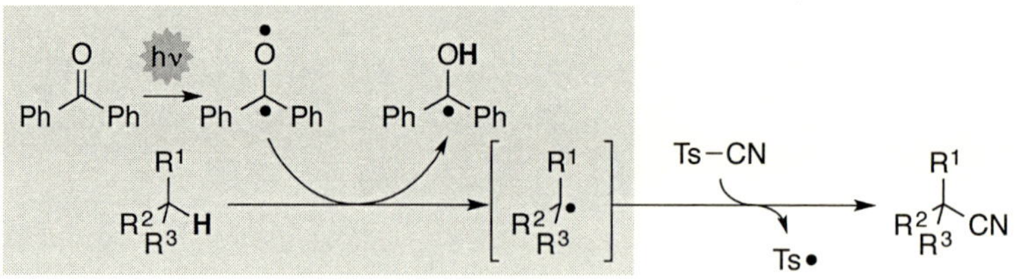

有機分子触媒の開発と工業利用

図1 C-H 結合のシアノ化

表1 C-H シアノ化の条件検討

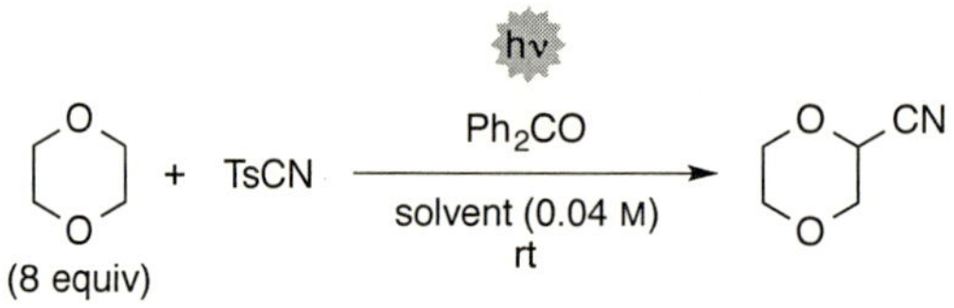

(8 equiv) + TsCN → solvent (0.04 M), rt, hν, Ph₂CO

entry	solvent	Ph₂CO	time	yield (NMR)	Ph₂CO recovery
1	benzene	1 equiv	6 h	(74%)	59%
2	benzene	0 equiv	12 h	(0%)	–
3	benzene	0.5 equiv	12 h	(64%)	<4%
4[a]	benzene	1 equiv	24 h	(46%)	48%
5	dioxane	1 equiv	1 h	(85%)	90%
6	MeCN	1 equiv	6 h	63%[b] (72%)	87%
7	t-BuOH	1 equiv	18 h	(63%)	<5%
8	MeCN	0.5 equiv	6 h	(74%)	88%

[a] Two equivalents of dioxane were used.
[b] Isolated yield was lower due to volatile nature of the product.

ベンゼン中で反応を行ったところ，対応するシアノ化体は74％の収率で得られるとともに，かなりの量の Ph₂CO が回収された（entry 1）。Ph₂CO を添加しない場合は，反応は全く進行しない（entry 2）。一方，Ph₂CO やジオキサンの添加量を減らして反応を行うと，シアノ化体の収率は低下した（entries 3 and 4）。ジオキサン中での反応は，速やかに完結し，高い収率でシアノ化体を与えた（entry 5）。MeCN や t-BuOH のような極性溶媒も利用できた（entries 6 and 7）。MeCN 溶媒中では，0.5 当量の Ph₂CO を添加するのみで遜色なく反応が進行したことから，MeCN を最適溶媒とした（entry 8）。

　本反応の適用性を検討した（図2）。酸素や窒素のようなヘテロ原子に隣接する C-H 結合が化学選択的に変換され，対応するシアノ化体を与えた。複数の反応点をもつクラウンエーテルやフタランにおいても，モノシアノ化体を与えた。1 級アルコールを出発物とした場合はシアノヒドリンを与え，シクロプロピルエタノールでは開環を伴い反応が進行し，鎖状のシアノケトンを与えた。アセタール保護された縮環型化合物では，立体的に込み入った縮環部のメチン部位が選択

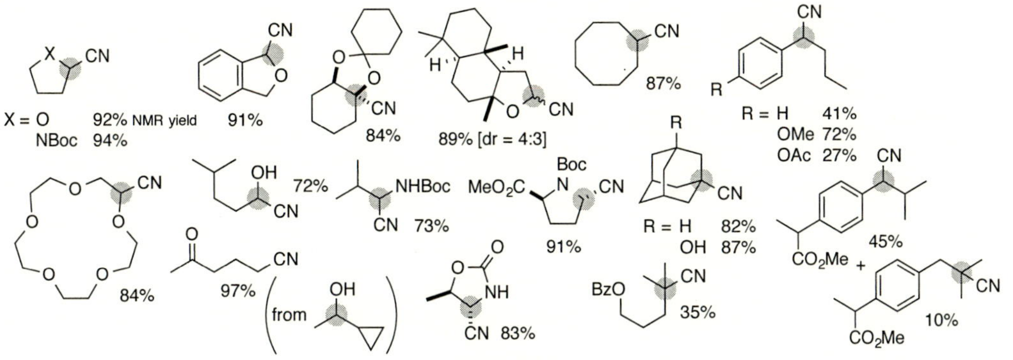

第19章 光励起ケトンを活性化剤とする分子骨格への直接的官能基導入法

図2 様々な化合物のシアノ化

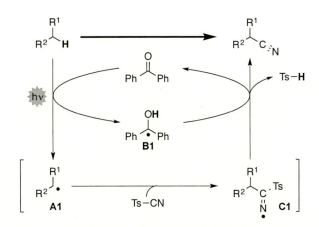

図3 C-Hシアノ化の推定反応機構

的にシアノ化され，四置換炭素が構築された。含窒素化合物では，窒素隣接位で選択的なシアノ化が進行した。また，プロリン誘導体や環状カーバメートでは立体選択的な反応が進行し，いずれもトランス体を与えた。シクロオクタンのシアノ化も進行した。アダマンタン誘導体では，メチンC-H結合が選択的に変換された。ベンジル位のシアノ化も進行し，電子豊富なC-H結合の方が電子不足なC-H結合よりも高い反応性を示した。

本反応の推定反応機構を図3に示した。光励起Ph_2CO由来の酸素ラジカル種が出発物から水素を引き抜き，炭素ラジカル**A1**を与えるとともにケチルラジカル**B1**を生じる。C-H結合のラジカル切断による**A1**の形成は，シクロプロパン環の開環からも支持される。また，電子豊富なC-H結合ほど反応性が高いことは，電子求引性の酸素ラジカル種によるC-H切断を支持している。系内で発生した炭素ラジカル**A1**は，ラジカル捕捉剤であるトシルシアニドに付加し，ラジカル**C1**となる。続いてスルフィニルラジカルを放出することでシアノ化体が生成する。また，生じたスルフィニルラジカルはケチルラジカル**B1**から水素を受け取り，スルフィン酸を生成す

有機分子触媒の開発と工業利用

ることで Ph$_2$CO を再生する。

3　C–H 結合のアルキル化[6)]

次に，付加型反応による低反応低性 C(sp^3)–H 結合の官能基化法の開発に取り組んだ。酸性度をもつ C–H 結合の場合は，脱プロトン化によりアニオンとして活性化した求核剤を電子不足オレフィンに付加させる手法，すなわちマイケル反応が確立されており，炭素ユニットを導入する一般的な手法として利用されている。しかし，酸性度をもたない C–H 結合は塩基性条件で活性化することができず，このような低反応性 C–H 結合をアルキル化する一般的な手法は確立されていない[7)]。そこで，光励起ケトンによる C–H 結合のラジカル切断を経て発生する炭素ラジカルに電子不足オレフィンを作用すれば，付加型反応による C–H 結合のアルキル化反応が実現で

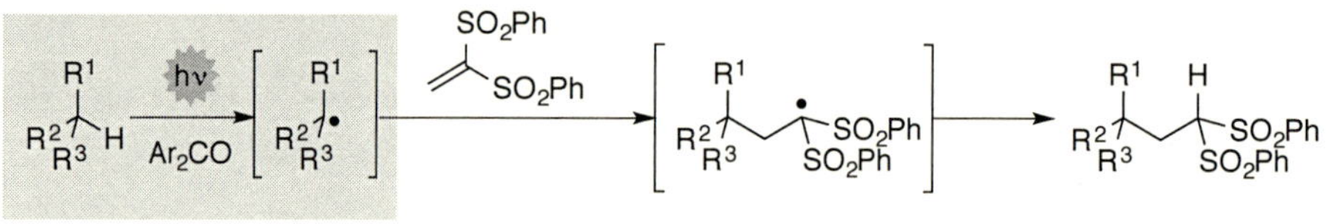

図4　C–H 結合のアルキル化

表2　C–H アルキル化の条件検討

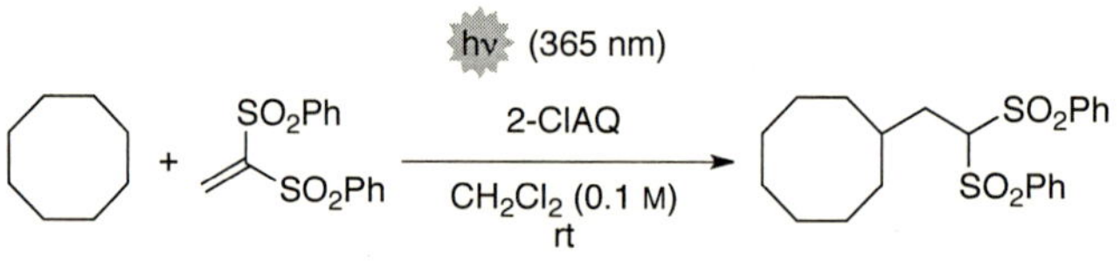

entry	2-ClAQ		cycloctane	time	yield (NMR)
1	10 mol%		5 equiv	1 h	54%
2	10 mol%	[Ph$_2$CO][a]	5 equiv	1 h	(40%)
3	10 mol%	[4-BzPy][b]	5 equiv	1 h	(42%)
4	10 mol%	[Hg lamp][c]	5 equiv	1 h	(7%)
5	1 equiv	[0.04 M][d]	5 equiv	1 h	78%
6	1 equiv	[0.04 M][d]	2 equiv	1 h	(71%)
7	1 equiv	[0.04 M][d]	1.2 equiv	2 h	(48%)

[a] Ph$_2$CO was used instead of 2-ClAQ. [b] 4-BzPy was used instead of 2-ClAQ. [c] Hg lamp was used instead of LED lamp. [d] The reaction was conducted in 0.04 M CH$_2$Cl$_2$.

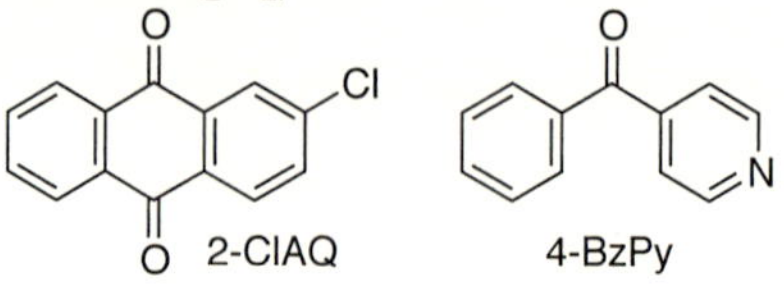

第 19 章　光励起ケトンを活性化剤とする分子骨格への直接的官能基導入法

きると考えた（図 4）。

　シクロオクタンの C-H 結合を変換対象とし，2 つのスルホニル基をもつ求電子性の高い 1,1-bis(phenylsulfonyl)ethylene をオレフィンとして，反応条件を検討した（表 2）。アルキル化反応に有効な芳香族ケトンを探索する過程で，2-chloroanthraquinone[2-ClAQ] の有効性を見出し，365 nm の単色光を照射下，期待するアルキル化体を得ることに成功した（54%，entry 1）。Ph$_2$CO や 4-benzoylpyridine[4-BzPy] でも，アルキル化が進行した（entries 2 and 3）。いずれのケトンを使用した場合も，触媒的なアルキル化が可能であった。水銀ランプを光源とした場合は，反応の完結により長い時間が必要となることが示唆された（entry 4）。添加する 2-ClAQ を 1 当量まで増やすとアルキル化体の収率が向上したが，一方で 2-ClAQ の低い溶解性が反応操作の煩雑化を招いた（entry 5）。シクロオクタンの添加量を減じると収率が著しく低下した（entries 6 and 7）。

　本反応の適用性を検討した（図 5）。シクロヘキサンも反応し，対応するアルキル化体を与えた。アダマンタン誘導体では，メチン C-H 結合が選択的にアルキル化された。また，メチン部位でアルキル化が進行する場合は，出発物 1 当量に対し，オレフィン 1.2 当量を加え反応を行っても同程度の収率で生成物を得ることに成功した。ヒドロキシ基やシロキシ基，トシルアミド基は共存可能であった。さらに，ベンジル位やアリル位でもアルキル化が進行した。酸素や窒素，硫黄といったヘテロ原子を含む化合物では，それらに隣接する C-H 結合が化学選択的にアルキル化をうけた。三環性化合物である ambroxide では，エーテル環が選択的にアルキル化されたことから，酸素隣接位の C-H 結合が 3 級メチン C-H 結合よりも反応性が高いことがわかる。プロリン誘導体では，位置選択的にメチレン C-H 結合がアルキル化され，立体選択的にトランス体を与えた。モルホリン誘導体の反応より，酸素隣接位よりも窒素隣接位が優先的にアルキル化されることがわかった。アルキル化により 2 級アルコールは 3 級アルコールに変換された。また，シス体・トランス体，いずれのシクロヘキサノール誘導体からも同程度の収率かつジアステレオマー比で対応するアルキル化体を与えた。つまり，同一のラジカル中間体を経由して反応が進行することを示唆している。

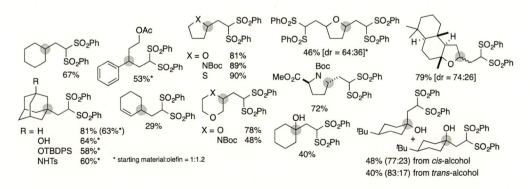

図 5　様々な化合物のアルキル化

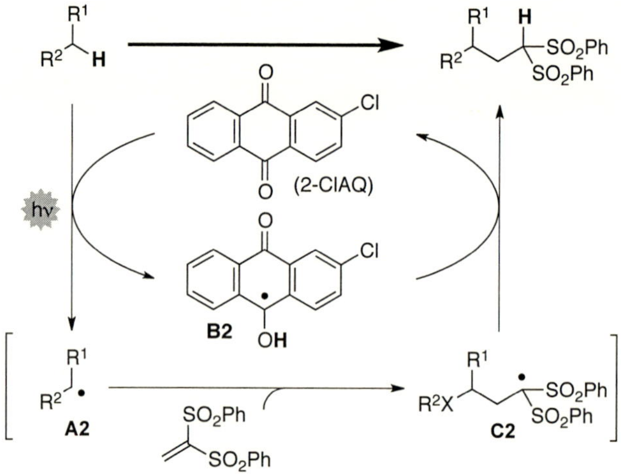

有機分子触媒の開発と工業利用

図6　C–H アルキル化の推定反応機構

　本反応の反応機構を図6のように推定した。まず，光照射された 2-ClAQ が励起することで高活性な酸素ラジカル種を形成する。これが出発物から水素を引き抜くことで，炭素ラジカル **A2** およびケチル型ラジカル **B2** を与える。次に，電子不足オレフィンに対する炭素ラジカル **A2** のマイケル型付加が進行し，ラジカル中間体 **C2** を与える。続いてラジカル種 **C2** とケチル型ラジカル **B2** の間で速やかに水素の授受が行われ，生成物であるアルキル化体を与えるとともに 2-ClAQ を再生し，触媒的に反応が進行する。

4　C–H 結合のアリル化[8]

　炭素鎖伸長の観点からより有利な3炭素ユニットであるアリル基の導入を目指し検討を行った。アリル化反応を設計するにあたり，付加型反応による C–H アルキル化を参考にした。すなわち，部分構造としてマイケルアクセプター型パーツを含むアリルスルホンをアリル基前駆体として設計すれば，S_N2' 型の置換反応を促進でき，アリル化が実現できると考えた（図7）[9]。

　はじめに，芳香族ケトンのスクリーニングを行った（表3）。Ph_2CO（10 mol%）存在下，アリル基前駆体として 1,2-bis(phenylsulfonyl)-2-propene を反応させると，アリル化が進行する

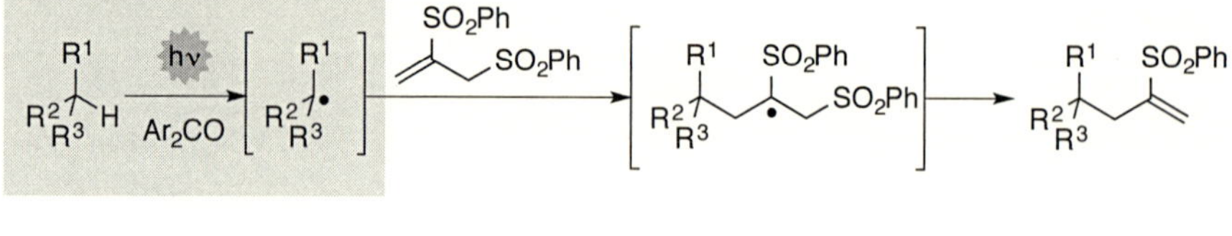

図7　C–H 結合のアリル化

第19章　光励起ケトンを活性化剤とする分子骨格への直接的官能基導入法

表3　C–Hアリル化の条件検討

entry	Ar₂CO	amount	hν	solvent	K₂CO₃	yield (NMR)
1	Ph₂CO	10 mol%	365 nm	MeCN	–	(52%)
2	4-BzPy	10 mol%	365 nm	MeCN	–	(30%)
3	2-ClAQ	10 mol%	365 nm	MeCN	–	61%
4	PT	10 mol%	365 nm	MeCN	–	(58%)
5	PT	10 mol%	425 nm	MeCN	–	55%
6	PT	10 mol%	425 nm	CH₂Cl₂	–	59%
7	PT	5 mol%	425 nm	CH₂Cl₂	–	55%
8	PT	5 mol%	425 nm	CH₂Cl₂	1.1 equiv	60%
9	PT	5 mol%	365 nm	CH₂Cl₂	1.1 equiv	63%
10	PT	1 mol%	425 nm	CH₂Cl₂	1.1 equiv	38%

ことを見出した（52%，entry 1）。この段階では，生成物の収率は中程度に留まるが，触媒的に反応が進行することを確認できた。4-BzPy や 2-ClAQ でも反応は進行した（entries 2 and 3）。さらに，拡張 π-共役系芳香族ケトンである 5,7,12,14-pentacenetetrone［PT］が C–H 切断能を示すことを見出した（entry 4）。またこのとき，365 nm の紫外光のみならず 425 nm の可視光でもアリル化が進行することがわかった（entry 5）。反応溶媒として，MeCN だけでなく CH₂Cl₂ も利用できる（entry 6）。さらに，PT の添加量を 5 mol% まで減じても問題なく反応は進行し（entries 7 and 10），K₂CO₃ を添加すると収率が向上した（60%，425 nm，entry 8；63%，365 nm，entry 9）。

　本反応の適用性を検討した（図8）。脂環式化合物ではメチレン C–H 結合が反応し，対応するアリル体を与えた。アダマンタン誘導体では，メチン C–H 結合が優先的にアリル化された。また，トシルアミド基やヒドロキシ基のようなプロトン性極性官能基のほか，エステルのような求電子性官能基が共存可能であった。ベンゾイル保護した鎖状アルコールは，メチン部位で反応が進行した。酸素や窒素，硫黄といったヘテロ原子を含む化合物では，それらに隣接する C–H 結合が化学選択的にアリル化された。2級アルコールからは3級ホモアリルアルコールが，1級アルコールからは2級ホモアリルアルコールが得られた。すなわち，アルコール保護基の使い分けにより反応点が制御できる。

217

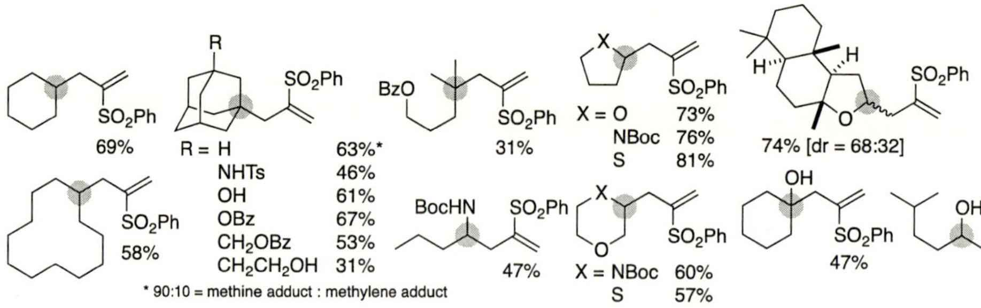

有機分子触媒の開発と工業利用

図8　様々な化合物のアリル化

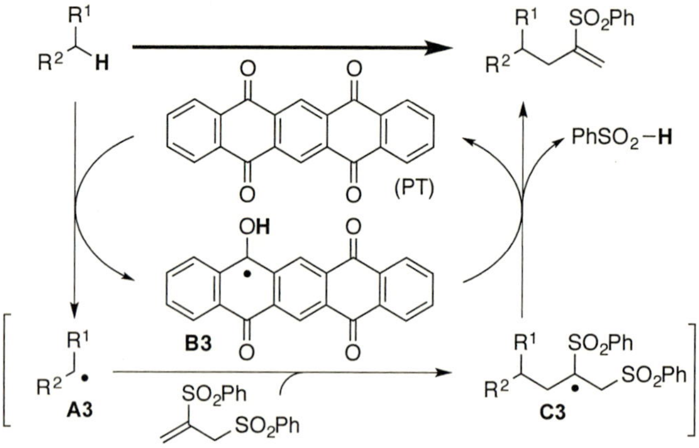

図9　C–H アリル化の推定反応機構

　本反応の推定反応機構を図9に示した。光励起された PT 由来の酸素ラジカル種が出発物から水素を引き抜き，炭素ラジカル **A3** ならびにケチル型ラジカル **B3** を与える。ラジカル **A3** の形成は，TEMPO 捕捉により確認した。このラジカル **A3** がアリル化剤にマイケル型付加し，炭素ラジカル **C3** を与える。続いて S_N2'型の置換反応が進行し，生成物としてアリル化体を与える。脱離したスルフィニルラジカルが **B3** から水素を受け取り，PT を再生することで触媒的に反応が進行する。

5　おわりに

　ここで紹介した反応はいずれも，光励起ケトン由来の高反応性酸素ラジカル種を利用した $C(sp^3)$–H 結合の直接的な官能基化反応である。結合エネルギーが小さく，電子密度の大きな C–H 結合が優先的に切断される傾向を示すため，反応点の予測が容易である。また，導入され

第 19 章　光励起ケトンを活性化剤とする分子骨格への直接的官能基導入法

る官能基はさらなる構造変換のための起点となることより，生成物の合成化学的な有用性も高い。

文　　献

1) For reviews on direct C-H transformations, see：(a) G. Dyker, ed., "Handbook of C-H Transformations", Wiley-VCH Vols. 1 and 2 (2005). (b) L. A. Paquette, P. L. Fuchs, eds., "Handbook of Reagents for Organic Synthesis：Reagents for Direct Functionalization of C-H Bonds", Wiley (2007). (c) Special issue on 'C-H Functionalizations in organic synthesis', *Chem. Soc. Rev.*, **40** (2011).

2) For benzopinacol synthesis, see：(a) G. Ciamician, P. Silber, *Ber.*, **33**, 2911 (1900). (b) W. E. Bachmann, *Org. Synth. Coll.*, Vol.2, 71 (1934).

3) For the Norrish-Yang reaction, see：N. C. Yang, D.-D. Y. Yang, *J. Am. Chem. Soc.*, **80**, 2913 (1958).

4) For a review on remote C-H functionalization, see：R. Breslow, *Chem. Rec.*, **1**, 3 (2001).

5) (a) S. Kamijo, T. Hoshikawa, M. Inoue, *Org. Lett.*, **13**, 5928 (2011). (b) T. Hoshikawa, S. Yoshioka, S. Kamijo, M. Inoue, *Synthesis*, **45**, 874 (2013).

6) S. Kamijo, G. Takao, K. Kamijo, T. Tsuno, K. Ishiguro, T. Murafuji, *Org. Lett.*, **18**, 4912 (2016).

7) The Giese-type reaction via the photoinduced radical cleavage of $C(sp^3)$-H bond is mostly limited to heteroatom-containing compounds；for a review, see：M. Fagnoni, D. Dondi, D. Ravelli, A. Albini, *Chem. Rev.*, **107**, 2725 (2007).

8) S. Kamijo, K. Kamijo, K. Maruoka, T. Murafuji, *Org. Lett.*, **18**, 6516 (2016).

9) For pioneering works on the allylation of nonacidic $C(sp^3)$-H bonds, see：(a) J. Xiang, J. Evarts, A. Rivkin, D. P. Curran, P. L. Fuchs, *Tetrahedron Lett.*, **39**, 4163 (1998). (b) J. M. Tanko, M. Sadeghipour, *Angew. Chem., Int. Ed.*, **38**, 159 (1999). (c) J. Zhang, Y. Li, F. Zhang, C. Hu, Y. Chen, *Angew. Chem., Int. Ed.*, **55**, 1872 (2016).

第20章　多機能有機分子不斉触媒を用いる環境調和型ドミノ反応の開発

笹井宏明[*1], 滝澤　忍[*2]

1　はじめに

　遷移金属触媒を用いる有機合成反応では，触媒を構成する金属の解離による失活や生成物の金属汚染が見られることが多い。高価あるいは有毒な重金属を含む触媒の場合には，重大な問題となる。回収・再利用を志向した触媒の固定化が研究されているものの，金属の解離を避けることは一般には困難である。一方，金属を含まない有機分子触媒は，本質的に金属解離の心配がなく，省資源・省エネルギー化も期待できる。

　近年，有機分子不斉触媒を用いたエナンチオ選択的ドミノ反応[1])の論文数が増加している。これは遷移金属触媒と比べ，有機分子触媒が高い官能基選択性を示すこと，水や酸素に対して安定なため取扱いが容易なこと，比較的安価であること，有機合成化学分野におけるグリーン・サスティナブル志向などが要因と考えられる。一つの容器内で，一度の実験操作で連続して反応が進行するドミノ反応は，生じた中間体が不安定で分解しやすい場合でも直ちに次の反応に供されるため，通常の方法では得ることが難しい生成物も合成可能となる（図1）。さらにエナンチオ選択的ドミノ反応では，光学活性な中間体の両エナンチオマーとキラルな触媒との間に有利な組み合わせと不利な組み合わせが生じることから，中間体の光学純度が向上することも期待できる。

　我々は，一つのキラル骨格内に反応基質を活性化するBrønsted酸（BA：Brønsted acid）部位とLewis塩基（LB：Lewis base）部位とを適切な位置に導入した多機能有機分子不斉触媒**1-4**（図2)[2)]を開発し，本触媒がエノンとイミンとの炭素－炭素結合形成反応の一つであるaza-森田-Baylis-Hillman（aza-MBH）反応[3)]に高い活性を示すことを見出している。触媒を構成す

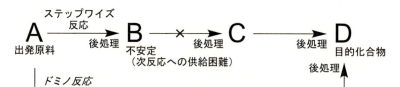

図1　ステップワイズ反応とドミノ反応

[*1]　Hiroaki Sasai　　大阪大学　産業科学研究所　機能物質化学研究分野　教授
[*2]　Shinobu Takizawa　大阪大学　産業科学研究所　機能物質化学研究分野　准教授

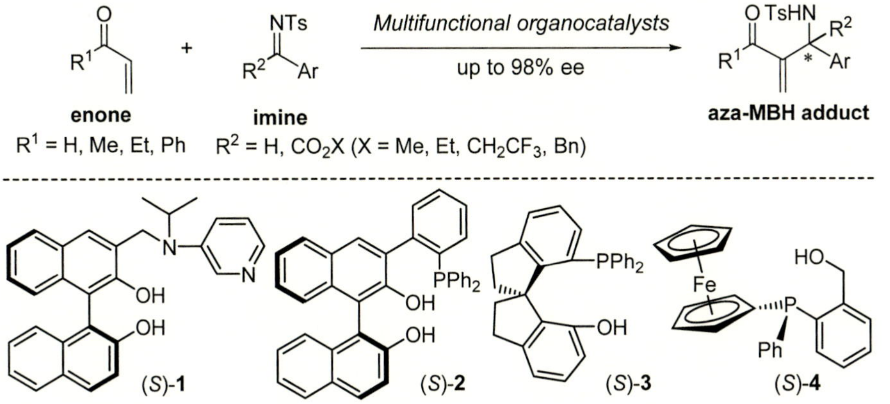

第 20 章　多機能有機分子不斉触媒を用いる環境調和型ドミノ反応の開発

図 2　aza-森田-Baylis-Hillman 反応に高い活性を示す多機能有機分子不斉触媒

る複数の酸及び塩基性官能基による協調的な反応基質の活性化と立体制御が反応促進と高エナンチオ選択性発現の鍵となっている。

　aza-MBH 反応の生成物は高度に官能基化された β-アミノ酸誘導体である。そのため反応基質と生成物との副反応が起こりやすく，さらに retro-aza-MBH 反応も起こりうることから制御が難しく，aza-MBH 反応を鍵工程とする触媒的不斉ドミノ反応は未開拓であった。我々は，高い官能基選択性を有する多機能有機分子不斉触媒を用いることで，初めての MBH 型ドミノ反応を開発し，医薬資源として有用な光学活性含窒素複素環化合物の簡便合成に成功している[2]。本章では，MBH 反応よりもさらに制御が困難な Rauhut-Currier（vinylogous MBH）プロセスを基盤とする環境調和型ドミノ反応の開発について紹介する。

2　エナンチオ選択的 Rauhut-Currier 反応を用いる α-メチレン-γ-ブチロラクトンの合成[4]

　Rauhut-Currier（RC）反応は，1963 年に American Cyanamid 社の M. M. Rauhut と H. Currier が見出したホスフィン系 LB 化合物を触媒とする，エノンに代表される活性アルケンの二量化反応である[5]。RC 反応では，LB 触媒 がエノンに Michael 付加し生じるエノラート I が，もう一分子のエノンに Michael 付加することで最終的に α 位に置換基を有するエノンを与える（図 3）。しかしながら，MBH 反応や aza-MBH 反応の基質であるアルデヒドやイミンと比べ，エノンは反応性が低いこと，二種類のエノンを用いると生成物がホモカップリング体とヘテロカップリング体の混合物になることから，適用できる反応基質が限られていた[5]。

　多機能有機分子不斉触媒による RC 反応の開拓として，エナンチオ選択的分子内 RC 反応による α-メチレン-γ-ブチロラクトン 5 の効率的合成を計画した（図 4）。立体的に空いている反応基質 6 のアクリル酸エステル部位に，触媒の LB 部位が Michael 付加することでエノラート I

221

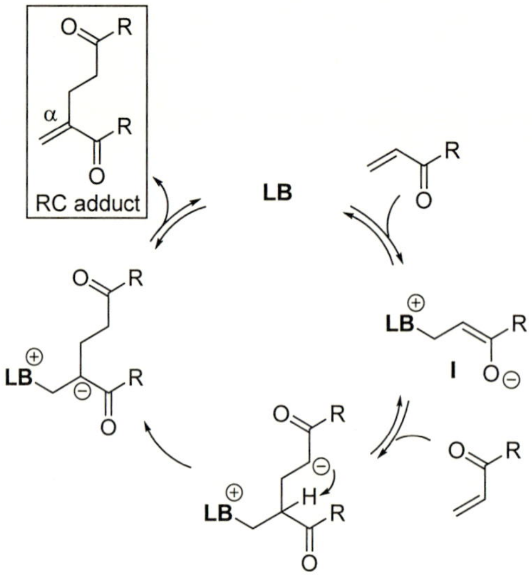

図3 Rauhut-Currier (RC) 反応

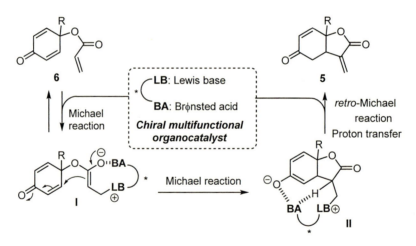

図4 プロキラルなジエノンの非対称化 RC 反応

が生成する．エノラート I が環状ジエノン 6 の片方のエノンに対して分子内 Michael 付加することで中間体 II を与える．その後，BA 部位を介してのプロトン移動，続く LB 部位の retro-Michael 反応により α-メチレン-γ-ブチロラクトン 5 が生成すると考えた．本 RC 反応は，プロキラルなジエノンの非対称化反応であり，四置換炭素を含む二連続不斉炭素を一挙に構築できる．

メチル基を有する基質 6a にアキラルな LB 触媒及び BA 触媒を用いて，反応条件を精査した．その結果，本反応促進には LB 及び BA 両触媒が必要であることが明らかとなった（表1，

第20章　多機能有機分子不斉触媒を用いる環境調和型ドミノ反応の開発

表1　アキラルな有機分子触媒によるスクリーニング

entry	**LB** catalyst (mol %)	**BA** catalyst (50 mol %)	yield %[a] (ee %)
1	PPh$_3$ (100)	none	16
2	PPh$_3$ (100)	phenol or TsNHEt	>81
3	PPh$_3$ (20)	phenol	63
4	PPh$_3$ (100)	TFA or PhCO$_2$H	<10
5	DMAP, DBU or DABCO (100)	phenol	<10
6	PPh$_3$ (100)	(S)-BINOL	37 (rac)

[a]Determined using ^{1}H-NMR. DMAP = N,N-dimethyl-4-aminopyridine. DBU = 1,8-diazabicyclo[5.4.0]undec-7-ene). DABCO = 1,4-diazabicyclo[2.2.2]octane. TFA = trifluoroacetic acid.

entries 1-2）。検討した中では，LB 触媒としてトリフェニルホスフィンが，BA 触媒にはフェノールや N-エチルトルエンスルホンアミドを用いた組み合わせが良く，LB 及び BA 両触媒を用いることで目的の **5a** が高収率で得られた（entry 2）。トリフルオロ酢酸や安息香酸のような強い BA 触媒（entry 4）やアミン系 LB 触媒（entry 5）は，本反応には不活性であった。キラルな BA 触媒である（S）-1,1'-ビ-2-ナフトール（BINOL）を添加した場合，反応は進行するもののラセミ体の **5** が得られた（entry 6）。そこでキラルなモノホスフィン系の有機分子触媒を精査したところ，（S）-バリンから誘導した LB 触媒能と BA 触媒能を併せ持つ多機能有機分子不斉触媒 **7a**[6)]を 0℃下で用いると目的のラクトン **5a** が 98% ee かつ定量的に得られた（図5）。

　本 RC 反応の基質一般性を図6に示す。様々な置換基を有する基質 **6** においても高エナンチオ選択的に反応が進行し，対応する α-メチレン-γ-ブチロラクトン **5** を得ることができた。四置換不斉炭素と第四級不斉炭素を連続で有する化合物 **5m** も構築可能であった。α-メチレン-γ-ブチロラクトン骨格は，多くの天然生物活性物質の基本構造に見られ，本反応で得られる生成物は，医薬品合成中間体のキラルビルディングブロックとしても興味が持たれる。なお，触媒（S）-**7a** を用いた際の主生成物 **5a**（R^1 = Me, R^2 = H）は，東大の藤田らが開発した結晶スポンジ法により R,R 体であると決定した（図7）[9)]。本反応は，我々の発表[4)]から3年後の2015年 Zhang らにより，アキラルな BA 触媒フェノール（50 mol%）とキラルな LB 触媒（S）-**7b** を用いる系でも進行することが報告されている（式1）[10)]。

223

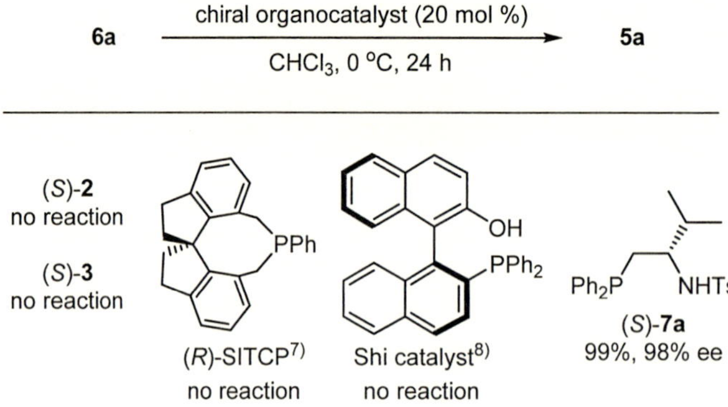

有機分子触媒の開発と工業利用

$$6a \xrightarrow[\text{CHCl}_3, 0\ °C, 24\ h]{\text{chiral organocatalyst (20 mol \%)}} 5a$$

(S)-2
no reaction

(S)-3
no reaction

(R)-SITCP[7)]
no reaction

Shi catalyst[8)]
no reaction

(S)-7a
99%, 98% ee

図5　分子内 RC ドミノ反応の触媒スクリーニング

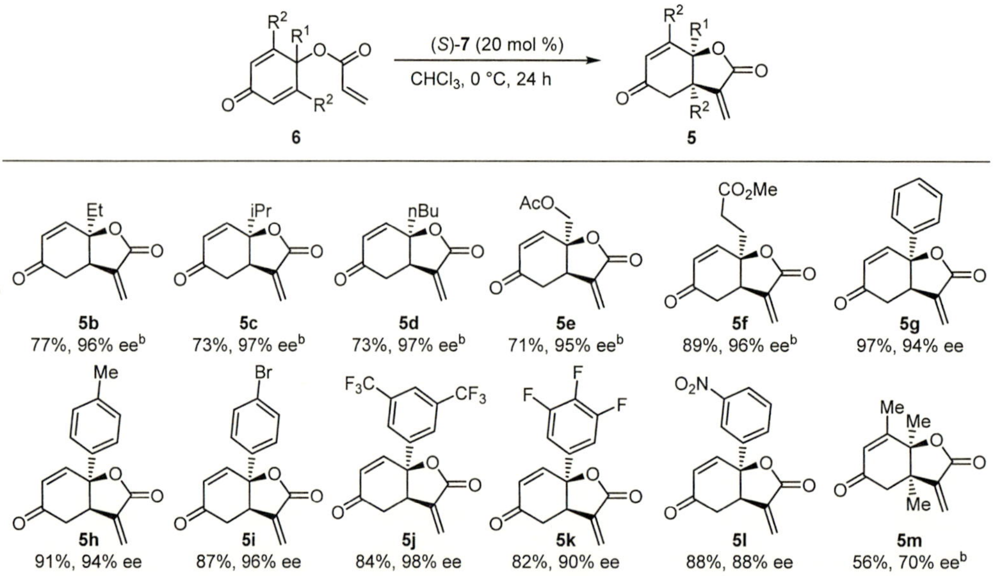

$$6 \xrightarrow[\text{CHCl}_3, 0\ °C, 24\ h]{(S)\text{-7 (20 mol \%)}} 5$$

5b
77%, 96% ee[b]

5c
73%, 97% ee[b]

5d
73%, 97% ee[b]

5e
71%, 95% ee[b]

5f
89%, 96% ee[b]

5g
97%, 94% ee

5h
91%, 94% ee

5i
87%, 96% ee

5j
84%, 98% ee

5k
82%, 90% ee

5l
88%, 88% ee

5m
56%, 70% ee[b]

[a]Isolated yields of **5**. Ee of **5** was determined using HPLC (Daicel Chiralpak IC for **5b-d**, **5g**, **5i-j**, and **5m**; Daicel Chiralpak AD3 for **5e**; Daicel Chiralpak AD for **5f**; Daicel Chiralpak IB for **5h**; Daicel Chiralpak IA for **5k-l**). [b]Reaction conditions: (S)-**7** (30 mol %), CHCl_3, 0 °C, 72 h.

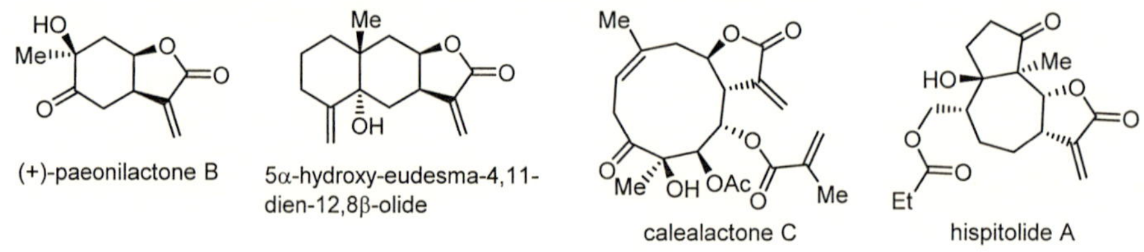

(+)-paeonilactone B

5α-hydroxy-eudesma-4,11-dien-12,8β-olide

calealactone C

hispitolide A

図6　不斉 RC 反応による α-メチレン-γ-ブチロラクトンの合成

第20章　多機能有機分子不斉触媒を用いる環境調和型ドミノ反応の開発

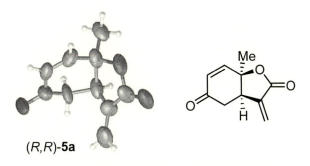

図7　生成物 5a の結晶スポンジ法による構造解析

(式1)

3　アミド化/RC ドミノ反応による α-メチリデン-γ-ブチロラクタムの合成[11]

α-メチリデン-γ-ブチロラクタム（図8）は，α-メチリデン-γ-ブチロラクトンと類似の生物活性を示すだけでなく，本ラクトン骨格を持つ医薬品の副作用を軽減するアナログ体[12]としても注目されている。そこで多機能有機分子不斉触媒によるRC型ドミノ反応の展開として，アミド化/RC連続反応を鍵工程とする本ラクタム誘導体の合成を計画した。塩化アクリルと4-アミノフェノールから容易に誘導できるジエノン 8a[13] を反応基質に，目的ラクタム 9a の合成に有効なキラル触媒の検討を行った。種々検討した結果，(S)-バリンから誘導した多機能有機分子不斉触媒 11 を反応基質に対して 1.5 当量用いると，中間体 10a を単離することなく一挙に目的のラ

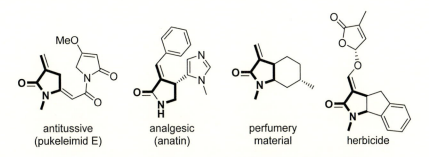

図8　α-メチレン-γ-ブチロラクタム骨格を有する生物活性化合物

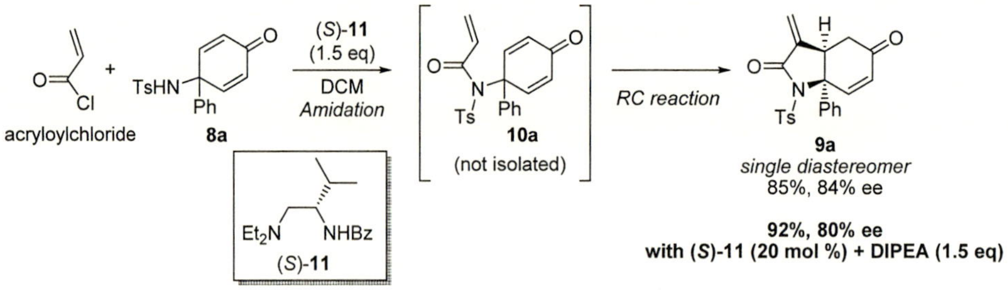

有機分子触媒の開発と工業利用

図9 アミド化／RC 連続反応による α–メチリデン–γ–ブチロラクタムの合成

クタム **9a** が 85%収率，84% ee で得られることを見出した（図9）。反応によって生じる塩化水素を補足するために塩基の添加を試みた結果，*N,N*–ジイソプロピルエチルアミン（DIPEA）を 1.5 当量添加すると，触媒 **11** を 20 mol%まで減じることができた。

　塩化アクリルとジエノン **8** とのアミド化に水酸化ナトリウムを用いるとアクリルアミド体 **10** が単離できた。そこで，アクリルアミド体 **10** を反応基質として α–メチリデン–γ–ブチロラクタムの合成を試みたところ，目的のラクタム **9** が **10** を単離せずに連続して反応を行った場合よりも高収率かつ高エナンチオ選択的に得られた（図10）。触媒 **11** は RC 反応終了後，酸塩基分配により簡単に触媒と反応生成物とを分離することができ，回収した触媒を精製することなく次の RC 反応に用いても触媒活性を失うことなく，高エナンチオ選択的に反応が進行した。

　本反応は，アミド化反応と RC 反応との二段階から構成される（図11）。アミド化反応では，

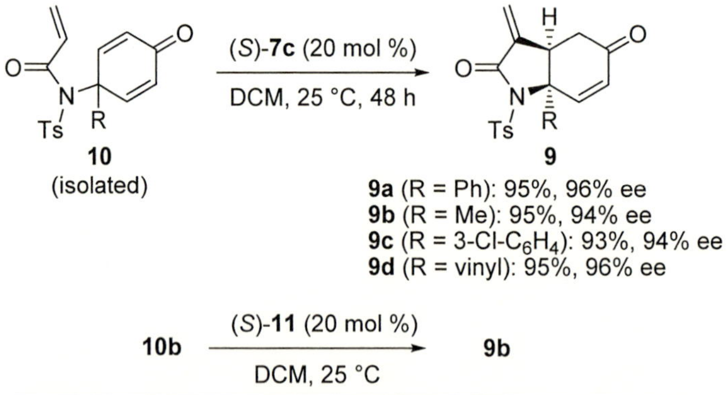

Cycle	1st	2nd	3rd	4th	5th
Results	95% 94% ee	95% 94% ee	95% 94% ee	95% 94% ee	95% 94% ee

図10　中間体 **10** からのエナンチオ選択的 RC 反応と触媒 **11** の回収・再利用

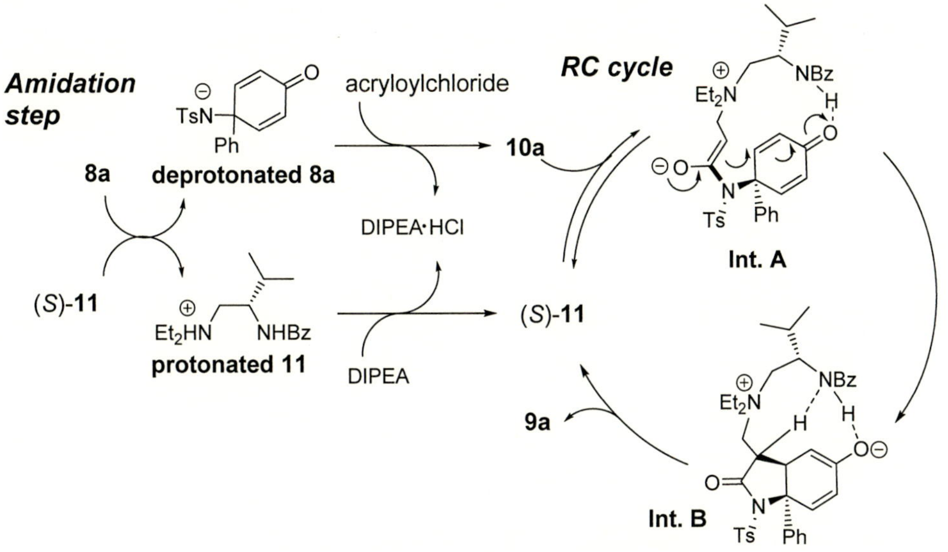

第 20 章　多機能有機分子不斉触媒を用いる環境調和型ドミノ反応の開発

図 11　アミド化 / RC 連続反応の推定反応機構

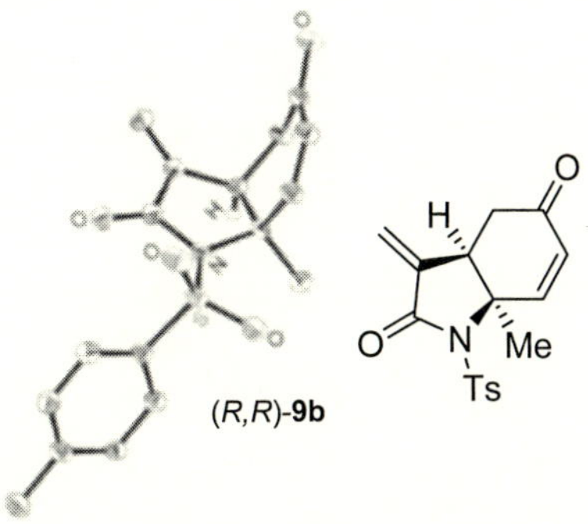

図 12　主生成物 9b の単結晶 X 線構造解析

触媒 **11** のジエチルアミノ基が Brønsted 塩基（BB：Brønsted base）として働き，塩化アクリ
ルと **8a** とのアミド化反応を促進する。添加した DIPEA はアミド化 / RC 両反応に不活性で，系
中で生じた塩化水素を中和する役割を担っている。生成した中間体 **10a** に対して，触媒 **11** のジ
エチルアミノ基が LB 触媒として，ベンゾイルアミド基が BA 触媒として働くことで **Int. A** の分
子内 cross-Michael 反応を促進し，**Int. B** のプロトン移動を BA 触媒として働くベンゾイルアミ
ド基が加速することで，目的のラクタム **9a** を与えると共に触媒が再生する。得られた α-メチリ
デン-γ-ブチロラクタムは，反応基質 **10b**（R = Me）に触媒 (S)-**11** を用いた際の主生成物 **9b**
の単結晶 X 線構造解析により R,R 体であると決定した（図 12）。

227

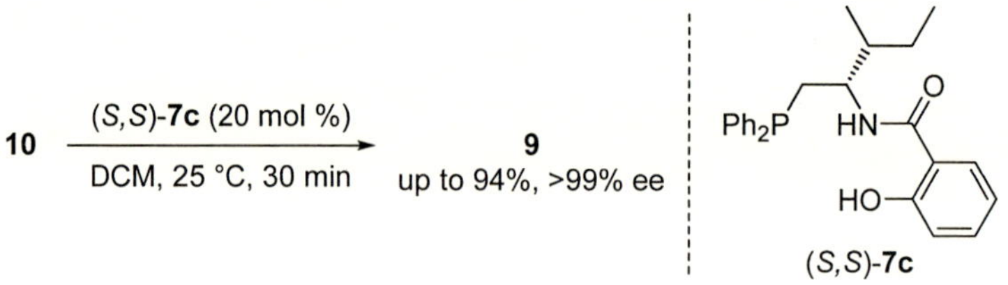

有機分子触媒の開発と工業利用

$$10 \xrightarrow[\text{DCM, 25 °C, 30 min}]{(S,S)\text{-7c (20 mol \%)}} 9 \quad \text{up to 94\%, >99\% ee}$$

（式2）

(S,S)-7c

　なお，本反応は，ホスフィン系有機分子不斉触媒 (S,S)-7c を用いると 30 分という短時間で完結することが，2017 年に Huang らにより報告されている（式2）[14]。

4　極性転換 RC 型ドミノ反応によるテトラヒドロベンゾフラノンの合成[15]

　アレン酸エステル 12 に，LB 触媒を作用させると 12 の β 位に触媒が付加し，α 位または γ 位に求核性を有する双生イオン中間体が生成する（図13）。本中間体に対し，求電子剤及び求核剤を加えると，α 及び γ 位にそれぞれ置換基が導入された α,β-不飽和カルボニル化合物が得られる。しかしながら，双生イオンの反応制御は難しく，得られる生成物は通常位置異性体の混合物となる[16]。

　アレン酸エステル 12 を用いる位置選択的 RC 型ドミノ反応の新展開として，12 と第三級アルコール部位を有するジエノン 13 を反応基質に用いる極性転換 RC 型ドミノ反応によるテトラヒドロベンゾフラノン 14 の合成を計画した。想定反応機構を図14に示す。LB 触媒の 12 への付加にて生成する中間体 Ia が BB 触媒として働き，反応基質であるジエノン 13 のヒドロキシ基のプロトンを引き抜く。生成したアルコキシアニオン II が LB 触媒の付加により活性化されている求電子種 III の γ 位に付加する。生成した β-カルボアニオン IV がジエノン部位への非対称化をともなう分子内 Michael 反応，続く中間体 V のプロトン移動，VI からの触媒の β-脱離が進行することで目的化合物 14 が得られると考えた。

　キラルなホスフィン触媒を中心にスクリーニングを行ったところ，有機金属触媒の配位子として汎用性の高い BINAP や DIOP では，ほとんど反応は進行しなかった（図15）。より LB 性が強く，求核性の高いジアルキルアリールホスフィン触媒 15[17] を用いると Z 選択的に 14a が 40% 収率，34% ee で得られた。キラルなビナフチル骨格よりも剛直なスピロ骨格を有する SITCP[7]

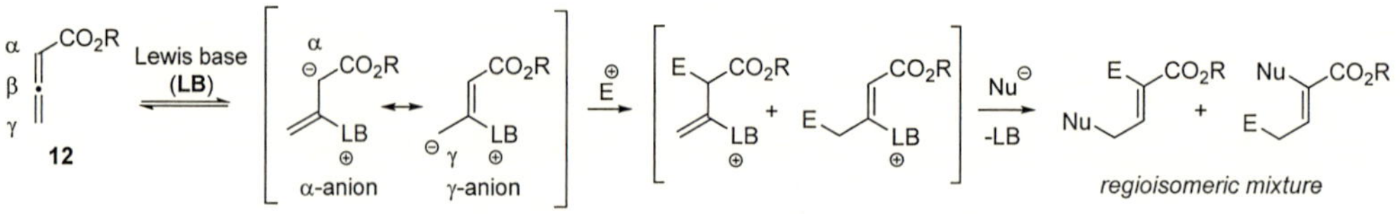

図13　LB 触媒存在下でのアレン酸エステルの反応性

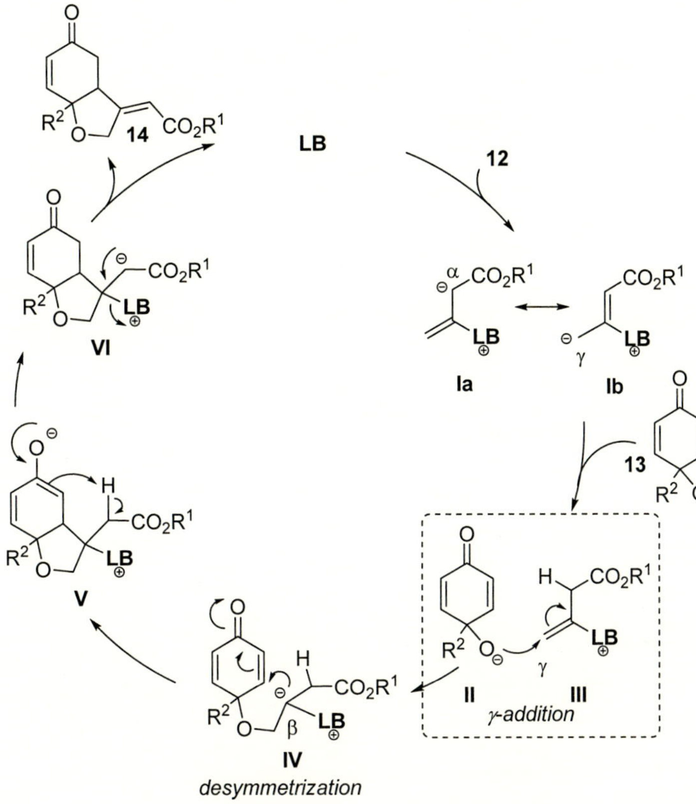

第 20 章　多機能有機分子不斉触媒を用いる環境調和型ドミノ反応の開発

図 14　極性転換 RC ドミノ反応の想定機構

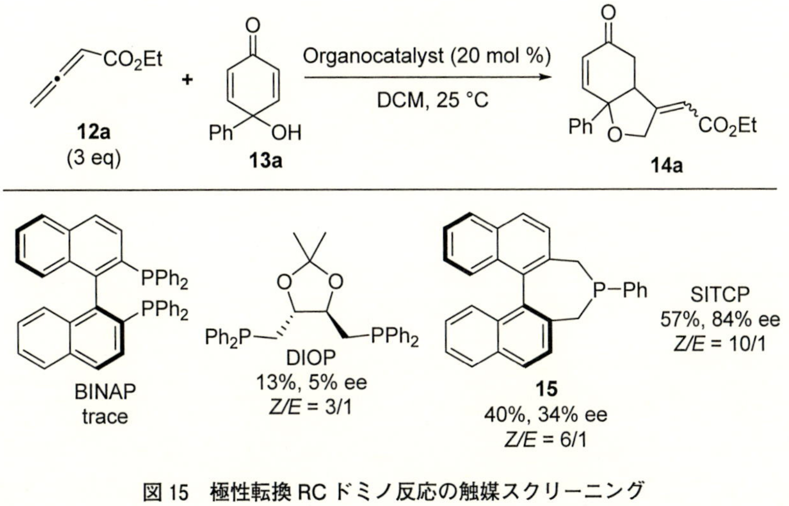

図 15　極性転換 RC ドミノ反応の触媒スクリーニング

229

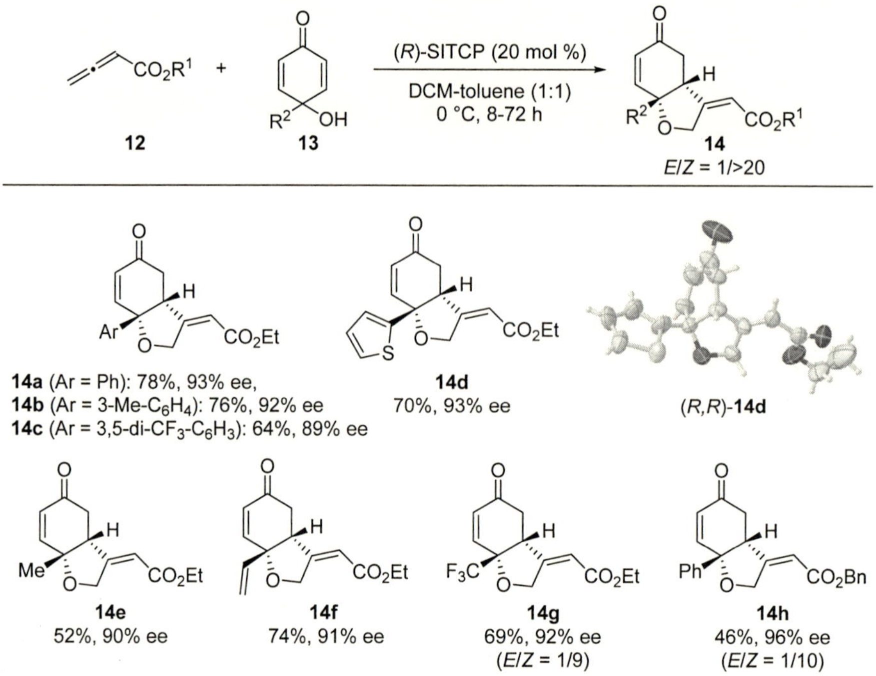

有機分子触媒の開発と工業利用

図 16　極性転換 RC ドミノ反応の一般性と生成物 14d の絶対配置

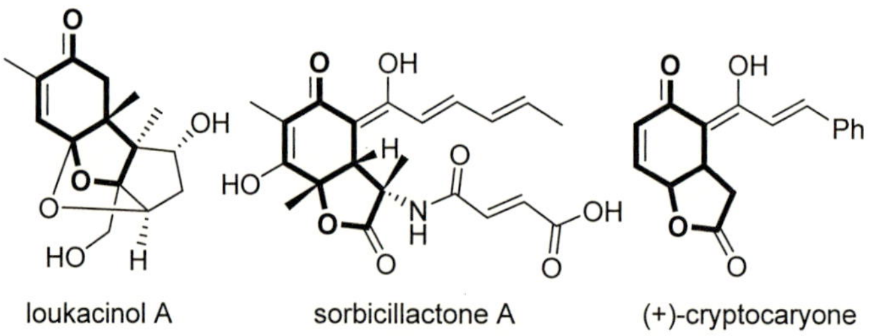

図 17　テトラヒドロベンゾフラノン骨格を有する生物活性化合物

を用いると，目的の 14a の収率とエナンチオ選択性が向上した。

　本反応では，アレン酸エステル 12a の自己縮合が確認された。そこで 12a の使用量を 1.5 eq に減じ，ジクロロエタン／トルエン（1/1）混合溶媒中，0℃にて反応を行うと，目的の 14a が単一のジアステレオマーとして Z 選択的に 78％収率，93％ ee で得られた（図 16）。本反応は，比較的広い基質一般性を有し，置換基 R^1 及び R^2 が電子求引性や供与性基，あるいは芳香族，脂肪族置換基にかかわらず良好なエナンチオ選択性で反応が進行する。なお，本反応で得られるテトラヒドロベンゾフラノンの絶対配置については，反応基質 12a （R^1 = Et） と 13d （R^2 =

第 20 章　多機能有機分子不斉触媒を用いる環境調和型ドミノ反応の開発

2-thiophenyl）に（*R*）-SITCP を用いた際の主生成物 **14d** を結晶スポンジ法により解析し，*R,R*
体であると決定した（図 16）。なお，テトラヒドロベンゾフラノンは，loukacinol A，
sorbicillactone A や（＋）-cryptocaryone など生物活性物質の基本骨格として普遍的に見られ
（図 17），本反応の天然物合成への応用検討が期待される。

5　おわりに

　以上本章では，エノンの二量化反応である RC 反応を基盤とするエナンチオ選択的ドミノ型反
応の開発について紹介した。RC 反応の生成物は高度に官能基化されており，さらに反応機構も
複雑なため副反応が起こりやすい。高活性な金属触媒よりも低活性で官能基選択性の高い有機分
子触媒が優れた成果を与える反応形式の一つとなっている。RC 型ドミノ反応を効率よく促進さ
せるには，キラル分子骨格の適切な位置に適切な酸塩基性基を導入した有機分子触媒による中間
体の多点制御が重要である。反応系中で LB 触媒を BB 触媒として利用する不斉ドミノ反応は，
より複雑なキラル分子骨格を簡便に構築可能とする合成プロセスとして今後の展開が期待され
る。

文　　　献

1)　L. F. Tietze *et al.*, "Domino Reactions：Concepts for Efficient Organic Synthesis",
　　Wiley-VCH Verlag GmbH & Co. KGaA（2014）

2)　S. Takizawa, H. Sasai, *J. Synth. Org. Chem. Jpn.*, **72**, 781（2014）

3)　H. Sasai, S. Takizawa, "C–C bond formation：Enantioselective（aza）Morita–Baylis–
　　Hillman reaction" In Comprehensive Chirality（H. Yamamoto, E. M. Carreira, Eds），
　　Elsevier, Chapter 6.9, p234（2012）

4)　(a) S. Takizawa, T. M.-N. Nguyen, A. Grossmann, D. Enders, H. Sasai, *Angew. Chem.
　　Int. Ed.*, **51**, 5423（2012）；(b) S. Takizawa, T. M.-N. Nguyen, A. Grossmann, M.
　　Suzuki, D. Enders, H. Sasai, *Tetrahedron*, **69**, 1202（2013）

5)　K. C. Bharadwaj, *RSC Adv.*, **5**, 75923（2015）

6)　I. J. Krauss, J. L. Leighton, *Org. Lett.*, **5**, 3201（2003）

7)　S.-F. Zhu, Y. Yang, L.-X. Wang, B. Liu, Q.-L. Zhou, *Org. Lett.*, **7**, 2333（2005）

8)　M. Shi, L.-H. Chen, *Chem. Commun.*, 1310（2003）

9)　S. Sairenji, T. Kikuchi, M. A. Abozeid, S. Takizawa, H. Sasai, Y. Ando, K. Ohmatsu, T.
　　Ooi, M. Fujita, *Chem. Sci.*, **8**, 5132（2017）

10)　X. Su, W. Zhou, Y. Li, J. Zhang, *Angew. Chem. Int. Ed.*, **54**, 6874（2015）

11)　K. Kishi, F. A. Arteaga, S. Takizawa, H. Sasai, *Chem. Commun.*, **53**, 7724（2017）

有機分子触媒の開発と工業利用

12) T. Janecki *et al.*, "Natural Lactones and Lactams : Synthesis, Occurrence and Biological Activity", Wiley-VCH John Wiley & Sons, Inc. (2014)

13) R. Tello-Aburto, K. A. Kalstabakken, A. M. Harned, *Org. Biomol. Chem.*, **11**, 5596 (2013)

14) H. Jin, Q. Zhang, E. Li, P. Jia, N. Li, Y. Huang, *Org. Biomol. Chem.*, **15**, 7097 (2017)

15) S. Takizawa, K. Kishi, Y. Yoshida, S. Mader, F. A. Arteaga, S. Lee, M. Hoshino, M. Rueping, M. Fujita, H. Sasai, *Angew. Chem. Int. Ed.*, **54**, 15511 (2015)

16) B. J. Cowen, S. J. Miller, *Chem. Soc. Rev.*, **38**, 3102 (2009)

17) M. Kalek, G. C. Fu, *J. Am. Chem. Soc.*, **137**, 9438 (2015)

第21章 有機触媒を用いたカルボン酸誘導体および光学活性アルコールとカルボン酸の合成，ならびに医薬品合成への応用

椎名　勇[*1]，殿井貴之[*2]，中田健也[*3]

1　はじめに

　生体分子の基本構成要素であるアミノ酸，脂肪酸，アルコールあるいは単糖が連結することでタンパク質や脂質ならびに糖質が形成される。これらの結合様式はそれぞれペプチド結合（アミド結合），エステル結合ならびにグリコシド結合であり，生体分子は本質的にそれらの構成要素の脱水縮合生成物とみなすことができる。

　我々は，上述の基本的な化学結合の形成を高収率で実現する“有機分子触媒系”の開発を系統的に試み，本章で述べる多彩かつ実用的な手段を確立した。紙面の都合上詳細を割愛して代表例のみを述べるが，研究理念の実現にあたって努力した点は，脱水縮合反応の効率性を追求するとともに，学術的のみならず産業的にも利用価値のある手段の開発に腐心したところにあることが伝われば幸甚である。

　迅速な脱水縮合反応を実現する系としては，置換安息香酸無水物である 2-メチル-6-ニトロ安息香酸無水物（MNBA）と求核触媒である 4-ジメチルアミノピリジン（DMAP）または 4-ジメチルアミノピリジン N-オキシド（DMAPO）を組み合わせる実用性の高い反応条件を確立した。これらの試薬各々は室温で安定に保存でき，取扱いが容易であるため市販化が可能となり，適宜組み合わせた系を設計することで穏やかな条件のもと目的物を高収率で与える優れた高機能反応剤として使用できることが判明した。本法の利用はカルボン酸エステル，ラクトン，ラクタムを含むアミドならびにペプチドの簡便な調製を可能にし，世界規模での天然物合成研究の迅速な進展を促した。一方，4-メトキシ安息香酸無水物（PMBA）またはピバル酸無水物を不斉触媒であるベンゾテトラミソール（(+)-または(-)-BTM）と共に使用すると，ラセミ第二級アルコールおよびラセミ 2-アリールプロピオン酸の速度論的分割が実現され，光学活性カルボン酸エステル，第二級アルコールおよび 2-アリールプロピオン酸がそれぞれ高エナンチオ選択的に得られることが分かった。後者は有機触媒を用いた不斉エステル化による光学活性カルボン酸類の初めての製造手段となった。以下，項目別に記述する。

　＊1　Isamu Shiina　東京理科大学　理学部　応用化学科　教授

　＊2　Takayuki Tonoi　東京理科大学　理学部　応用化学科　講師

　＊3　Kenya Nakata　島根大学　大学院総合理工学研究科　物質化学領域　准教授

有機分子触媒の開発と工業利用

2 MNBA と DMAP を組み合わせる脱水縮合反応系の開発

今日までに，MNBA と DMAP の組み合わせによる塩基促進型の置換安息香酸無水物法（MNBA 法）を活用することで迅速な脱水縮合反応が進行し，様々なエステルおよびラクトンが効率的に得られることが報告されてきた。また多くの天然物合成の鍵反応として MNBA 法が活用されるに至っている。そこで本節では，これまで我々の研究グループにおいて得られたエステル化およびラクトン化に関する最近の研究例を概説しながら，その有用性を明らかにしたい。

2. 1 MNBA 法によるエステル合成[1]

エステル合成では，これまでブレンステッド酸あるいはルイス酸を用いる様々な合成法が報告されてきたが，等モルのカルボン酸とアルコールから目的のカルボン酸エステルのみを収率良く得るための真に有効と思われる合成法はそれほど多くない。特に，塩基性条件下で進行する効率的な反応の開発は，アセタールやシリルエーテルなどの酸に不安定な保護基を含む複雑分子の全合成にしばしば必要とされるため重要である。我々は 2002 年，ほぼ等モルのカルボン酸とアルコールから多様なカルボン酸エステルを合成する効率的なエステル化法を見出した。本反応は室温下，MNBA を脱水縮合剤として用い，触媒量の DMAP を求核触媒としトリエチルアミンを共塩基とすることで進行し，種々のエステルを高収率かつ高化学選択的に与える（図 1）。

2. 2 MNBA 法によるラクトン合成[2, 3]

本手法は様々な環員数を有するラクトン合成においても有効である。例えば，図 2 に示すように，DMAP 等の求核塩基触媒の存在下，ω-ヒドロキシカルボン酸と MNBA との混合酸無水物の形成を経てマクロラクトンを高い化学選択性をもって収率良く合成できる。特筆すべき長所の一つとして，本手法では，MNBA と求核触媒の混合溶液に，ω-ヒドロキシカルボン酸を室温下で滴下するという非常にシンプルな方法で目的のマクロラクトンを優れた収率と選択性で得ることができる点が挙げられる。本合成手法の確立後，今日までに MNBA 法を用いた多くの効率的なラクトン化が報告されている[4]。

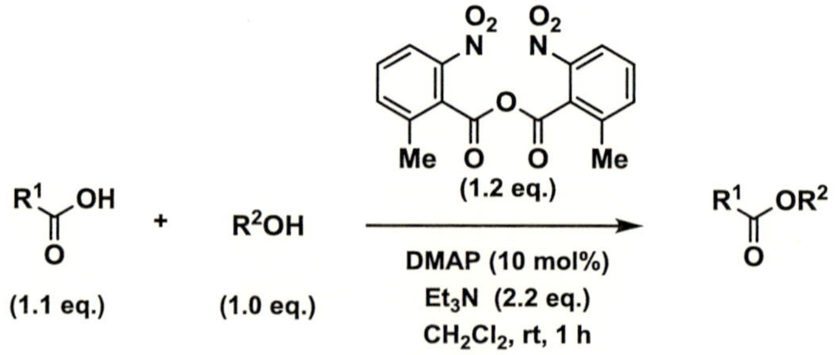

図 1 MNBA エステル化の反応例

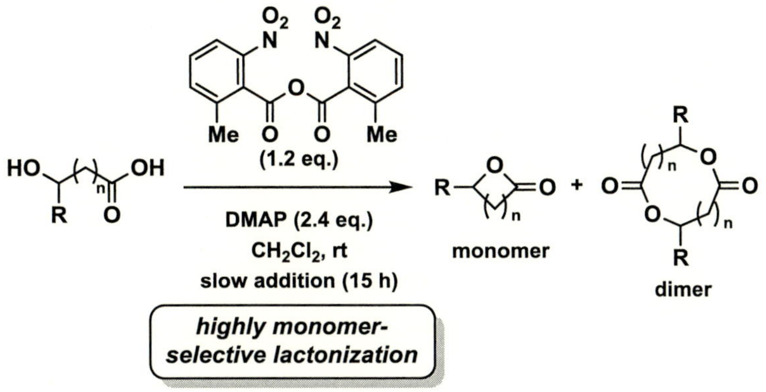

第21章 有機触媒を用いたカルボン酸誘導体および光学活性アルコールとカルボン酸の合成，ならびに医薬品合成への応用

図2　MNBA ラクトン化の反応例

2.3　MNBA ラクトン化の天然物合成への応用

　天然ラクトンは様々な医薬品や香料等の原料あるいは中間体に含まれる重要な部分構造であり，抗腫瘍活性，抗真菌活性などの有用な諸性質を示す場合が多いが，天然において産出される量は限られている。したがって，その効率的な人工合成法を供給することは，学術面のみならず産業面においても極めて意義深いものである。そこで以下に，我々がこれまで達成した MNBA 法を鍵反応とする薬理活性ラクトン類の合成について二つ例を挙げる。

2.3.1　オクタラクチン A および B の不斉全合成[5]

　オクタラクチン類（octalactins A and B）は 1991 年に海洋バクテリア *Streptmyces* sp. から単離された天然物であり，オクタラクチン A は強い抗腫瘍活性を示すことが知られている。これら化合物は分子内に 8 員環ラクトン部を主骨格として含むことが分かっていたが，一般的に，中員環の閉環は渡環反発などのため困難であることから，本化合物合成への MNBA 法の適用可能性に強い関心が生じた。そこで我々は，鎖状立体制御法を活用することで閉環前駆体となるセコ酸を構築し MNBA 法による閉環を試みたところ，触媒量（10 mol%）の DMAP の存在下，室温下で分子内閉環反応が良好に進行し，目的の 8 員環ラクトン部位の構築に成功した（図3）。このオクタラクチン類の不斉全合成を通して，本手法が中員環ラクトンの構築にも極めて有効に作用することを初めて明らかにできた。

2.3.2　(−)-テトラヒドロリプスタチンの不斉全合成[6]

　テトラヒドロリプスタチン（tetrahydrolipstatin）は放線菌から単離されたリプスタチンの側鎖飽和型化合物であり，トリアシルグリセロールの分解を促進する膵リパーゼの阻害活性を示すことから抗肥満薬として利用されている。一方で，その分子内に含まれる β-ラクトン骨格は多様な天然物に含まれる重要な構造モチーフであるが，高い環歪みのため，一般的に，その構築は容易ではない。そこで我々は，これまで適用例のなかった MNBA 法による β-ラクトン化の環化効率をモデル基質を使って系統的に評価した。その結果，環化効率は用いるセコ酸の置換様式

235

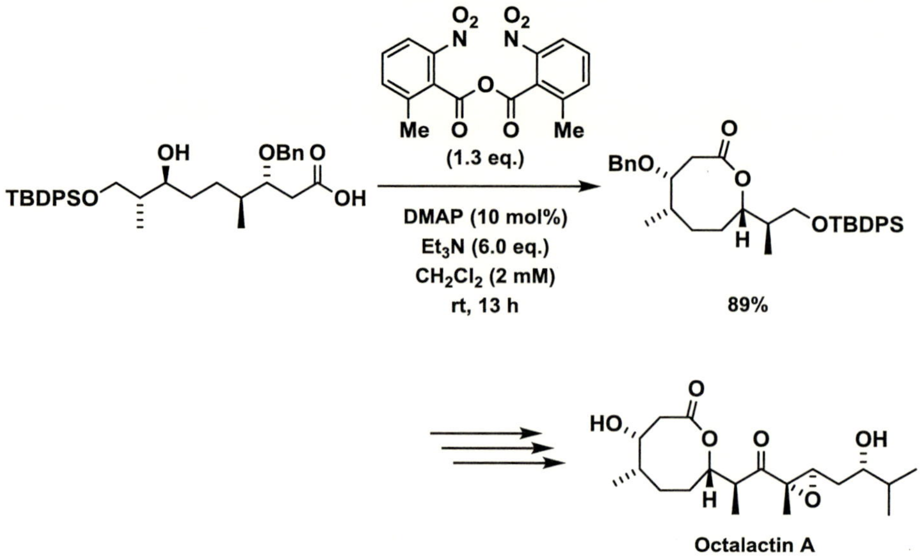

有機分子触媒の開発と工業利用

図3 MNBA 法による 8 員環ラクトン構築

ならびにその立体化学に強く依存することを計算化学的にも明らかとすることができた。これらの予想通り，カルボニル基の α 位に長鎖アルキル基を有するアンチ β-ヒドロキシカルボン酸をセコ酸に用いた場合でも β-ラクトン化は極めて良好に進行し，最終的に，（－）-テトラヒドロリプスタチンの不斉全合成を達成することができた（図4）。なお本合成では，5 節で紹介する不斉脱水縮合反応が合成中間体の生産に利用されている。

3　MNBA と DMAPO を組み合わせる脱水縮合反応系の開発

　我々は DMAP のピリジン N-オキシド型触媒である 4-ジメチルアミノピリジン N-オキシド（4-(dimethylamino)pyridine N-oxide：DMAPO）が DMAP を凌ぐ触媒活性を示す場合があることをすでに明らかにしている（図5）[2]。本節では，MNBA と DMAPO の組み合わせにより促進されるアミド化およびペプチド合成反応の幾つかについて，紙面の許す範囲で概説する。

3.1　MNBA 法によるアミド合成[7]

　これまで述べてきた MNBA と DMAP の組み合わせによれば，エステル化の場合と同様に，極めて緩和な反応条件下，ほぼ等モルのカルボン酸とアミンから様々なカルボン酸アミドを高収率で合成できる。その合成法は極めてシンプルである。すなわち，室温下，MNBA と DMAP により基質カルボン酸を活性化後，アミンを加えるだけで良く，図6に示すように嵩高い置換基を有するカルボン酸とアミンを用いても完全な化学選択性で反応が進行する。本反応では上述

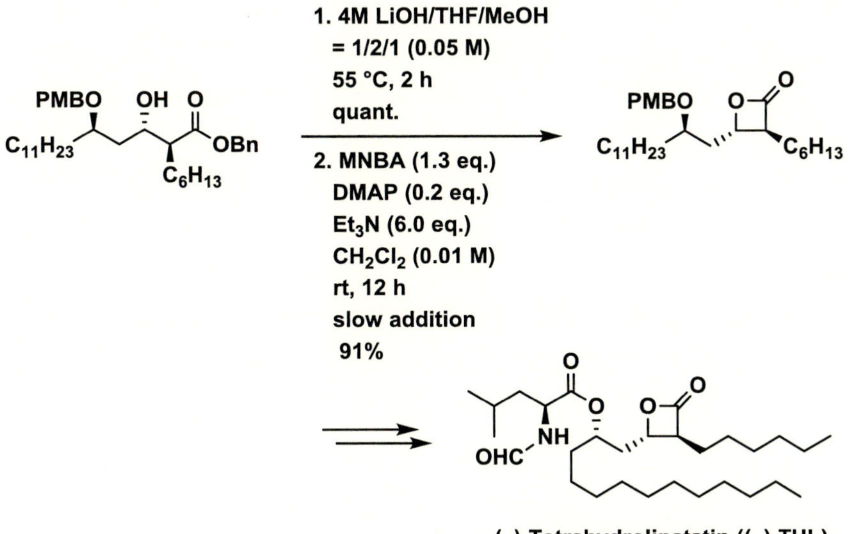

第 21 章　有機触媒を用いたカルボン酸誘導体および光学活性アルコールとカルボン酸の合成，ならびに医薬品合成への応用

1. 4M LiOH/THF/MeOH
= 1/2/1 (0.05 M)
55 °C, 2 h
quant.

2. MNBA (1.3 eq.)
DMAP (0.2 eq.)
Et$_3$N (6.0 eq.)
CH$_2$Cl$_2$ (0.01 M)
rt, 12 h
slow addition
91%

(−)-Tetrahydrolipstatin ((−)-THL)

図 4　MNBA 法による β-ラクトン骨格の構築

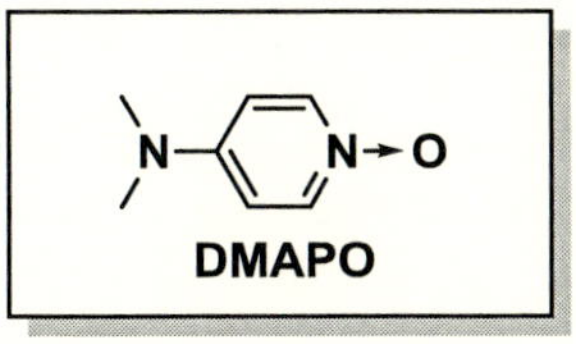

DMAPO

図 5　DMAPO の構造式

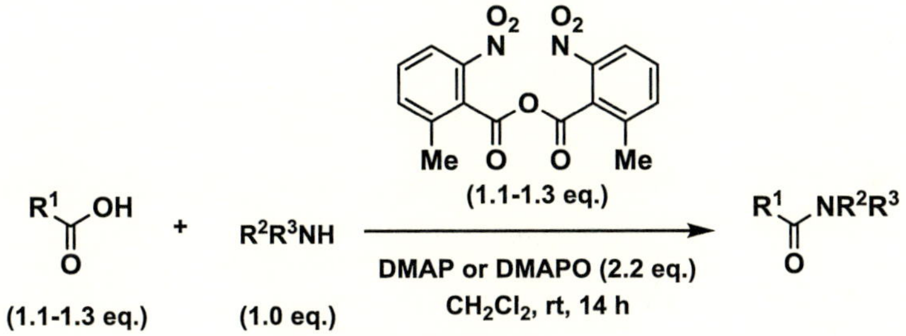

図 6　MNBA 法によるアミド化

の DMAPO も優れた触媒活性を示すことが明らかになっており，DMAPO を同様に求核性有機触媒として利用することができる。貴重な基質同士をカップリングさせカルボン酸アミドを合成する際には，ぜひ本手法を活用していただきたい。

237

有機分子触媒の開発と工業利用

3.2 MNBA 法によるペプチド合成[8]

優れたペプチド合成技術の重要性は述べるまでもないが，ラセミ化の問題に関連してより温和な反応条件が必要となるため，その開発は容易ではない。実際，DMAP を MNBA 法の触媒として本手法をペプチドのフラグメントカップリングに適用すると著しいラセミ化が生じることがわかった。一方，DMAP に代わる有機触媒として DMAPO は有効に作用し，図 7 に示すように，Z-Gly-Phe-OH と H-Val-OMe のペプチド形成反応において，MNBA と DMAPO を用いるとラセミ化をほとんど生じることなく目的のペプチド形成を行えることがわかった。これは DMAP よりも DMAPO の塩基性が低いことから，系中で形成される活性アシル中間体からのアズラクトン形成が抑制されたためと考えられる。このように，MNBA と DMAPO を組み合わせることで，新規かつ効率的なペプチド合成法を開発することができた。

4 不斉脱水縮合反応への展開[9]

前節までに紹介したように，カルボン酸無水物を脱水縮合剤とする混合酸無水物法による分子間および分子内でのカルボン酸とアルコールの高効率なカップリング反応の確立に成功した。この反応はアキラルな触媒である DMAP や DMAPO を反応促進剤として使用しているため，次に，筆者らはこれらに代わりキラルな求核性有機触媒を適用することで不斉反応への展開を計画した。

考案した不斉脱水縮合反応（不斉エステル化反応）ではキラルな求核性触媒の存在下で，事前に活性化していないカルボン酸とアルコールをそれぞれ原料として用いるため，いずれのラセミ化合物も合成標的となり得，適用可能な基質が大幅に拡張された双方向性の新しい速度論的光学分割法の創出に繋がることが期待された。

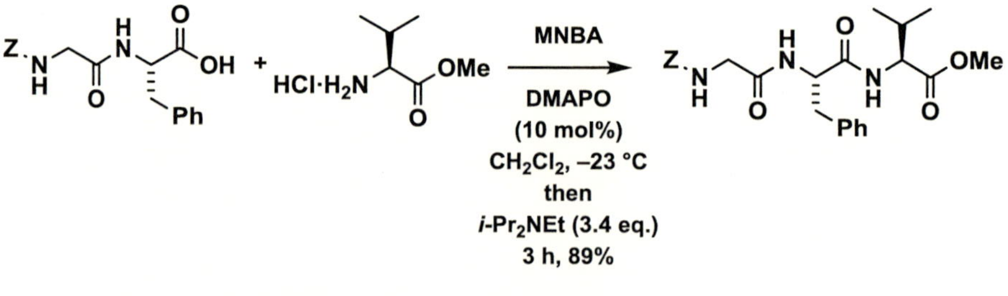

図7　MNBA と DMAPO の組み合わせによるペプチド合成

第21章　有機触媒を用いたカルボン酸誘導体および光学活性アルコールとカルボン酸の合成，ならびに医薬品合成への応用

5　ラセミ第2級ベンジルアルコールの速度論的光学分割

　上述の作業仮説に従って，筆者らは近年，Birmanらによって見出されたベンゾテトラミソール（(*R*)-BTM)）[10]を不斉触媒として，芳香族カルボン酸無水物を用いた混合酸無水物法と組み合わせることで，不斉エステル化反応の実現を試みた。検討の結果，4-メトキシ安息香酸無水物（PMBA）あるいは安息香酸無水物が適切な反応剤として機能することが判明し，種々の遊離カルボン酸がアシルドナーとしてそのまま応用可能であり，良好な選択性（*s*値）を与えることがわかった。これにより，不斉エステル化反応によるラセミ第2級ベンジルアルコールの速度論的光学分割法の開発に初めて成功した（図8)[11]。

6　ラセミ2-ヒドロキシカルボニル化合物の速度論的光学分割

　引き続き，本法の有用性を実証するために，より合成的有用性の高い各種2-ヒドロキシカルボニル化合物への適用を試みた。詳細に反応条件を精査したところ，ジフェニル酢酸をアシルドナーとして，溶媒にジエチルエーテル，さらに脱水縮合剤としてピバル酸無水物を用いることで高い選択性で反応が進行することがわかった。これにより2-ヒドロキシエステル（図9(a)）[12]，2-ヒドロキ-*γ*-ブチロラクトン（図9(b)）[13]，2-ヒドロキアセタール（図9(c)）[14]，

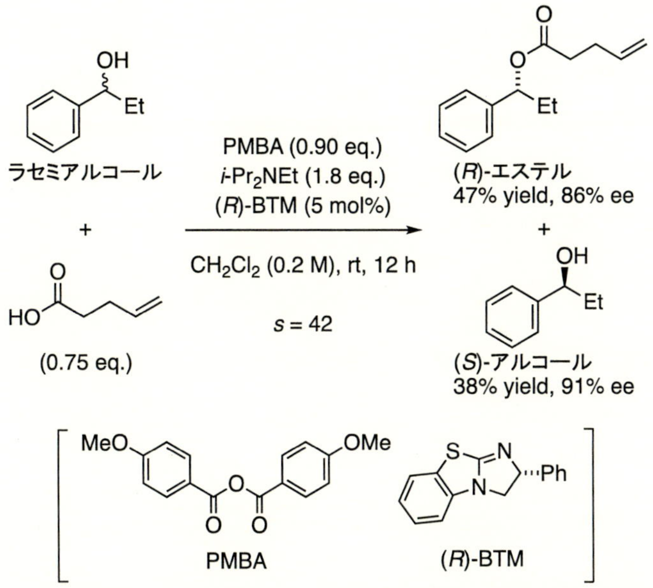

図8　不斉エステル化反応を用いたラセミアルコールの速度論的光学分割

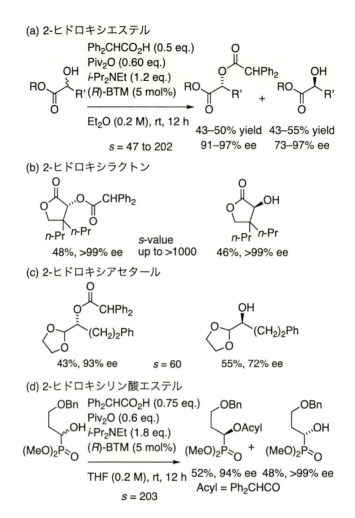

図9 不斉エステル化反応を用いたラセミ2-ヒドロキシカルボニル化合物の速度論的光学分割

2-ヒドロキシリン酸エステル（図9(d)）[15]，ケトン，アミド，およびラクタムの効率的な速度論的光学分割法へと拡張することができた。

7 ラセミカルボン酸の速度論的光学分割

新たに開発した上記不斉エステル化反応によるラセミアルコールの速度論的光学分割法の条件を基にして，次いで，対象基質をラセミアルコールからラセミカルボン酸に代えて，速度論的光学分割法の研究に着手することにした。詳細は原著論文で述べた通りであるが，求核剤であるアルコールの構造が大きく影響し，ビス(α-ナフチル)メタノールが最適であることを見出した[16]。

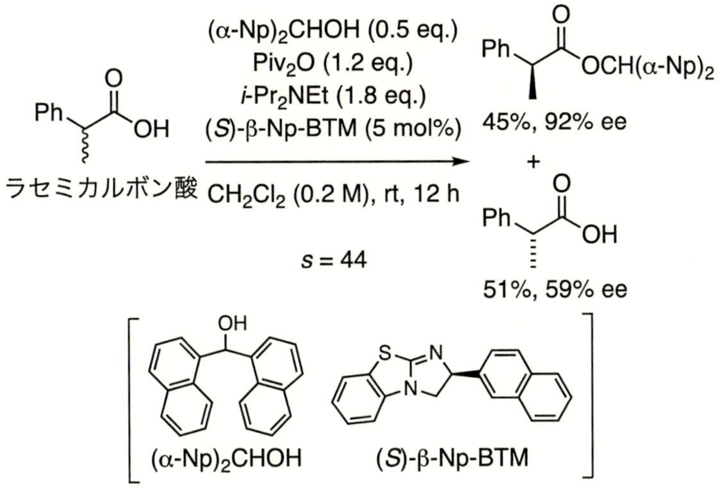

第21章　有機触媒を用いたカルボン酸誘導体および光学活性アルコールとカルボン酸の合成，ならびに医薬品合成への応用

図10　不斉エステル化反応を用いたラセミカルボン酸の速度論的光学分割

　また，縮合剤として p-メトキシ安息香酸無水物（PMBA）およびピバル酸無水物（Piv_2O）のいずれをも利用可能であることがわかった。さらに，触媒構造の最適化を図ったところ，優れた新奇なアシル基転移触媒として（S)-β-Np-BTM の開発に成功した（図10）[17]。

8　キラルな非ステロイド性抗炎症剤（NSAIDs）の合成

　2-アリールプロピオン酸を基本骨格として持つ化合物群は，非ステロイド性抗炎症剤（NSAIDs；Non-Steroidal Anti-Inflammatory Drugs）として広く用いられている。そこで，最適化した反応条件の下で，種々の NSAIDs の速度論的光学分割法を実施した（図11）。この反応は基質の芳香環上の置換基の位置および電気的性質によらず，反応は円滑に進行して高い s 値を与えた。さらに，生じたカルボン酸エステルは通常の接触水素化の条件でその光学純度を損なうことなく切断可能であった。その結果，これら一連の反応を通じて NSAIDs の両鏡像異性体を高エナンチオ選択的に得る手法を確立することができた。

　以上のように，迅速な分子間および分子内エステル化，ならびに高立体選択的な脱水縮合反応を開発することで，様々な医薬品やそのリード化合物を生産する有効な手段を発見した。

241

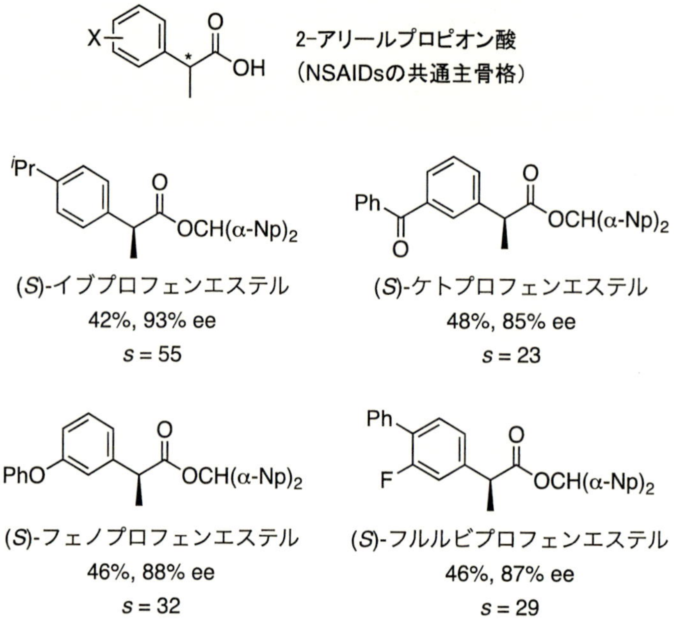
X
O
OH
2-アリールプロピオン酸
(NSAIDsの共通主骨格)
iPr
O
OCH(α-Np)2
(S)-イブプロフェンエステル
42%, 93% ee
s = 55
Ph
O
O
OCH(α-Np)2
(S)-ケトプロフェンエステル
48%, 85% ee
s = 23
PhO
O
OCH(α-Np)2
(S)-フェノプロフェンエステル
46%, 88% ee
s = 32
Ph
F
O
OCH(α-Np)2
(S)-フルルビプロフェンエステル
46%, 87% ee
s = 29

図 11　光学活性な NSAIDs の合成

文　　献

1) (a) I. Shiina, R. Ibuka, M. Kubota, *Chem. Lett.*, **47**, 286-287 (2002) ; (b) I. Siina, *Bull. Chem. Soc. Jpn.*, **87**, 196-233 (2014).
2) (a) I. Shiina, M. Kubota, R. Ibuka, *Tetrahedron Lett.*, **43**, 7535-7539 (2002) ; (b) I. Shiina, M. Kubota, H. Oshiumi, M. Hashizume, *J. Org. Chem.*, **69**, 1822-1830 (2004).
3) I. Shiina, *Chem. Rev.*, **69**, 1822-1830 (2007).
4) I. Shiina, T. Tonoi, *Heterocycles*, **94**, 255-275 (2017), and references cited therein.
5) (a) I. Shiina, H. Oshiumi, M. Hashizume, Y. Yamai, R. Ibuka, *Tetrahedron Lett.*, **45**, 543-547 (2004) ; (b) I. Shiina, M. Hashizume, Y. Yamai, H. Oshiumi, T. Shimazaki, Y. Takasuna, R. Ibuka, *Chem. Eur. J.*, **11**, 6601-6608 (2005).
6) I. Shiina, Y. Umezaki, N. Kuroda, T. Iizumi, S. Nagai, T. Katoh, *J. Org. Chem.*, **77**, 4885-4901 (2012).
7) I. Shiina, Y. Kawakita, *Tetrahedron*, **60**, 4729-4733 (2004).
8) I. Shiina, H. Ushiyama, Y. Yamada, K. Nakata, *Chem. Asian J.*, **3**, 454-461 (2008).
9) 総説 : a) K. Nakata, *YAKUGAKU ZASSHI*, **132**, 993 (2012) ; b) I. Shiina, K. Nakata, *J. Synth. Org. Chem.*, **72**, 49, (2014).
10) (a) V. B. Birman, X. Li, *Org. Lett.*, **8**, 1351 (2006) ; (b) V. B. Birman, *Aldrichchim. Acta*, **49**, 23 (2016).

第21章 有機触媒を用いたカルボン酸誘導体および光学活性アルコールとカルボン酸の合成，ならびに医薬品合成への応用

11) I. Shiina, K. Nakata, *Tetrahedron Lett.*, **48**, 8314 (2007).

12) I. Shiina, K. Nakata, K. Ono, M. Sugimoto, A. Sekiguchi, *Chem. Eur. J.*, **16**, 167 (2010).

13) K. Nakata, K. Gotoh, K. Ono, K. Futami, I. Shiina, *Org. Lett.*, **15**, 1170 (2013).

14) K. Nakata, E. Tokumaru, T. Saitoh, T. Nakahara, K. Ono, T. Murata, I. Shiina, *Heterocycles*, **95**, 277 (2017).

15) I. Shiina, K. Ono, T. Nakahara, *Chem. Commun.*, **49**, 10700 (2013).

16) I. Shiina, K. Nakata, Y. Onda, *Eur. J. Org. Chem.*, **35**, 5887 (2008).

17) I. Shiina, K. Nakata, K. Ono, Y. Onda, M. Itagaki, *J. Am. Chem. Soc.*, **132**, 11629 (2010).

第３編
応用シーズ

第 22 章　有機分子触媒の有用物質合成への応用

林　雄二郎[*]

1　有機分子触媒反応を有機化合物合成に用いる際の利点

　プロリンを用いる分子間アルドール反応が 2000 年に報告されてから[1)]，多くの不斉有機触媒および有機触媒反応が開発された。一般に有機触媒は安価で毒性が低く，水や酸素に安定であり，厳密な酸素，水の除去が必要ないなどの実験操作上の利点を有するため，実際の物質合成の場で使用される機会が増えている。

　また，有機分子触媒は基本的に反応性が低い場合が多く，次の反応の邪魔にならないため，連続反応に適した触媒である。我々は 2005 年にプロリンから容易に合成できる diphenylprolinol silyl ether 触媒（**1**）を開発した[2)]が，本触媒はアルデヒド，α,β-不飽和アルデヒドから光学活性なエナミン，イミニウムイオンを効率良く生成する（式 1，2）。しかし，嵩高い置換基を有する 2 級アミンであるため，そのアミンとしての塩基性は低く，塩基としての副反応を併発することがほとんどない。この特性を利用した，有機分子触媒を用いたドミノ反応が近年大きな注目を集めている。例えば 2006 年，Enders らは触媒 **1** を用いて，アルデヒド，α,β-不飽和アルデヒド，ニトロアルケンからなる三成分ドミノ反応による光学活性 5 置換シクロヘキセン骨格構築反応を報告した（式 3）[3)]。有機触媒はドミノ反応に適した触媒であり，有機触媒反応によるドミノ反応は，最近有用化合物の短段階全合成において広く用いられている。

　有機触媒の発展期において，プロリン型触媒を用いて不斉触媒アルドール反応，マンニッヒ反応，マイケル反応，Diels-Alder 反応等が開発された。これらの反応は，当時既に有機金属触媒で優れた成果が報告されており，有機金属触媒でできる反応を，今更有機触媒で行ってどのよう

＊1　Yujiro Hayashi　東北大学　大学院理学研究科　化学専攻　教授

な意味合いがあるのか，懐疑的に見られていた。しかし，有機触媒を用いる3ポットでのタミフル合成[4]等の例から，有機触媒は実際の有機化合物の実用的な合成に役立つことが明確となり，有用物質の合成に積極的に使用されるようになった。

　一方，ワンポット反応[5]は，文字通り一つの反応容器（ポット）で行う反応のことであり，複数の変換を行う場合，途中の生成物の単離・精製を行うことなく反応を進める。反応を行うたびに，反応を停止し，分液し，精製し，次の反応に移る通常の反応に比べワンポット反応は実験操作が簡略化され，物質を作るのに必要な総時間が短くなり，使用する溶媒量，廃棄物の量が削減される。有機合成化学上のメリットが非常に大きいだけでなく，環境に対する負荷の軽減に大きく貢献する。有機触媒はポット反応にも適した触媒であり，有機触媒とポット合成を組み合わせた物質合成が近年報告されるようになった。本章では，我々の研究室で行った有機触媒を用いるワンポット反応を指向した，有用化合物の合成について紹介する。

2　不斉マイケル反応を鍵工程とするバクロフェンのワンポット合成

　2007年，我々は diphenylprolinoil silyl ether **1** が α,β-不飽和アルデヒドとニトロアルカンとの不斉触媒マイケル反応の優れた触媒であることを明らかにした[6]。生成物の γ-ニトロアルデヒドは，酸化と還元により，容易に γ-アミノカルボン酸に変換できる。興味ある生物活性を示す化合物が多い γ-アミノカルボン酸は重要な化合物群である。我々は筋弛緩剤として臨床で使用されている γ-アミノカルボン酸の一種であるバクロフェンの合成を，入手可能な p-クロロベン

スキーム1　バクロフェンのワンポット合成

ズアルデヒド（**2**）から一筆書き（ワンポット反応）で合成することを計画した（スキーム1）。実際の医薬品をワンポット合成で，効率よく合成することは，有機合成化学の挑戦的な課題である。鍵反応の一つは，*p*-クロロベンズアルデヒドからのα,β-不飽和アルデヒド**3**への合成であり，この変換反応に関しては既に多くの手法が知られていた。例えば，アルデヒドをWittig反応で対応するα,β-不飽和エステルに導き，還元反応でアリルアルコールとし，酸化するのが代表的な手法であるが，これらの操作自身をワンポットで行うことは困難である。また，これらの反応の副生成物が，次の有機触媒を用いた不斉マイケル反応を阻害しない反応条件を選ぶ必要がある。我々はアセトアルデヒドを求核的なアルデヒドとする不斉触媒アルドール反応を開発していた。アセトアルデヒドを用いたアルドール縮合が進行すれば，副生成物は水だけであり，ワンポット反応が可能と考えた。種々反応条件を検討した結果，触媒量のDBUを塩基として用いるとアルドール縮合が良好な収率で進行することを見出した。不斉マイケル反応においてDBUは阻害剤になるが，酸を加えることによりその塩基性を抑え，続く触媒**1**を用いる不斉マイケル反応を高エナンチオ選択的に進行させることができた。その後，同一容器内での酸化・還元反応を行い，バクロフェンをワンポット，総収率31％で合成した[7]。不斉炭素を有する実際の医薬品が，市販品からワンポットで合成できた例である。

3　オセルタミビルのワンポット短時間全合成とフロー合成

　近年，高い致死率を示す高病原性鳥インフルエンザを初めとした新型インフルエンザウィルスの世界的大流行が危惧されており，インフルエンザ治療薬であるタミフル（ロシュ社，化合物名オセルタミビルリン酸塩）が大きな注目を集めている。タミフルはウィルスがヒト細胞内で増殖する際に重要な役割を果たすノイラミニダーゼを特異的に阻害し，経口投与で高い有効性を示すことから，全世界でタミフルが使用されている。我々は，2005年に開発した，触媒**1**によるニトロアルケンとアルデヒドの不斉マイケル反応[2]を鍵反応として用い，有機触媒反応とワンポット反応を組み合わせることにより，効率的なタミフルの全合成が行えるものと考え，検討を行った。我々は2009年に3ポットでの全合成[4]を，2010年に2ポット合成[8]を報告しているが，ここでは，2013年に達成したワンポット合成について解説する（スキーム2）。α-アルコキシアセトアルデヒド**7**と（*Z*）-*N*-2-ニトロエチニルアセタミド（**8**）をジフェニルプロリノールジフェニルメチルシリルエーテル触媒**9**存在下，添加剤として蟻酸を加え，クロロベンゼン中室温で撹拌すると目的とするマイケル付加体**10**がエナンチオおよびジアステレオ選択的に得られた。最初のマイケル反応はアルデヒドと触媒から生じる活性シスエナミンとニトロアルケンが，触媒の嵩高い置換基を避けるように接近し進行する。なお，得られるマイケル付加体の鏡像体過剰率は99％である。続いて，反応系内にリン酸エステル誘導体**11**と炭酸セシウムを加えて撹拌したのち，エタノールを加えるとマイケル反応，ホーナー・ワズワース・エモンス反応が連続的に進行し，環化体**12**が得られる。低温下トルエンチオールを加えると，チオールのマイケル反応と

有機分子触媒の開発と工業利用

スキーム2　2013年のオセルタミビルのワンポット合成

C5位のエピメリ化が進行し，望みの立体（C5）を有する**13**が得られる。最後に，亜鉛を用いたニトロ基の還元と炭酸カリウムを用いたレトロマイケル反応によるトルエンチオールの脱離に伴う二重結合の再生を行い，オセルタミビルを得た。全工程をワンポットで行い，溶媒交換はせず，フラスコに試薬を順次加えていくという極めて単純な操作で合成を行った。総収率はグラムスケール合成で28％であり，安価かつ毒性の低い試薬類を用いた工業的に応用可能な合成である。ドミノ反応やワンポット反応に適した有機触媒の能力を最大限に活用した「ワンポット全合成」を達成した[9]。

　一方，フロー化学は，バッチ法に比べ，加熱・冷却が容易であり，またこれらに必要なエネルギーが小さく省エネルギーな手法である。大きな装置が必要なく，スケールによる反応最適化の必要がない。反応の再現性が高い。フロー化学はこのような多くのメリットを有する，近年注目を集めている合成手法である。我々のワンポットタミフル合成手法は一つの容器内でいくつもの反応が進行し，溶媒の留去，置換といった操作が必要なく，反応系内に順次試薬を加えていくのみであるため，フロー合成に適用可能と考えた。しかし，フロー化学に適用する際に，大きな問題がいくつかあることが明らかになった。すなわち，長い時間を要する反応があること，難容性の反応試剤を用いていること，である。フロー化学において，長時間の反応には長い流路が必要になり，実用的でない。また難容性の反応試薬は，フローには適していない。そこで，フロー化学を指向して，まずバッチ方式で反応の最適化を再度行った。

　長時間の反応はチオールのマイケル反応（スキーム2の**12**から**13**）と，最終工程のチオールのレトロマイケル反応である。前者はC5位の立体を完全に望みの*S*体に異性化させるためで

第22章 有機分子触媒の有用物質合成への応用

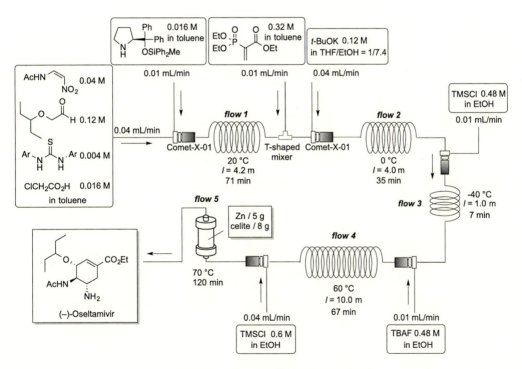

スキーム3 2016年の60分でのオセルタミビルのワンポット合成

スキーム4 タミフルのワンフロー合成

ある。この2つの反応を省略し，その代わりに，5R体からの5S体への早い異性化反応を導入することを考えた。種々検討した結果，TBAFを用いると，短時間で約1：1まで異性化させることができた。また，難溶性化合物に関しては，有機溶媒に可溶な反応試剤に置き換えた。また，1段階目の触媒1を用いるマイケル反応に，Schreinerのチオウレアを合わせ用いること

で，反応が短時間で完結することを見出した。いくつもの改良を行い，マイクロウェーブ（MW）を使用することにより最終的にはバッチ方式で 1 時間でのワンポット合成を達成した[10]（スキーム 3）。

さらに，バッチ方式を基にしてフロー方式で再度最適化を行った結果，最終的にワンフローでのタミフルの全合成に成功した[11]（スキーム 4）。

4 ドミノ不斉マイケル / 分子内アルドール反応を鍵工程としたエストラジオールメチルエーテルの全合成

ステロイド類は重要な生物活性を有するものが多く，その効率的な全合成は長年にわたり世界中で研究されてきた。エストロゲンはステロイドホルモンの一種であり，今回エストラジオールメチルエーテルの合成を試みた。

プロリンを用いる分子内アルドール反応による Wieland-Miescher ケトンの合成は 1971 年に報告されており，ステロイドの C, D 環構築法として，ステロイドの合成に広く利用されている（式 4）[12]。我々は，触媒 1 を用いるニトロアルカンと α,β-不飽和アルデヒドとの分子間マイケ

第 22 章　有機分子触媒の有用物質合成への応用

ル反応を見出していた（式 5）[6]。そこで，触媒 **1** 存在下，ニトロアルカン **17** に α,β-不飽和アルデヒド **18** を作用させると，不斉触媒マイケル反応に引き続き，連続的に分子内アルドール反応が進行すれば，一挙に 2 環性化合物 **19** が得られるものと期待した。本反応が実現できれば，ステロイドの C，D 環が短工程で合成できる。反応が進行するか，4 級不斉炭素を含む連続する 5 つの立体が制御できるか，また望む立体が得られるか，等が課題である。

　実際に反応を行ったところ，種々反応の最適化後，目的とする反応が進行し，2 環性化合物を良好な収率で，単一異性体として単離することができた。その不斉収率も非常に高い値であった。さらに，ステロイドと同一の立体を有していることが明らかになった。本ドミノ，マイケル／アルドール反応は広い一般性を示し，多くの α,β-不飽和アルデヒドに適用可能である。

　エストラジオールメチルエーテルの合成は，ポットエコノミーを指向して，反応条件の最適化を行い，スキーム 5 に示すように 5 つの反応容器を用いる全合成を達成した。すなわち，ドミノ，マイケル／アルドール反応後，同一容器内に KCN，CS₂，MeI を加え，キサンタートを合成した後，塩化チオニルを作用させると脱水反応が進行し，**20** が 78％の収率で得られた。Bu₃SnH により，脱ニトロ基とキサンタート部位の還元的除去により **21** を得た。以下，ケトンの立体選択的な還元と DIBAL によるニトリルのアルデヒド **22** への変換を同一容器内で行った。アルコールを TIPS 基で保護し **23** を得た。ここから 6 つの反応を一つの反応容器内で行った。アルデヒドをカルボン酸に酸化し，水素添加でオレフィン部位に立体選択的に水素を付加させた。塩化オキサリルを作用させ，カルボン酸を酸塩化物に誘導後，塩化アルミニウムを加え，

スキーム 5　エストラジオールメチルエーテルの 5 ポット合成

フリーデル・クラフツアシル化反応を行い，ステロイドのA，B，C，D4環性骨格を構築した。MeOHを加えると，塩化アルミニウムと反応して生じた塩酸によりシリル基が除去され，最後ケトンの水素添加によるアルカンへの還元でエストラジオールメチルエーテル**24**を合成した。本合成は5ポット，総収率15％と短工程かつ効率的な合成である[13]。

5　まとめ

我々は有機触媒diphenylprolinol silyl ether **1**を開発し，触媒**1**を用いた種々の不斉触媒反応を開発してきた。また，触媒反応を開発するだけでなく，開発した触媒反応を用いて，ワンポットを駆使した重要有機化合物の効率的短工程合成を行っている。有機触媒の特徴の一つは，ドミノ反応，ワンポット反応に適していることであり，これらの特徴を生かした全合成を行っている。今回，バクロフェン，タミフル，エストラジオーメチルエーテルの短工程合成について説明したが，これ以外にも，DPP4阻害剤であるABT-341のワンポット合成[14]，プロスタグランジンPGE$_1$メチルエステルの3ポット合成[15]，Horsfiline，Coerulescineの3ポット合成[16]を行っている。興味ある方はそれぞれの原報を参照願いたい。

2000年のList等のプロリンを用いた不斉触媒アルドール反応の報告以来，多くの有機触媒反応が開発されてきた。有機触媒を実際の物質合成に利用した合成がこれからますます増えてくることと予想されている。その際に，本総説がお役に立てば幸いである。

文　　献

1)　(a) B. List *et al., J. Am. Chem. Soc.,* **122**, 2395 (2000). (b) K. A. Ahrendt *et al., J. Am. Chem. Soc.,* **122**, 4243 (2000).

2)　Y. Hayashi *et al., Angew. Chem. Int. Ed.,* **44**, 4212 (2005).

3)　D. Enders *et al., Nature,* **441**, 861 (2006).

4)　H. Ishikawa *et al., Angew. Chem. Int. Ed.,* **48**, 1304 (2009).

5)　Y. Hayashi, *Chem. Sci.,* **7**, 866 (2016).

6)　H. Goto *et al., Org. Lett.,* **9**, 5307 (2007).

7)　Y. Hayashi *et al., Org. Lett.,* **18**, 4 (2016).

8)　H. Ishikawa *et al., Chem. Eur. J.,* **16**, 12616 (2010).

9)　T. Mukaiyama *et al., Chem. Eur. J.,* **19**, 17789 (2013).

10)　Y. Hayashi *et al., Org. Lett.,* **18**, 3426 (2016).

11)　S. Ogasawara *et al., Synthesis,* **49**, 424 (2017).

12)　(a) Z. G. Hajos *et al., J. Org. Chem.,* **39**, 1615 (1974). (b) U. Eder *et al., Angew. Chem.*

第 22 章　有機分子触媒の有用物質合成への応用

Int. Ed., **10**, 496 (1971).

13) Y. Hayashi *et al., Angew. Chem Int. Ed.*, **56**, 11812 (2017).

14) H. Ishikawa *et al., Angew. Chem Int. Ed.*, **50**, 2824 (2011).

15) Y. Hayashi *et al., Angew. Chem. Int. Ed.*, **52**, 3450 (2013).

16) T. Mukaiyama *et al., Chem. Eur. J.*, **20**, 13583 (2014).

第23章　有用キラル合成素子の環境調和合成

岩渕好治[*]

1　はじめに

　近年，新薬開発の成功率の漸減傾向が続き，アンメット・メディカル・ニーズに応えるための方法論が盛んに模索される中で，sp^3炭素豊富な分子群の可能性が改めて見直されている。すなわち，sp^3炭素を豊富に含む化合物群は，芳香環を含むsp^2炭素が豊富な化合物群と比較してユニークかつ広範なケミカルスペースを有し，良好な薬物動態プロファイルを示す事例が顕在化し注目を集めている[1]。

　sp^3炭素に富む脂環式化合物のなかで，シクロペンタン環，シクロヘキサン環については，立体選択的な官能基導入・変換に資する有用な経験則がいち早く確立され，優れた合成方法論が開発されてきた。しかし，シクロヘプタン環含有化合物の合成については汎用性の高い方法論に乏しく，いまだ発展途上の段階にあると考えられる。

　我々は，合成化学的展開性に優れたα,β-不飽和ケトン構造を内蔵させたキラルシクロヘプタノイド合成素子**1**とビシクロ[5.3.0]デカン（ヒドロアズレノイド）型合成素子**2**を設計し，有機触媒の活用を鍵として環境調和した条件下での合成を追究するとともに，生物活性天然物の合成への応用を通じて，その化学・位置・立体選択的変換の実現可能性の例証を目指す本研究を企図した（Figure 1）。

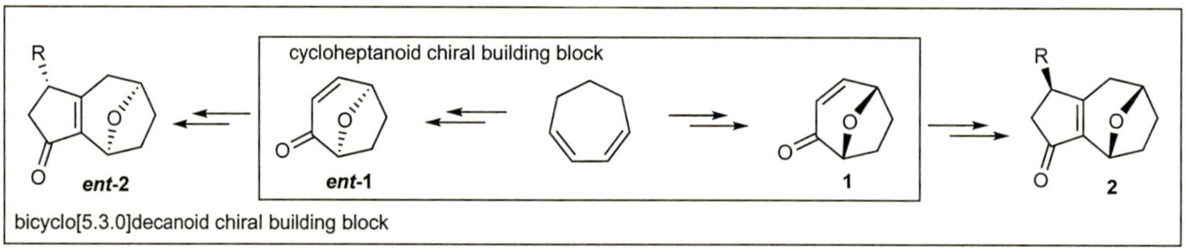

Figure 1

---

　*　Yoshiharu Iwabuchi　東北大学　大学院薬学研究科　分子薬科学専攻　教授

第23章 有用キラル合成素子の環境調和合成

2 有機触媒を鍵とするキラルシクロヘプタノイド合成素子の合成

現代の精密有機合成において，酸化的な分子変換はその有用性とグリーンケミストリーへの適用性が乖離した反応の一つとなっている[2]。当研究室では，有機触媒の活用を基本戦略として，その合成化学的ジレンマの解消を目指している[3]。今回，入手容易なシクロヘプタジエン（**3**）を原料とし，このものへの3種の酸化反応の適用による3工程でのキラルシクロヘプタノイド素子**1**の合成を計画した（Scheme 1）。

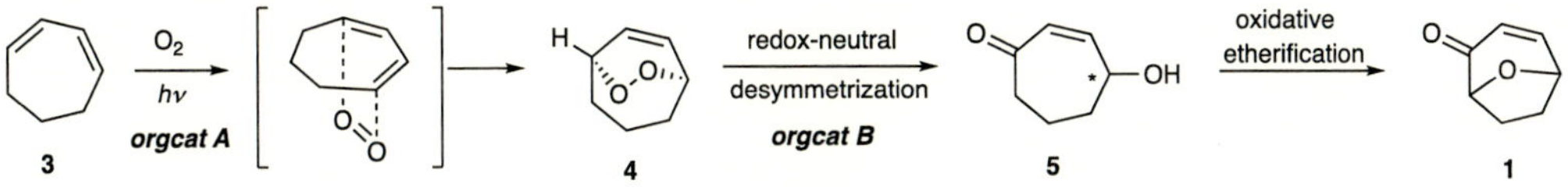

Scheme 1

すなわち，①シクロヘプタジエン（**3**）への有機色素増感光酸素付加と，② σ-対称性エンドペルオキシド生成物**4**の分子内酸化-還元異性化（Kornblum-DeLaMare反応）による4-hydroxycyclohept-2-en-1-one（**5**）の調製，そして③未知の酸化的架橋エーテル形成反応の実現により得られる8-オキサビシクロ[3.2.1]オクテノン型化合物**1**を素子として設計した。このものはキラル籠形構造の特性を反映し，立体化学を制御しつつ，シクロヘ
プテノン単位への足し算型の化学修飾を可能とすると
考えた。②の不斉触媒反応は既にToste ら[4]によって
報告されおり，数10グラムスケールでの合成への適
用性ならびに，架橋エーテル部の新規構築法の開発を

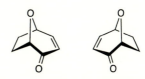

8-oxabicyclo[3.2.1]oct-3-en-2-one (**1**)

条件として，多様なシクロヘプタン環含有化合物の合成素子として活用できるものと期待した。
まず，入手容易なラセミ体のエノン**5**を用いて，前例の無い分子内酸化的エーテル化反応の可能性を検討した。本反応は，酸化されやすいアリルアルコール単位の存在下にいかにケトンのα位を選択的に酸化的に活性化し，架橋エーテル形成を惹起するかが鍵となる。検討の結果，Koser's試薬（PhI(OH)OTs）を用いるケトンα位トシルオキシ化条件の適用により一挙に**1**が得られることを見い出した[5]。IBXやPIFAなどの他の超原子価ヨウ素試薬ではアリルアルコール部分の酸化反応が選択的に進行するのみであった。さらなる検討の結果，NaOAcの添加により大幅に収率が向上することが分かった。驚くべきことにカウンターイオンの異なるKOAcやCsOAcを用いた場合には選択性が逆転し，アリルアルコール部分が酸化を受けるのみであった。上記の検討から，本ルートを用いることによりシクロヘプタジエンを初期原料として短工程にて**1**を合成することが可能となった（Scheme 2）。

有機分子触媒の開発と工業利用

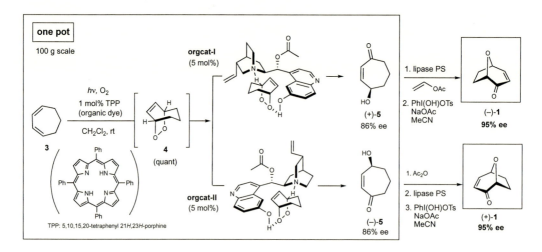

Scheme 2

　次に素子**1**の両対掌体を獲得するべく，Toste らによって開発された不斉 Kornblum-DeLaMare 転位反応による光学活性エノン**5**の入手を検討した。キニンおよびキニジンから2工程で得られる誘導体（orgcat-Ⅰおよび orgcat-Ⅱ）[4]を触媒として，シクロヘプタジエン（**3**）より調製したエンドパーオキシド**4**の酸化還元異性化を検討した。しかし何れのエノンにおいても光学純度は 86% ee に留まるものであった。キラル合成素子としての使用に鑑み，光学純度の向上を試みた結果，リパーゼ PS を用いる不斉アセチル化・加水分解反応を行うことにより，95% ee まで向上させることに成功した。得られた両対掌体のエノンを先に開発した分子内酸化的エーテル化反応の条件に付すことで，光学純度の低下を伴うことなく，95% ee の光学過剰率を有するキラル合成素子**1**の両対掌体を数十グラムスケールにて調製することに成功した[5]（Scheme 2）。

　オキサビシクロ[3.2.1]オクテノン型素子の有用性を検証するべく，植物アレロパシー作用を示す天然物（＋）-sundiversifolide の全合成を行った。（−）-**1**に対するメチル銅試薬を用いた1,4-付加は，ビシクロ[3.2.1]型骨格のコンベックス面からジアステレオ選択的に進行し単一の生成物としてメチル体を与えた。このものを L-selectride を用いた還元条件に付し，β-アルコールへ変換した後に，種々の官能基変換を経てジアゾエステルを単一のジアステレオマーとして合成した。橋頭位選択的な C-H 挿入反応を鍵工程として既知合成中間体に到達し，宍戸らの手法に従って合成を進めて（＋）-sundiversifolide の全合成を完了した[5]（Scheme 3）。

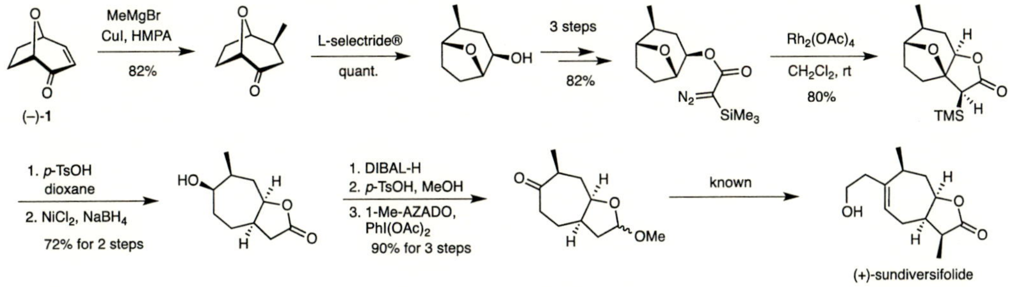

Scheme 3

3 キラル bicyclo[5.3.0]decane 合成素子の設計と合成

これまでビシクロ[5.3.0]デカン型化合物の合成の多くは，標的とした個々の分子構造への最短工程での到達に主眼が置かれ，化学・位置・立体選択的反応を駆使して単環性，あるいは鎖状化合物を合成し，合成終盤にビシクロ環骨格を構築するという戦略に基づいて合成されてきた。一方で，ビシクロ[5.3.0]デカン骨格の 5-7 縮環部の立体化学と環周辺部の官能基の多様性導入を視野に入れて合成序盤に本骨格を構築し，このものを合成素子として順次官能基を導入していく合成法は誘導体合成等の拡張性に優れていることから，その両対掌体の容易な入手が可能となれば，これらはキラル合成素子として，特に医薬品等の探索合成において真価を発揮すると期待される。

我々は，先述したキラルシクロヘプタノイド素子 1 への迅速なシクロペンタン環の増築と同時に合成化学的展開性に優れたエノン部を搭載することを目論見て，Nazarov 環化反応の適用を鍵とするビシクロ[5.3.0]デカン型合成素子 2 を設計した。本 Nazarov 環化反応は，酸素原子で架橋したシクロヘプタノイド型キラル合成素子 1 の立体化学的バイアスを受け，高ジアステレオ選択的に進行することを期待した。素子 2 の縮環部位は，還元の立体選択性を制御することを条件として，2 種類のジアステレオマー 7 に導くことができ，さらに架橋エーテル部の逆-oxa-Michael 反応を経て，α,β-不飽和ケトン 8 とすることにより，多様な官能基導入の拠点を提供できると期待した（Scheme 4）。

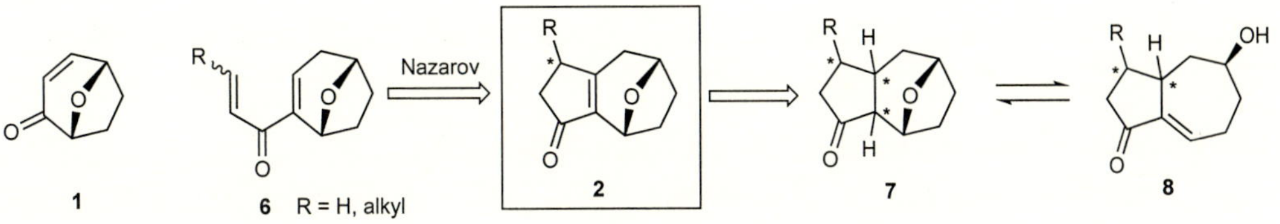

Scheme 4

有機分子触媒の開発と工業利用

　素子 **1** から数工程で鍵反応基質となるジエノン **6** を合成し，Nazarov 環化反応について検討を行った。その結果，氷冷下，CH₂Cl₂ 中で TfOH を用いることにより，高収率で反応が進行し，環化体 **2** が単一ジアステレオマーとして得られることを見出した[7]（Scheme 5）。

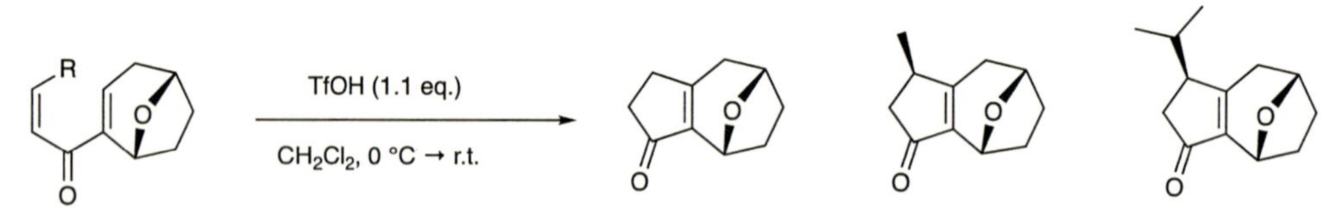

Scheme 5

　本 Nazarov 反応における反応機構の詳細は不明であるが，Z 体，E 体のそれぞれのジエノンから同一の環化体 **2** が得られてきたこと，そして環化反応に先立ち，アルケンの Z 体から E 体の異性化が TLC 上で観測されたこと，また分子模型を用いての考察から，本反応は以下に示す反応機構で進行しているものと考えている。まず側鎖アルケン部が酸により Z 体から E 体へと異性化し，続いて 4π 電子系に基づく同旋的な電子環状反応が進行する。ここで，回転方向として，手前から見て時計周りまたは反時計回りで結合が形成される可能性が考えられるため，C5 位の水素が凸面側，または凹面側にそれぞれ位置する環状カルボカチオン中間体 **Int-A**，**Int-B** が生成することになる。この際，凹面側よりも凸面側の C5 位の水素の脱プロトン化が進行しやすいと考えられるため，環化体 **2** が単一生成物として得られたものと考察している（Scheme 6）。

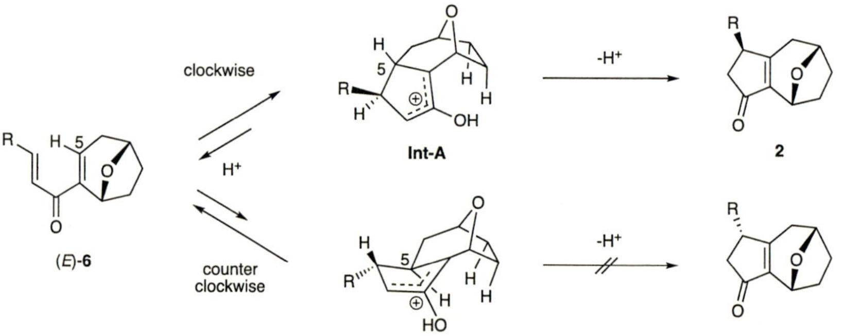

Scheme 6

　次いでアルケン部の接触還元を検討した結果，用いる金属種の使い分けを鍵として，還元の立体選択性を逆転させることで 2 種類（anti-syn）のジアステレオマーを作り分ける条件を確立した。すなわち，Pd/C を用いた場合にはメチル基と逆側から還元が進行し，メチル基に対して anti の立体配置を有する水素化体 anti-**7** が得られ，一方で，PtO₂ を用いた際にはメチル基と同じ側から還元が進行し，メチル基に対して syn の立体配置を有する水素化体 syn-**7** が優先して得られることを見出した。syn-**7** 生成に際する立体選択性は，PtO₂ がエーテル架橋部へ配位す

第 23 章　有用キラル合成素子の環境調和合成

ることが起因していると考えている（Scheme 7）。

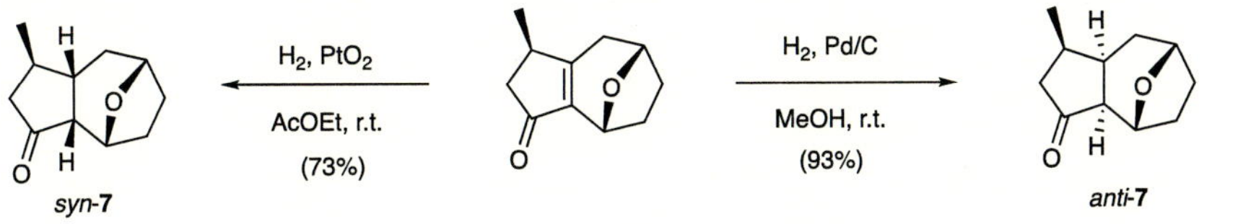

Scheme 7

　以上の結果を受けて，還元体 *anti*-**7** を基質とした englerin A の合成に着手した。Englerin A は 2009 年に単離されたグアイアン型セスキテルペノイド天然物であり[6)]，腎臓がん細胞に対して 1～87 nM という低濃度で選択的に増殖抑制効果を示すことが示され，その特異な構造的特徴からも注目を集め，これまでに 10 例の不斉全合成が報告されている。しかし，これらの報告では，多様な炭素側鎖の導入を指向した誘導体合成への応用という点で検討の余地を残している。我々は，素子の機能性と有用性の実証を目指し，englerin A の不斉全合成に着手した。

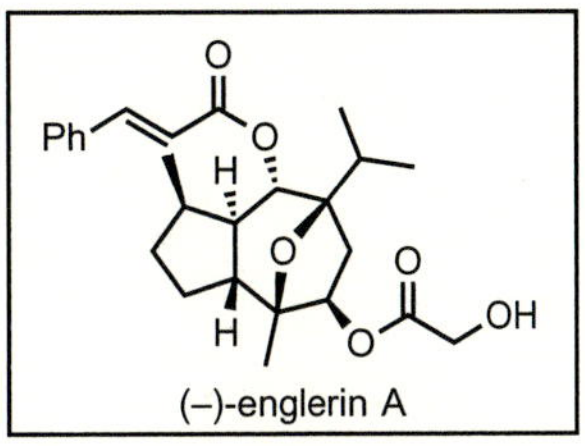

(−)-englerin A

　ケトン *anti*-**7** から（−）-englerin A への変換における最初の課題は，5 員環から 7 員環への酸素官能基の移動であった。多くの試行錯誤の末，*anti*-**7** からスルファメート **8** への変換をワンポットで行った後，Rh$_2$(esp)$_2$ 触媒による C-H アミノ化反応に続く，塩酸処理により，エノン **10** を収率 91% で合成することに成功した。次に，エノン **10** のアルケン部を還元後，同一系中に TfOH を添加することで効率的にトランス縮環化合物へと平衡を移転させ，さらに酸性条件下での水酸基の保護を行うことで，エノン **10** からメトキシメチルエーテル **11** を一挙に合成した。次いで **11** のエノールトリフラート化に続く根岸カップリング反応によりメチル基を導入し，アルケン部のジアステレオ選択的なジヒドロキシル化を経て，ジオール **12** を得た（Scheme 8）。

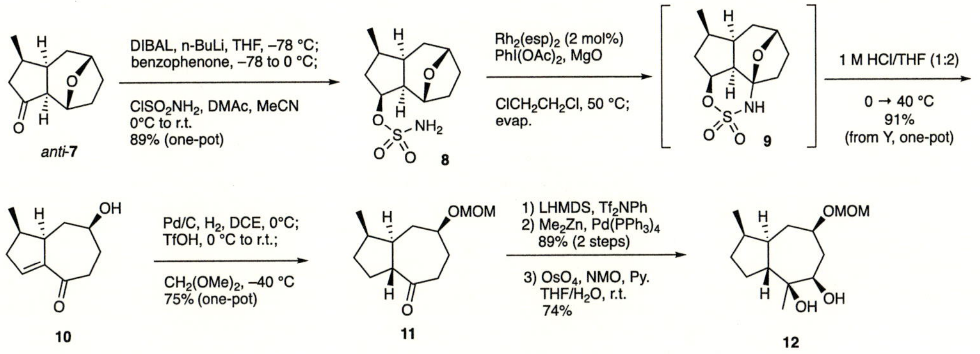

Scheme 8

有機分子触媒の開発と工業利用

　ジオール **12** のカーボネートでの保護とメトキシメチル基の脱保護，及び nor-AZADO[8]によるアルコールの酸素酸化反応を行い，ケトン **13** を合成した。ケトン **13** へのイソプロピル基の導入は，石原らが開発した亜鉛のアート錯体[9]を用いることで収率良く進行することを見出し，続く Burgess 試薬を用いた脱水反応により畑山中間体 **14**[10]を合成した。これより，畑山らの報告に従い6工程の変換を行うことで，(−)-englerin A の不斉形式全合成を達成した[7]（Scheme 9）。

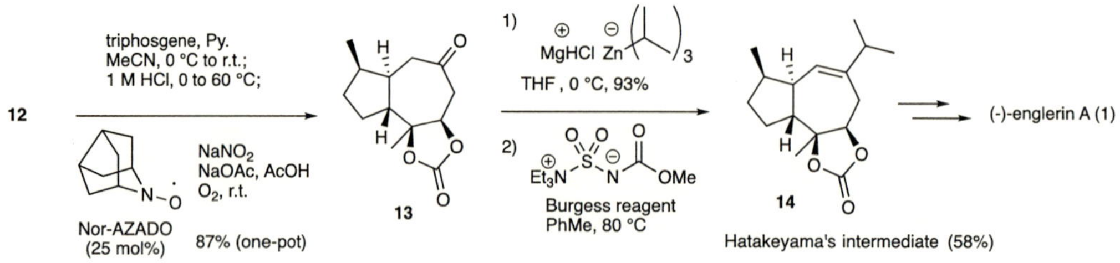

Scheme 9

4　結論

　有機触媒の活用を鍵として，環境調和性を指向した酸化的分子変換を連結し，シクロヘプタン環含有化合物の合成に資するキラルシクロヘプタノイド合成素子およびビシクロ[5.3.0]デカノイド合成素子を開発し，sundiversifolide および englerin A の合成を通じて，それら合成素子の有用性を実証した。本研究で得られた知見が，精密合成化学の発展の一助となることを期待する。

謝辞

　本研究は，東日本大震災の直後，文部科学省科学研究費補助金「有機分子触媒による未来型分子変換」の支援を受けて行われたものである。本研究に携わった共同研究者諸氏に深謝します。

文　　　献

1) Lovering, F. *Med. Chem. Comm.* **2013**, *4*, 515-519.
2) Dugger, R. W.；Ragan J. A.；Brown Ripin, D. H. B. *Org. Process Res. Dev.* **2005**, *9*, 253-258.
3) Iwabuchi, Y. *Chem. Pharm. Bull.* **2013**, *61*, 1197-1213.

第23章　有用キラル合成素子の環境調和合成

4) Staben, S. T. ; Linghu, X. ; Toste, F. D. *J. Am. Chem. Soc.* **2006**, *128*, 12658.

5) Kawasumi, M. ; Kanoh, N. ; Iwabuchi, Y. *Org. Lett.* **2011**, *13*, 3620-3623.

6) Ratnayake, R. ; Covell, D. ; Ransom, T. T. ; Gustafson, K. R. ; Beutler, J. A. *Org. Lett.* **2009**, *11*, 57-60.

7) Morisaki, K. ; Sasano, Y. ; Koseki, T. ; Shibuta, T. ; Kanoh, N. ; Chiou, W.-H. ; Iwabuchi, Y. *Org. Lett.* **2017**, *19*, 5142-5145.

8) Hayashi, M. ; Sasano, Y. ; Nagasawa, S. ; Shibuya, M. ; Iwabuchi, Y. *Chem. Pharm. Bull.* **2011**, *59*, 1570-1573.

9) Ishihara, K. ; Hatano, M. ; Suzuki, S. *Synlett* **2010**, 321-324.

10) Takahashi, K. ; Komine, K. ; Yokoi, Y. ; Ishihara, J. ; Hatakeyama, S. *J. Org. Chem.* **2012**, *77*, 7364-737

第24章　有機触媒による創薬を指向した生理活性天然物の実践的合成

山田　健[*1]，砂塚敏明[*2]

1　はじめに

　医薬品，農薬，マテリアル等様々な「モノづくり」において，効率的かつ安価であり，さらに環境調和型の力量ある合成法の開発は継続的に進める必要がある。そのような背景の中で，持続可能な「モノづくり」の科学を発展させるための環境調和型の優れた有機分子触媒の開発，ならびに有機分子触媒を用いた効率的・革新的な触媒反応系の開拓，さらに，それらを用いた有用物質（生理活性天然物，生理活性化合物，医薬品，動物用医薬品，農薬等）合成への応用展開は重要なテーマである。我々は，様々な有機分子触媒ならびに触媒反応系を駆使し，我々が見出してきた医薬品，農薬の候補と期待される興味ある天然物や医薬品の合成に展開することにより，「モノづくり」における有機触媒の重要性を示してきた。

　北里研究所では，独自のスクリーニング系を用いて微生物を由来とする様々な天然有機化合物を報告してきた。我々は，それらの中で特異な分子骨格を有し，有用な生理活性を示し，しかも天然から微量しか得られない新規天然物を標的化合物として，効率的かつ合理的でしかも柔軟性に富んだ新規分子骨格構築法の開発を行っており，これまで48種の天然物の全合成を達成している[1,2]。また，我々の研究所では，大村智特別栄誉教授が2015年にノーベル生理学・医学賞を受賞するに至った奇跡の天然物であるAvermectinを代表とする様々な有用なポリオールを有するマクロライド化合物を見出しており，それらは医薬，動物薬（Leucomycin, Tylosin, Erythromycin等）として使用されている。

　本章では，①有機分子触媒を用いた生理活性天然物の全合成，および，②有機分子触媒を用いた有用ポリオール天然物の位置選択的モノアシル化について紹介する。

2　有機分子触媒を用いた生理活性天然物の全合成

2.1　新規アセチルコリンエステラーゼ（AChE）阻害剤Arisugacin類の全合成

　北里研究所において，AChEを強力かつ選択的に阻害する新規物質の探索を目的に微生物代謝産物をスクリーニングした結果，糸状菌より新規天然物としてArisugacin類が単離された[3]。それらは，セスキテルペン骨格のAB環とα-ピロン部分のD環，それらが縮合してできたピラ

---

　*1　Takeshi Yamada　神奈川大学　工学部　物質生命化学科　特別助教

　*2　Toshiaki Sunazuka　北里大学　北里生命科学研究所　教授

第 24 章　有機触媒による創薬を指向した生理活性天然物の実践的合成

ン環の C 環の 4 つの連続する環骨格を有する特徴的な構造を有し，しかも極めて選択的に AChE を阻害する。しかし，微生物による生産性が極微量であり，培養による量産は困難である。そこで構造的にも活性的にも興味深い Arisugacin 類を標的化合物とし，有機触媒を用いた簡便かつ効率的で，しかも誘導体合成にも応用可能な収束的な全合成ルートの開発を行った。

　α-Ionone を出発原料として得られた α,β-不飽和アルデヒド 2 と α-ピロン 3 を用いカップリング反応を検討した。種々条件検討した結果，THF 溶媒中有機触媒である L-proline を 2 当量用い，65℃ で 14 時間反応させることにより収率 61％で Arisugacin 骨格を有するオレフィン化合物 4 を立体選択的に合成できた（Scheme 1）。このカップリング反応は，まず α,β-不飽和アルデヒド 2 と L-proline でイミニウム塩 8 を形成し，これに α-ピロン 3 の 3 位のカルボアニオンが求核攻撃することで C-C 結合が形成され 9 が出来る。続いて，L-proline が脱離を起こしジエン 10 が生成，さらにそのジエンが 12b 位アキシャルメチル基の影響を受け，立体障害の少ない α-面から 6π 電子環状反応を起こすことで，6a 位メチル基が β-配置に制御されて反応が進行し，カップリング体 4 が選択的に得られたと推察している（Scheme 2）。

　次に全合成に向け，12a 位への水酸基の導入を検討した。その結果，1 位の水酸基が大きな立体障害になっていることが判明し，酸化・還元を経てその立体を反転させた 5 に変換することで解決への道が開けた。すなわち，5 に対して過酢酸を反応させることで，12a 位に水酸基が導入された 6 が得られることを見出した。次の 12 位水酸基のデオキシ化の条件は Et₃SiH，TFA で収率良く進行し，続く塩基処理により 7 を得た。最後に 1 位水酸基をケトンに酸化して，さらにその α 位のフェニルセレニル化，過酸処理による脱離によってエノンに変換することで Arisugacin A（1）の不斉全合成を達成できた（Scheme 1）[4, 5]。この合成法を用いて種々の誘導体を合成することで天然物を越える生理活性化合物の創製が期待される。

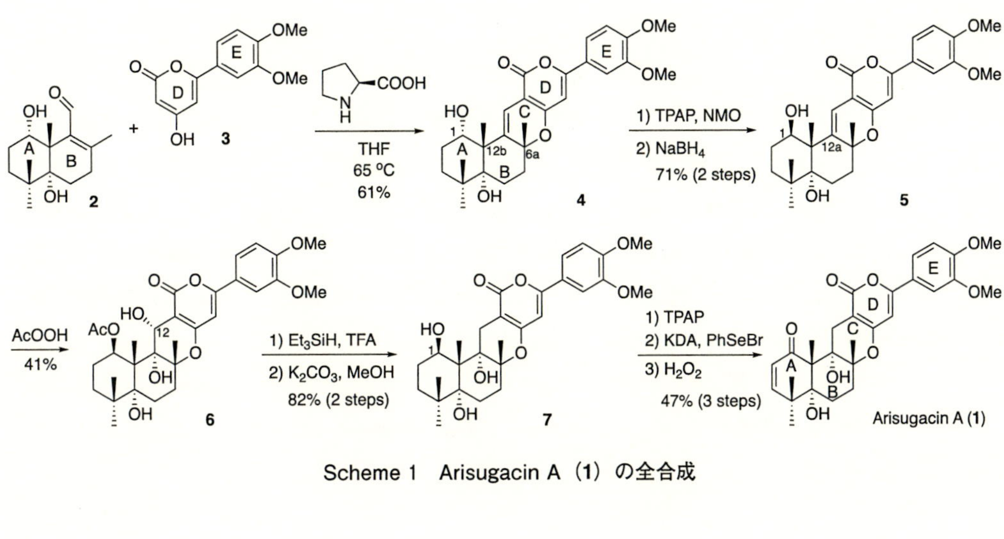

Scheme 1　Arisugacin A（1）の全合成

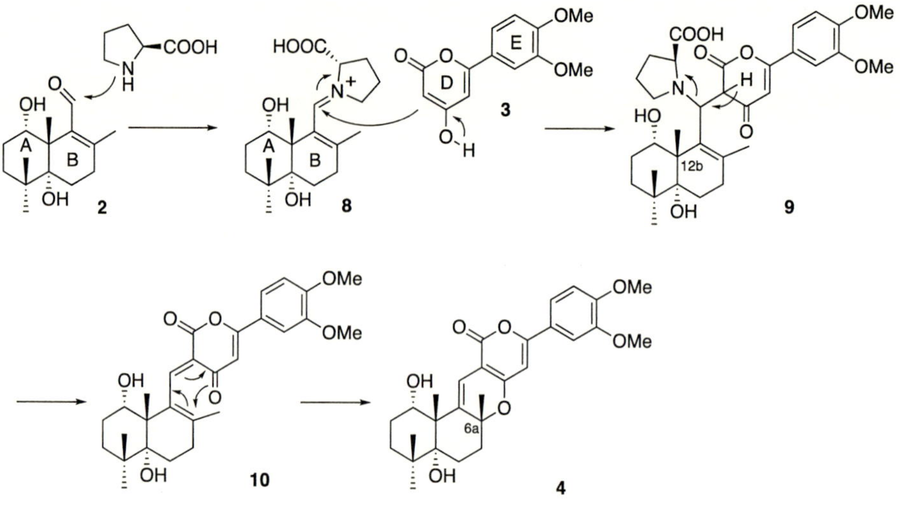

有機分子触媒の開発と工業利用

Scheme 2　カップリング反応の推定メカニズム

2. 2　特異なインドリンスピロアミナール骨格を有する Neoxaline 類の全合成

　Neoxaline（**11**）は，我々の研究グループが単離した特異なインドリンスピロアミナール骨格を有するインドールアルカロイドであり，チューブリン重合阻害による抗がん活性を示す[6]。我々は，**11** の特異な構造とその生理活性に興味を抱き，まず不明であった **11** の絶対立体配置を確定させるため，その全合成に着手した（Scheme 3）。

　市販のトリプトフォールから不斉酸化環化反応を行いヒドロキシフロインドリン **12** を高い光学純度（＞＞99% ee）で合成した。続いてトリクロロアセトイミデート体 **13** へ導き，ルイス酸存在下プレニルスズ **14** を作用させることで，高立体選択的にリバースプレニル基を導入できた。数工程を経て導いたアルデヒド体 **16** に，有機触媒であるボロン酸存在下，イソシアノアセテート **17** を作用させたが，望む α-ヒドロキシアミド **18** は低収率であった。そこで，過剰量のボロン酸とイソシアニドを用いることで91%と高収率でジアステレオ混合物として **18** を合成できた（9R：9S=1.0：2.0）。次に，適した位置にアミノ基を有するインドリン **19** へ導き，ジアステレオマーを分離した。単離した（9R）-**19** を H_2O_2・urea，$NaWO_4$ を用いて酸化し，原料消失後に，PbO_2，酢酸を添加することで，三度の酸化と環化を経て，環状ニトロン体 **20** を1ポットで得た。続いて，TBAOH で処理することで，インドリンスピロアミナール体（9R）-**21** を高収率で合成できた。一方，α 付加のメジャージアステレオマーである 9S 体は，（9S）-**20** へ導けたものの最後の環化が進行しなかった。得られたインドリンスピロアミナール体（9R）-**21** は，アルドール付加，脱離を経て選択的に E 配置のデヒドロヒスチジンへ変換できた。最後に9位エピメリ化を伴った脱保護により，Neoxaline（**11**）の初の全合成を達成し，その絶対立体配置を図の通り決定した[7,8]。

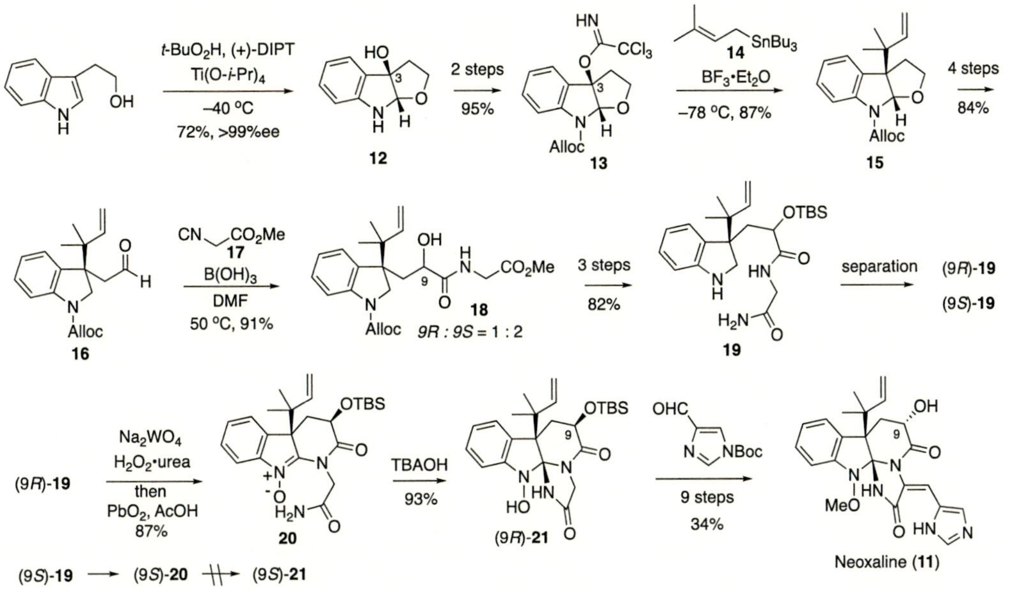

第24章　有機触媒による創薬を指向した生理活性天然物の実践的合成

Scheme 3　Neoxaline（11）の全合成

2.3　有機分子触媒を用いたイソシアニドの α-付加反応

　Neoxaline の全合成において，アルデヒド **16** とイソシアニド **17** の α-付加の立体選択性に課題があった。メジャージアステレオマーである 9S 体からはインドリンスピロアミナール体 **21** への環化が進行せず，また，既知の手法による α-付加の立体選択性の改善は困難であった。そこで，前例のない有機分子触媒を用いた立体選択的なイソシアニドの α-付加反応の開発に着手することとした。

　アルデヒドを活性化すると同時にイソシアニドへ水酸基を供与できる有機分子が，本反応に有効な触媒になり得ると考え，E 配置のアミド **23** の利用を発想した。すなわち，アミド **23** の NH がアルデヒドを活性化した後，イソシアニド **22** がアルデヒドへ求核付加する。続いて，生成するニトリリウムカチオン **25** にイミデートアニオン **24** が付加してイミデート **26** となり，系中の水により加水分解されることで，α-ヒドロキシアミド **27** を与えると同時にアミド触媒 **23** が再生すると考えた（Scheme 4）。

　様々な E 配置のアミドを精査した結果，3,5,6-トリフルオロ-2-ピリドン（**28**）が，本反応を触媒することを初めて見出した（Table 1）。さらに，本反応条件を最適化したところ，ベンゼン中，2 当量の水を添加することで，高収率で対応する α-ヒドロキシアミド体 **27** を与えることが分かった。本反応は，様々な脂肪族アルデヒドやイソシアニドに適用することができ，立体的に嵩高い **11** の合成中間体 **16** においては，既存の触媒的手法（＜40％収率）よりも高収率で対応する α-ヒドロキシアミド体 **18** を与えた（74％収率）。以上のように，前例のない有機分子触媒

267

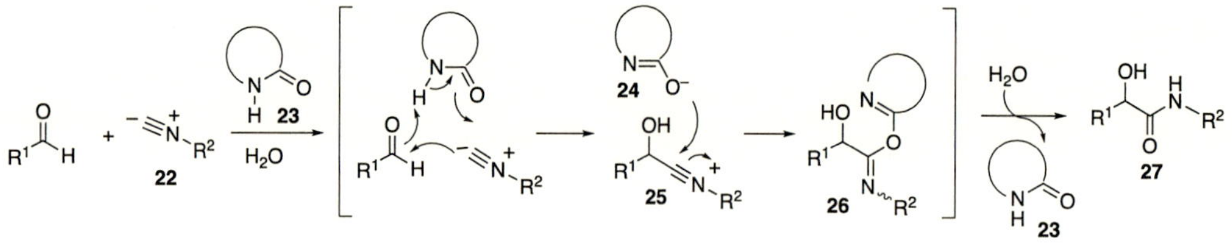
H₂O
22
23
24
25
26
27

Scheme 4　*E*-アミド分子を用いた新規触媒サイクルの設計

Table 1　3,5,6-トリフルオロ-2-ピリドン（**28**）を触媒に用いたイソシアニドの α-付加反応

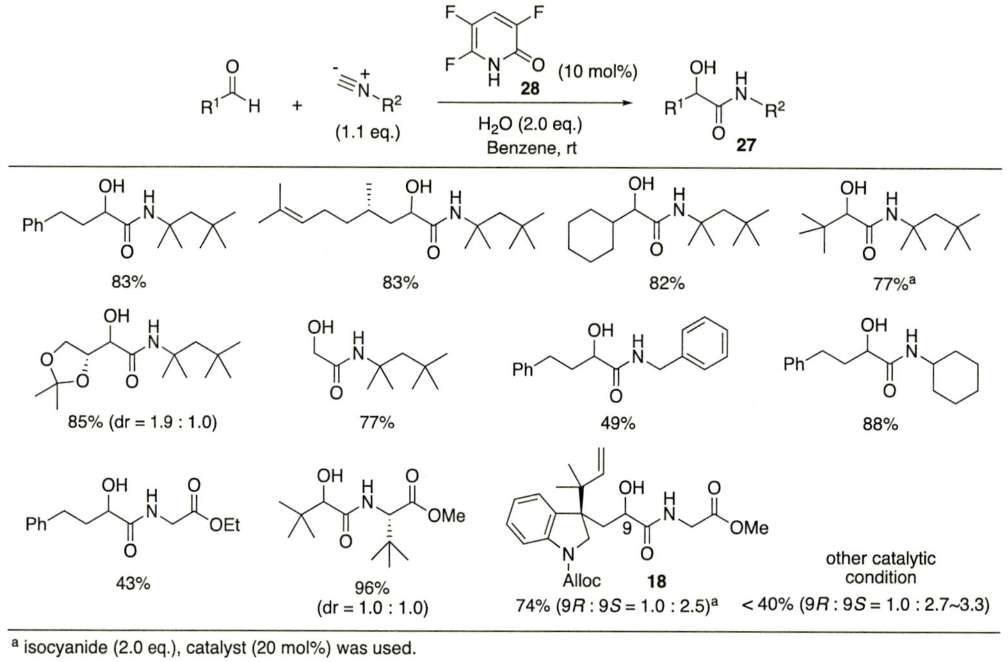
(10 mol%)
28
(1.1 eq.)
H₂O (2.0 eq.)
Benzene, rt
27
83%
83%
82%
77%ᵃ
85% (dr = 1.9 : 1.0)
77%
49%
88%
43%
96%
(dr = 1.0 : 1.0)
18
74% (9R : 9S = 1.0 : 2.5)ᵃ
other catalytic
condition
< 40% (9R : 9S = 1.0 : 2.7~3.3)

a isocyanide (2.0 eq.), catalyst (20 mol%) was used.

を用いたイソシアニドとアルデヒドの α-付加反応の新規触媒系を見出した[9)]。今後，本反応の不斉触媒化が期待される。

3　有機分子触媒を用いた有用ポリオール天然物の位置選択的モノアシル化

我々は，北里研究所で見出された特異な構造を有し，しかも有用な生理活性を示す微生物由来新規天然物をリードとした創薬研究に取り組んでいる。強力な生理活性を示す天然有機化合物は，しばしば複数の水酸基を有しているため，その位置選択的変換は，天然物をリードとした創薬研究において有力なツールとなる。我々は，京都大学の川端らによって報告された基質認識型

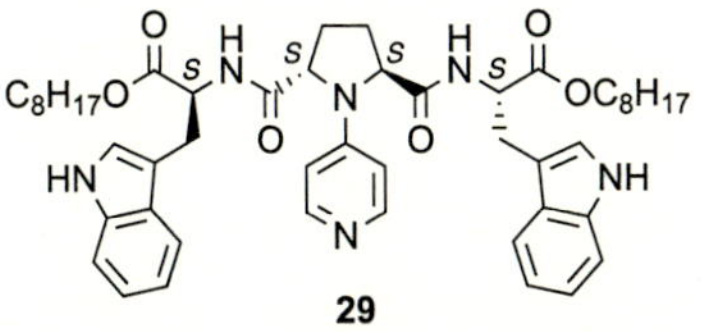

第 24 章　有機触媒による創薬を指向した生理活性天然物の実践的合成

Figure 1　基質認識型有機触媒

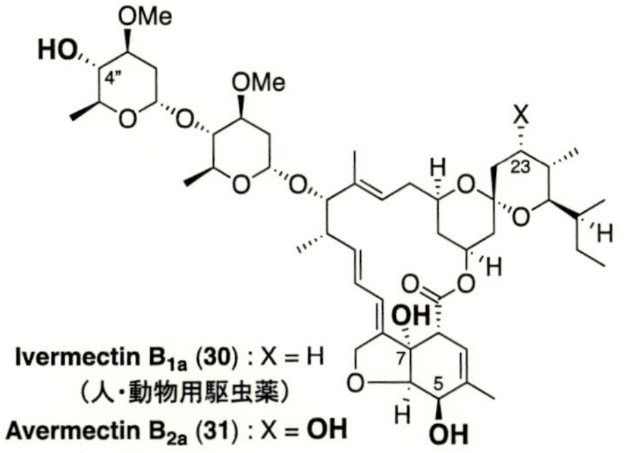

Figure 2　Ivermectin（**30**）と Avermectin B$_{2a}$（**31**）

Ivermectin B$_{1a}$ (30) : X = H
（人・動物用駆虫薬）
Avermectin B$_{2a}$ (31) : X = OH

Table 2　有機分子触媒を用いた Avermectin B$_{2a}$（**31**）の位置選択的アシル化

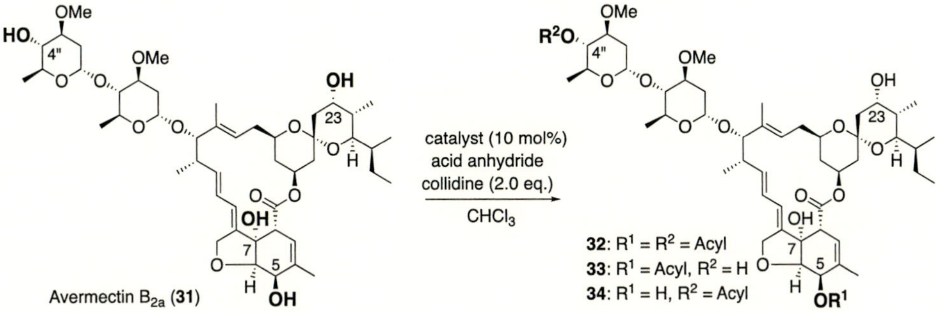

catalyst (10 mol%)
acid anhydride
collidine (2.0 eq.)
CHCl$_3$

Avermectin B$_{2a}$ (**31**)

32: R^1 = R^2 = Acyl
33: R^1 = Acyl, R^2 = H
34: R^1 = H, R^2 = Acyl

Entry	Catalyst	Acid Anhydride	Temp.	Diacylate（**32**）	Monoacylate (**33 : 34**)	**31**
1	DMAP	Ac$_2$O	−40℃	20%	61%（1.4：1.0）	18%
2	**29**	Ac$_2$O	−40℃	6%	78%（15.5：1.0）	16%
3	DMAP	(*i*-PrCO)$_2$O	−40℃	21%	57%（2.1：1.0）	22%
4	**29**	(*i*-PrCO)$_2$O	−40℃	4%	54%（20.5：1.0）	40%
5	DMAP	(CCl$_3$CO)$_2$O	−65℃	33%	33%（1.0：30）	31%
6	**29**	(CCl$_3$CO)$_2$O	−65℃	15%	38%（1.0：1.9）	39%
7	*ent*-**29**	(CCl$_3$CO)$_2$O	−65℃	14%	65%（1.0：>50）	12%

　有機触媒である光学活性ピリジン誘導体 **29**[10] を利用し，北里で発見・開発された顕著な抗寄生虫活性，抗昆虫活性を有する Ivermectin（**30**）の天然テトラオール類縁体である Avermectin B$_{2a}$（**31**）の位置選択的モノアシル化に取り組んだので紹介する（Figure 1, 2）。

　川端らの手法に従い，**31** を CHCl$_3$ 中，1 当量の無水酢酸，コリジン存在下，DMAP を触媒量用いて−40℃で撹拌したところ，5 位アセチル体 **33** と 4"位アセチル体 **34** が混合物（**33**：**34** =

1.4：1.0）として61％収率で得られた（Table 2, entry 1）。その際，5,4"-ジアセチル体 32 が 20％，原料 31 が18％回収され，7位および23位水酸基のアセチル化は確認されなかった。同様の条件下，川端触媒 29 を用いて反応させたところ，ジアセチル体 32 の生成量が大幅に減少し，高収率かつ5位高選択的にモノアセチル体が得られた（entry 2, 78％, 33：34 = 15.5：1.0）。次にアシル化剤に立体的に嵩高いイソ酪酸無水物を用いたところ，位置選択性が向上した（entry 3, 4）。続いて，電子吸引性のトリクロロ酢酸無水物を検討した。本反応では，DMAP を触媒に用いたところ，これまでと逆の4"位選択的にモノアシル化が進行し，ジアシル体が多量副生した（entry 5）。一方，有機触媒 29 を用いたところ，これまでと同様に5位アシル体 33 の生成比が向上したが，4"位アシル体 34 が主生成物であった（entry 6）。次に，触媒 29 のエナンチオマーを用いたところ，DMAP よりも高収率で4"位選択的にモノアシル体が得られた（entry 7, 65％, 33：34 = 1.0：>50）。

選択性発現のメカニズムを探るため，C7位水酸基をメチル基で保護した Avermectin 誘導体 35 に対し，本反応を適用したところ，5位アセチル体 37 と4"位アセチル体 38 が 1.0：1.3 の比率で得られ，テトラオール 31 に比べ，位置選択性は著しく低下した（Scheme 5）。以上のことから，7位の水酸基が触媒と水素結合する反応機構が示唆された（Figure 3）。

以上のように，アシル基および有機分子触媒の選択により Avermectin B$_{2a}$ の位置選択的なアシル基導入が可能となった[11]。川端らが開発した基質認識型有機触媒は，Avermectin 類だけでなく，複雑な骨格を有するポリオール天然物の位置選択的なアシル化に有益であることが予想される。そのことから，北里研究所が保有する様々な有望天然物と組み合わせれば，複雑な骨格を有する天然物の迅速なライブラリー化が可能となり，新たな薬剤開発が促進されるものと期待される。

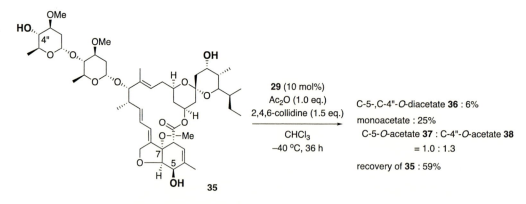

Scheme 5　有機分子触媒を用いた C-7-O-methyl-avermectin B$_{2a}$ (35) のアシル化

第 24 章　有機触媒による創薬を指向した生理活性天然物の実践的合成

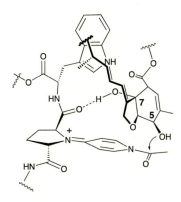

Figure 3　推定反応メカニズム

文　　献

1) S. Ōmura, *Splendid Gifts from Microorganisms*, 5th ed. Kitasato Institute for Life Sciences, Kitasato University (2015).
2) T. Sunazuka, T. Hirose, S. Ōmura, *Acc. Chem. Res.*, **41**, 302 (2008).
3) S. Ōmura, F. Kuno, K. Otoguro, T. Sunazuka, K. Shiomi, R. Masuma, Y. Iwai, *J. Antibiot.*, **48**, 745 (1995).
4) T. Sunazuka, M. Handa, K. Nagai, T. Shirahata, Y. Harigaya, K. Otoguro, I. Kuwajima, S. Ōmura, *Org. Lett.*, **4**, 367 (2002).
5) Y. Sunazuka, M. Handa, K. Nagai, T. Shirahata, Y. Harigaya, K. Otoguro, I. Kuwajima, S. Ōmura, *Tetrahedron*, **60**, 7845 (2004).
6) A. Hirano, Y. Iwai, R. Masuma, K. Tei, S. Ōmura, *J. Antibiot.*, **32**, 781 (1979).
7) T. Ideguchi, T. Yamada, T. Shirahata, T. Hirose, A. Sugawara, Y. Kobayashi, S. Ōmura, T. Sunazuka, *J. Am. Chem. Soc.*, **135**, 12568 (2013).
8) T. Yamada, T. Ideguchi-Matsushita, T. Hirose, T. Shirahata, R. Hokari, A. Ishiyama, M. Iwatsuki, A. Sugawara, Y. Kobayashi, K. Otoguro, S. Ōmura, T. Sunazuka, *Chem. Eur. J.*, **21**, 11855 (2015).
9) T. Yamada, T. Hirose, S. Ōmura, T. Sunazuka, *Eur. J. Org. Chem.*, 296 (2015).
10) T. Kawabata, W. Muramatsu, T. Nishio, T. Shibata, H. Schedel, *J. Am. Chem. Soc.*, **129**, 12890 (2007).
11) T. Yamada, K. Suzuki, T. Hirose, F. Furuta, Y. Ueda, T. Kawabata, S. Ōmura, T. Sunazuka, *Chem. Pharm. Bull.*, **54**, 856 (2016).

第25章 有機触媒重合を活用した機能性高分子材料の開発

磯野拓也[*1]，佐藤敏文[*2]

1 はじめに

有機触媒に関連した研究は主として有機合成化学分野で発展を遂げてきた。その一方で，柔軟な触媒設計が可能である点とメタルフリーな高分子合成が実現できることから，高分子化学分野においても有機触媒の利用が活発に検討されている。特に，有機触媒によるリビング重合系の開発がここ15年ほどで精力的に行われた。各種の重合反応に有用な触媒のスクリーニング，重合条件最適化，ならびにモノマー適用範囲の拡大がこれまでの有機触媒重合に関する研究のメインストリームであった。本研究分野の黎明期が過ぎた今，有機触媒による重合が高分子合成法として徐々に利用されるようになり，最近では有機触媒重合を活用した応用研究が展開されるようになった。例えば，ブロック共重合体や特殊構造高分子を合成するためのツールとして，さらには応用を志向した機能性高分子材料の開発などにも利用されている。本稿では，モノマーごとに分類して主な有機触媒重合法を紹介し，それらの合成ツールとしての特徴や合成化学的応用に焦点を当てて解説する。さらに，有機触媒重合を実際に機能性高分子材料の開発へと応用した例を筆者らの研究を含めて取り上げる。

2 各種モノマーの有機触媒重合法

有機触媒重合に関する研究は主に環状エステル，環状カーボネートおよびエポキシドの開環重合ならびに（メタ）アクリレートのグループ移動重合の分野で発展を遂げてきた。これらの重合で用いられる有機触媒は有機酸，有機塩基，N-ヘテロサイクリックカルベン（NHC）誘導体，チオウレア誘導体の主に4種類に分類することができる（図1）。ここでは精密重合が可能となるモノマーと触媒の組み合わせについて代表的なものを取り上げ，合成ツールとしての特徴や合成化学的応用について紹介したい。詳細な重合条件や触媒機構，その他のモノマーの有機触媒重合などはTatonらの総説[1]を参照されたい。

---

*1 Takuya Isono 北海道大学 大学院工学研究院 助教
*2 Toshifumi Satoh 北海道大学 大学院工学研究院 教授

第 25 章　有機触媒重合を活用した機能性高分子材料の開発

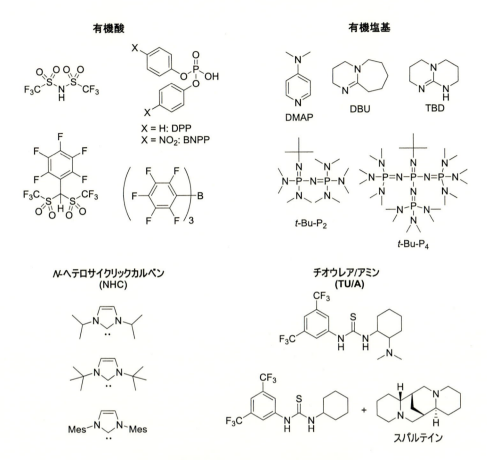

図1　有機触媒重合に用いられる代表的な触媒

2.1　環状エステルの開環重合

　ε-カプロラクトン（CL）やδ-バレロラクトン（VL），β-ブチロラクトン（BL），およびラクチド（LA, 乳酸の環状二量体）が代表的な環状エステルとして挙げられ，これらのモノマーの開環重合は生分解性や生体適合性を有する脂肪族ポリエステルを与える（図2）。トリフリルイミド（Tf₂NH）やペンタフルオロフェニルビス（トリフリル）メタン（(C₆F₅)Tf₂CH）などの有機酸はアルコール開始剤存在下，CLやVLの開環重合を触媒する[2,3]。これらの酸触媒を用いた場合では，モノマー中のカルボニル基の活性化を鍵として重合が進行する。また，筆者らは酸性度の比較的弱いジフェニルリン酸（DPP）が室温でラクトン類の開環重合を触媒することも報告している[4]。このようなDPPの特徴は，P-OHが水素結合ドナーとして作用することでカルボニルを活性化すると同時に，P=Oが水素結合アクセプターとして生長末端水酸基も活性化していることに由来する。弱酸でありながらも温和な条件で重合が可能であることから，様々な官能基を有するアルコール開始剤を用いることができ，望みの官能基を末端に有する脂肪族ポリエステルの合成に応用できる。例えば，アジド基，エチニル基，ビニル基，メタクリロイル基などの

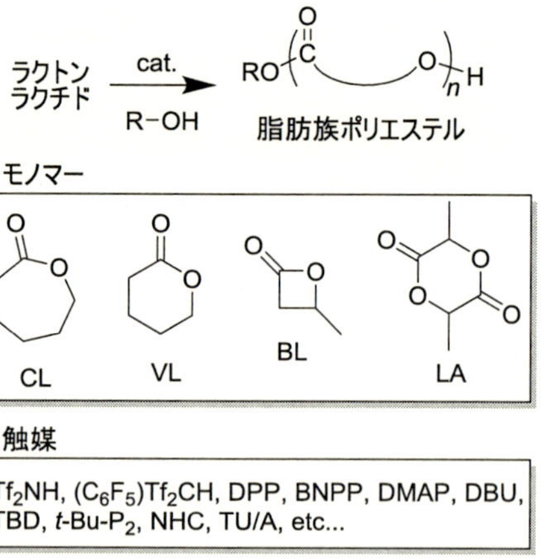

有機分子触媒の開発と工業利用

図2　有機触媒による環状エステルの開環重合

　反応性官能基の導入が実際に達成されている。また，複数の水酸基を有する開始剤を用いることで星形ポリマーの合成にも利用できる。DPP は CL や VL 以外にも様々な環状エステルモノマーの重合に応用されており，ポリエステルエーテルを与える 1,5-ジオキセパン-2-オン[5]やアセタール結合を有するポリエステルを与える 2-メチル-1,3-ジオキサン-4-オンに加え[6]，様々なアルキル置換基を有する VL 誘導体[7]にも適用されている。4員環ラクトンである BL の重合は DPP では困難であることが示されているが，酸性度を向上させたビス（4-ニトロフェニル）リン酸（BNPP）は BL の重合も触媒する[8]。

　ラクチドは生分解性プラスチックとしてよく知られているポリ乳酸を与えるモノマーであり，その開環重合には多くの有機塩基が有用である。例えば，4-ジメチルアミノピリジン（DMAP），1,8-ジアザビシクロ［5.4.0］-7-ウンデセン（DBU），1,5,7-トリアザビシクロ［4.4.0］デカ-5-エン（TBD）などが有機塩基触媒として挙げられ，アルコール開始剤の存在下で重合に供することで開始末端にアルコキシ残基を有するポリ乳酸を与える[9]。末端に導入した反応性官能基を利用した特殊構造ポリ乳酸の合成も多数報告されている[10,11]。塩基性の非常に高いフォスファゼン塩基（t-Bu-P$_2$ や t-Bu-P$_4$）を用いてもラクチドの重合が可能であり，低温にて反応を行うと立体特異的に重合が進行してアイソタクチックなポリ乳酸が得られる[12]。チオウレア触媒は広範囲な環状エステルモノマーの重合に対して有用であるが，チオウレア単体では重合活性はなく，アミン類と共存することではじめて重合を触媒することができる。NHC も同様に各種の環状エステルモノマーの重合に用いることができる。興味深いことに，NHC による開環重合の際に開始剤となるアルコールを添加しない場合，対応する環状ポリマーが得られる[13]。

　ラクチドモノマーは立体化学を考慮すると D-ラクチド，L-ラクチド，DL-ラクチド（D-と L-ラクチドの等量混合物），$meso$-ラクチドがある。DL-ラクチドを重合すると通常アタクチックで非晶性のポリ乳酸を与えるが，キラル触媒を用いることでエナンチオマー選択的な重合が実現され

274

第 25 章　有機触媒重合を活用した機能性高分子材料の開発

ればアイソタクチックに偏ったポリ乳酸を合成できる。ポリ乳酸の立体規則性は結晶性や生分解性に影響を与えるため，触媒によりこれを制御できれば大変意義深い。これまでにシンコナアルカロイド類[14]，キラルビナフチルリン酸[15]，アミノ酸誘導体[16]が DL-ラクチドのエナンチオマー選択重合の触媒として用いられているが，満足のいく選択性は未だに実現されておらず，今後の進展が期待される研究課題である。

2. 2　環状カーボネートの開環重合

　トリメチレンカーボネート（TMC）に代表される環状カーボネートは開環重合により脂肪族ポリカーボネートを与える（図3）。脂肪族ポリカーボネートは生分解性や生体適合性を備えており，さらに，側鎖として様々な官能基を導入できることから興味深い高分子材料である。重合特性の類似性から，環状エステルの重合において有用な有機触媒の多くは環状カーボネートの重合にも応用できる。ただし，環状カーボネート特有の副反応として重合中の脱炭酸反応があるため，これを抑制することが精密重合を達成するための鍵となる。DBU やチオウレア / アミン系[17]，DPP[18]などが実際に環状カーボネートの重合触媒としてよく用いられている。DPP は温和な条件にて脱炭酸を伴わずに環状カーボネートの開環重合を進行させることができる。TMCに加え，DPP 触媒は側鎖に反応性置換基を有する 6 員環カーボネートの重合も可能である。また，適切なアルコール開始剤の併用により末端官能基化も容易であり，停止末端の水酸基に対するさらなる官能基化と続く分子内環化反応により大環状 poly(TMC) の合成にも応用されている[18]。環状カーボネートと環状エステルは同じ触媒で重合が可能であるため，モノマーの逐次添加によるブロック共重合も可能である。

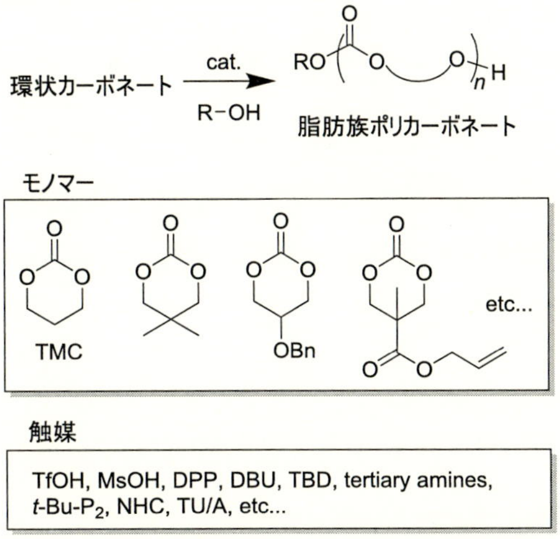

図3　有機触媒による環状カーボネートの開環重合

2.3 エポキシドの開環重合

エポキシドの開環重合はポリエチレンオキシドやポリプロピレンオキシドに代表される工業的に重要なポリエーテルを与える（図4）。NHC触媒はエチレンオキシド（EO）とプロピレンオキシド（PO）の開環重合に応用されており，分子量分散度の狭いポリエーテルが得られる[19~21]。また，添加剤として適切な求核試薬を加えることで末端官能基化が可能である。例えば，NHCを用いたPOの開環重合において，重合停止時にアジ化ナトリウムやプロパルギルアルコールを加えることでそれぞれ末端にアジド基およびエチニル基を有するpoly(PO)を与える[21]。また，NHCによるEOの重合が終了した段階でCLを添加するとワンポットでpoly(EO-b-CL)ブロック共重合体を合成できる[20]。

t-Bu-P$_4$はアルコール開始剤と組み合わせることで，EOをはじめ，ブチレンオキシド，スチレンオキシド，グリシジルエーテル類，グリシジルアミン類などの様々な置換エポキシドの開環重合に利用でき，いずれのモノマーにおいても分子量分散の狭いポリエーテルを与える[22]。置換エポキシドの重合は一般的に金属アルコキシドを開始剤とするアニオン開環重合法により実施されるが，重合が非常に遅いため高温での反応が必要となる。それに伴ってモノマー中のプロトン引抜による連鎖移動反応を併発するため，末端構造や分子量の制御は困難であった。これに対し，t-Bu-P$_4$を触媒とした場合，室温でも迅速に重合が進行することから連鎖移動反応が抑制でき，定量的な末端官能基化や設計通りの分子量の実現が可能となる。また，モノマーの逐次添加によるブロック共重合も容易に実現できる。t-Bu-P$_4$はアルキルリチウム試薬に匹敵するほどの強塩基性を有しているため，官能基に対する許容性という点において若干劣るが，アジド基，ビニル基，およびオキセタン環を有する開始剤が利用された実績がある[23]。また，本重合系に複数の水酸基を有する開始剤を用いることで星形ポリエーテルの合成を容易に達成できる[24]。ここで生成する星形ポリマーのアーム数は開始剤水酸基の数と完全に一致し，各アームの分子量は均一であることがアーム切断実験により確認されている。本重合系で得られるポリエーテルの停止末

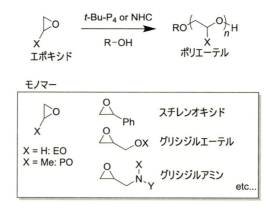

図4　有機触媒によるエポキシドの開環重合

第 25 章　有機触媒重合を活用した機能性高分子材料の開発

端は水酸基であり，これを足掛かりとして別の反応性官能基を導入することもできる。例えば，開始末端にアジド基，停止末端にエチニル基を有するポリエーテルを分子内でクリック反応させることで環状ポリマーの合成に応用されている[25]。同様の戦略により，8の字型[24]，三つ葉型，四つ葉型，カゴ型[26]の構造を有するポリエーテルの合成も達成されている。

2.4　アクリル系モノマーのグループ移動重合

　有機触媒によるビニルモノマーの重合は開環重合系と比較すると例は限られるが，その中でも最もよく検討されているのが（メタ）アクリル系モノマーのグループ移動重合（GTP）である（図5）。GTPは向山アルドール反応を素反応とする（メタ）アクリル系モノマーのリビング重合法であり，旧来法では含金属ルイス酸が主に触媒として用いられてきた。GTPの開始剤はケテンシリルアセタールであり，このシリル基が生長末端に移動しながら重合が進行していく様子からGTPの名前が付けられている。GTPに用いられる有機触媒としてはTf$_2$NH, (C$_6$F$_5$)Tf$_2$CH, トリス(ペンタフルオロフェニル)ボラン (B(C$_6$F$_5$)$_3$)，t-Bu-P$_4$，およびNHCなどが挙げられる[27]。例えば有機酸のTf$_2$NHを触媒とした場合，開始剤であるケテンシリルアセタールに対してわずか5 mol%の触媒量でメタクリレートの迅速な重合が可能である[28]。生成するポリメタクリレートの分子量分散度は狭く，設計通りの分子量を有する。また，開始剤由来構造が末端に定量的に導入されるという特徴から，ケテンシリルアセタールの構造を工夫することで末端官能基化が可能である。分子内に複数のケテンシリルアセタール部位を有する化合物を開始剤に用いることで，星形構造を有するポリメタクリレートの合成も実践されている[29]。さらに，$α$-フェニル

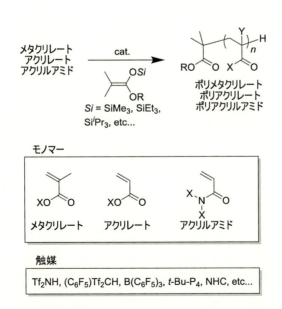

図5　有機触媒によるアクリル系モノマーのグループ移動重合

アクリレート誘導体を重合停止剤として添加することで停止末端への定量的な官能基導入も可能である[30]。メタクリレートよりも副反応が起こりやすいアクリレートモノマーのGTPについても，開始剤シリル基を調節したうえで有機酸触媒を用いることで重合制御が可能になる[31]。また，（メタ）アクリレート類のほか，開始剤と触媒の適切な選択により N,N-ジアルキルアクリルアミド[32]やメタクリロニトリル[33]の有機触媒GTPも達成されている。

3　機能性高分子材料合成への応用

これまでの有機触媒重合に関する研究は触媒スクリーニングやモノマー適用範囲の拡大が中心であり，高分子合成手法として実際に利用されるようになったのは最近になってからである。それゆえ，有機触媒重合を実際のモノづくりに応用した例は比較的限られ，今後の展開が期待される分野である。ここでは，有機触媒重合を各種の機能性高分子材料開発に応用した先駆的な事例のうち，熱応答性ポリマー，エラストマー，ドラッグナノキャリア，ミクロ相分離薄膜の開発に絞って紹介したい。

3. 1　熱応答性ポリマー

ある種のポリマーは温度変化により水に対する溶解性が劇的に変化することが知られており，例えば，ポリ（N-イソプロピルアクリルアミド）は低温において水溶性であるのに対して32℃以上に加熱すると急激に不溶化する。この溶解性が変化する温度は下限臨界溶液温度（LCST）と呼ばれ，熱応答性ポリマーを様々な機能性材料へと応用するにはポリマー構造とLCSTの相関関係の理解が不可欠である。筆者らは最近，t-Bu-P$_4$／アルコールを用いたエポキシドの重合系を用いることで熱応答性ポリエーテルの詳細な検討を行った（図6）[34]。t-Bu-P$_4$／n-ブタノール開始系により様々な側鎖構造を有するグリシジルエーテルを重合し，末端構造や分子量が制御された一連のポリグリシジルエーテルを調製した。各生成ポリマーの水溶性やLCSTを検証した結果，poly(MeGE)，poly(EtGE)，poly(MeEOGE)，poly(EtEOGE)，poly(EtEO$_2$GE)はLCST型の温度応答性を示すことがわかり，それらのLCSTは12.5〜91.6℃の間で観測された。LCSTは側鎖のオキシエチレンユニット数が増えるほど上昇し，また，側鎖末端のアルキル基がエチルよりもメチル基であるとLCSTが上昇する傾向がみられた。さらに，本重合系を用いることで2種類のモノマーからなるランダム共重合体およびブロック共重合体の調製も可能であった。興味深いことにランダム共重合体のLCSTはモノマー組成比に応じて両ホモポリマーのLCSTの間で制御できることが分かった。一方，ブロック共重合体の場合では温度に応じて複雑な相転移を示し，ミセル構造の形成に関連している可能性が示唆された。また，この重合系を利用することでアミノ基を側鎖に有するポリエーテルも合成することができ，なかにはpHと温度の両方に応答するものも存在した[35]。金属アルコキシドを用いた旧来法では副反応を起こすため置換エポキシドの精密重合は困難であり，t-Bu-P$_4$という新たな触媒系を用いることではじ

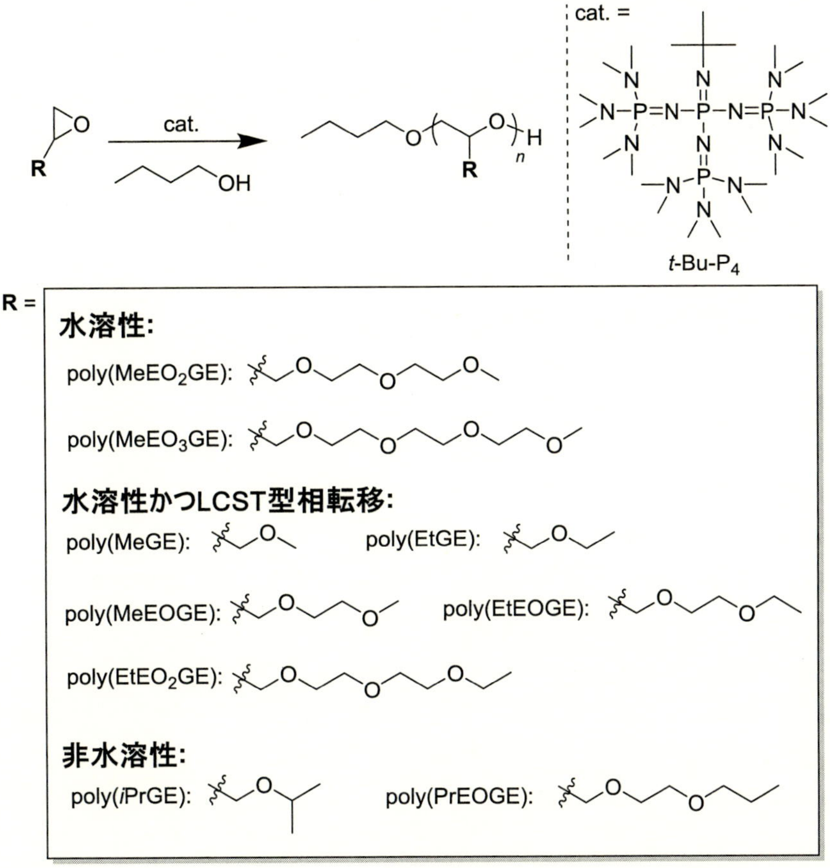

第 25 章　有機触媒重合を活用した機能性高分子材料の開発

図6　t-Bu-P$_4$ を用いたグルシジルエーテル類の開環重合によるポリエーテル系熱応答性ポリマーの合成

めてポリエーテル系熱応答性材料の系統的な検討が実現できた。

　ポリ（N,N–ジアルキルアクリルアミド）は代表的な熱応答性ポリマーの一群である。覚知らはポリアクリルアミドの熱応答性と非直鎖状の幾何学構造との相関を明らかにするため，B（C$_6$F$_5$）$_3$ 触媒による GTP を駆使することで 3 本鎖星形および大環状ポリ（N,N–ジエチルアクリルアミド）を合成した[36]。対応する直鎖状ポリマーとともに熱応答特性を詳細に検討することで，LCST は直鎖＞環状＞星形の順に低下し，その温度差は分子量の増加とともに減少していくことが見出された。高分子末端構造のわずかな違いでも LCST が変化することが知られており，純粋に高分子の幾何学構造が LCST に与える影響を知るためには有機触媒 GTP のような優れた精密重合系の利用が不可欠である。

3. 2 エラストマー

　最近，Hillmyer らは合成過程の一部に有機触媒重合を利用したエラストマー材料をいくつか報告している。彼らの研究では再生可能資源から誘導できるモノマーをエラストマーの設計に積極的に取り入れており，例えば，β-メチル-δ-バレロラクトン（MVL）や δ-デカノラクトン（DL）が利用されている。MVL は TBD を用いることでバルク条件にて重合することができ，本重合系に架橋剤として環状カーボネート二量体を少量添加することで poly(MVL) の架橋エラストマーが得られる[37]。こうして得られる架橋エラストマーは酸性条件下で分解性を示し，さらに興味深いことにオクチルスズと加熱することで解重合が起こり MVL を高収率で回収できる。DL も TBD を触媒として用いることでバルク条件下，室温で重合でき，ジオールを開始剤とすることで両末端に水酸基を有する poly(DL) を与える[38]。このジオール型の poly(DL) に対してジイソシアネートを反応させ，さらに鎖延長剤を添加することで poly(DL) をソフトセグメントとする熱可塑性ポリウレタンエラストマーが得られる（図7）。Li らもバイオベースの熱可塑性エラストマーの合成を報告している[39]。テルペンの一種であるミルセン（My）のリビングアニオン重合で得られるポリマージオールをマクロ開始剤とし，TBD 触媒存在下で L-ラクチド（L-LA）を重合することで poly(L-LA-b-My-b-L-LA) という配列のトリブロック共重合体が得られる。Poly(My) と poly(L-LA) セグメントは互いにミクロ相分離し，poly(L-LA) のミクロドメインが物理架橋となって熱可塑性エラストマーとして振る舞う。「再生可能資源からの高分子合成」と「有機触媒重合」のコンセプトは何れも環境低負荷な高分子材料開発を推進していくうえで極めて重要であり，これらの報告は両者を組み合わせた理想的な機能性高分子材料開発の一例といえる。

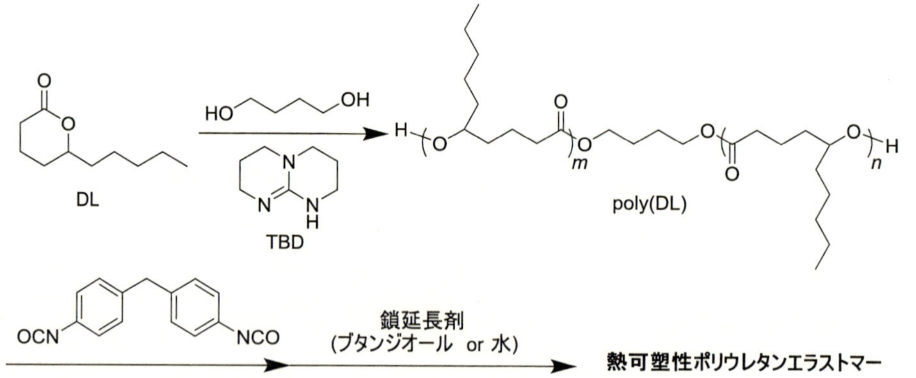

図7　TBD 触媒によるポリデカノラクトンの調製と熱可塑性ポリウレタンエラストマー合成への利用

第25章　有機触媒重合を活用した機能性高分子材料の開発

3. 3　ドラッグナノキャリア

　両親媒性ブロック共重合体は水中でミセル状会合体に自己組織化することができ，その疎水性コアは医薬品分子などの疎水性化合物を取り込む能力を有する。このような性質から，両親媒性ブロック共重合体からなる会合体（ミセルやベシクル，あるいはナノパーティクル）はドラッグデリバリーシステムのナノキャリアとして応用が期待されている。これまでに有機触媒重合を利用した両親媒性ブロック共重合体の合成がいくつか報告されている。有機触媒重合は生成ポリマーの分子量制御や末端官能基化という点において極めて優れており，この性質を高度利用することでドラッグナノキャリアの斬新な分子設計指針を見出した例をここで紹介したい。Hedrickらは，チオウレア／スパルテインを触媒とし，2,2-ビス(ヒドロキシメチル)プロピオン酸から誘導される環状カーボネートモノマーをブロック共重合することでエチル基を側鎖にもつセグメントとオリゴエチレングリコール／ドデシル基を側鎖に持つセグメントからなるブロック共重合体を合成した（図8）[40]。興味深いことに，こうして得られたブロック共重合体は水中で自己組織化することでLCST型の温度応答性を示すミセル状会合体を形成する。各ブロックの組成や分子量を調節することにより，体温付近にLCSTを持つブロック共重合体を得ることにも成功している。このミセル状会合体は疎水性コアに抗がん剤であるパクリタキセルを取り込むことができ，その放出挙動はLCSTの前後で顕著に異なることが報告されている。一方，筆者らのグループでは，DPPを触媒としたCLの重合を駆使することで，様々な分岐構造を有する糖鎖含有ブロック共重合体の合成を報告している[41]。具体的には，複数のアジド基と水酸基を有する化合物を重合開始剤とし，DPPによるCLの重合を行うことでアジド化PCL前駆体を調製する。続く

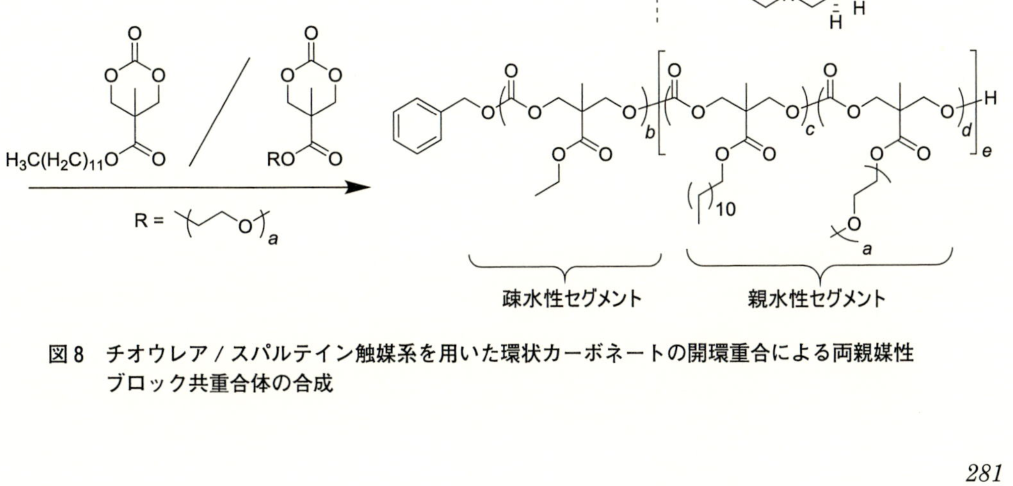

図8　チオウレア / スパルテイン触媒系を用いた環状カーボネートの開環重合による両親媒性
　　　ブロック共重合体の合成

オリゴ糖鎖（マルトヘプタオース）とのクリック反応により，AB 型，AB₂ 型，AB₃ 型，A₂B₂ 型，A₂B 型，および A₃B 型（A＝PCL セグメント，B＝糖鎖セグメント）の分岐構造を持った一連のブロック共重合体を得た。水中自己組織化によってオリゴ糖鎖で表面が被覆されたミセル状会合体の形成が確認され，ミセルの構造やサイズ，タンパク質認識能はブロック共重合体の分岐構造や分子量により制御可能であることが示唆された。生理活性を有するオリゴ糖鎖を導入することで標的指向型ドラッグナノキャリアとしての応用が期待できる。また，筆者らは t-Bu-P₄／アルコールを触媒とした置換エポキシドの重合系を高度に利用することで，直鎖状，環状，8 の字型，タッドポール型，三つ葉型，四つ葉型，およびカゴ型構造を有する両親媒性ブロック共重合体の合成を報告している[22,26]。これらのうち，直鎖状，環状，8 の字型の両親媒性ブロック共重合体について小角 X 線散乱測定により溶液中で生成するミセル状会合体の構造を詳細に検討したところ，分子量や親疎水比が互いに一定であるにもかかわらず，環状構造を有するポリマーから得られるミセルは直鎖状の場合と比較してサイズ分布や安定性が改善されることを見出した[42]。この知見はドラッグナノキャリアとしての性能を向上させるための全く新しい分子設計指針となりうる。

3. 4 ミクロ相分離薄膜

　固体中におけるブロック共重合体の自己組織化はミクロ相分離構造と呼ばれる数十ナノメートルオーダーの周期的ナノ構造を与える。こうしたナノ構造は次世代ナノリソグラフィー用のテンプレートなどとして応用できると考えられており，特に 10 nm 以下の周期構造を実現できる新規ブロック共重合体の開発が強く期待されている。最近，筆者らは有機触媒重合とクリック反応の組み合わせによって糖鎖と脂肪族ポリエステルからなる新規糖鎖ブロック共重合体を合成し，10 nm スケールの微細な周期間隔でミクロ相分離することを見出している[43]。具体的には，ジオール開始剤存在下，DPP を触媒とした DL の開環重合によりジオール型の poly(DL) を合成し，その末端水酸基をアジド基へと変換することで両末端アジド化 poly(DL) を得た。続くオリゴ糖鎖（マルトヘプタオース）とのクリック反応により，poly(DL) セグメントの分子量が制御された一連の糖鎖ブロック共重合体を得た。小角 X 線散乱や原子間力顕微鏡解析によりこれらのブロック共重合体から得られるミクロ相分離構造を詳細に検討したところ，薄膜中において高度に配向した垂直シリンダー構造へと自己組織化することが判明した。このようなナノ構造体は選択的エッチングや逐次浸透合成などに適用することで超微細領域でのナノパターニングに応用できると期待される。一方，Vora らは新たなミクロ相分離材料としてスチレン（St）と TMC からなるブロック共重合体（poly(St-b-TMC)）に着目し，その合成法について詳しく検討している[44]。Poly(St-b-TMC) は末端水酸基化ポリスチレンをマクロ開始剤として TMC の開環重合を行うことで合成できるが，Vora らは DBU と DPP の両触媒をこの開環重合プロセスに適用した。その結果，DBU を用いて合成した poly(St-b-TMC) には副生成物として poly(TMC) ホモポリマーが少量含まれてしまうことが判明した。一方，DPP を用いた場合，poly

第25章　有機触媒重合を活用した機能性高分子材料の開発

(TMC) ホモポリマーの副生は最小限に抑えられた。Poly(TMC) ホモポリマーの混入は poly (St-*b*-TMC) のミクロ相分離薄膜のモルフォロジーや周期間隔に対してネガティブな影響を与えることが見出されており，望み通りの物性や機能を発現させるためには適切な有機触媒の選択が重要であることがわかる。

4　おわりに

さまざまな有機触媒重合を紹介するとともにその合成化学的応用や機能性高分子材料開発への応用について触れた。これまでの多くの研究者の尽力により優れた有機触媒重合系が数多く見出され，その範囲は環状エステルの開環重合から GTP，さらに最近ではフォトレドックス触媒によるメタルフリー原子移動ラジカル重合などにまで広がっている。また，連鎖重合系だけでなく，ポリウレタン合成などの逐次重合系も有機触媒重合の研究対象に含まれるようになった。有機触媒重合は単にメタルフリーという点だけでなく，従来の金属系触媒を用いた重合系よりもモノマー適用範囲，分子量の制御性，分子量分散度の低減，高度な末端官能基化などの点においも大変優れている。今後，こうした有機触媒重合の特徴を最大限に活かした機能性高分子材料の開発が進展していくと強く期待される。

文　　　献

1) D. Taton *et al., Prog. Polym. Sci.*, **56**, 64-115（2016）
2) T. Kakuchi *et al., Macromolecules*, **43**, 7090-7094（2010）
3) T. Kakuchi *et al., J. Polym. Sci. Part A：Polym. Chem.*, **49**, 3769-3777（2011）
4) T. Kakuchi *et al., Macromolecules*, **44**, 1999-2005（2011）
5) T. Kakuchi *et al., Macromol. Symp.*, **349**, 74-84（2015）
6) M. A. Hillmyer *et al., Ind. Eng. Chem. Res.*, **55**, 11747-11755（2016）
7) M. A. Hillmyer *et al., Macromolecules*, **49**, 2419-2428（2016）
8) T. Kakuchi *et al., J. Polym. Sci. Part A：Polym. Chem.*, **52**, 2032-2039（2014）
9) J. L. Hedrick *et al., Macromolecules*, **39**, 8574-8583（2006）
10) T. Satoh *et al., Macromolecules*, **46**, 8509-8518（2013）
11) T. Satoh *et al., Macromolecules*, **47**, 7118-7128（2014）
12) C. G. Wade *et al., J. Am. Chem. Soc.*, **129**, 12610-12611（2007）
13) R. M. Waymouth *et al., Acc. Chem. Res.*, **46**, 2585-2596（2013）
14) E. Y.-X. Chen *et al., Macromolecules*, **44**, 4116-4124（2011）
15) T. Satoh *et al., Chem. Commun.*, **50**, 2883-2885（2014）
16) F. P. Cossio *et al., J. Am. Chem. Soc.*, **139**, 4805-4814（2017）

17) J. L. Hedrick *et al., Biomacromolecules*, **8**, 153-160（2007）

18) T. Kakuchi *et al., Macromolecules*, **46**, 1772-1782（2013）

19) D. Taton *et al., Macromolecules*, **43**, 2814-2823（2010）

20) D. Taton *et al., J. Am. Chem. Soc.*, **131**, 3201-3209（2009）

21) D. Taton *et al., Chem. Commun.*, **46**, 3203-3205（2010）

22) 佐藤敏文ほか, 高分子論文集, **72**, pp. 295-305（2015）

23) T. Kakuchi *et al., Macromolecules*, **44**, 9099-9107（2011）

24) T. Kakuchi *et al., Macromolecules*, **46**, 3841-3849（2013）

25) T. Kakuchi *et al., J. Polym. Sci. Part A：Polym. Chem.*, **50**, 1941-1952（2012）

26) T. Satoh *et al., Macromolecules*, **50**, 97-106（2017）

27) T. Kakuchi *et al., Polym. Chem.*, **4**, 4278-4291（2013）

28) T. Kakuchi *et al., Macromolecules*, **42**, 8747-8750（2009）

29) T. Kakuchi *et al., Macromolecules*, **44**, 9091-9098（2011）

30) T. Kakuchi *et al., Polym. Chem.*, **6**, 1830-1837（2015）

31) T. Kakuchi *et al., J. Polym. Sci. Part A：Polym. Chem.*, **50**, 3560-3566（2012）

32) T. Kakuchi *et al., Macromolecules*, **43**, 5589-5594（2010）

33) D. Taton *et al., Macromolecules*, **43**, 8853-8861（2010）

34) T. Satoh *et al., Polym. Chem.*, **8**, 5698-5707（2017）

35) T. Satoh *et al., Macromolecules*, **48**, 3217-3229（2015）

36) T. Kakuchi *et al., Macromolecules*, **49**, 4828-4838（2016）

37) M. A. Hillmyer *et al., Ind. Eng. Chem. Res.*, **55**, 11097-11106（2016）

38) M. A. Hillmyer *et al., Polym. Chem.*, **5**, 3231-3237（2014）

39) Y. Li *et al., RSC Adv.*, **6**, 63508-63514（2016）

40) J. L. Hedrick *et al., Biomaterials*, **32**, 5505-5014（2011）

41) T. Satoh *et al., Macromolecules*, **49**, 4178-4194（2016）

42) T. Satoh *et al., NPG Asia Mater.*, **9**, e453（2017）

43) T. Satoh *et al., Macromolecules,* **51**, 428-437（2018）

44) A. Vora *et al., Polym. Chem.*, **7**, 940-950（2016）

第26章 不斉ハロ環化反応による高機能性キラル合成素子の開発

川戸勇士[*1]，濱島義隆[*2]

1 はじめに

有機ハロゲン化合物は医薬品や生物活性天然物などの合成に汎用される有用化合物である。光学的に純粋なハロゲン化アルキルは，求核剤との置換反応により様々な光学活性化合物へと誘導できるため，キラリティーを制御しつつハロゲンを導入する手法は重要である。

二つの官能基を一挙に導入できるハロ環化反応の合成化学的有用性は高く，2010年の不斉ハロラクトン化反応のブレーク以降[1)]，触媒的な不斉ハロ環化反応が盛んに研究されている[2)]。中でも，有機分子触媒による不斉ハロ環化反応は簡便な操作や穏やかな反応条件が特徴であり，単純な出発物質から高度に官能基化された合成中間体を与える反応である。また，海洋天然物を中心に顕著な生物活性を有する含ハロゲン化合物が多数単離されており[3)]，興味深い生物活性ハロゲン化合物の迅速供給や医薬シーズ開発に資する有用な手法である。

本稿では，筆者らが開発したキラルホスフィン化合物を触媒として用いる不斉ブロモ環化反応について概説する。

2 キラルホスフィン触媒を用いたアリルアミドの不斉ブロモ環化反応

2．1 研究背景

シンコナアルカロイドを基盤とした複合型多機能性触媒の成功の陰に隠れてきたものの，Lewis塩基によってキラルハロゲン化剤を触媒的に生成し，ハロニウムイオン中間体を不斉制御することは不斉ハロゲン化反応の開発において最も直線的で明快な手法である（図1A）[4)]。しかしながら，Lewis塩基，特に窒素系Lewis塩基はハロニウムイオン中間体からの解離が速いとされ，アルケン交換を介したハロニウムイオン中間体のラセミ化が進行する（図1B）[5)]。筆者らは，ハロゲンとの親和性が高いソフトなLewis塩基であれば上記の解離は遅いと期待し，三価リン化合物の触媒機能に興味をもった。2007年に石原・坂倉らは独自に開発したキラル求核性触媒を化学量論的に用いることにより，鎖状ポリプレノイドとN-ヨードスクシンイミドとのエナンチオ選択的ヨードポリエン環化反応が最高99% eeで進行することを報告している[6)]。また，2010年にDenmarkらによって触媒量のn-Bu$_3$Pがアルケンカルボン酸のN-ブロモスクシ

[*1] Yuji Kawato　静岡県立大学　薬学部　医薬品創製化学教室　助教

[*2] Yoshitaka Hamashima　静岡県立大学　薬学部　医薬品創製化学教室　教授

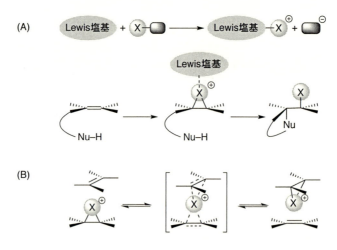

図1 (A) Lewis 塩基による活性化, (B) アルケン交換反応

ンイミド (NBS) によるブロモラクトン化反応を加速することが示されている[7]。このように，三価リン化合物の触媒機能が示された先行研究はあるものの，それらを触媒的不斉ハロゲン化反応に応用した例は少なく[8]，未検討の要素が多く残されていた。

2.2 BINAP 触媒を用いたアリルアミドの不斉ブロモ環化反応

筆者らは，不斉触媒への利用が限定されていた三価リン化合物を Lewis 塩基触媒として用いることにより，成功例のなかったアリルアミド 1a の不斉ブロモ環化反応の導出を試みた（図2）。まず，シンコナアルカロイドにホスフィン部位を共役させた触媒 3 を合成し，トルエン溶媒中，0℃にて 1a の NBS による不斉ブロモ環化反応を検討した。その結果，反応は円滑に進行して 19% ee という低いエナンチオ選択性ながらも目的環化体 2a が得られた。ホスフィン部位を持たないシンコナアルカロイド触媒を用いても全く不斉が誘起されなかったことから，ブロモ化剤の活性化と不斉制御にホスフィン部位が重要な役割を担うことが示唆された。そこで，種々のキラルホスフィン触媒を検討した。MOP (4) のようなモノホスフィン触媒はラセミ体生成物を与えたが，ビスホスフィン触媒 BINAP (5) を用いた場合に 2a が 39% ee で得られた。BINAP のリン上置換基を検討した結果，DTBM-BINAP (6) を触媒とすることで 66% ee まで選択性が向上し，溶媒を CH_2Cl_2 に変更して反応温度を −78℃とすることで収率 99%，99% ee にて 2a を得ることに成功した[9]。ところで，三価ホスフィンは NBS 共存下，水と反応して容易にホスフィンオキシドとなると考えられる。また，空間的に近接した位置にあるビスホスフィン構造が高立体選択性の発現に必須となる反応機構は興味深く，特異な触媒活性種の関与が考えられた。種々の NMR 実験や対照実験を行った結果，本反応の真の触媒種は反応系中に微量に含まれていた水の影響により，6 (P/P 触媒) の一方のホスフィンがホスフィンオキシドに変換された DTBM-BINAP モノオキシド (P/P=O 触媒 7) であることを見出した。別途調製した

第26章 不斉ハロ環化反応による高機能性キラル合成素子の開発

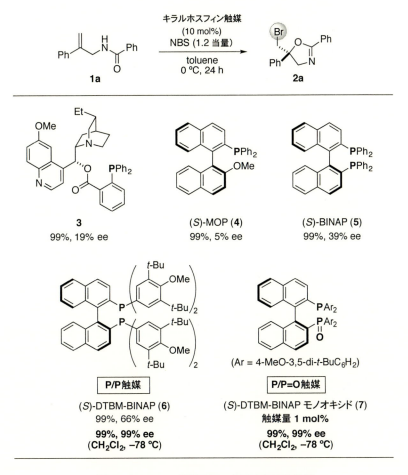

図2 ホスフィン触媒を用いた反応最適化検討

P/P＝O触媒 7 を直接用いることで，触媒量を最高で 1 mol% まで減じることに成功した[10]。

本反応は，電子供与性および求引性置換基を有する種々のアミド基質 1b–1e に対し，高収率・高エナンチオ選択的に対応するオキサゾリン 2b–2e を与えた（図3）。また，医薬品構成要素として重要なピリジンやチオフェンなどのヘテロ芳香族置換基質，あるいはアルキル置換基質の適用も可能であった（1f–1h）。さらに，10 mol% の触媒量が必要なものの共役エンイン基質も適用できた（1i–1j）。三置換や四置換アルケンを用いた場合，対応するスピロオキサゾリン 2k や 2l が中程度から高いエナンチオ選択性で得られた。

287

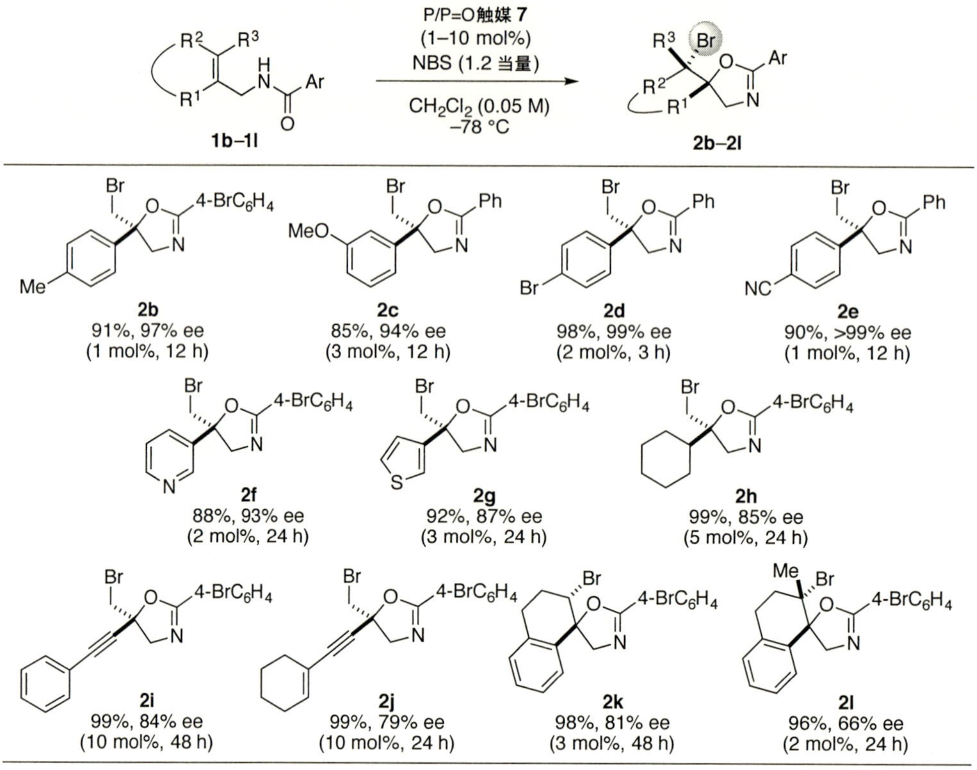

有機分子触媒の開発と工業利用

図3　基質一般性

2. 3　反応機構に関する考察

　ここで，本不斉ブロモ環化反応の反応機構について議論したい。本反応では次のような知見が得られている（図4）。(1) P/P＝O触媒 **7** と NBS を 1：1 で混合するとブロモホスホニウム塩 **8**（P⁺Br）が生成することを ^{31}P NMR 解析により確認した。しかしながら，(2) P⁺Br 塩 **8** に基質 **1a** を加えても反応が全く進行しなかった。興味深いことに，(3) NBS をさらに 1 当量追加すると反応が進行して目的物 **2a** が 99% ee で得られた。また，反応最適条件に (4) Ph₃P＝O を触媒量添加しても反応性と立体選択性に大きな影響を与えないが，(5) PPh₃ の添加量増加に伴い，反応性と立体選択性が大きく低下した。これらの実験結果から，本反応において触媒内に生じる P⁺Br 部位はブロモ供与体として機能しないこと，および P＝O 部位に比べて P⁺Br 部位が立体制御において重要な役割を担っていることが示唆された。すなわち，ホスフィンが Lewis 塩基としてブロモ化剤を活性化し，キラルなブロモ化剤を触媒的に生成するという当初の作業仮説（図5A）と異なり，P⁺Br 部位はあたかも Lewis 酸様に基質アミド部位と相互作用し，不斉環境下に基質を固定する役割を担うと考えられ（図5B），上記（5）の実験結果はアキラルな Ph₃P⁺Br 塩が基質と触媒の相互作用を競合的に阻害したためと解釈できる。

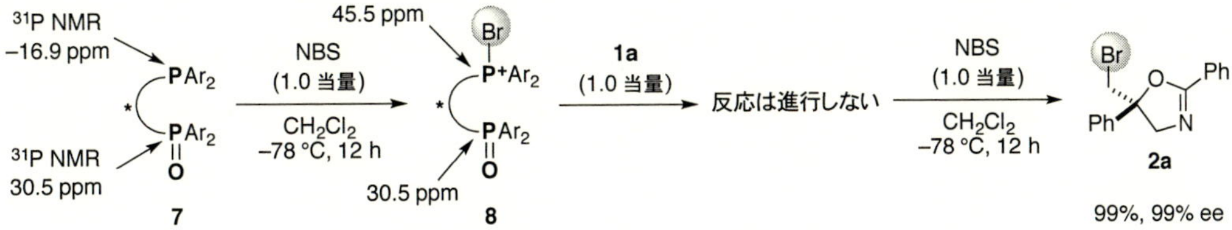

第 26 章　不斉ハロ環化反応による高機能性キラル合成素子の開発

図4　反応基質と触媒の化学量論反応

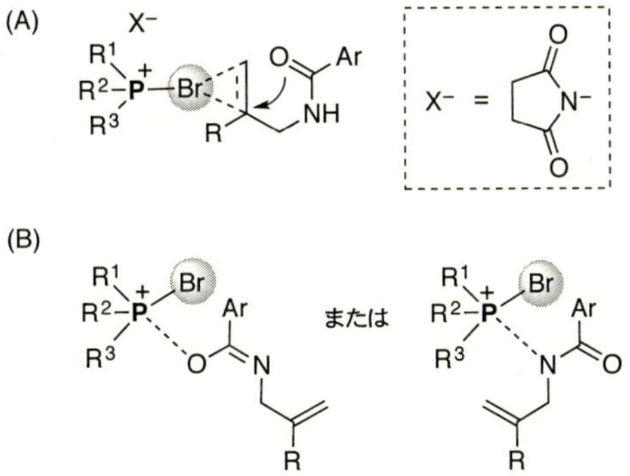

図5　(A) 当初の作業仮説，(B) ブロモホスホニウム塩の触媒機能

2．4　ビスアリルアミドの非対称化型ブロモ環化反応への展開

　反応機構に関する考察から，基質のアミド部位と触媒のP^+Br部位との相互作用が立体選択性の発現に重要であると考えられたため，アミド周辺の立体要請が大きい対称ジエンアミド基質の非対称化型不斉ブロモ環化反応に着目した。触媒を再検討した結果，(S)-BINAP モノオキシド（P/P＝O 触媒 **9**）を用いることで一置換アルケンを有するビスアリルアミド **10a** の非対称化反応が円滑に進行し，高い立体選択性にて cis-二置換キラルオキサゾリン **11a** を得た（図6）[11]。電子供与性，求引性置換基を有する種々のビスアリルアミド **10b-10d**，脂肪族アミド **10e**，およびヘテロ芳香族アミド **10f** に対し，高収率・高立体選択的に対応するオキサゾリン **11b-11f** を与えた。また，1,1-二置換型アミド **10g** も適用可能であった。括弧内に示したように単純な N-アリルベンズアミドから得られるオキサゾリン **2n** は十分な不斉が誘起されなかった結果を考慮すると，アミド窒素 α 位の構造が不斉触媒の基質認識に重要であることが示唆される。なお，イソフタル酸由来のビスアミド **12** を本反応に適用することでビスオキサゾリン化合物 **13** が 98％ ee で得られた（図7）。**13** は NCN 型ピンサー配位子合成のための有用な前駆体と考えられ[12]，新しい遷移金属錯体合成への適用が期待される。

　本不斉ブロモ環化反応は trans-二置換型アミドにも適用可能であるが，置換基の性質に応じて環化様式が異なることが判明した（図8）。すなわち，芳香族置換型基質 **14a-14d** を用いた場

有機分子触媒の開発と工業利用

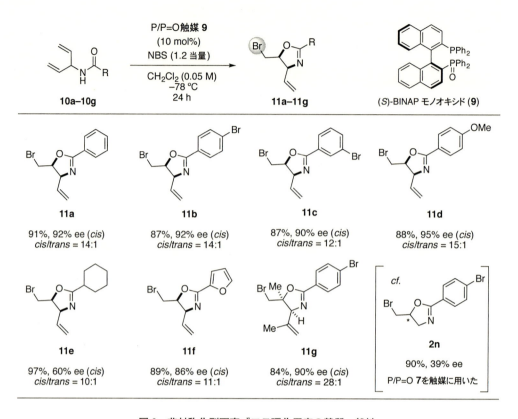

図6 非対称化型不斉ブロモ環化反応の基質一般性

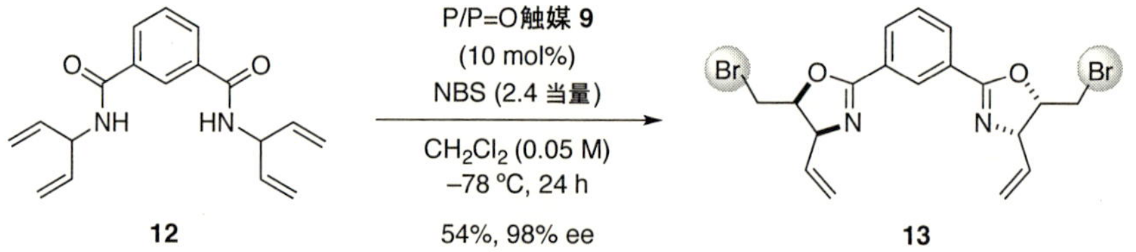

図7 キラルビスオキサゾリン化合物の合成

合は6-エンド環化が優先してキラルジヒドロオキサジン **15a-15d** が生成し、脂肪族置換型基質 **14e** や **14f** を適用した場合は5-エキソ環化が優先してキラルオキサゾリン **16e** や **16f** が得られた。光学活性なジヒドロオキサジン生成物は酸加水分解によってオキサジン環を開環し、キラルアミノアルコール誘導体 **17** に変換可能である。また、未反応のアルケンを足がかりとした種々の官能基変換により、アミノ酸誘導体 **18** や多連続不斉中心を有するジヒドロオキサジン化合物 **20**、あるいは二置換キラルチアゾリン化合物 **22** など、立体化学を高度に制御した複雑キラル素子を合成できる（図9）。

290

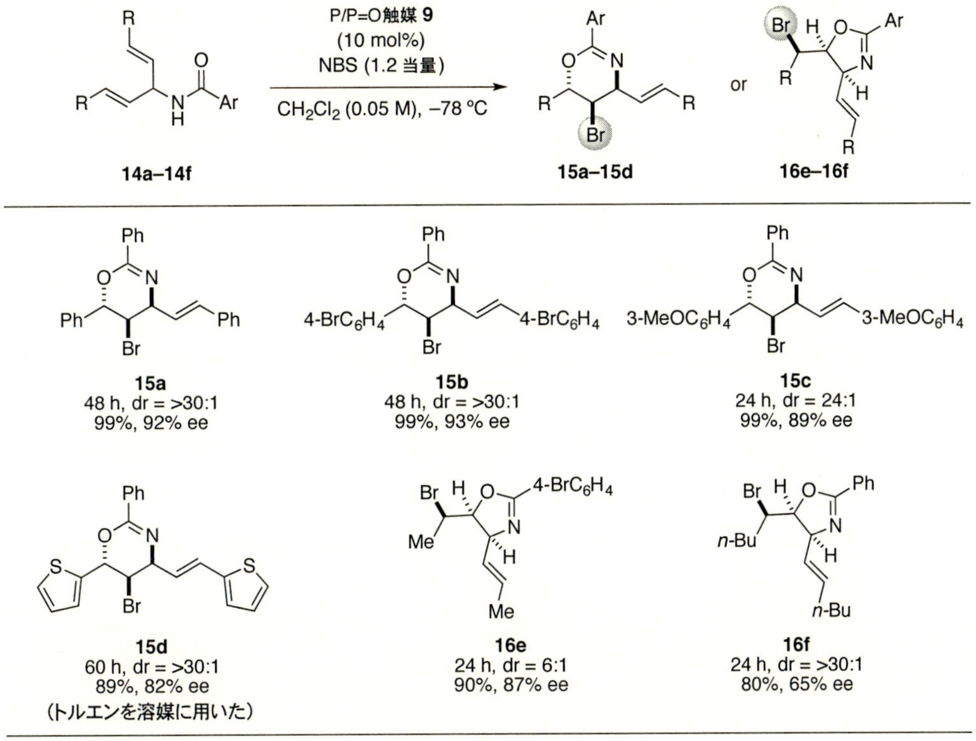

第26章 不斉ハロ環化反応による高機能性キラル合成素子の開発

図8 *trans*-二置換型ビスアリルアミドの基質一般性

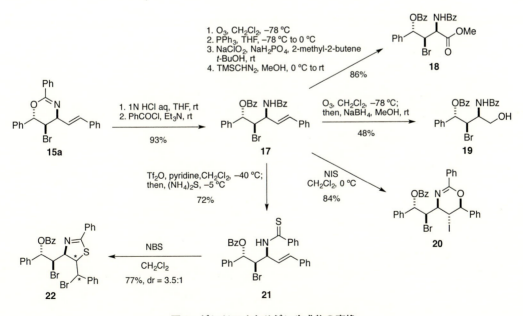

図9 ジヒドロオキサジン生成物の変換

2.5 不斉ブロモ環化反応を鍵工程とする HIV プロテアーゼ阻害薬ネルフィナビルの合成

　HIV プロテアーゼ阻害薬のネルフィナビル (**23**)[13]は最も処方されているエイズ治療薬の一つである。また，最近の研究によってネルフィナビルが種々の抗腫瘍活性を有することが明らかとなり[14]，米国を中心にネルフィナビルを抗がん剤として応用する臨床研究が盛んに展開されている。このような背景から，筆者らは応用研究としてネルフィナビルの触媒的不斉合成に取り組むこととした。ネルフィナビルは5つの不斉炭素を有し，特に分子中央部のキラル 1,2-アミノアルコール部位の構築が合成の鍵となる（図10）。筆者らは，非対称化型ブロモ環化反応で得られるキラルオキサゾリン **11** を開環することで容易に 1,2-アミノアルコールが得られ，ブロモ基やアルケン部位を利用することでネルフィナビルに必要な各置換基を効率的に導入できることに着目した。以下に，不斉ブロモ環化反応を鍵工程とするネルフィナビル合成を紹介する。

　スケールアップを志向して，不斉ブロモ環化反応の触媒量と溶媒量が低減可能か検討した。なお，先述の通り本不斉反応の真の触媒種は (*S*)-BINAP モノオキシド（P/P＝O 触媒 **9**）であるが，反応の実施容易性を考えて (*S*)-BINAP（P/P 触媒 **5**）を触媒前駆体として用いることとした。検討の結果，これまでよりも高濃度溶媒条件にて (*S*)-BINAP を 5 mol％用いることで，10 グラムスケールでのビスアリルアミド **10d** の不斉ブロモ環化反応が 95％ ee で進行することを見出した。不斉反応で得たキラルオキサゾリン **11d** と L-フェニルアラニン由来のキラルアミン **24** との S_N2 反応により，光学的に純粋なオキサゾリン **25** とした。酸加水分解に続くアミド化で **26** を得た後，アルケンのオゾン分解を水素化ホウ素ナトリウムで後処理することで直接第一級アルコール **27** に導いた。この際，三級アミン部位の酸化に由来する反応の複雑化を防ぐ目

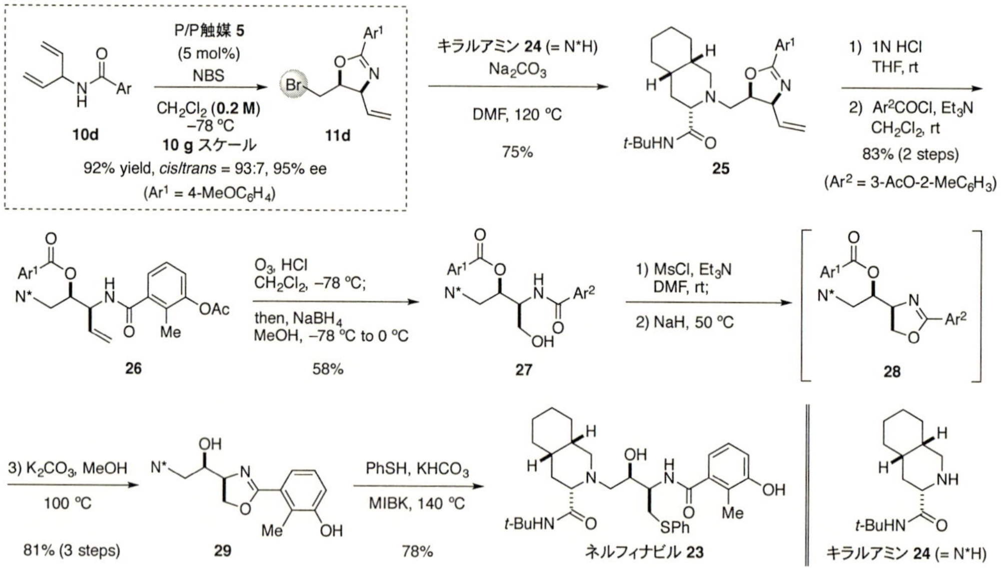

図10　ネルフィナビルの触媒的不斉合成

第 26 章 不斉ハロ環化反応による高機能性キラル合成素子の開発

的で少量の酸を添加してオゾン分解を実施した。DMF 中にて水酸基のメシル化の後，水素化ナトリウム存在下，加熱すると分子内環化によってオキサゾリン **28** が得られた。**28** を単離することなく二つのエステル部位の加溶媒分解を行い，文献既知のオキサゾリン **29**[13b]へと導いた。最後に，チオフェノールを導入することによりネルフィナビルの短工程合成に成功した[15]。

3 おわりに

筆者らは，既存触媒では達成できていない新規不斉ハロゲン化反応に焦点をあて，これを基盤とする高機能性キラル合成素子の実用的合成法の開発を目指してきた。その過程において，三価ホスフィンの新たな触媒機能を見出し，これまでに報告例のなかったアリルアミドの不斉ブロモ環化反応を実現した。また，本不斉反応をビスアリルアミドの非対称化型不斉ブロモ環化反応へ展開し，重要医薬品の短工程合成を実現した。不斉ハロ環化反応の研究が進むにつれて優れた触媒効率を伴う新規反応が近年報告されているが，依然として適用可能な基質構造が限定的である。今回紹介した成果をより汎用性の高い触媒の創製に繋げるべく，今後さらなる研究が必要であると考えている。

最後に，本稿で紹介した成果は日々研究に邁進してくれた学生諸氏の努力の賜物であり，ここに深く感謝します。

文　　献

1) a) D. C. Whitehead, R. Yousefi, A. Jaganathan, B. Borhan, *J. Am. Chem. Soc.*, **132**, 3298 (2010)；b) K. Murai, T. Matsushita, A. Nakamura, S. Fukushima, M. Shimura, H. Fujioka, *Angew. Chem. Int. Ed.*, **49**, 9174 (2010)；c) W. Zhang, S. Zheng, N. Liu, J. B. Werness, I. A. Guzei, W. Tang, *J. Am. Chem. Soc.*, **132**, 3664 (2010)；d) G. E. Veitch, E. N. Jacobsen, *Angew. Chem. Int. Ed.*, **49**, 7332 (2010)

2) 最近の総説：a) S. E. Denmark, W. E. Kuester, M. T. Burk, *Angew. Chem. Int. Ed.*, **51**, 10938 (2012)；b) U. Hennecke, *Chem. Asian J.*, **7**, 456 (2012)；c) K. Murai, H. Fujioka, *Heterocycles*, **87**, 763 (2013)；d) Y. A. Cheng, W. Z. Yu, Y.-Y. Yeung, *Org. Biomol. Chem.*, **12**, 2333 (2014)；e) C. B. Tripathi, S. Mukherjee, *Synlett*, **25**, 163 (2014)；f) S. Zheng, C. M. Schienebeck, W. Zhang, H.-Y. Wang, W. Tang, *Asian. J. Org. Chem.*, **3**, 366 (2014)；g) A. Sakakura, K. Ishihara, *Chem. Rec.*, **15**, 728 (2015)

3) a) G. D. Gribble, *Naturally Occurring Organohalogen Compounds- A Comprehensive Update*, Springer (2010)；b) M. Baunach, J. Franke, C. Hertweck, *Angew. Chem. Int. Ed.*, **54**, 2604 (2015)；c) C. Bucher, R. M. Deans, N. Z. Burns, *J. Am. Chem. Soc.*, **137**, 12784 (2015)

有機分子触媒の開発と工業利用

4) a) F. Chen, C. K. Tan, Y.-Y. Yeung, *J. Am. Chem. Soc.*, **135**, 1232 (2013)；b) Z. Ke, C. K. Tan, F. Chen, Y.-Y. Yeung, *J. Am. Chem. Soc.*, **136**, 5627 (2014)；総説：c) M. H. Gieuw, Z. Ke, Y.-Y. Yeung, *Chem. Rec.*, **17**, 287 (2017)

5) a) R. S. Brown, R. W. Nagorski, A. J. Bennet, R. E. D. McClung, G. H. M. Aarts, M. Klobukowski, R. McDonald, B. D. Santarsiero, *J. Am. Chem. Soc.*, **116**, 2448 (1994)；b) A. A. Neverov, R. S. Brown, *J. Org. Chem.*, **61**, 962 (1996)；c) R. S. Brown, *Acc. Chem. Res.*, **30**, 131 (1997)

6) A. Sakakura, A. Ukai, K. Ishihara, *Nature,* **445**, 900 (2007)

7) S. E. Denmark, M. T. Burk, *Proc. Natl. Acad. Sci.*, **107**, 20655 (2010)

8) a) Y. Sawamura, H. Nakatsuji, M. Akakura, A. Sakakura, K. Ishihara, *Chirality*, **26**, 356 (2014)；b) Y. Sawamura, Y. Ogura, H. Nakatsuji, A. Sakakura, K. Ishihara, *Chem. Commun.*, **52**, 6068 (2016)

9) Y. Kawato, A. Kubota, H. Ono, H. Egami, Y. Hamashima, *Org. Lett.*, **17**, 1244 (2015)

10) Y. Kawato, H. Ono, A. Kubota, Y. Nagao, N. Morita, H. Egami, Y. Hamashima, *Chem. Eur. J.*, **22**, 2127 (2016)

11) Y. Nagao, T. Hisanaga, H. Egami, Y. Kawato, Y. Hamashima, *Chem. Eur. J.*, **23**, 16758 (2017)

12) J. Ito, H. Nishiyama, *Synlett*, **23**, 509 (2012)

13) a) S. W. Kaldor, V. J. Kalish, J. F. Davies. II, B. V. Shetty, J. E. Fritz, K. Appelt, J. A. Burgess, K. M. Campanale, N. Y. Chirgadze, D. K. Clawson, B. A. Dressman, S. D. Hatch, D. A. Khalil, M. B. Kosa, P. P. Lubbehusen, M. A. Muesing, A. K. Patick, S. H. Reich, K. S. Su, J. H. Tatlock, *J. Med. Chem.*, **40**, 3979 (1997)；b) T. Inaba, A. G. Birchler, Y. Yamada, S. Sagawa, K. Yokota, K. Ando, I. Uchida, *J. Org. Chem.*, **63**, 7582 (1998)

14) a) E. J. Bernhard, T. B. Brunner, *Cancer Biol. Ther.*, 636 (2008)；b) W. A. Chow, C. Jiang, M. Guan, *Lancet Oncol.*, **10**, 61 (2009)

15) Y. Nagao, T. Hisanaga, T. Utsumi, H. Egami, Y. Kawato, Y. Hamashima, *submitted.*

第27章 二級アミン型不斉有機触媒反応の実用化に向けた触媒量低減化とアルカロイド合成への応用

石川勇人[*]

1 はじめに

2000年代に入ってから不斉有機触媒反応が爆発的進展を遂げた[1]。一般的に不斉有機触媒は水や酸素に安定であるため，取り扱いが容易であり，工業的および学術的にも魅力的な触媒である。すなわち，特別な反応装置や，厳密な反応条件を必要とせず，加えて高い光学純度で医薬中間体などの光学活性化合物が得られることから，本書でも紹介されているように，近年では工業的な利用も盛んに行われている。また，有機分子触媒は比較的次の反応を阻害することがないため，この特性を利用したドミノ反応やワンポット反応が近年大きな注目を集めている[2]。近年脚光を浴びている有機触媒の中で，アミノ酸の一種であるプロリンから誘導される二級アミン型有機触媒は，安価に，簡便に合成および誘導化することが可能であったため，最も汎用されている有機触媒となっている。特に林ら[3]，Jørgensenら[4]により独立に開発されたジフェニルプロリノールシリルエーテル触媒やMacMillanらにより開発されたイミダゾリジノン触媒[5]は，アルドール反応，マイケル反応，マンニッヒ反応，ディールス・アルダー反応，エン反応など様々な反応を触媒し，有用な光学活性化合物を与える。代表的な触媒サイクルを図1に示した。二級アミン触媒はアルデヒド，ケトンもしくはα, β-不飽和アルデヒドなどのカルボニル化合物と反応し，水の脱離を伴いながら光学活性なエナミンもしくはイミニウムイオン中間体を生成する。生じたエナミンは求電子剤と，イミニウムイオンは求核剤とジアステレオ選択的に反応し，新たに不斉中心が生じる。生成したイミニウムイオン中間体が水により加水分解を受け，触媒が再生すると同時に光学活性カルボニル化合物が得られる。不斉点導入段階はジアステレオ選択的な反応であるため，総じて最終的に得られる生成物のエナンチオ選択性は高く，水や酸素により反応が阻害されることはほとんどない。無水，無酸素といった厳密な反応条件下で，主に配位結合を利用して不斉中心を導入する金属触媒に比べて，高い光学純度を得るまでの最適化が短時間で済むのは，この特性によるところが大きい。一方で，二級アミン型有機触媒の不斉反応は，金属触媒に比べて触媒量が多いという問題点がある（通常10モル%〜20モル%）。金属触媒のような配位結合ではなく，共有結合をしっかりと形成してから反応が進行するため，一般的に反応時間が長くなることに起因している。工業的観点から考えると，比較的安価な有機触媒とはいえ，こ

---

* Hayato Ishikawa 熊本大学 大学院先端科学研究部 基礎科学部門 化学分野 准教授

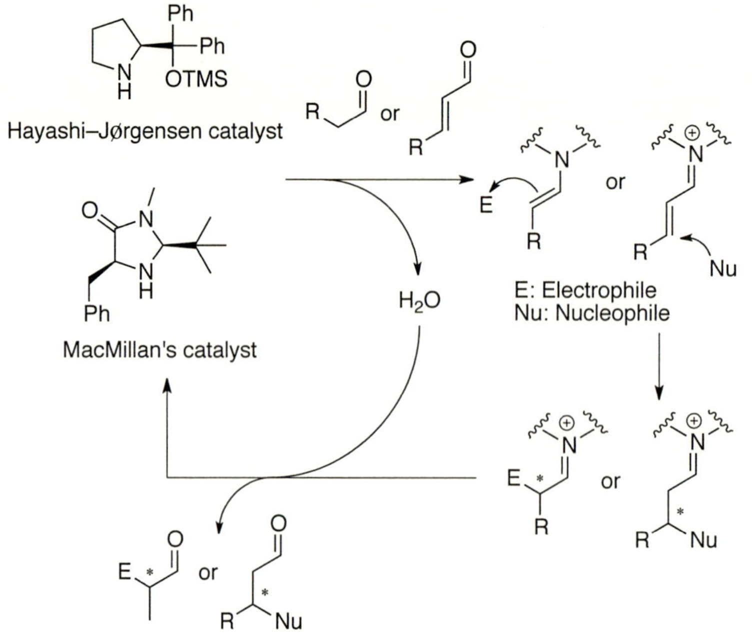

有機分子触媒の開発と工業利用

Hayashi–Jørgensen catalyst

MacMillan's catalyst

H₂O

E: Electrophile
Nu: Nucleophile

図1 二級アミン型不斉有機触媒と代表的な触媒サイクル

の問題は無視できない。筆者の考える解決策は2通りである。一つは有機触媒の固定化，再利用によるコストの削減が挙げられる。事実，近年では固定化有機触媒を用いたマイクロフロー合成などが大きな注目を集めている[6]。もう一つは，反応剤や反応添加剤を工夫することによる反応速度の加速とそれに続く触媒量の低減化である。本稿では，反応の加速を徹底的に追求し，触媒量低減化に注力した二級アミン型有機触媒を用いた光学活性ピペリジン骨格構築反応の開発及びモノテルペンピペリジンアルカロイドである α-スキタンチン（**1**）の合成への応用について述べさせていただきたい[7]。

2 C4アルキル基を有するキラルピペリジン骨格構築反応の開発

　自然界にはC4位にアルキル側鎖を有する光学活性ピペリジン環を含有するアルカロイド類が数多く知られている（図2）。その中にはニコチン様作用を持つ α-スキタンチン（**1**），Naチャネル阻害活性を持つエルバタミン，抗マラリア活性を持つキニーネ，てんとう虫から見出された複雑な二量体構造を持つプシロボリンAなどが知られている。これらアルカロイド類を網羅的に合成する方法論を確立するため，アルキル置換 α, β-不飽和アルデヒドとマロナメートの形式的アザ[3+3]付加環化反応を開発することにした（スキーム1）。すなわち，アルキル側鎖を有する α, β-不飽和アルデヒドに二級アミン型有機触媒を作用させ，イミニウムイオン中間体を形成し，マロナメートの α 炭素からのマイケル付加反応に続く，アミド窒素からの1，2付加反応

296

第27章　二級アミン型不斉有機触媒反応の実用化に向けた触媒量低減化とアルカロイド合成への応用

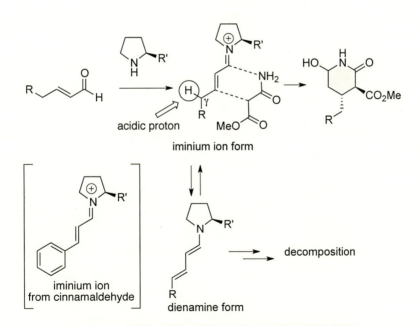

図2　C4アルキルピペリジン骨格を持つアルカロイド

スキーム1　形式的アザ[3+3]付加環化反応の反応機構と問題点

を進行させれば，所望の光学活性ピペリジン環が得られると着想した。その際，工業的な利用を視野に入れ，その触媒量を0.1モル％に設定した。この様な形式的アザ[3+3]付加環化反応は，いくつかのグループによりすでに報告されていたが，アルキル側鎖を持つ不飽和アルデヒドは基

質として用いられてこなかった[8]。その理由は，アルキル側鎖を有する不飽和アルデヒドは活性なイミニウムイオン中間体を形成した際，γ位に酸性プロトンを持つために，熱力学的に安定なジエナミン中間体へと異性化してしまうためである。生じたジエナミン中間体は活性の高い求核種として振る舞うため，アルデヒド自身と自己縮合反応などの副反応が起きてしまう。一方，これまで報告されている芳香族が置換した不飽和アルデヒドでは，イミニウムイオン中間体の段階でγ位に酸性プロトンが存在しないため，その難易度は大幅に軽減されるのである（例としてシンナムアルデヒドから生じるイミニウムイオンを示した）。

　筆者らは，C4位にアルキル側鎖を有する光学活性ピペリジン環構築反応を開発するためのモデル基質として，フェニルペンテナール2とマロナメート3を選択し，検討を開始した。触媒として林-Jørgensen触媒として知られるジフェニルプロリノールトリメチルシリルエーテル（A）を選定し，様々な条件下反応を検討した（式1）。しかしながら，常にマロナメート3が定量的に回収され，先に予見したアルデヒド2の自己分解反応のみが観測された。一方，筆者らの以前の研究からニトロメタンの様な高い求核性を持つ反応剤であれば，アルキル側鎖を持つα, β-不飽和アルデヒドを基質とした場合でも分解する前に不斉反応が進行することが分かっていた[9]。したがって，望む反応が進行しない原因は，マロナメート3の求核性が不十分であることが考えられた。そこで，同様の反応形式で反応が進行し，より高い求核性を持つ反応剤としてチオマロナメート4を発想した（スキーム2）。カルボニル基のα位の求核性は，その酸性度に比例して高くなる（エノール化のしやすさが指標となる）。アミド基のα位の酸性度とチオアミド基の酸性度を比較すると，硫黄の原子半径に由来してチオアミド基のα水素は高い酸性度を有していることが知られている（pK_a in DMSO：$PhCH_2C$（O）NMe_2：26,6, $PhCH_2C$（S）NMe_2：21.3）[10]。そこで，チオマロナメート4を調製し，実際に反応を行った。まず，10モル％の触媒Aを用いて反応を行ったところ，予想通り反応は進行し，対応するヘミアミナール環化体を与えた。ヘミアミナール部位の不斉中心を除去する目的で粗生成物を直接トリフルオロ酢酸で処理し，脱水反応を進行させた後，収率，ジアステレオ選択性，エナンチオ選択性を求めた。その結果，反応は2.5時間で終了し，収率は63％，ジアステレオ比1.3：1，主生成物であるトランス体のエナンチオ過剰率は83％ *ee*であった。さらなる収率およびエナンチオ選択性の向上

malonamate **3** was recovered
and aldehyde **2** was decomposed

式1　マロナメートを基質とする形式的アザ[3+3]付加環化反応の試み

第27章　二級アミン型不斉有機触媒反応の実用化に向けた触媒量低減化とアルカロイド合成への応用

スキーム2　チオマロナメートを求核剤とする形式的アザ[3+3]付加環化反応

を目指し触媒の検討を行った結果，林，Seebach らにより開発されたジフェニルプロリノール ジフェニルメチルシリルエーテル（**B**）[11]を触媒とした際に，反応時間 3.5 時間，収率 82%，ト ランス体，シス体ともに 94% *ee* と満足のいく結果を得た。トランス体，シス体が同じエナンチ オ選択性であったため，反応で得られるジアステレオマーの混合物は DBU 処理により異性化さ せ，熱力学的に安定なトランス体へ定量的に収束させることができた。

3　添加剤による反応速度の加速と触媒量低減化の試み

　目的とする反応を進行させることには成功したものの，仮にこの条件で触媒量を 0.1 モル%に 低減化した場合，反応時間は 350 時間（14.6 日）であり現実的ではない。筆者らは 0.1 モル% の触媒量で 48 時間以内に反応が終了する条件を模索することにした。二級アミン型有機触媒反 応では，添加剤として酸が効果的に働くことが知られている。酸の効果はカルボニル基の活性 化，求核剤のエノール化の促進など様々な要因が考えられ，一概に結論は導けない。事実，林ら はニトロアルケンに対するアルデヒドのマイケル付加反応での酸の作用点について精査してお り，反応系中に生じるこの反応特有のシクロブタン中間体の開環反応を促進していることを突き 止めている[12]。

　筆者らは，5 モル%の触媒に対して，様々な酸性度を有する酸を 10 モル%添加して反応速度 を観測することにした（表1）。その結果，何も添加剤を加えない条件では反応終結に 10 時間必 要だったのに対し，*p*-ニトロフェノール（8 h），酢酸（7 h），安息香酸（5 h），蟻酸（4 h），ク

有機分子触媒の開発と工業利用

表1 酸の添加による形式的アザ[3+3]付加環化反応の加速効果

entry	additive	pK_a of acid in H$_2$O	Acid amount (mol%)	time (h)	yield (%)	trans : cis	ee (% ee) of trans isomer
1	–	–	–	10	79	1.3 : 1	94
2	p-nitrophenol	7.14	10	8	78	1.6 : 1	94
3	CH$_3$CO$_2$H	4.76	10	7	69	1.4 : 1	94
4	PhCO$_2$H	4.20	10	5	75	1.6 : 1	94
5	PhCO$_2$H		50	2	80	1.5 : 1	94
6	PhCO$_2$H		100	1.7	85	1.7 : 1	94
7	HCO$_2$H	3.77	10	4	81	1.2 : 1	94
8	HCO$_2$H		50	30	61	1.2 : 1	94
9	ClCH$_2$CO$_2$H	2.86	10	2	82	1.4 : 1	94
10	ClCH$_2$CO$_2$H		50	24	34	1.1 : 1	94
11	Cl$_2$CHCO$_2$H	1.29	10	24	64	1.4 : 1	94

ロロ酢酸（2 h）と酸性度が高くなるにつれて反応速度の加速が観察された（表1, エントリー1, 2, 3, 4, 7, 9）。一方で, より強力な酸であるジクロロ酢酸を用いた際には24時間経っても反応は終了せず, 収率の大幅な低下が見られた（表1, エントリー11）。この時点で最も反応を加速した酸はクロロ酢酸であったが, ジクロロ酢酸の例からわかるように, 酸の添加には反応加速効果だけでなく, 反応を阻害する効果もあることが考えられたため, 触媒と酸の比率による反応性の変化についてさらに検討を行うことにした。すなわち, 10モル％で反応を効率的に触媒した安息香酸, 蟻酸, クロロ酢酸の添加量を50モル％として反応を行った（表1, エントリー5, 8, 10）。すると, 安息香酸添加時には反応はさらに加速したが, 蟻酸やクロロ酢酸を50モル％用いた際には, 劇的な反応性の低下が観測された。最終的に安息香酸を100モル％（1当量）用いた際に反応は1.7時間で終了し, 目的物を収率85％で与えた（表1, エントリー6）。さらに, 安息香酸を150モル％加えた際にも, 反応はおよそ1.7時間で終了した。この実験結果より, 安息香酸は本反応を加速するポジティブな効果のみを持っており, 反応を一切阻害しないことが明らかとなった。触媒量低減化に向けて, 極めて魅力的な添加剤である。

第27章　二級アミン型不斉有機触媒反応の実用化に向けた触媒量低減化とアルカロイド合成への応用

表2　2次添加剤による形式的アザ[3+3]付加環化反応の加速効果と触媒量低減化

entry	catalyst amount (mol%)	2nd additive (equiv.)	temp. (°C)	time (h)	yield (%)	*trans* : *cis*	*ee* (% *ee*) of *trans* isomer
1	5	–	23	1.7	85	1.7 : 1	94
2	5	H$_2$O (5)	23	1	77	1.6 : 1	94
3	5	MeOH (3)	23	0.75	77	1.6 : 1	94
4	1	MeOH (3)	28	7	89	2.8 : 1	94
5	0.1	MeOH (3)	28	39	87	1.9 : 1	94

　これまでに最適化した条件で触媒量0.1モル％とした場合，反応時間は85時間が予想され，目標の48時間以内には収まらない。そこで，さらなる反応の加速を期待して2次添加剤を検討することにした（表2）。二級アミン型不斉有機触媒反応の触媒サイクルには水が関与しているため，まず，2次添加剤として水を5当量反応系内に加えた（表2，エントリー2）。その結果，反応は加速し，1時間で終了することが明らかとなった。さらに検討を重ねた結果，理由は明確になっていないが，メタノールを3当量加えた際に，反応が0.75時間（45分）で終了することを見出した（表2，エントリー2）。おそらく，安息香酸の酸性度を調節しているものと推測している。何れにせよ，1時間以内に反応を終わらせることに成功したため，触媒量の低減化に挑んだ。1モル％の触媒で反応を行うと，7時間で反応が終了した（表2，エントリー4）。なお，再現性を取るためには28℃で反応を行う必要があった。最終的に，目標としていた0.1モル％で反応を行った（表2，エントリー5）。反応時間39時間であり，収率は87％，エナンチオ選択性94％ *ee* と満足のいく結果であった。筆者らの知る限り，二級アミン型の不斉有機触媒反応の中で最も少ない触媒量で進行する反応である。グラムスケールでの反応でも再現性良く反応は進行する。なお，アルデヒドに関する基質一般性は幅広く，シロキシ基，シアノ基，フタルイミド基，チオエーテル基，クロロ基を有するアルデヒドでも高収率，高エナンチオ選択的に反応が進行する。詳細は論文を参照されたい[7]。

有機分子触媒の開発と工業利用

4 α-スキタンチンの全合成への応用

開発した形式的アザ[3+3]付加環化反応の有用性を証明するべく，α-スキタンチン（**1**）の全合成へと応用することにした。α-スキタンチン（**1**）は1961年にキョウチクトウ科の植物である *Skytanthus actus* より見出されたモノテルペンピペリジンアルカロイドであり，ニコチン様の血圧降下作用が報告されている[13]。非常に小さい分子ではあるが，特徴的な3-アザビシクロ[4.3.0]ノナン構造の中に4つの連続した不斉中心を有している。

筆者らの合成は開発した鍵反応から始まる。*N*-メチルチオマロナメート **7** を1当量，アセタールを有する α, β-不飽和アルデヒド **6** を1.2当量用いて，0.1モル%の *ent*-**B** 存在下，安息香酸とメタノールを添加剤として40℃，48時間反応を行った。TLC上で原料の消失と目的物 **8** の生成を確認後，含水条件下酢酸を用いてアセタール部位をケトン **9** へと変換した。得られた **9** は，5当量のカンファースルホン酸を加熱条件下処理すると，脱水反応／分子内アルドール反応／脱水反応が進行し α-スキタンチン（**1**）の有する二環性骨格を持つ **11** へ変換された。精製することなく，DBUによりメトキシカルボニル基を異性化し，さらに，トリフルオロ酢酸存在下，NaBH₄ を作用させて，エナミン部位を還元し，四置換オレフィンを持つ **13** へと変換した。不斉有機触媒反応から始めて，この段階で初めてカラム精製を行い，5段階収率53%，91% *ee* で

スキーム3　α-スキタンチンの全合成

第 27 章　二級アミン型不斉有機触媒反応の実用化に向けた触媒量低減化とアルカロイド合成への応用

13 が得られた。続いて，メトキシカルボニル基とチオアミド部位を $LiAlH_4$ により還元した後，四置換オレフィンを Whiteside と Ehmann らにより開発された金属ナトリウムによる一電子還元条件[14]に付し，全ての不斉中心を備えた **14** を得た。**14** の絶対立体配置を含めた立体は X 線結晶構造解析により決定した。最後に **14** の一級水酸基をメシル化に続く還元によりメチル基に変換し，α-スキタンチン（**1**）の全合成を達成した。メチルチオマロナメート **7** からの総収率は 15％である。

5　おわりに

　以上，本稿では筆者らにより開発された有機触媒による形式的アザ［3+3］付加環化反応と，それを用いた α-スキタンチン（**1**）の全合成について述べた。不斉有機触媒反応における適切な求核剤の選定と，反応を加速させるための徹底的な添加剤の検討の結果，触媒量 0.1 モル％，2 日以内で反応を終わらせることに成功した。二級アミン型不斉有機触媒反応でこれまで問題視されてきた「触媒量が多い」という課題を解決できた一例である。また，自身の開発した反応を α-スキタンチンの全合成へと応用することで，その有効性を示すことができた。今後も本反応の拡張性を示すため，様々な生物活性アルカロイドの全合成に取り組む予定である。加えて，工業的利用を促進するための，もう一つのアプローチである再利用可能な固定化触媒の開発を行う予定である。次世代に向けて，不斉有機触媒反応を工業的に利用できる段階へと昇華させることが，現代の有機触媒の化学において最も重要な課題であろう。

文　　献

1)　a) 有機分子触媒の新展開，柴崎正勝 編，シーエムシー出版（2006）；b) 進化を続ける有機触媒，丸岡啓二 編，化学同人（2009）；c) 有機分子触媒の化学，CSJ カレントレビュー22 号，化学同人（2016）.

2)　a) Domino Reactions, L. F. Tietze, Wiley-VCH（2013）；b) Y. Hayashi, *Chem. Sci.*, **7**, 866（2016）.

3)　Y. Hayashi, H. Gotoh, T. Hayashi, M. Shoji, *Angew. Chem., Int. Ed.*, **44**, 4212（2005）.

4)　J. Franzén, M. Marigo, D. Fielenbach, T. C. Wabnitz, A, Kjærsgaard, K. A. Jørgensen, *J. Am. Chem. Soc.*, **127**, 18296（2005）.

5)　K. A. Ahrendt, C. J. Borths, D. W. C. MacMillan, *J. Am. Chem. Soc.*, **127**, 4243（2000）.

6)　C. Rodríguez-Escrich, M. A. Pericàs, *Eur. J. Org. Chem.*, **6**, 1173（2015）.

7)　S. Shiomi, E. Sugahara, H. Ishikawa, *Chem. Eur. J.*, **21**, 14758（2015）.

8)　a) Y. Hayashi, H. Gotoh, R. Masui, H. Ishikawa, *Angew. Chem., Int. Ed.*, **47**, 4012

有機分子触媒の開発と工業利用

(2008) ; b) J. Franzén, A. Fisher, *Angew. Chem., Int. Ed.*, **48**, 787 (2009) ; c) G. Valero, J. Schimer, I. Cisarova, J. Vesely, A. Moyano, R. Rios, *Tetrahedron Lett.*, **50**, 1943 (2009) ; d) W. Zhang, J. Franzén, *Adv. Synth. Catal.*, **352**, 499 (2010) ; e) W. Zhang, J. Bah, A. Wohlfarth, J. Franzén, *Chem. Eur. J.*, **17**, 13814 (2011) ; f) X. Dai, X. Wu, H. Fang, L. Nie, J. Chen, H. Deng, W. Cao, G. Zhao, *Tetrahedron*, **67**, 3034 (2011) ; g) S. Číhalová, G. Valero, J. Schimer, M. Humpl, M. Dračínský, A. Moyano, R. Rios, J. Vesely, *Tetrahedron*, **67**, 8942 (2011) ; h) Z. Jin, H. Huang, W. Li, X. Luo, X. Liang, J. Ye, *Adv. Synth. Catal.*, **353**, 343 (2011) ; i) Z. Jin, F. Yu, X. Wang, H. Huang, X. Luo, X. Liang, J. Ye, *Org. Biomol. Chem.*, **9**, 1809 (2011) ; j) X. Wu, Q. Liu, H. Fang, J. Chen, W. Cao, G. Zhao, *Chem. Eur. J.*, **18**, 12196 (2012).

9) H. Gotoh, H. Ishikawa, Y. Hayashi, *Org. Lett.*, **9**, 5307 (2007).

10) F. G. Bordwell, *Acc. Chem. Res.*, **21**, 456 (1988).

11) U. Grošelj, D. Seebach, D. M. Badine, W. B. Schweizer, A. K. Beck, I. Krossing, P. Klose, Y. Hayashi, T. Uchimaru, *Helv. Chim. Acta*, **92**, 1225 (2009).

12) K. Patora-Komisarska, M. Benohoud, H. Ishikawa, D. Seebach, Y. Hayashi, *Helv. Chim. Acta*, **94**, 719 (2011).

13) a) C. G. Casinovi, J. A. Garbarino, G. B. Marini-Bettolo, *Chem. Ind.* (London) , 253 (1961) ; b) E. J. Eisenbraun, A. Bright, H. H. Appel, *Chem. Ind.* (London) , 1242 (1962) ; (c) C. Djerassi, J. P. Kutney, M. Shamma, *Tetrahedron*, **18**, 183 (1962) ; d) G. Gatti M. Marotta, *Ann. Ist. Super. Sanitá*, **2**, 29 (1966).

14) G. M. Whitesides, W. J. Ehmann, *J. Org. Chem.* **35**, 3565 (1970).

第28章　不斉森田-Baylis-Hillman反応を活用する創薬リード天然物の合成

畑山　範[*]

1　はじめに

森田-Baylis-Hillman（MBH）反応とは，3級アミンやホスフィン触媒存在下アクリル酸エステルのような電子求引基で活性化されたアルケンとアルデヒドが反応して付加体を与える反応であり，アトムエコノミーに優れ，合成化学的に有用な生成物を与えることから，近年，その不斉反応への展開が精力的に行われている[1]。我々は，適当な位置に水酸基をもつキラルな求核触媒を用いれば，アルドール-逆Michael反応過程での水素結合による遷移状態あるいは中間体の安定化に起因する反応加速と反応場の固定に基づく不斉誘導が可能と考え，シンコナアルカロイドのキニーネとキニジンを原料に水酸基を有する様々なキヌクリジン誘導体を合成し，MBH反

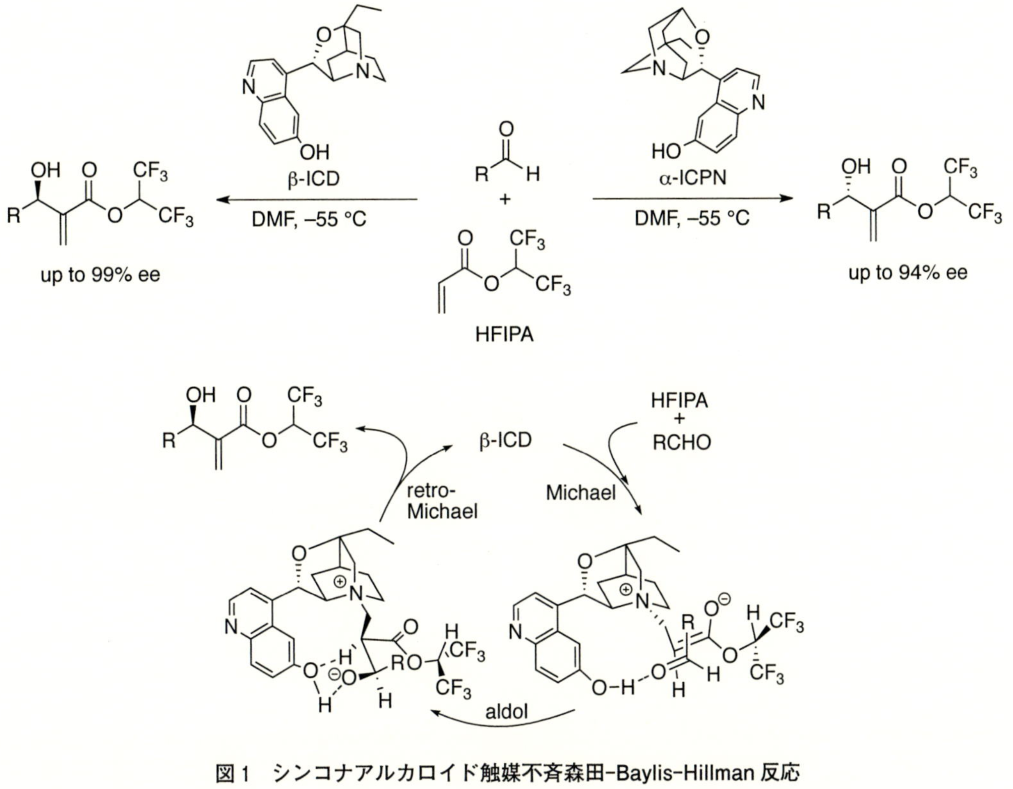

図1　シンコナアルカロイド触媒不斉森田-Baylis-Hillman反応

---

* Susumi Hatakeyama　長崎大学　先端創薬イノベーションセンター　教授

応に対する触媒活性を調べた。その結果，β-イソクプレイジン（β-ICD）とフッ素原子で活性化されたヘキサフルオロイソプロピルアクリラート（HFIPA）を組み合わせた方法を見出し，それまで全く実現されていなかった高エナンチオ選択的な触媒的不斉MBH反応の開発に成功した（図1）[2]。その後，β-ICDの擬エナンチオマーとして機能する触媒α-イソクプレイン（α-ICPN）を開発し[3]，反応生成物のいずれのエナンチオマーをも獲得できる不斉MBH反応を確立するに至った。本章では，本不斉反応の応用展開として，創薬リード天然物の全合成研究について紹介する。

2 ホスラクトマイシン天然物の合成[4,5]

ホストリエシンやホスラクトマイシンやロイストロダクシンなどのホスラクトマイシン天然物は，高選択的かつ強力なプロテインホスファターゼ 2A（PP2A）阻害活性を示し，抗腫瘍剤開発のリードとして注目を集め，多くのグループから合成が報告されている[6]。しかしながら，これら天然物が酷似した構造であるにもかかわらず，ホスラクトマイシン天然物全般に適用できる統一した戦略での合成法は報告されていなかった。そこで，β-ICD 触媒不斉 MBH 反応を起点とすれば，図2に示すアプローチでいずれのホスラクトマイシン天然物にも適用できる一般合成法が開発できると考えた。すなわち，**1**のMBH反応生成物**2**から得られるエポキシド**3**を分

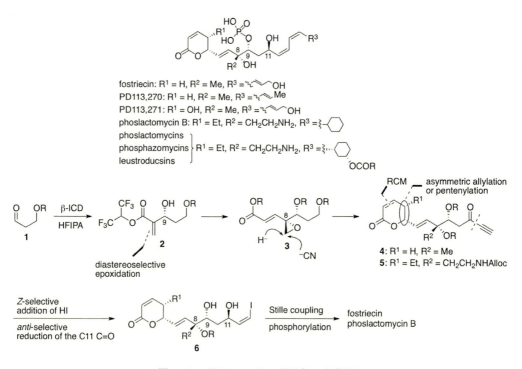

図2 ホスラクトマイシン天然物の合成戦略

第28章　不斉森田-Baylis-Hillman 反応を活用する創薬リード天然物の合成

岐点とし，エポキシドを適宜ヒドリドあるいはシアニドで開環し，不斉アリル化もしくはペンテ
ニル化，閉環メタセシス，アセチレンの導入を経て鍵中間体のイノン **4** と **5** に導き，その後は Z
選択的なヨウ化水素の付加，C11 位カルボニル基の *anti* 選択的還元，さらに Stille カップリン
グによる共役トリエンあるいはジエン部の構築を行い，これらの天然物を合成するという戦略で
ある。

　まず，アルデヒド **7** を *β*-ICD を用いる MBH 反応に付し光学的に純粋な *R* 配置の **8** を得た
（図3）。続いて，**8** から Horner-Wadsworth-Emmons（HWE）反応を含む5段階で **9** に導き，
バナジウム触媒を用いるエポキシ化によって完全なジアステレオ選択性でエポキシド **10** とし
た。ここで，還元剤 LiEt$_3$BH と DIBAL-H を使い分けることによって **11** と **12** を選択的に得る
方法を見出し，それぞれからホストリエシンとホスラクトマイシン B の全合成を達成した。こ
こでは，後者の合成について解説する。

　アルコール **12** から不斉ペンテニル化とシアノ基の導入と閉環メタセシスを鍵とする6段階操

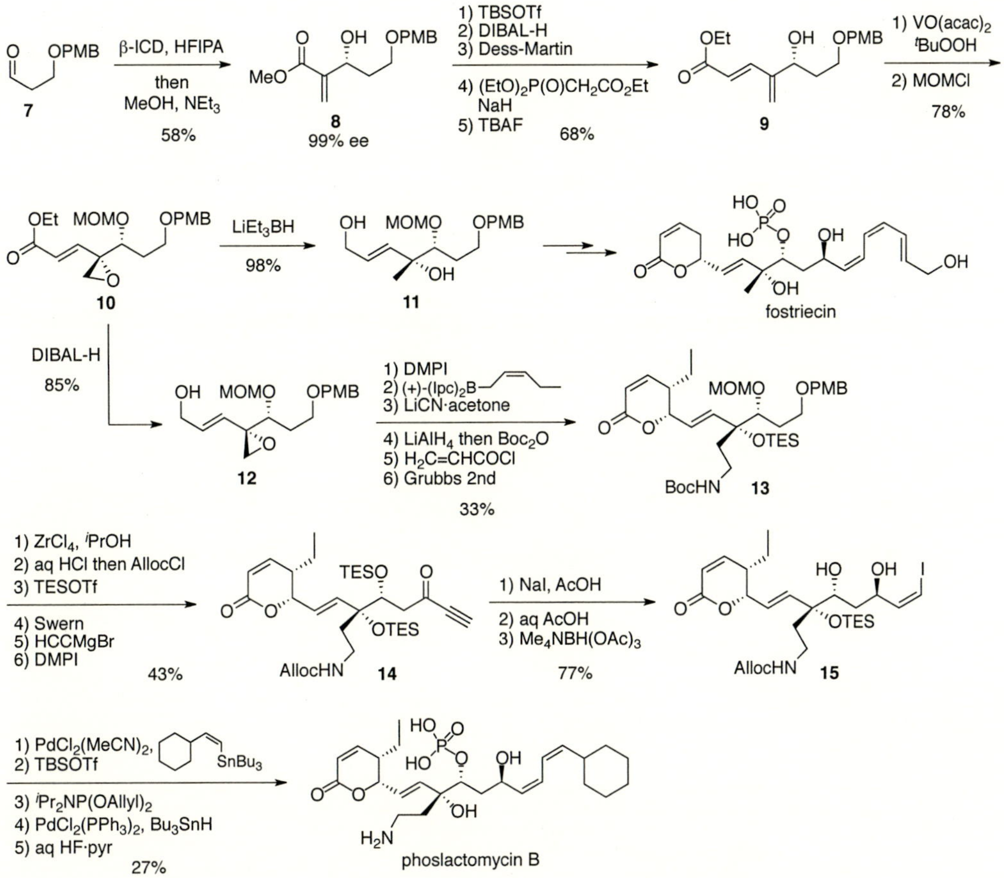

図3　ホストリエシンとホスラクトマイシン B の合成

307

有機分子触媒の開発と工業利用

作で不飽和ラクトン **13** を得，保護基の付けかえ，Swern 酸化，アセチレンの導入，Dess-Martin 酸化を経て，鍵中間体 **14** を合成した。この **14** からヨウ化水素の Z 選択的付加，C9 水酸基を足場とした C11 位カルボニル基の *anti* 選択的還元により **15** に導き，最後に，Stille カップリングとリン酸エステルの付与を経て，ホスラクトマイシン B の全合成を達成した。また，**14** のイノン部への E 選択的ヨウ化水素の付加と C11 位カルボニル基の *syn* 選択的還元の条件も見出しており，本合成法が天然物はもとよりその立体異性体の合成にも適用可能であることを示すことができた。

3　チランダマイシン天然物の合成[7)]

Streptomyces 属の細菌が産生するチランダマイシン天然物は，様々な酸化様式のジオキサビシクロ［3.3.1］ノナン部とジエノイルテトラミン酸部からなる複雑な構造を有している。これらの化合物は，グラム陽性菌に対する抗菌活性や DNA 依存型 RNA ポリメラーゼに対する阻害活性を示し，ラットのミトコンドリアにおける酸化的リン酸化を阻害することも知られている。さらに，2011 年，チランダマイシン B が糸状虫のアスパラギンアミノアシル tRNA 合成酵素（AsnRS）を強力に阻害し，しかもヒトよりも糸状虫の AsnRS に選択的に作用することが Shen

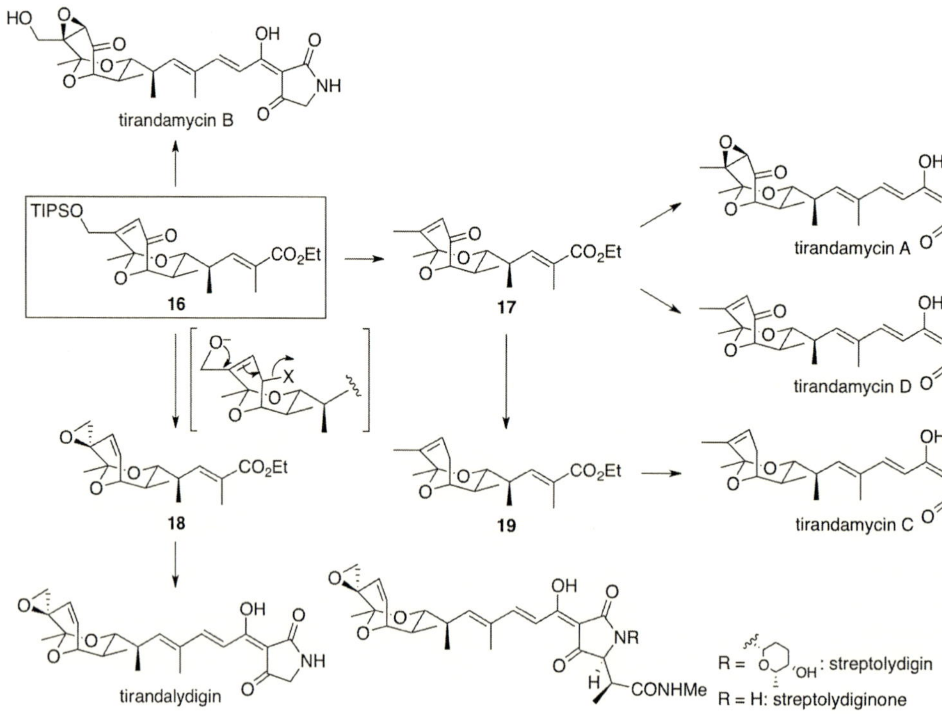

図 4　チランダマイシン天然物の網羅的合成法

第28章　不斉森田-Baylis-Hillman 反応を活用する創薬リード天然物の合成

らによって報告されて以来[8]，抗糸状虫薬開発のリードとして大いに期待されている。この様な生物活性及び構造的特徴から，チランダマイシン天然物の合成研究が数多く行われてきたが，チランダマイシン B の不斉全合成，チランダマイシン D，及びチランダリジジンの全合成は達成されていなかった。しかも，チランダマイシン天然物が類似した構造を有しているにもかかわらず，これらを網羅的に合成できる合成法は開発されていなかった。

チランダマイシン天然物の網羅的合成にあたり，宮下ら[9]のチランダマイシン B の合成中間体 **16** に着目した（図4）。すなわち，**16** のシロキシメチル基をメチル基に変換し **17** へ，さらに **17** のケトンをメチレンに変換し **19** へと導くことができれば，チランダマイシン A，C，及び D が合成可能となる。一方，**16** のケトン部位を脱離基へと変換後，S_N2'反応によって **18** へと導くことができれば，チランダリジジン，ストレプトリジジン，及びストレプトリジジノンも合成可能と考えた。

共通中間体 **16** の合成において，4 連続不斉中心の構築が鍵となる。その立体制御に β-ICD と α-ICPN を用いた不斉 MBH 反応と MBH 付加体の syn 及び anti 選択的水素化を組み合わせた方法論を考案した（図5）。まず，フルフラール誘導体 **20** から出発し，HFIPA との β-ICD 触

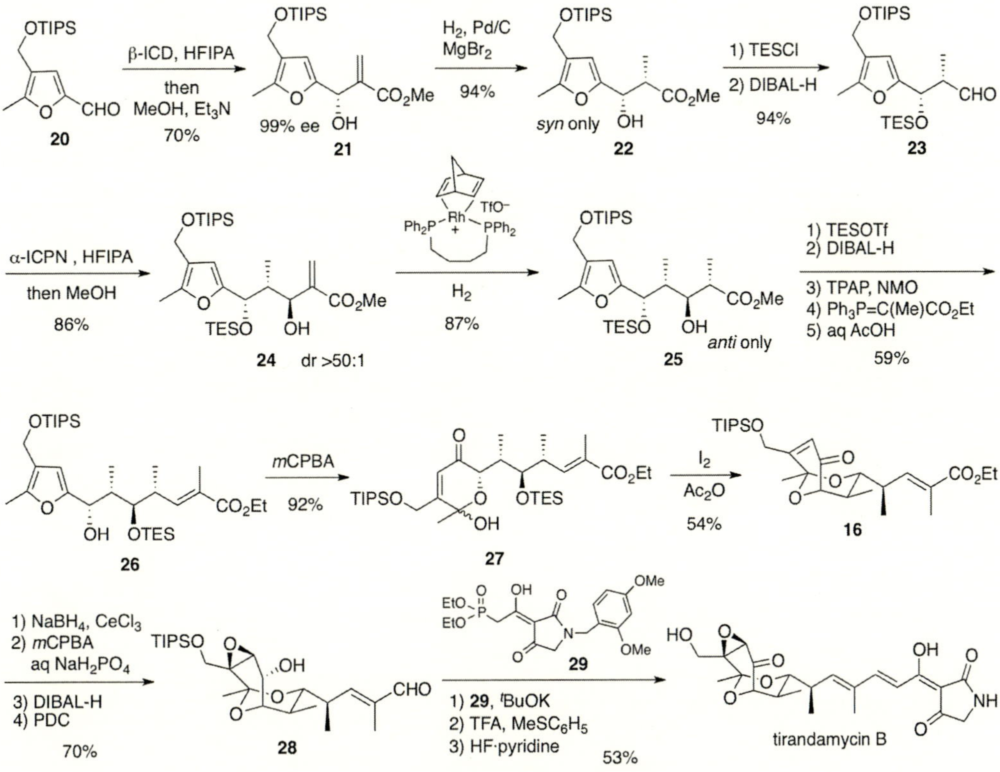

図5　チランダマイシン B の合成

媒 MBH 反応に続いてメタノリシスを行い，**21** を高エナンチオ選択的に得た。これを臭化マグネシウム存在下に接触水素化すると[10]，キレーション制御によって *syn* 体 **22** が単一の生成物として得られた。続いて，**22** を **23** へと変換後，*α*-ICPN を触媒とする同様の MBH 反応に付し，**24** を高ジアステレオ選択的に得た。これをさらに Schrock-Osborn 触媒を用いて水素化すると[11]，水酸基とロジウム触媒の配位によって *anti* 選択的に水素化が起こり，**25** が単一の異性体として生成した。この結果，ほぼ完璧な触媒制御下での *anti,anti,syn* 4 連続不斉中心の高エナンチオ及び高ジアステレオ選択的構築に成功した。さらに，**25** から 5 段階で **26** に導き，メタクロロ過安息香酸を用いる Achmatowicz 反応で **27** を高収率で得，これを無水酢酸中ヨウ素で処理すると，TES 基が外れると同時に分子内アセタール化が一挙に進行し，ビシクロ[3.3.1]ノナノン骨格を有する **16** が得られた。ここにおいて，合成計画の段階で共通中間体として想定した **16** を光学的に純粋にかつ数グラムスケールで合成できたので，Deshong らの方法[12]に準じて，チランダマイシン B の合成を行った。すなわち，**16** から Luche 還元，立体選択的エポキシ化，エステルのアルデヒドへの変換を経て **28** を合成後，**29** との HWE 反応でジエノイルテトラミン酸部を構築した。最後に，2,4-ジメチルベンジル基と TIPS 基を除去し，チランダマイシンB の初の不斉全合成を達成した。

　また，共通中間体 **16** から図 4 の戦略に基づいて，チランダマイシン A，C，D，ならびにチランダリジジンの全合成を達成することができた。ここでは，S_N2'反応に基づくビニルエポキシド部の構築を鍵とするチランダリジジンの合成を取り上げ解説する（図 6）。

　まず，**16** から Luche 還元，メシル化，臭素化を経て **30** を立体選択的に得た。この **30** をTBAF で処理すると，脱シリル化に続いて S_N2'反応が一挙に進行し，エポキシド **18** が高立体選択的に生成した。その後，**18** から Kozmin らのストレプトリジジン及びストレプトリジジノンの合成における鍵中間体である **31**[13,14]に導き，これら天然物の新たな合成ルートを開拓した。一方，**31** から **29** との HWE 反応を経てチランダリジジンに導くことを検討したが，最終段階の2,4-ジメチルベンジル基の除去の際に分解が起こり，目的を達成できなかった。そこで，ビニルエポキシドの構築を最終段階とするルートに変更した。その結果，**30** から合成したアルデヒド**32** と **29** との HWE 反応によって **33** を得，リン酸緩衝液共存下で DDQ 酸化を行うと，変換率は低いものの基質の分解を伴うことなく 2,4-ジメチルベンジル基を除去でき **34** へと変換できた。最後に，TBAF 処理によって S_N2'反応を起こし，チランダリジジンの初の全合成を達成した。

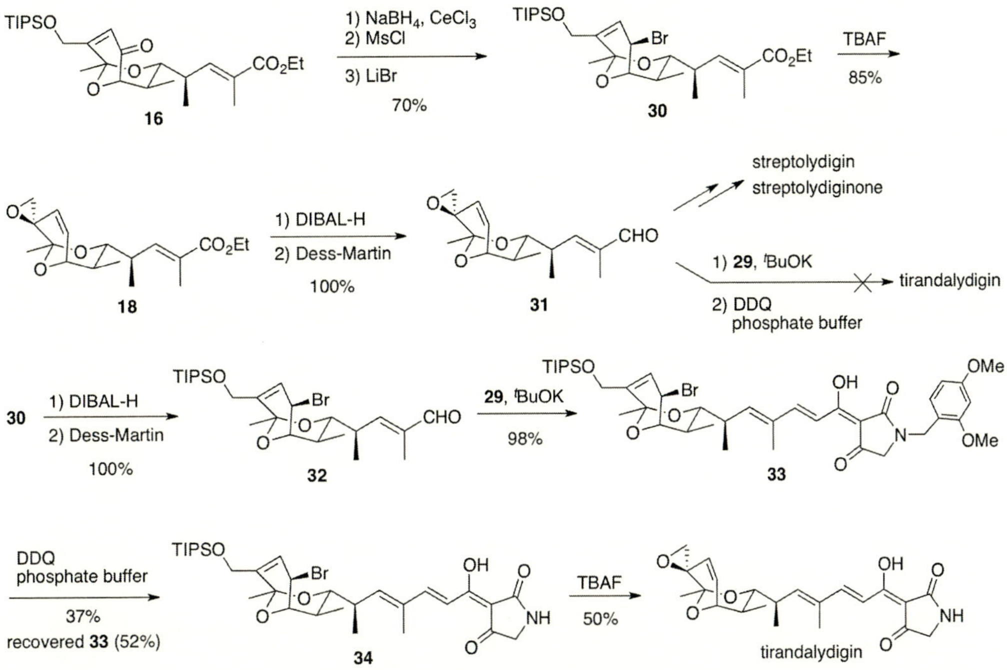

第 28 章　不斉森田-Baylis-Hillman 反応を活用する創薬リード天然物の合成

図 6　チランダリジジンの合成

4　ポリプロピオナートの立体選択的合成[15]

　水酸基とメチル基が交互に配置したポリプロピオナートは抗生物質など多くの医薬品の重要な構成単位である。ポリプロピオナートを合成化学的に見ると，立体異性体の数が立体中心の増加に伴い指数関数的に増加する点，反応の立体選択性や収率が反応点近傍の立体中心に大きく影響を受ける点から，その立体制御構築は非常に難易度の高い課題である。事実，3 連続不斉中心から成る単位に関しては，8 個の全立体異性体を作り分けることができる構築法が多く報告されているが，4 連続不斉中心を持つ単位については，環状化合物を基質とする方法が数例報告されているのみであり[16,17]，鎖状基質での立体制御合成は解決されていない。この課題に対して，最近，上記チランダマイシン天然物の合成において用いた不斉 MBH 反応を起点とする方法論が有効であることを見出した（図 7）。

　ベンズアルデヒドに β-ICD 触媒 MBH 反応を適用し **35** を得，さらに syn-及び anti-選択的水素化を経てアルデヒド **38** と **39** を合成した。続いて，**38** から β-ICD と α-ICPN を触媒とする MBH 反応に syn-及び anti-選択的水素化を組み合わせて，**42** から **45** の 4 種のジアステレオマーを合成した。さらに，**39** を同様に変換し，**46** から **49** の 4 種のジアステレオマーを合成した。その結果，**46** と **47** を除いては，ベンズアルデヒドから 6 段階 40% を超える総収率で合成

311

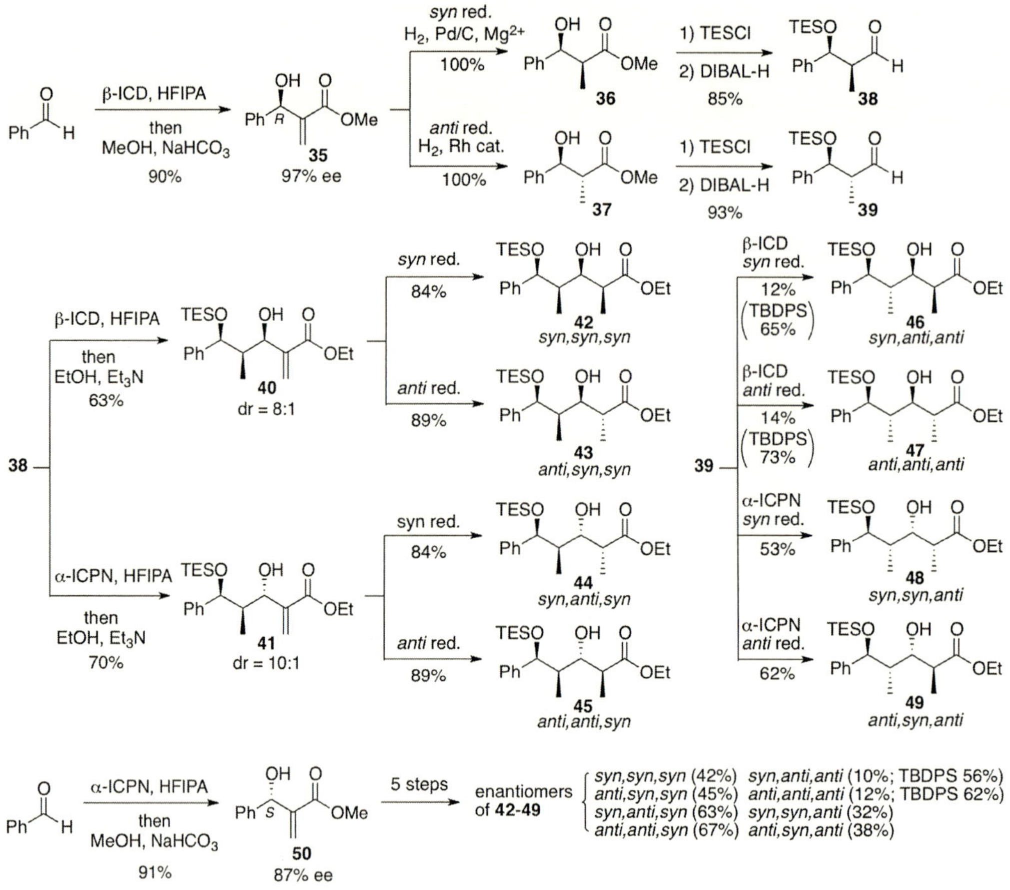

有機分子触媒の開発と工業利用

図7　ポリプロピオナート4連続不斉中心の立体制御構築

できた。**46** と **47** に関しては，対応する TBDPS エーテル体において，β-ICD 触媒 MBH 反応の収率及び選択性を改善でき，ベンズアルデヒドからの総収率は他のジアステレオマーとほぼ同じとなった。同様に α-ICPN 触媒 MBH 反応で得られる **50** から出発し，**42** から **49** のエナンチオマー8種も同様の総収率，立体選択性で合成できた。ここで，**35**（97% ee）及び **50**（87% ee）から最終的に得られたジアステレオマーは全て光学的に純粋であった。以上，保護基における反応性の違いが一部見られたものの，4連続不斉中心を持つポリプロピオナートの全立体異性体を触媒制御下で選択的に合成できた。

第28章　不斉森田-Baylis-Hillman 反応を活用する創薬リード天然物の合成

文　　　献

1) S. Hatakeyama, *Science of Synthesis Asymmetric Organocatalysis 1 Lewis Base and Acid Catalysis*（Ed.：B. List）, Thieme, Stuttgart, 673-721（2012）.
2) 畑山範, 有機合成化学協会誌, **64**, 1132（2006）.
3) Y. Nakamoto, F. Urabe, K. Takahashi, J. Ishihara, and S. Hatakeyama, *Chem. Eur. J.*, **19**, 12653（2013）.
4) S. M. Sarkar, E. N. Wanzala, S. Shibahara, K. Takahashi, J. Ishihara, and S. Hatakeyama, *Chem. Commun.*, 5907（2009）.
5) S. Shibahara, M. Fujino, Y. Tashiro, N. Okamoto, T. Esumi, K. Takahashi, J. Ishihara, and S. Hatakeyama, *Synthesis*, 2935（2009）.
6) B. M. Trost, J. D. Knopf, and C. S. Brindle, *Chem. Rev.*, **116**, 15035（2016）.
7) H. Yoshimura, K. Takahashi, J. Ishihara, and S. Hatakeyama, *Chem. Commun.*, **51**, 17004（2015）.
8) Z. Yu, S. Vodanovic-Jankovic, N. Ledeboer, S.-X. Huang, S. R. Rajski, M. Kron, and B. Shen, *Org. Lett.*, **13**, 2034（2011）.
9) T. Shiratani, K. Kimura, K. Yoshihara, S. Hatakeyama, H. Irie, and M. Miyashita, *Chem. Commun.*, 21（1996）.
10) A. Bouzide, *Org. Lett.*, **4**, 1347（2002）.
11) J. M. Brown and I. Cutting, *J. Chem. Soc., Chem. Commun.*, 578（1985）.
12) S. J. Shimshock, R. E. Waltermire, and P. DeShong, *J. Am. Chem. Soc.*, **113**, 8791（1991）.
13) S. V. Pronin and S. A. Kozmin, *J. Am. Chem. Soc.*, **132**, 14394（2010）.
14) S. V. Pronin, A. Martinez, K. Kuznedelov, K. Severinov, H. A. Shuman, and S. A. Kozmin, *J. Am. Chem. Soc.*, **133**, 12172（2011）.
15) H. Yoshimura, J. Ishihara, and S. Hatakeyama, *Eur. J. Org. Chem.*, 2719（2017）.
16) O. Arjona, R. Menchaca, and J. Plumet, *J. Org. Chem.*, **66**, 2400（2001）.
17) A. El-Awa, X. M. du Jourdin, and P. L. Fuchs, *J. Am. Chem. Soc.*, **129**, 9086（2007）.

第29章　有機分子触媒を鍵反応に利用した
医薬中間体のプロセス開発

池本哲哉*

1　はじめに

　医薬品製造においては，金属錯体触媒を用いた場合，しばしば Pd, Rh などの重金属が最終原薬中に ppm オーダーで残留することが問題となるが，有機分子触媒はそもそも金属を含まないため，その様な問題が発生しない。また，製造プロセスの中で金属錯体触媒を用いた工程がある場合，川上原料中の微量不純物の影響を受けることがあり，川上原料のメーカーやロットが違うこと等により，正常に反応しなくなるというトラブルをよく経験する。その点有機分子触媒反応は，そういった微量不純物の影響を受けにくく，工業化プロセスの堅牢性という観点でも大きなメリットがある。また，反応は一般にマイルドであるため，通常，高温，高圧，低温反応を必要としない場合が多く，設備面での制約が少ない。ただし，実際，有機触媒反応が医薬化学品製造にとって魅力的でいわゆる「使える反応」となるためには，やはり，コストが最も重要である。総コストの中で触媒コストは重要なファクターの一つであるが，L-プロリンのようなきわめて安価な触媒は，極端に言えば量論量使ってもそれほどコストに影響しない。そういった意味でプロリンはなんといっても魅力的である。しかしながら，プロリンだけでは様々な反応をカバーすることはもちろん不可能である。比較的短工程で合成が可能で，他の方法では合成が困難である反応に使用できる触媒，あるいは触媒の合成にある程度工程数がかかっても，極めて少量で活性のある触媒が企業にとっての魅力的な触媒ということができる。本章では，そのような有機分子触媒を鍵反応に利用し，我々が医薬中間体の合成プロセスに応用した例を紹介する。

2　頻尿治療薬中間体 1 のプロセス開発

　化合物 1 は，Hoechst Marion Roussel 社（現 Sanofi 社）が開発した泌尿器官用治療薬のラセミスイッチ品目として開発が進んでいた（S）-Oxybutynin の重要中間体である。

　＊　Tetsuya Ikemoto　住友化学㈱　健康・農業関連事業研究所
　　　　　　上席研究員グループマネージャー

第 29 章　有機分子触媒を鍵反応に利用した医薬中間体のプロセス開発

1

　研究開始時に知られていた不斉合成法としては，不斉補助基を利用したジアステレオ選択的付加反応[1]，光学活性マンデル酸を利用する方法[2,3]，Sharpless 不斉酸化を鍵とする方法[4]，不斉シアンヒドリン化を鍵とする方法[5,6]などであったが，いずれも，不斉補助基が必要であったり，低温反応を必要とするなど，プロセス開発においては課題があった。そうした中，仮にベンゾイル蟻酸エステルに対してシクロヘキサノンの不斉アルドール反応が進行すれば，効率的な該化合物の製法になり得ると考え，検討を開始した。その結果，本アルドール反応は，室温で極めて良好なジアステレオ，エナンチオ選択性で進行することがわかった（式1）。

L-Proline

DMSO, r.t.

y. 89%　　　dr= >20/1, 98%ee (major)　　(1)

　得られたアルドール付加体は，カルボニル基をボラン還元，水酸基をメシル化した後に，DMF 中 LiCl を作用させることにより，スムーズに脱離反応が進行し，常法により還元，加水分解，再結晶を行うことにより，純度よく化合物 **1** が得られた（式2）[7,8]。

1) BH$_3$

2) MsCl/Et$_3$N

1) LiCl/DMF

2) H$_2$, Pd/C

3) Hydrolysis

1

>99%ee
after recrystallization　　(2)

3　抗エイズ薬中間体 2 のプロセス開発

　化合物 **2** は，Janssen の Darunavir 等，いくつかの抗エイズ薬の部分構造として使用されている共通中間体である。

2

315

有機分子触媒の開発と工業利用

　研究開始時，化合物**2**の合成法としては，①ラセミ体の酵素分割による方法[9]，②リンゴ酸エチルを出発物質にするキラルプール法[10]，③有機セレン化合物を使用する方法[11]，④1,3-ジオキソランの光付加を鍵とする方法[12]などが知られており，その後，⑤L-アスコルビン酸から誘導する方法[13]，⑥不斉補助基を利用したアルドール反応を鍵とする方法[14]，⑦BOX系不斉触媒を用いる付加反応を鍵とする方法[15,16]等が報告されたが，いずれもプロセス開発の観点から種々の課題があった。

3. 1　プロリン触媒による方法

　そのような中，我々は，本系では，MacMillan等が報告したプロリン触媒によるアルデヒド同士の直接的不斉交差アルドール反応（式3）[17,18]が適用できるのではないかと考えた。

$$\text{(3)}$$

y. 82%　　24/1 dr, >99%ee (major)

　実際，種々条件検討した結果，ジアステレオ選択性は4：1程度ながら，光学純度よくアルドール付加体**5**が得られることがわかった（式4）。

$$\text{(4)}$$

y. 60-65%

4/1 dr,
99%ee (major)

　さらに，酸性下での水素添加反応を行うことにより，脱保護環化反応が同時に進行し，環化体が良好な収率で得られた。しかしながら，ジアステレオ選択性が4：1程度であったため，精製法の確立が必要であった。そこで，一旦酸化して対応するケトン**6**とした後，ジアステレオ選択的に還元することにより，高純度のビスフラノール**2**を得ることに成功した（式5）[19]。

$$\text{(5)}$$

4/1 dr　major 99%ee
　　　　minor 96%ee

6
>99.9%ee
after recrystallization

2
99.9/0.1 dr
> 99.9%ee

第29章 有機分子触媒を鍵反応に利用した医薬中間体のプロセス開発

3. 2 ジアリールプロリノール触媒による方法

上記のように，プロリンによるアルドール反応が，実際の医薬中間体製造に適用できることがわかったが，アルドール反応のジアステレオ選択性がそれほど高くないため，酸化，還元という余分な工程が必要であった。また，アルデヒド **3** は最低 2 当量必要であり，多量の自己縮合体等も副生するため，容積効率を落とす原因となっていた。また，アルデヒド **3** 自体が比較的高価であるのと同時に安定性が必ずしも高くない等の課題もあった。

一方，2010 年，林らは，ジアリールプロリノールを触媒に用いた，ポリマー状のグリオキシル酸エチルとアルデヒドとのジアステレオ選択的，エナンチオ選択的なアルドール反応を報告した（式 6）[20]。

(6)

ポリマー状のグリオキシル酸エチル溶液は比較的安価であり，取扱いも容易であるため，本系に応用することにより，より良いプロセス構築が可能であると考えた。そこで適用を試みたところ，選択性良くアルドール反応が進行することがわかった。ただし，検討中，グリオキシル酸エチルポリマーのメーカーやロットによって，反応性が著しく異なる現象が観察されたため，原因を究明したところ，重合度や原料中に含まれる少量のグリオキシル酸が影響することがわかった。そこで，種々検討した結果，水を添加して一定時間前処理を行うことにより，メーカー，ロットの違いに関わらず，再現性良く，良好な選択性，収率が得られるようになった。得られたアルドール付加体は対応するアセタール **7** とした後，水素化ホウ素ナトリウムで還元し，次いでアセタール交換反応，接触水素化による脱保護を行うことで，ビスフラノール **2** を粗生成物として得，単蒸留後，さらに一段階進んだ中間体 **8** に変換，再結晶を一回行うのみで，ほぼ純粋な化合物 **8**（>99.9/0.1 dr, >99.9% ee）を得ることに成功した（式 7）[21,22]。

317

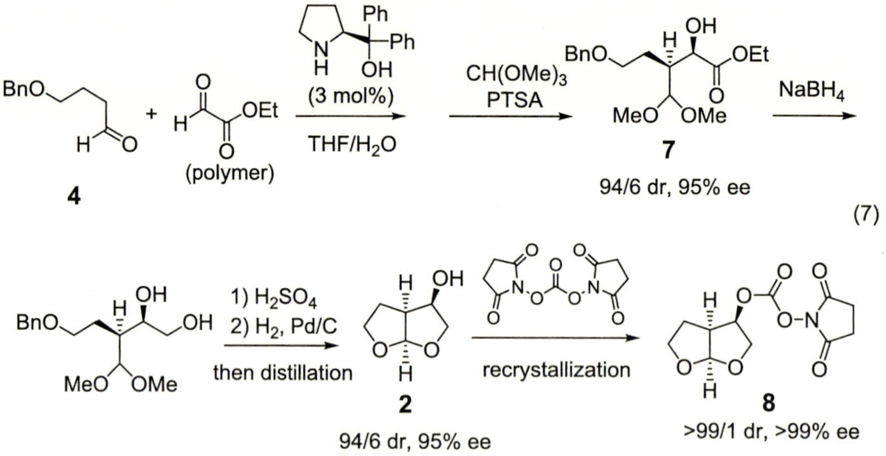

有機分子触媒の開発と工業利用

(7)

3. 3　新規なジアリールパーフルオロスルフォンアミド型触媒の開発

　ジアリールプロリノールを触媒とする方法は，反応基質の当量も削減でき，また，比較的簡便な再結晶によって純度が向上する実用的な方法であったが，アルドール反応の選択性が，94/6 dr, 95% ee 程度であったため，最後に誘導体に導いた後，再結晶などで精製する必要があった。仮に，アルドール反応の選択性が十分に高ければ，そのような精製が必要なくなると考え，アルドール反応の選択性を向上させる触媒を開発することにした。本アルドール反応の反応機構を鑑みると，水酸基の酸性度が向上すれば，遷移状態がより安定になると考え，水酸基がパーフルオロスルフォンアミド基に置換された触媒の合成にとりかかることとした。種々検討した結果，工業的な方法で新規なジアリールパーフルオロスルフォンアミド型触媒（代表化合物 **9**）を得ることができた。このように合成した触媒を用いて最適条件を検討したところ，溶媒を NMP とした場合にほぼ完ぺきな選択性でアルドール反応が進行することがわかった（式 8）[22,23]。なお，今回我々が見出した触媒は，アルドール反応の良好な触媒となる他，様々な反応へ応用が可能であると期待している。

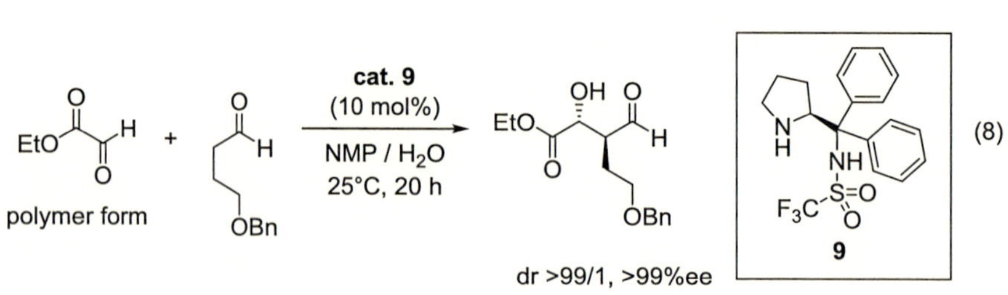

(8)

第 29 章　有機分子触媒を鍵反応に利用した医薬中間体のプロセス開発

4　C型肝炎治療薬中間体 10 のプロセス開発

　次に，ニトロメタンと α,β-不飽和アルデヒドの不斉共役付加反応を鍵反応とした C 型肝炎治療薬 Telaprevir の合成フラグメント **10** の実用的製造法を開発した事例を紹介する。研究開始当時，化合物 **10** の合成法としては，①キラルアミンによる光学分割法[24]，②不斉補助基を利用した方法[25]等が知られていたが，いずれもプロセス開発の観点から課題があった。

10

　一方，2007 年林らが報告していた Hayashi-Jørgensen 触媒 **12** によるニトロメタンと α,β-不飽和アルデヒドの不斉共役付加反応[26]は，工業的にも魅力的な反応であり，本反応を応用できれば，C 型肝炎治療薬中間体であるビシクロプロリン誘導体 **10** を効率的に合成できるのではないかと考えた。そこで，不飽和アルデヒド **11** とニトロメタンとの不斉 Michael 反応を検討した結果，条件を工夫することにより，実用的な触媒量で高収率・高立体選択的に Michael 付加体 **5** が得られることがわかった[27,28]。ニトロアルデヒド **13** はトランス体が優先的に得られたが，続く還元アミノ化反応によって得られるアミノアルデヒド **14** に対し，ナトリウムメチラートを作用させることにより，異性化を伴いながら環化反応が収率よく進行した。その後，ジアステレオ選択的なシアノ化反応，加水分解，エステル化によりビシクロプロリン誘導体 **10** を高品質で得ることに成功した（式 9）[27]。

$$(9)$$

319

5 C型肝炎治療薬共通中間体 15 のプロセス開発

最後に，不斉相間移動触媒を鍵反応に用いた C 型肝炎治療薬共通中間体 15 のプロセス開発について紹介する。

$$\text{15}$$

検討着手時に知られていた化合物 15 の合成法は，ラセミ体を酵素により光学分割する方法[29]であったため，不斉相間移動触媒によって不斉四級炭素骨格構築とビニル基のジアステレオ選択性の制御を一挙に達成できれば，効率的な製造法になるのではないかと考えた。しかしながら，検討当時市販されていた不斉相間移動触媒を用いてスクリーニングを行ったところ，目的とするビニルシクロプロパン骨格は得られたものの低〜中程度のエナンチオ選択性であり，ジアステレオ選択性も十分なものではなかった。

そこで，様々な不斉相間移動触媒を合成して検討したところ，Lygo らにより報告されていた触媒 16[30]が，本反応において比較的良好なエナンチオ，ジアステレオ選択性を与えることがわかった（式 10）[31]。

$$\text{(10)}$$

化合物 17 の脱保護により得られるアミノエステル 15 は，安価なキラル酸である L-酒石酸との塩として晶析精製することより，収率よく目的とする光学純度の結晶が得られた（式 11）。

第 29 章　有機分子触媒を鍵反応に利用した医薬中間体のプロセス開発

(11)

　光学活性なアミノ酸エステル **15** の実用的製造法は確立できたが，不斉反応のエナンチオ，及びジアステレオ選択性をさらに向上させることができれば，さらなる収率の改善が見込まれる。そこで，触媒合成に用いるキラルアミンを変更した新規触媒を種々合成してその評価を行ったところ，新規な触媒 **18** が良好な選択性を与えることを見出した（式12）[32]。

(12)

　以上，不斉相間移動触媒を用いたエナンチオ・ジアステレオ選択的反応を見出し，光学活性なアミノシクロプロパンカルボン酸エステル **15** を効率的に合成する製法を確立した[33]。

6　おわりに

　本章では，有機分子触媒を利用した様々な医薬中間体のプロセス開発について述べてきた。昨今，日本の製造業においては生産拠点を海外に移したり，海外の製造業者に委託生産を行うことも多くなってきた。従来，創意工夫するモノ作りは，日本が得意とする分野である。現在，アカデミアを中心に革新的な反応が次々と開発されているが，我々企業のプロセス化学者は，これらの成果に対する感受性を高め，革新的技術を取り入れることにより，国内で製造しても十分競争力が持て，かつ環境にも十分配慮した次世代の製造プロセスを開発していくことが必要ではないだろうか。

　最後に，本研究に対し，有意義なサジェスチョンをいただきました京都大学大学院丸岡啓二教授，東北大学大学院林雄二郎教授に謝意を表します。

文　　　献

1) C. H. Senanayake, K. Fang, P. Grover, R. P. Bakale, C. P. Vandenbossche, S. A. Wald, *Tetrahedron Lett.*, **40**, 819 (1999).

2) P. T. Grover, N. N. Bhongle, S. A. Wald, C. H. Senanayake, *J. Org. Chem.*, **65**, 6283 (2000).

3) X. Su, N. N. Bhongle, D. Pflum, H. Butler, S. A. Wald, R. P. Bakale, C. H. Senanayake, *Tetrahedron : Asymmetry*, **14**, 3593 (2003).

4) P. Gupta, R. A. Fernandes, P. Kumar, *Tetrahedron Lett.*, **44**, 4231 (2003).

5) S. Masumoto, M. Suzuki, M. Kanai, M. Shibasaki, *Tetrahedron Lett.*, **43**, 8647 (2002).

6) S. Masumoto, M. Suzuki, M. Kanai, M. Shibasaki, *Tetrahedron*, **60**, 10497 (2004).

7) O. Tokuda, T. Kano, W. -G. Gao, T. Ikemoto, K. Maruoka, *Org. Lett.*, **7**, 5103 (2005).

8) 池本哲哉，徳田修，高衛国，住友化学，**2005-Ⅱ**, 27 (2005).

9) A. K. Ghosh, Y. Chen, *Tetrahedron Lett.*, **36**, 505 (1995).

10) A. K. Ghosh, J. F. Kincaid, D. E. Walters, Y. Chen, N. C. Chaudhuri, W. J. Thompson, C. Culberson, P. M. D. Fitzgerald, H. Y. Lee, S. P. McKee, P. M. Munson, T. T. Duong, P. L. Darke, J. A. Zugay, W. A. Schleif, M. G. Axel, J. Lin, J. R. Huff, *J. Med. Chem.*, **39**, 3278 (1996).

11) M. Uchiyama, M. Hirai, M. Nagata, R. Katoh, R. Ogawa, A. Ohta, *Tetrahedron Lett.*, **42**, 4653 (2001).

12) A. K. Ghosh, S. Leshchenko, M. Noetzel, *J. Org. Chem.*, **69**, 7822 (2004).

13) P. J. L. M. Quaedflieg, B. R. R. Kesteleyn, P. B. T. P. Wigerinck, N. M. F. Goyvaerts, R. J. Vijin, C. S. M. Liebregts, J. H. M. H. Kooistra, C. Cusan, *Org. Lett.*, **7**, 5917 (2005).

14) A. K. Ghosh, J. Li, R. S. Perali, *Synthesis*, **18**, 3015 (2006).

15) R. H. Yu, R. P. Polniaszek, M. W. Becker, C. M. Cook, L. H. L. Yu, *Org. Proc. Res. Dev.*, **11**, 972 (2007).

16) W. L. Canoy, B. E. Cooley, J. A. Corona, T. C. Lovelace, A. Millar, A. M. Weber, S. Xie, Y. Zhang, *Org. Lett.*, **10**, 1103 (2008).

17) A. B. Northrup, D. W. C. MacMillan, *J. Am. Chem. Soc.*, **124**, 6798 (2002).

18) A. B. Northrup, I. K. Mangion, F. Hettche, D. W. C. MacMillan, *Angew. Chem. Int. Ed.*, **43**, 2152 (2004).

19) 池本哲哉，渡邉要介，住友化学，**2008-Ⅱ**, 14 (2008).

20) T. Urushima, Y. Yasui, H. Ishikawa, Y. Hayashi, *Org. Lett.*, **12**, 2966 (2010).

21) Y. Hayashi, T. Aikawa, Y. Shimasaki, H. Okamoto, Y. Tomioka, T. Miki, M. Takeda, T. Ikemoto, *Org. Process Res. Dev.*, **20**, 1615 (2016).

22) 池本哲哉，月刊ファインケミカル，**46**, 42 (2017).

23) L. M. Lutete, T. Ikemoto, *Chem. Lett.*, **46**, 577 (2017).

24) VERTEX PHARMACEUTICALS INC. 国際公開第 2007/022459 号

25) 味の素㈱　国際公開第 2008/090819 号

26) H. Gotoh, H. Ishikawa, Y. Hayashi, *Org. Lett.*, **9**, 5307 (2007).

第 29 章　有機分子触媒を鍵反応に利用した医薬中間体のプロセス開発

27)　相川利昭，L. M. Lutete，衣袋文明，三木崇，池本哲哉，日本プロセス化学会サマーシンポジウム予稿集 160（2013）.

28)　M. W. Giuliano, S. J. Maynard, A. M. Almeida, A. G. Reidenbach, L. Guo, E. C. Ulrich, I. A. Guzei, S. H. Gellman, *J. Org. Chem.*, **78**, 12351（2013）.

29)　P. L. Beaulieu, J. Gillard, M. D. Bailey, C. Boucher, J. -S. Duceppe, B. Simoneau, X. -J. Wang, L. Zhang, K. Grozinger, I. Houpis, V. Farina, H. Heimroth, T. Krueger, J. Shnaubelt, *J. Org. Chem.*, **70**, 5869（2005）.

30)　B. Lygo, B. Allbutta, S. R. James, *Tetrahedron Lett.*, **44**, 5629（2003）.

31)　住友化学㈱　国際公開第 2011/019066 号

32)　住友化学㈱　国際公開第 2012/108367 号

33)　相川利昭，安岡順一，三木崇，池本哲哉，日本プロセス化学会サマーシンポジウム予稿集 212（2017）.

第30章 不斉有機触媒を用いた二環式ケトンの実用的な速度論的分割法の開発

金田岳志*

1 はじめに

近年,有機化学の発展に伴って医薬品の構造は多様化するとともに,不斉点を有する化合物では毒性や有効性の観点から光学活性体として開発されることが一般的である。医薬品候補化合物が光学活性な場合,医薬品のプロセス化学研究において効率的な光学活性体取得法の構築は重要な課題である[1]。光学活性体を取得する方法論としては,容易に入手可能な光学活性化合物を利用し目的化合物へ誘導する「キラルプール法」,ラセミ体を反応速度差やジアステレオマー塩の溶解度差を利用して分ける「光学分割法」,アキラルな化合物を不斉補助基や不斉触媒を用いて光学活性体へ誘導する「不斉合成法」の3つの手法が知られている。工業的にはキラルプール法やジアステレオマー塩分割法が広く用いられているが,化合物の特徴に応じて適切な方法論が選択され,工業化製法として適用される。

弊社では,2000年代中頃から有機触媒への取り組みを開始しており,ユニークな不斉1級アミン触媒について以前にも報告している[2]。このような新規有機触媒の開発と並行して医薬品候補化合物の製造プロセスへの適用検討も実施してきた。今回,弊社の医薬品候補化合物の光学活性体取得法として開発した不斉有機触媒を用いた実用的な速度論的分割法について紹介する。

2 光学活性な二環式ケトンの特徴とメディシナルルート

(−)-3-Ethylbicyclo[3.2.0]hept-3-en-6-one(−)-1 は,弊社で開発中の慢性疼痛治療薬 Mirogabalin の重要中間体である(図1)。(−)-1 は分子量139の小さな分子であり,揮発性の

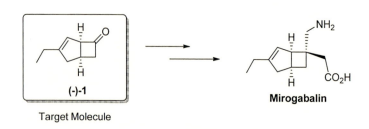

図1 Mirogabalin の重要中間体(−)-1

---

* Takeshi Kaneda 第一三共㈱ 製薬技術本部 プロセス技術研究所 副主任研究員

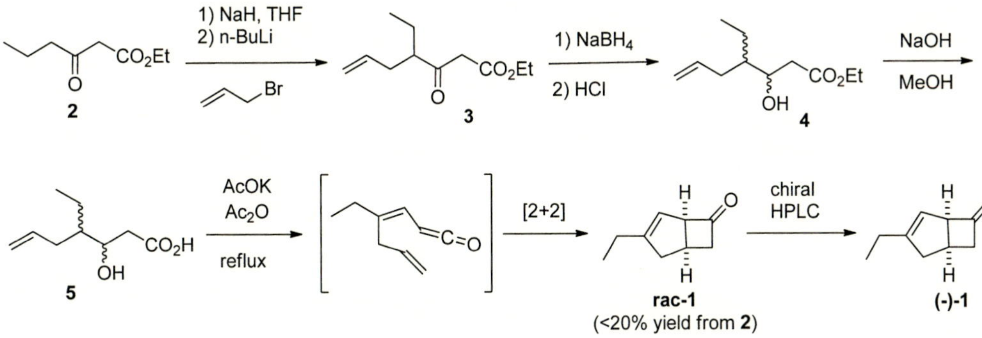

第 30 章　不斉有機触媒を用いた二環式ケトンの実用的な速度論的分割法の開発

図 2　二環式ケトンのメディシナルルート

高い化合物である。その構造的特徴は，3 つの sp^2 炭素を持つ 4 員環と 5 員環が縮環したビシクロ [3.2.0] ヘプタン骨格を有することである。また，Mirogabalin が光学活性体として開発されているため，(−)-1 においても高い光学純度が求められていた。さらに，対象疾患を鑑みると製造原価低減に対する期待の大きい化合物であった。

　はじめに，創薬研究で用いていたメディシナルルートを図 2 に示す。メディシナルルートでは，β-ケトエステル 2 を出発原料としてアリル化，ケトンの還元，エステルの加水分解を経てカルボン酸 5 へと変換し，[2+2] 付加環化反応によりラセミ体 rac-1 を合成し，キラルカラムを用いた HPLC による光学分割により (−)-1 を取得していた。大量合成法を確立する上では，キラルカラムを用いた HPLC による光学分割法に替わる実用的な光学活性体取得方法の確立と安価で効率的なラセミ体 rac-1 の合成法の構築が必要であった。

3　安価で効率的なラセミ体合成法の構築

　ラセミ体 rac-1 の効率的な合成法として，非常に安価な n-ブチルアルデヒドを出発原料とした [3,3]-シグマトロピー転移反応を鍵反応とする合成ルートを考案し，反応条件検討を実施した結果，Aza-Claisen 法と Claisen 法[3] の構築に成功した（図 3）。Aza-Claisen 法では，n-ブチルアルデヒドとジイソブチルアミンからエナミン 8 を合成した後，臭化アリルによりアリル化してイミニウム塩 9 へと変換し，Doebner 反応によりマロン酸との縮合反応とそれに続く脱炭酸反応を行い，α,β-不飽和カルボン酸 10 をエナミン 8 より 2 工程通算 85% で得た。α,β-不飽和カルボン酸 10 は無水酢酸およびトリエチルアミン存在下 110℃で加熱撹拌することで [2+2] 付加環化反応が進行し，ラセミ体 rac-1 を蒸留精製により収率 80% で合成することに成功した。一方，Claisen 法では n-ブチルアルデヒドをアリルアルコールを用いてアセタール化してジアリルアセタール 11 を合成し，Claisen 転移反応を実施した。ジアリルアセタール 11 から脱アリルアルコールを伴って生じるエノールエーテルの Claisen 転移反応は文献既知の反応である

325

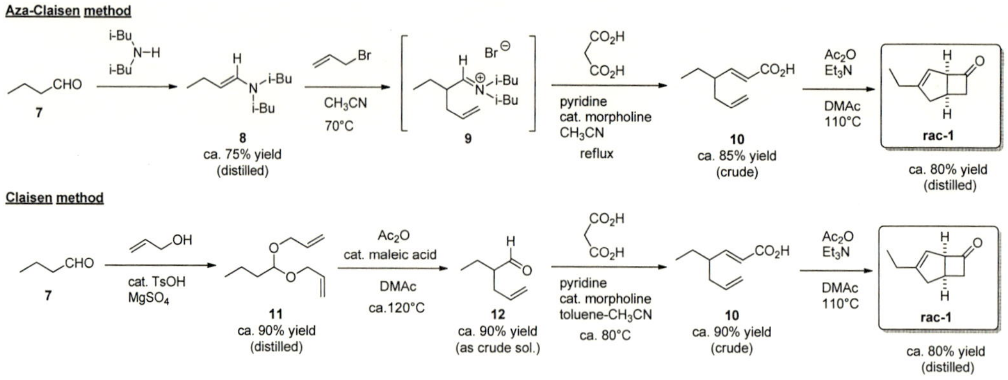

有機分子触媒の開発と工業利用

図3 [3,3]-シグマトロピー転移反応を鍵反応とした新規合成ルート

が，収率が非常に低いことが報告されている[4]。本反応では，反応系中で生じるアリルアルコールを留去しながら反応を実施する必要があるが，アリルアルコールとエノールエーテル及び目的物のアルデヒド **12** の沸点が近いため，効率的にアリルアルコールのみを留去することが困難であった。そのため，エノールエーテルやアルデヒド **12** がアリルアルコールと共に留去されることによる収率低下や過反応によるジアリル体の副生等の課題があることが判明した。そこで，アリルアルコールのスカベンジャーとして酸無水物を添加する方法を考案した。すなわち，副生するアリルアルコールと酸無水物を反応させ，反応に影響を及ぼさないアリルエステルとカルボン酸へと変換することにより，副反応を抑制し，目的の転移体を高収率で得られるのではないかと考えた。種々の反応条件を検討した結果，酸無水物として無水酢酸，酸触媒としてマレイン酸を用いて反応させることで，アルデヒド **12** を高収率で得ることに成功した。アルデヒド **12** からの変換は，Aza-Claisen 法と同様に Doebner 反応と[2＋2]付加環化反応によりラセミ体 **rac-1** へ誘導が可能である。

4　二環式ケトンの光学活性体取得法の構築

　はじめに，光学活性体取得方法として最も効率的な不斉合成法について検討を実施したが，光学純度として 90% ee 以上の選択性は得られるものの収率の向上が見込めないことが判明し，不斉合成法の適用は困難と判断した。そこで，光学分割法による光学活性体取得法の構築を目指すこととした。二環式ケトン **rac-1** はその構造に酸塩基部位を有しておらず，プロセス化学で汎用されるジアステレオマー塩分割を直接適用することはできない。そこで，光学活性体取得方法としては，**rac-1** に一時的に酸または塩基部位を導入し，ジアステレオマー塩分割を実施する方法とケトンを速度論的に光学分割する方法を検証した。その結果，酵素触媒を用いたケトンの速度論的分割法と不斉有機触媒を用いたケトンの速度論的分割法の 2 つの手法を構築することに成功した。以下，これら光学活性体取得法について紹介する。

326

第30章 不斉有機触媒を用いた二環式ケトンの実用的な速度論的分割法の開発

4.1 酵素触媒によるケトンの速度論的分割法

酵素触媒によるケトンの速度論的分割法は，望まない立体の**(+)-1**のみを選択的に還元し，アルコール体**(+)-1OH**へ変換し，反応混合物より未反応の**(−)-1**を回収することで光学活性体を取得する手法である。反応条件を種々検討した結果，㈱ダイセルから市販されている還元酵素 E039 を用いた際に，最も高い分割効率で**(+)-1**が**(+)-1OH**へ変換されることを見出し，目的の**(−)-1**が収率＞45％，＞97％ ee で得られた（図4）。しかしながら，反応混合物から**(−)-1**を単離するためには**(+)-1OH**を除去する必要があるが，通常の分液精製や蒸留では**(+)-1OH**を除去することができない。そこで**(+)-1OH**の効率的な除去を目的とした後処理方法について検討を行った。後処理方法としては，ジカルボン酸無水物を用いたラセミアルコールの実用的な速度論的分割法[5]が知られており，この手法を**(+)-1OH**の除去方法に応用した。すなわち，**(+)-1OH**をジカルボン酸無水物と反応させてカルボン酸へと誘導することで分液精製により効率的に除去できると考えた。

そこで酵素分割後の反応混合物とジカルボン酸無水物との反応を試みた。その結果，無水コハク酸を用いた場合に良好に反応が進行し，高収率にて**(+)-1OH**をコハク酸モノエステルへ変換するとともに，**(−)-1**を定量的に回収することができた。その後，反応混合物から分液操作によりコハク酸モノエステルを水層に除去し，蒸留精製することで高品質な**(−)-1**を収率40％，光学純度 >97％ ee で取得することに成功した。

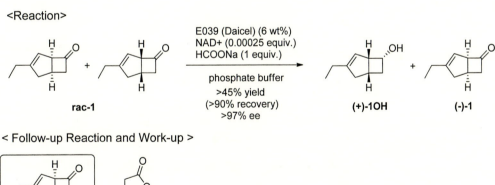

図4 酵素触媒を用いた速度論的分割法

有機分子触媒の開発と工業利用

4. 2　不斉有機触媒を用いたケトンの速度論的分割法

　rac-1 は大きく折れ曲がった二環性化合物であり Convex 面からの反応と Concave 面からの反応では，反応性に大きな差異があると考えられる。一方，不斉有機触媒，例えばプロリンを用いた不斉アルドール反応では，エナミン中間体のプロキラル面を効率的に識別し，高い不斉収率でアルドール体を与えることが知られている。そこで，**rac-1** の構造に由来する面選択性と不斉有機触媒の不斉識別能をうまく組み合わせることにより，効率的な速度論的光学分割が可能になると考えた（図5）。

　まず最も一般的な 4-ニトロベンズアルデヒドとのアルドール反応による光学分割を試みた。一般的なアルドール反応で用いられる DMSO および含水 DMSO を反応溶媒として，30 種類以上の不斉有機触媒のスクリーニングを実施した（図6，7）。なお，本反応では S 体の触媒を用いると回収すべき **(−)-1** が反応してしまうため，実際には R 体の触媒を使用する必要がある。

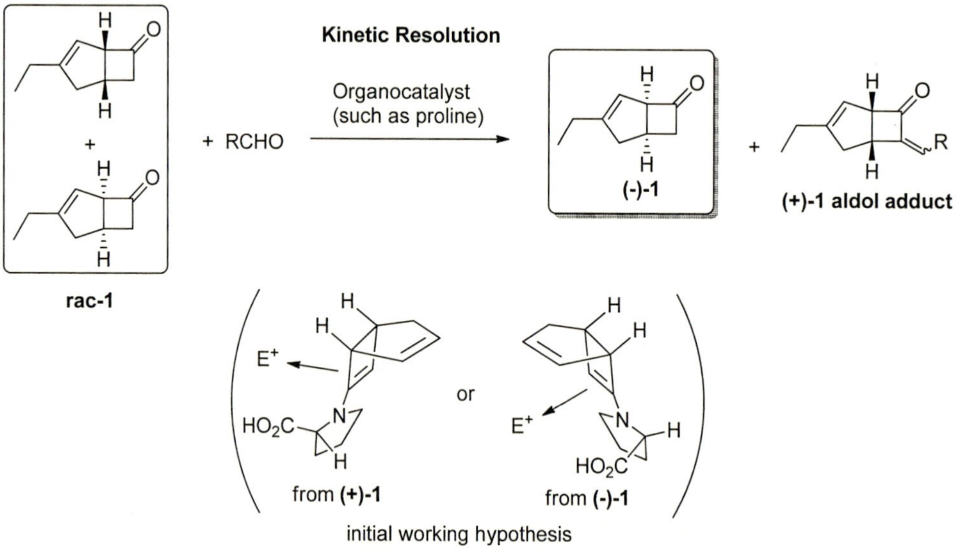

図5　不斉有機触媒を用いた速度論的分割法の作業仮説

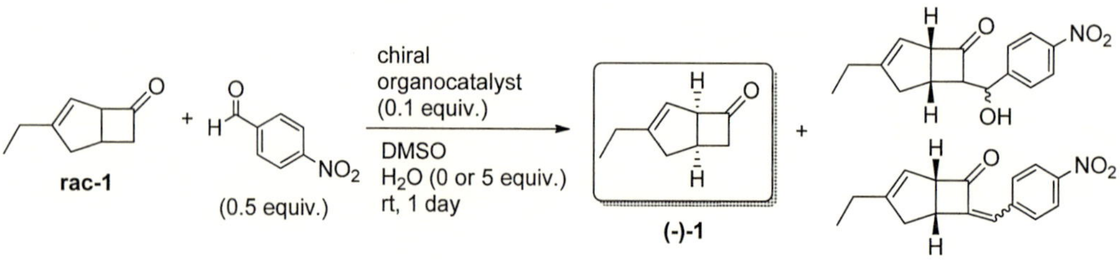

図6　不斉有機触媒を用いた速度論的分割法のモデル反応

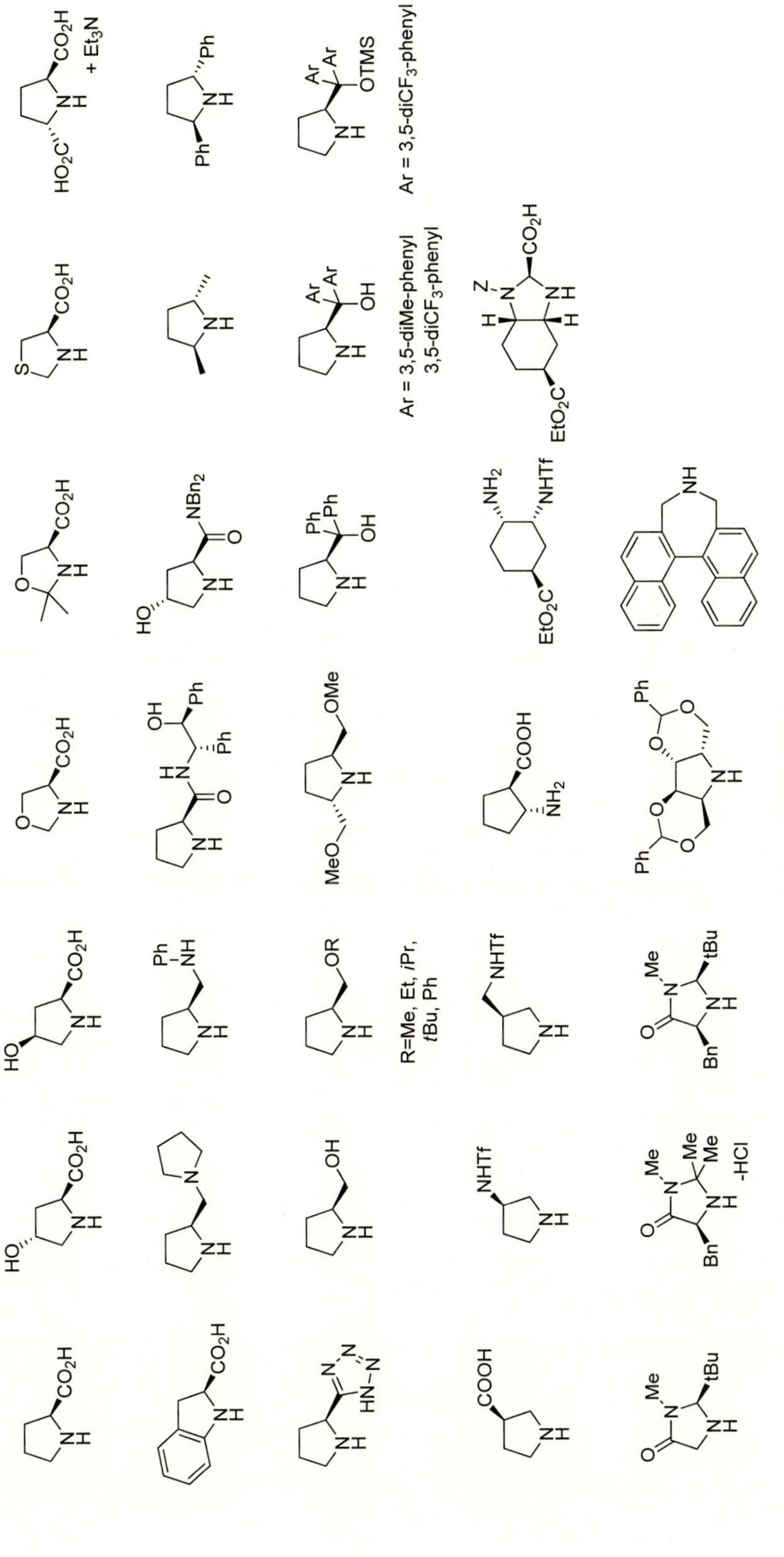

第30章　不斉有機触媒を用いた二環式ケトンの実用的な速度論的分割法の開発

Ar = 3,5-diCF₃-phenyl

Ar = 3,5-diMe-phenyl
3,5-diCF₃-phenyl

R=Me, Et, iPr,
tBu, Ph

図7　不斉有機触媒スクリーニング

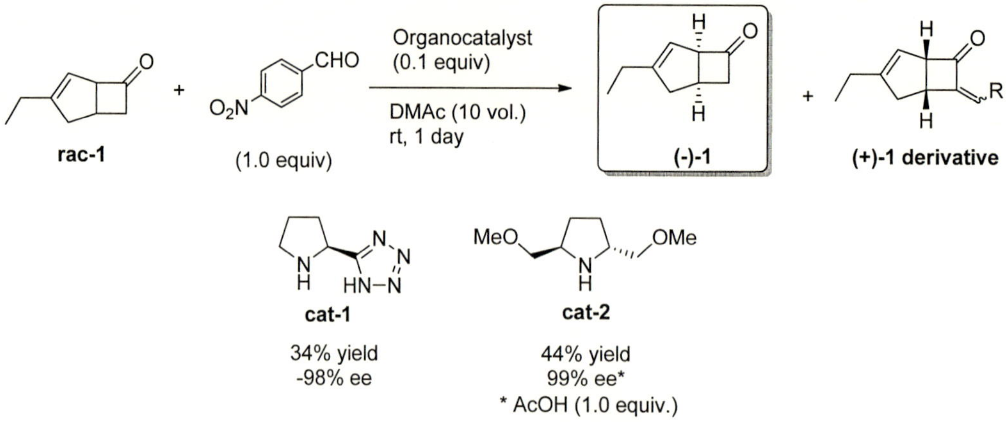

有機分子触媒の開発と工業利用

図8　不斉有機触媒を用いた速度論的分割法-1

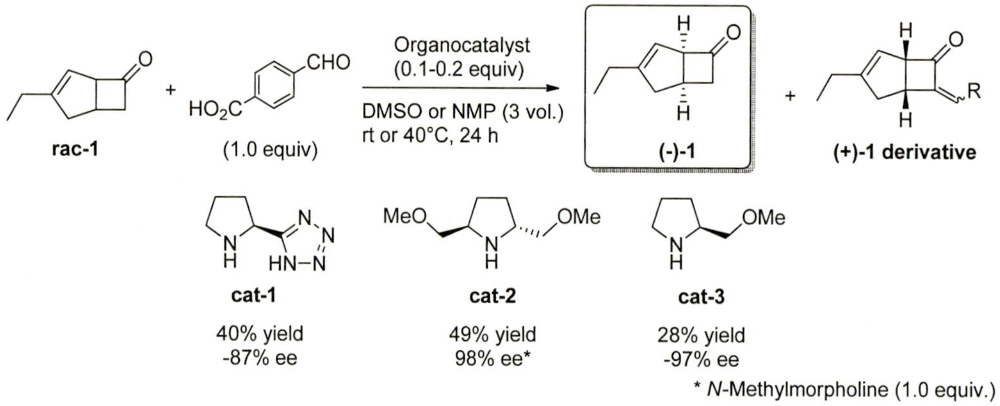

図9　不斉有機触媒を用いた速度論的分割法-2

しかし，反応条件スクリーニングの段階では安価な S 体の触媒を用いて検討を実施した。触媒スクリーニングの結果，10種の不斉有機触媒で反応が進行し，その中で選択性の高い触媒を選抜して反応条件の至適化を行った。その結果，2種の不斉有機触媒を用いた際に光学純度97% ee 以上の(ー)-1 を得ることに成功した（図8）。rac-1 の速度論的分割が可能となったことから(ー)-1 の蒸留精製について検証したが，反応混合物にアルドール反応の生成物が含まれた状態では，蒸留中に溶液の粘性が高くなり(ー)-1 を効率的に分離できないことが判明した。したがって，rac-1 の速度論的分割を実施した反応混合物からアルドール反応の生成物を何らかの手法で除去する必要性が生じた。この問題を解決するための方策として，カルボキシル基を有するアルデヒドを用いてアルドール反応を行えば，反応後にアルカリ性で分液洗浄することにより水層に各種アルドール生成物および過剰量使用したアルデヒドを効率的に除去できると考え

330

第30章　不斉有機触媒を用いた二環式ケトンの実用的な速度論的分割法の開発

た。そこで，カルボキシル基を有するアルデヒドおよびその等価体を用いて反応を試みた。その結果，4-ホルミル安息香酸を用いた際に反応が進行し，反応条件を至適化することで，不斉有機触媒として **cat-2** および **cat-3** 用いた際に光学純度が 97％ ee 以上となった（図 9）。一方，4-ニトロベンズアルデヒドを用いた条件で高い選択性を示した **cat-1** では，収率は向上するものの光学純度が 87％ ee まで低下した。以上の結果から，不斉有機触媒として **cat-2** を採用し，**(－)-1** の後処理および精製について検証を行った（詳細は次項参照）。期待したとおり分液操作によりアルドール生成物および過剰量使用したアルデヒドを効率的に水層に除去可能であり，蒸留精製することで高品質な **(－)-1** を収率 45％，光学純度 97％ ee で取得することに成功した。

5　光学活性な二環式ケトンの工業化プロセス

　光学活性な二環式ケトン **(－)-1** の取得法として酵素触媒法と不斉有機触媒法の 2 つの手法を開発することに成功したため，品質やコスト等のプロセス化学の視点からこれら 2 つの手法を評価した。その結果，光学活性な二環式ケトン **(－)-1** の取得法としては不斉有機触媒法が適しているとの結論に至った。しかしながら，**cat-2** はピロリジン環の 2,5 位に 2 つの不斉点を有しており，触媒合成が煩雑なため入手性や価格に課題があった。そこで，**cat-2** からより安価な不斉有機触媒への変更を検討した。再度，不斉有機触媒のスクリーニングを実施した結果，新たに **cat-4** を見出すことに成功した。**cat-4** を用いた反応条件の至適化を行い，前項で構築した後処理方法を適用して工業化プロセスとして確立した（図 10）[6]。後処理方法は，はじめに反応混合物を酸性水溶液で分液することで **cat-4** を水層に除去した後，アルカリ性水溶液で分液することでアルドール生成物および過剰量使用したアルデヒドを水層に除去するという簡便な方法である。最後に，蒸留精製することで高品質な **(－)-1** を収率 40％，光学純度 97％ ee で取得することができる。**cat-2** の結果と比較すると収率はやや低下するものの不斉有機触媒の価格が大幅に下がり，全体としてはより経済的なプロセスとなった。また，酸性の水層から **cat-4** を回収再利用することができることも確認している。最後に，本工業化プロセスを用いてパイロットスケールでの **(－)-1** の製造を行い，実験室での実験結果を再現し，収率 40％，光学純度 97％ ee で製造することに成功した。

有機分子触媒の開発と工業利用

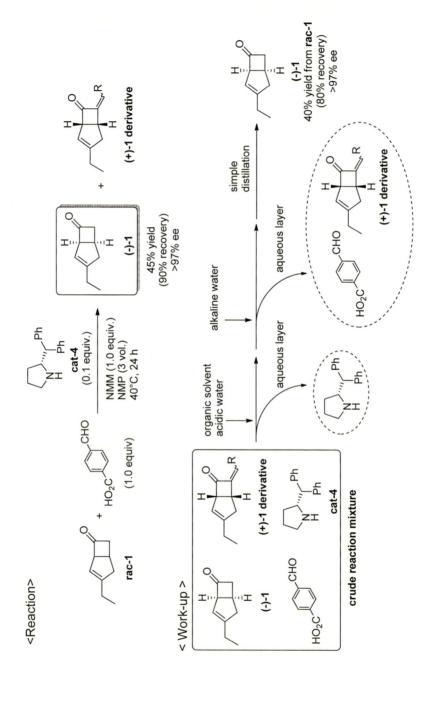

図10 不斉有機触媒を用いた速度論的分割法の製造プロセス

第30章　不斉有機触媒を用いた二環式ケトンの実用的な速度論的分割法の開発

6　おわりに

不斉有機触媒は，触媒の安定性や取り扱い易さ，簡便な操作が可能な点から医薬品のプロセス研究と相性の良い触媒である。その一方で，実プロセスへの適用は限られている現状がある。その理由の一つとして，本研究でも直面した不斉有機触媒の多様性や入手性の問題がある。本研究はアカデミックでの不斉有機触媒の発展と同時期に実施しており，多様な不斉有機触媒をスクリーニングする点において苦労があった。現在は，多くの不斉有機触媒が市販され，入手性が改善していることから，今後不斉有機触媒を用いたプロセス研究が活発になることが期待される。今回の研究が，企業における不斉有機触媒を用いた応用研究の一助となれば幸いである。

謝辞

本研究では京都大学大学院理学研究科丸岡啓二教授に不斉有機触媒に関するコンサルタントをお願いし，触媒デザインについて貴重なご助言を頂きました。この場をお借りしてお礼申し上げます。

文　　　　献

1)　鴻池敏郎，ファインケミカル，**38**, 22（2009）
2)　中山敬司，ファインケミカル，**39**, 49（2010）
3)　第一三共，WO 2012-169 475（2012）
4)　K. C. Brannock, *J. Am. Chem. Soc.*, **81**, 3379（1959）
5)　Achiwa, K. *et al., Chem. Pharm. Bull.*, **37**, 1653（1989）
6)　第一三共 , WO 2013-089 188（2013）

有機分子触媒の開発と工業利用

2018 年 3 月 30 日　第 1 刷発行

監　　修	秋山隆彦	(T1073)
発 行 者	辻　賢司	
発 行 所	株式会社シーエムシー出版	
	東京都千代田区神田錦町 1−17−1	
	電話 03（3293）7066	
	大阪市中央区内平野町 1−3−12	
	電話 06（4794）8234	
	http://www.cmcbooks.co.jp/	
編集担当	池田識人／町田　博	

〔印刷　日本ハイコム株式会社〕　　　　　　　　　　© T. Akiyama, 2018

落丁・乱丁本はお取替えいたします。

本書の内容の一部あるいは全部を無断で複写（コピー）することは，
法律で認められた場合を除き，著作者および出版社の権利の侵害
になります。

ISBN978-4-7813-1323-8　C3043　¥82000E